普通高等教育“十二五”系列教材（高职高专教育）
职业教育电力技术类专业教学用书

# 电站锅炉设备及运行

DIANZHAN GUOLU SHEBEI JI YUNXING

主　编　赵玉莲　崔艳华　黄建荣
编　写　唐琳艳　李四海
主　审　姜锡伦

中国电力出版社
CHINA ELECTRIC POWER PRESS

## 内 容 提 要

本书以大型电站煤粉锅炉为主线进行编写，主要内容包括电站锅炉概述，锅炉燃料及其特性，燃料燃烧计算与锅炉热平衡，煤粉制备，燃烧原理与燃烧设备，自然循环原理及蒸汽净化，过热器与再热器，省煤器与空气预热器，强制流动锅炉、电站锅炉吹灰、除尘、除灰渣系统及设备，电站锅炉脱硫脱硝技术，电站锅炉运行等。

本书可作为高职高专电力技术类专业教学用书，也可作为学历教育教学用书及职业资格培训、岗位技能培训教材。

**图书在版编目（CIP）数据**

电站锅炉设备及运行/赵玉莲，崔艳华，黄建荣主编. —北京：中国电力出版社，2012.2（2023.11重印）

普通高等教育“十二五”规划教材. 高职高专教育

ISBN 978-7-5123-2679-8

Ⅰ.①电… Ⅱ.①赵… ②崔… ③黄… Ⅲ.①电站—锅炉运行—高等职业教育—教材 Ⅳ.①TM621.2

中国版本图书馆CIP数据核字（2012）第021879号

中国电力出版社出版、发行

（北京市东城区北京站西街19号 100005 http://www.cepp.sgcc.com.cn）

北京九州迅驰传媒文化有限公司印刷

各地新华书店经售

*

2012年2月第一版 2023年11月北京第六次印刷

787毫米×1092毫米 16开本 20印张 486千字

定价 **59.00** 元

# 编 委 会

# 前　言

本书为普通高等教育“十二五”规划教材（高职高专教育）。

本书是为适应高职高专应用型人才培养的教学需要而编写的，内容密切结合电厂热能动力设备与应用、火电厂集控运行专业以及电厂运行人员和相关专业的职工培训与职业鉴定的教学要求，在编写过程中特别注重理论知识与实际相结合的原则，在全面系统地阐述锅炉工作原理的基础上，突出教学内容的先进性和实用性，体现职业教育的性质、任务和培养目标。本书既可作为学历教育教学用书，也可作为职业资格和岗位技能培训教材。

本书由江西电力职业技术学院赵玉莲、三峡电力职业学院崔艳华、江西电力职业技术学院黄建荣主编，江西电力职业技术学院唐琳艳、浙江省特种设备检验研究院李四海参编，赵玉莲负责全书的统稿工作。其中，第一、六、七、十一章由赵玉莲编写，第二、三、十二章由黄建荣编写，第四、五章由崔艳华编写，第八章由李四海编写，第九、十章由唐琳艳编写。

本书由郑州电力高等专科学校教授姜锡伦主审，他在审稿过程中提出了许多宝贵的意见和建议，使编者受益匪浅。同时，本书在编写过程中，参考了有关兄弟院校、企业的文献和资料，在此一并表示由衷的感谢。

由于编者水平有限，书中难免存在不足之处，恳请广大读者批评指正。

**编　者**

2012 年 2 月

# 目　　录

# 第一章　电站锅炉概述

电力能源是国民经济发展和人民生活水平提高的基础，而在目前的火力发电、水力发电、核能发电、太阳能发电、风能发电等方式中，燃煤火力发电依然是我国的主力发电方式。在火力发电厂的三大主机——锅炉、汽轮机、发电机中，锅炉是将燃料的化学能转变为蒸汽热能的设备，之后蒸汽的热能在汽轮机中转变为转子的机械能，在发电机中转子的机械能转变为电能，由此可见，锅炉是火力发电厂三大主机中最基本的能量转换设备。

## 第一节　电站锅炉及其工作过程

### 一、电站锅炉及其构成

在火力发电厂中，锅炉就是利用燃料在炉内燃烧释放的热能加热给水以获得一定参数（温度、压力）和品质的蒸汽的设备。

电站锅炉一般是由锅炉本体、辅助设备和锅炉附件等构成的。锅炉本体是锅炉的主要组成部分，由汽水系统（锅）和燃烧系统（炉）构成。锅炉的汽水系统主要由省煤器、汽包、下降管、水冷壁、联箱、过热器、再热器等组成，其主要任务就是有效地吸收燃料燃烧释放出的热量，将进入锅炉的给水加热以使之形成具有一定温度和压力的过热蒸汽。锅炉的燃烧系统由炉膛、烟道、燃烧器、空气预热器等组成，其主要任务是使燃料在炉内能够良好燃烧，放出热量。此外，锅炉本体还包括炉墙和构架，炉墙用于构成封闭的炉膛和烟道，构架用于支撑和悬吊汽包、受热面、炉墙等。

电站锅炉的辅助设备较多，主要包括通风设备、燃料运输设备、制粉设备、给水设备、除尘除灰设备、烟气脱硫脱硝设备、水处理设备、测量及控制设备等。

锅炉附件是本体和辅助设备上的附属设备，用于保证锅炉机组安全经济地运行，主要有安全阀、水位计、吹灰器、热工仪表、自动控制装置及汽水管道上的阀门等。

### 二、电站锅炉的工作过程

图 1-1 所示的是一台具有中间再热、配直吹式制粉系统的煤粉锅炉，电站锅炉的工作过程可以由图 1-1 简要说明。火力发电厂的原煤经初步破碎、除铁、除木屑后，由输煤皮带送至原煤斗 1 中，再通过重力作用经给煤机 2 进入磨煤机 3 中并被磨制成煤粉。冷风通过一次风机 24 送入空气预热器 23 中预热后进入磨煤机，加热、干燥原煤并将合格的煤粉携带出磨煤机，经风粉混合物出口管道和燃烧器 4 进入炉膛 5 燃烧，同时二次风由二次风机 25 送入空气预热器 23 中，经加热后进入炉膛助燃。燃烧后生成的烟气依次流经炉膛、水平烟道、尾部竖直烟道、脱硝装置 26、空气预热器、除尘器 27、脱硫装置 28、引风机 29，进入烟囱 30 后被排入大气。燃料燃烧生成的灰中，少量较粗的灰由炉膛下部的排渣装置 7 排出，大量较细的灰由除尘器收集。

给水经给水泵升压后进入锅炉省煤器 20，在省煤器中经烟气加热升温后，进入汽包 9，然后沿下降管 10 经锅水循环泵 11、下联箱 12 后进入水冷壁 8，在水冷壁中吸收炉膛内高温

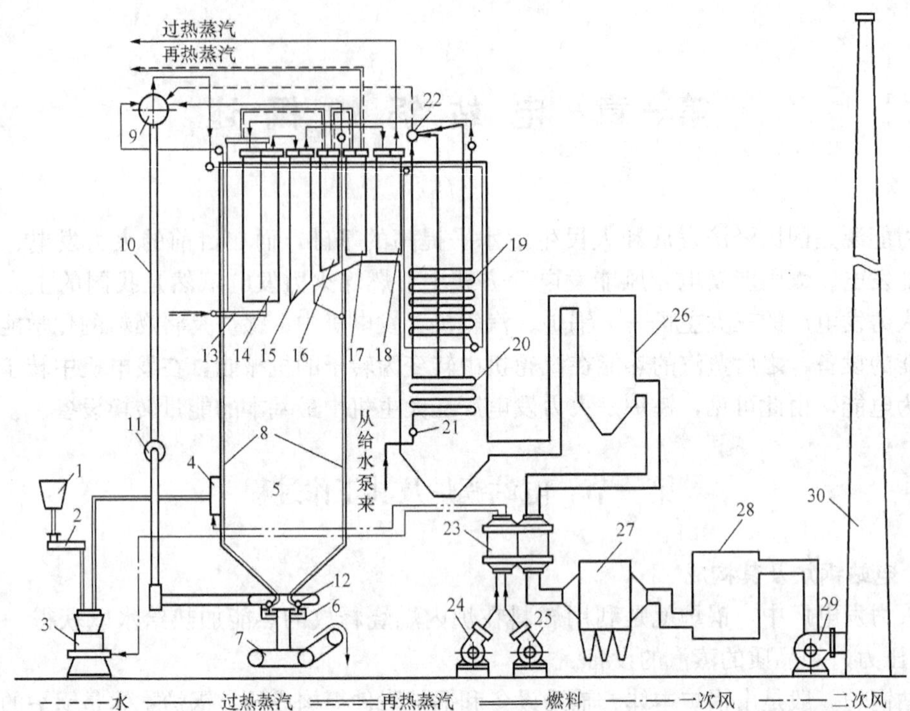


图 1-1 电站煤粉锅炉设备组成及生产过程示意图

1—原煤斗；2—给煤机；3—磨煤机；4—燃烧器；5—炉膛；6—水封装置；7—排渣装置；8—水冷壁；9—汽包；10—下降管；11—锅水循环泵；12—下联箱；13—壁式再热器；14—分隔屏过热器；15—后屏过热器；16—中温再热器；17—高温再热器；18—高温过热器；19—低温过热器；20—省煤器；21—省煤器进口联箱；22—省煤器出口联箱；23—空气预热器；24—一次风机；25—二次风机；26—脱硝装置；27—除尘器；28—脱硫装置；29—引风机；30—烟囱

火焰和烟气的辐射热量后，形成汽水混合物进入汽包。在汽包中，汽水混合物经汽水分离装置分离后，分离出来的饱和蒸汽进入过热器中被加热成过热蒸汽，分离下来的水继续沿下降管、锅水循环泵、下联箱进入水冷壁进行循环流动。过热蒸汽经主蒸汽管道进入汽轮机高压缸做功，做了部分功的蒸汽从高压缸出来后进入再热器，经再热器再次加热提高温度后，进入汽轮机的中、低压缸继续做功。

## 第二节 电站锅炉的主要特性与安全经济指标

### 一、锅炉的主要特性

锅炉的主要特性是指锅炉容量、锅炉蒸汽参数和给水温度等，用以说明锅炉的基本工作情况。

1. 锅炉容量

锅炉容量即锅炉的蒸发量，是指锅炉每小时所产生的蒸汽量，常用符号 $D$ 表示，单位为 t/h（或 kg/s）。

锅炉容量是体现锅炉产汽能力大小的特性数据。

在大型蒸汽锅炉中，额定容量（即额定蒸发量）指在额定蒸汽参数、额定给水温度和使用设计燃料并保证热效率时所规定的蒸发量，最大连续蒸发量（BMCR）指在额定蒸汽参数、额定给水温度和使用设计燃料并长期连续运行时锅炉所能达到的最大蒸发量。例如300MW汽轮发电机组匹配的锅炉容量为1025t/h，600MW汽轮发电机组匹配的锅炉容量为2008t/h。

2. 锅炉的蒸汽参数

锅炉蒸汽参数一般是指锅炉过热器出口处的过热蒸汽压力（表压力）与过热蒸汽温度。过热蒸汽压力用符号 $p$ 表示，单位为MPa；过热蒸汽温度用符号 $t$ 表示，单位为℃。

锅炉蒸汽参数是说明锅炉蒸汽规范的特性数据。

当锅炉带有中间再热器时，锅炉蒸汽参数还应包括再热蒸汽压力与再热蒸汽温度。例如，一台300MW汽轮发电机组匹配的亚临界压力自然循环汽包锅炉，其过热蒸汽出口压力与温度分别为18.3MPa、540℃，再热蒸汽进口压力与温度分别为3.82MPa、316℃，再热蒸汽出口压力与温度分别为3.66MPa、540℃。

3. 锅炉给水温度

锅炉给水温度一般是指省煤器入口处的给水温度，符号为 $t_g$，单位为℃。

锅炉给水温度是说明锅炉给水规范的特性数据。

当锅炉蒸汽参数不同时，锅炉的给水温度也会有所不同。例如一台300MW汽轮发电机组匹配的亚临界压力自然循环汽包锅炉的给水温度为278℃，而一台600MW汽轮发电机组匹配的超临界压力直流锅炉的给水温度为286℃。

## 二、锅炉运行的经济性指标

1. 锅炉热效率

锅炉热效率一般是指单位时间内锅炉有效利用热量 $Q_1$ 占锅炉输入热量 $Q_r$ 的百分比，用符号 $\eta$ 表示，即

$$\eta=\frac{\text{有效利用热量}}{\text{输入热量}}\times 100\%=\frac{Q_1}{Q_r}\times 100\% \tag{1-1}$$

锅炉热效率是说明锅炉运行经济性的特性数据。

现代电站锅炉的热效率都在90%以上。

2. 锅炉净效率

锅炉净效率是指将锅炉机组运行时的自用能耗（热耗和电耗）扣除之后的锅炉效率，用符号 $\eta_j$ 表示，即

$$\eta_j=\frac{Q_1}{Q_r+\sum Q_{zy}+29\ 310\dfrac{b}{B}\sum P_z}\times 100\% \tag{1-2}$$

式中 $\sum Q_{zy}$——锅炉自用热耗，kJ/kg；

$b$——发电标准煤耗率，kg/kW；

$B$——锅炉燃料消耗量，kg/h；

$\sum P_z$——锅炉辅助设备实际消耗功率，kW。

3. 钢材消耗率

钢材消耗率是指锅炉生产单位蒸发量所用的的钢材质量，单位为t/(t/h)。钢材消耗率受到锅炉参数、循环方式、燃料种类以及锅炉部件结构等方面的影响。在电厂中，锅炉的钢材消耗率一般在2.5～5t/(t/h) 范围内。在保证锅炉安全、可靠、经济运行的基础上，应合

理降低钢材（尤其是耐热合金钢材）的消耗率。

### 三、锅炉运行的安全技术指标

锅炉运行的安全可靠性常用以下三种指标来间接衡量。

1. 连续运行小时数

锅炉的连续运行小时数是指锅炉在两次检修之间的运行小时数。

2. 事故率

锅炉的事故率是指锅炉在统计期间内，事故停用小时数与运行总小时数和事故停用小时数之和的百分比，即

$$事故率=\frac{事故停炉小时数}{运行总小时数+事故停炉小时数}\times 100\% \tag{1-3}$$

3. 可用率

锅炉的可用率是指锅炉的运行总小时数与备用总小时数之和占锅炉统计期间总小时数的百分比，即

$$可用率=\frac{运行总小时数+备用总小时数}{统计期间总小时数}\times 100\% \tag{1-4}$$

锅炉可用率和事故率可用一个适当长的周期作为统计期间，一般为一年或两年。目前，国内大、中型电站锅炉较好的安全技术指标为：连续运行小时数在5000h以上，事故率约为1%，可用率约为90%。然而随着机组容量的增大，可用率会下降。

## 第三节 锅炉的分类与型号

### 一、锅炉的分类

（一）按锅炉容量分类

根据锅炉容量的不同，锅炉可分为大、中、小型三类，但随着电力工业的发展和锅炉容量的日益增大，大、中、小型锅炉的分界容量不断变化，目前来看，发电功率大于或等于300MW的汽轮发电机组匹配的锅炉才可称为大型锅炉。

（二）按锅炉的蒸汽压力分类

按锅炉出口蒸汽压力 $p$ 的不同，锅炉可分为：

低压锅炉，$p\leqslant 2.45$MPa；

中压锅炉，$p=2.94\sim 4.92$MPa；

高压锅炉，$p=7.84\sim 10.8$MPa；

超高压锅炉，$p=11.8\sim 14.7$MPa；

亚临界压力锅炉，$p=16.7\sim 19.6$MPa；

超临界压力锅炉，$p\geqslant 22.1$MPa；

超超临界压力锅炉，$p\geqslant 25$MPa。

（三）按锅炉的燃烧方式分类

按燃烧方式的不同，锅炉可分为层燃炉、室燃炉、旋风炉、循环流化床锅炉等。

层燃炉是指具有一定料层厚度的固体燃料在炉箅或炉排上进行燃烧，主要用于工业锅炉，如链条炉等。

室燃炉是指燃料以粉状、雾状或气态随同空气喷入炉膛（燃烧室）中并在悬浮状态下着火、燃烧直到燃尽，如煤粉锅炉、燃油锅炉、燃气锅炉。其中，煤粉锅炉是我国电站锅炉的主要型式，如图 1-1 所示。

旋风炉是以旋风筒作为主要燃烧室，燃料和空气在高温的旋风筒内高速旋转，细小的燃料颗粒在旋风筒内悬浮燃烧，较大的燃料颗粒被甩向筒壁液态渣膜上进行燃烧，节能效率明显，占地面积小，但造价高，多用于工业锅炉。

循环流化床锅炉的燃烧方式与上述炉型不同，一定粒度的固体燃料颗粒和石灰石脱硫剂进入炉膛后，在燃烧配风的作用下处于一种特殊的运动状态——流化状态，同时与燃烧室内炽热的沸腾物料混合并被迅速加热，进行低温燃烧和脱硫反应，大量固体颗粒被气体携带出燃烧室后进入气固分离器，分离下来的物料颗粒经回送装置重新返回炉膛去继续燃烧，分离出来的烟气携带着细小的飞灰进入尾部烟道，从而形成了循环流化床燃烧方式，如图 1-2 所示。这种燃烧方式不仅能够脱硫，还能抑制氮氧化物的生成，燃烧效率较高，燃料适应性广，可用于工业锅炉与电站锅炉。

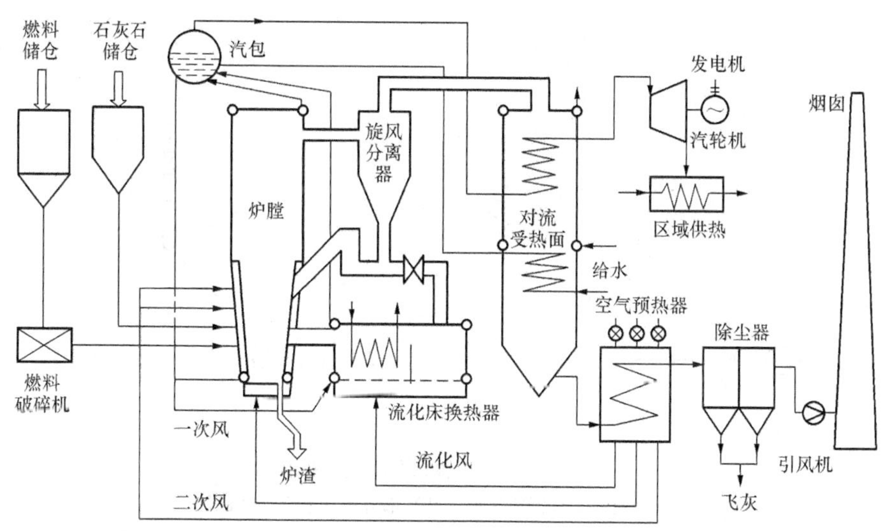


图 1-2 Lurgi 循环流化床锅炉系统示意图

（四）按锅炉蒸发受热面内工质的流动方式分类

按蒸发受热面内工质的流动方式不同，锅炉可分为自然循环锅炉和强制流动锅炉两大类。强制流动锅炉又可分为控制循环锅炉、直流锅炉和复合循环锅炉。

自然循环锅炉有汽包，蒸发受热面内工质的流动是依靠下降管与水冷壁中工质的密度差形成的运动压力来进行的，如图 1-3（a）所示。自然循环锅炉只能在临界压力以下应用。

控制循环锅炉有汽包，蒸发受热面内工质的流动主要依靠下降管上的锅水循环泵提供的压头进行，如图 1-3（b）所示。控制循环锅炉也只能在临界压力以下应用。

直流锅炉没有汽包，蒸发受热面内工质的流动是依靠给水泵提供的压头进行的，给水一次性通过蒸发受热面产生蒸汽，如图 1-3（c）所示。直流锅炉可用于亚临界和超临界压力。

复合循环锅炉是由直流锅炉和控制循环锅炉发展而来，它是利用再循环泵提供的压头来使蒸发受热面出口的部分或全部工质进行再循环，如图 1-4 所示。复合循环锅炉可应用于亚临界和超临界压力。

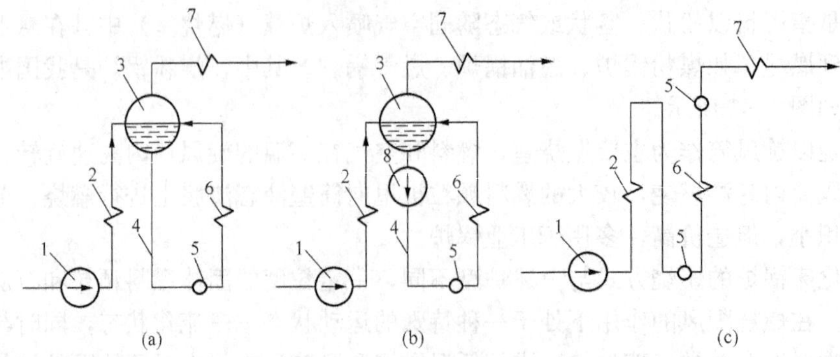


图 1-3 蒸发受热面内的工质流动方式

(a) 自然循环；(b) 控制循环；(c) 直流锅炉

1—给水泵；2—省煤器；3—汽包；4—下降管；5—联箱；6—水冷壁；7—过热器；8—锅水循环泵

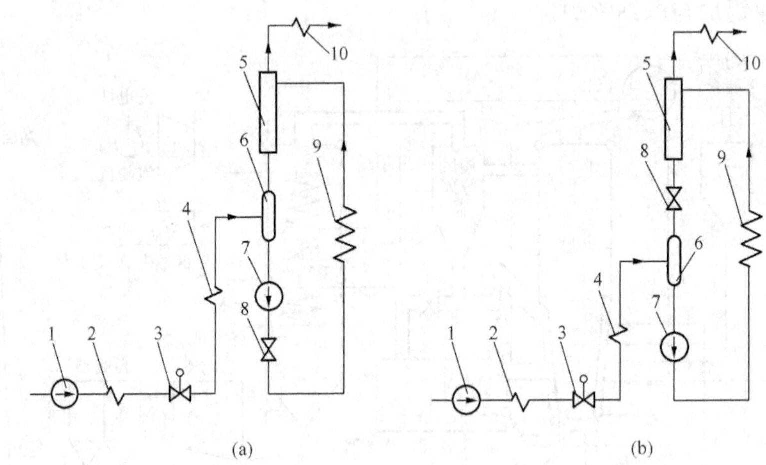


图 1-4 复合循环锅炉示意图

(a) 全负荷复合循环锅炉；(b) 部分负荷复合循环锅炉

1—给水泵；2—高压加热器；3—给水调节阀；4—省煤器；5—汽水分离器；

6—混合器；7—再循环泵；8—控制阀；9—蒸发受热面；10—过热器

### (五) 按锅炉燃烧室内的压力分类

按燃烧室内的压力不同，锅炉可分为负压锅炉、微正压锅炉和增压锅炉。

负压锅炉是指炉膛压力保持负压，即炉膛出口烟气静压小于大气压力的锅炉，配有送风机与引风机，是燃煤锅炉的主要型式。

微正压锅炉和增压锅炉是指炉膛压力维持正压，即炉膛出口烟气静压大于大气压力的锅炉。微正压锅炉的炉膛表压力为 2～5kPa，增压锅炉的炉膛表压力大于 0.3MPa。增压锅炉可用于匹配燃气—蒸汽联合循环。

### (六) 按锅炉的排渣方式分类

按排渣方式不同，锅炉可分为固态排渣锅炉和液态排渣锅炉。固态排渣锅炉是指燃料在炉内燃烧后生成的灰渣以固态方式从炉膛排出，液态排渣锅炉是指燃料在炉内燃烧后生成的灰渣以液态方式从渣口流出。固态排渣方式是燃煤锅炉的主要排渣方式，常用于煤粉锅炉、循环流化床锅炉等。

（七）按锅炉所用燃料分类

按所用燃料的不同，锅炉可分为燃煤锅炉、燃油锅炉、燃气锅炉。

（八）按锅炉炉型分类

按炉型的不同，锅炉可分为Π型、Γ型、T型、塔型、半塔型、箱型等。

**二、锅炉型号**

锅炉型号一般用于说明锅炉容量、蒸汽参数及燃料特性等，能够反映锅炉的基本特征。我国电站锅炉型号一般用三组或四组字码表示。通常超高压以上的锅炉均装有中间再热器，锅炉型号一般采用四组字码表示，第一组字码是锅炉制造厂代号，用制造厂名称的汉语拼音缩写表示（如DG—东方锅炉厂；SG—上海锅炉厂；HG—哈尔滨锅炉厂；WG—武汉锅炉厂）；第二组字码是一分数，分子表示锅炉容量（单位为t/h），分母表示锅炉过热器出口蒸汽压力（单位为MPa）；第三组字码也是分数，分子表示过热蒸汽温度（单位为℃），分母表示再热蒸汽温度（单位为℃）；第四组字码中，符号表示燃料代号（如M—燃煤；Y—燃油；Q—燃气；T—其他燃料），数字表示设计序号。例如：锅炉型号HG-1025/18.2-540/540-PM2表示该锅炉是由哈尔滨锅炉厂制造，锅炉容量为1025t/h，过热蒸汽压力为18.2MPa，过热蒸汽温度为540℃，再热蒸汽温度为540℃，设计燃料为贫煤，是第二次设计的产品。

中、高压锅炉型号常用三组字码表示，即将上述型号的第三组字码去掉。

## 第四节　电站锅炉的发展概况

通过多年的发展，电站锅炉已从小容量、低参数迈进了大容量、高参数和环保型的领域，尤其是计算机和耐高温金属材料的开发和应用，使电站锅炉在高参数、大容量、高度自动化发展方向上获得了强有力的技术支持。于是，大量与300、600、1000MW及以上汽轮发电机组匹配的亚临界、超临界、超超临界压力电站锅炉应运而生。在锅炉的工质流动方式上，从自然循环锅炉发展到强制循环锅炉、直流锅炉以及复合循环锅炉；在锅炉的燃烧方式上，有技术较成熟的煤粉室燃炉，还适应劣质煤燃烧、氮氧化物和硫氧化物排放量降低的要求，发展了环保型的循环流化床锅炉；在燃烧技术上，低污染燃烧是锅炉发展所追求的目标之一；在低污染排放上，脱硫脱硝技术已逐渐在电站锅炉上获得应用；在减少直接燃烧煤产生的污染上，洁净煤技术已被世界各国所重视和应用。洁净煤技术包含两个方面：一是直接烧煤洁净技术（包括燃烧前的净化加工技术、燃烧中的净化燃烧技术、燃烧后的净化处理技术），二是将煤转化为洁净燃料技术（包括煤的气化技术、煤的液化技术、煤气化联合循环发电技术、燃煤磁流体发电技术）。在未来的电站锅炉发展中，应进一步提高锅炉热效率，降低锅炉单位功率的设备造价，提高锅炉的运行灵活性和自动化水平，开发更多的锅炉型式以适应不同的燃料，提高锅炉及其辅助设备的运行可靠性，减少环境污染，即节能减排将是锅炉发展的最大亮点。

## 复习思考题

1-1　在火力发电厂的生产过程中，存在哪几种形式的能量转换？这些能量转换过程是在什么设备中完成的？

1－2 何谓电站锅炉？它是由哪些部分构成的？

1－3 锅炉本体是由哪些主要设备构成的？锅炉的主要辅助设备有哪些？

1－4 简述锅炉机组的工作过程。

1－5 锅炉的主要特性有哪些？锅炉的容量和蒸汽参数各是指什么？

1－6 锅炉有哪些安全与经济性指标？它们的意义是什么？

1－7 锅炉有哪些分类方法？按照不同的分类方法，锅炉可分为哪些型式？

1－8 举例说明锅炉型号的表示方法。

# 第二章　锅炉燃料及其特性

燃料是指通过燃烧可以产生热量的物质。目前电站锅炉大都燃用化石燃料，化石燃料就是能与氧发生强烈的化学反应并放出大量热量的物质。化石燃料按其物态可分为固体燃料、液体燃料和气体燃料三大类。优质的化石燃料包括优质煤、原油及天然气等，它们是冶金及化工工业的宝贵原料，一般不用于电厂锅炉。

为了合理地利用国家资源，按照国家的燃料政策规定，电力用煤应遵循以下原则：

(1) 火力发电厂尽可能不使用其他工业所需的优质燃料，尽量多用劣质煤。劣质煤是指煤中含水分、灰分或硫分较多，发热量较低，对其他工业无多大经济价值的煤。

(2) 尽可能多建设坑口电站，就地利用资源，向外输送电力，可以减轻交通运输负担。

(3) 尽可能提高发电厂的经济性，节约能源。

(4) 尽量减少燃料燃烧的生成物对环境的污染。

燃料成分及性质是锅炉设计和运行的重要依据，对于锅炉设计及运行人员来说，必须了解锅炉燃料的组成成分、性质及其对锅炉工作的影响，才能保证锅炉运行的安全性和经济性。

目前，我国火力发电厂以燃煤锅炉为主，本章主要介绍煤的组成成分与性质、成分分析基准及其换算、煤的发热量、灰的熔融性及电厂用煤的分类等，对液体及气体燃料也进行了简要介绍。

## 第一节　煤的组成及分析基准

煤是由于地壳运动，地面上的植物残骸被埋在地层深处，经过漫长的地质年代逐渐演化而成的。煤是有机化合物和无机矿物质等组成的一种复杂物质，属于有机燃料。为了满足电站锅炉燃烧和热力计算等方面的要求，需要了解煤中与燃烧有关的组成成分及其性质，通常可采用元素分析法和工业分析法来分析煤的组成成分及其性质。

### 一、煤的元素分析成分及其特性

#### (一) 煤的元素分析

采用化学方法全面测定煤中所含化学成分的方法叫元素分析法。根据煤的元素分析，煤中的化学元素达 30 多种，其中与燃烧有关的组成成分包括碳 (C)、氢 (H)、氧 (O)、氮 (N)、硫 (S) 5 种元素和灰分 ($A$)、水分 ($M$) 两种成分，其中碳、氢和部分硫是可燃成分，其余都是不可燃成分。

#### (二) 煤的各组成成分及其特性

1. 碳 (C)

碳是煤中主要的可燃元素，也是煤中发热量最大的可燃元素，其含量一般为 40%～95%。1kg 碳完全燃烧生成二氧化碳 ($CO_2$) 放出 32 866kJ 的热量，反应式为

$$C+O_2=CO_2+32\ 866kJ/kg \tag{2-1}$$

如果1kg碳不完全燃烧生成一氧化碳（CO），就只能放出9270kJ的热量，反应式为

$$2C+O_2=2CO+9270kJ/kg \tag{2-2}$$

碳在煤中的存在方式有两种：一部分碳与氢、氧、氮和硫结合成挥发性有机化合物；另一部分是碳的单质，称为固定碳。固定碳不易着火、燃烧缓慢、火苗短，因此，固定碳含量越高的煤，着火和燃烧就越困难。地质年代越长的煤，碳化程度越深，含碳量越高，固定碳的含量也越多。

2. 氢（H）

氢是煤中的可燃元素之一，是煤中发热量最高的可燃元素。氢的含量一般为3%～6%，煤中氢元素的含量随着煤的碳化程度加深而逐渐减少。1kg氢完全燃烧生成水时能放出120 000kJ的热量（扣除了水的汽化潜热），反应式为

$$2H_2+O_2=2H_2O+120\ 000kJ/kg \tag{2-3}$$

煤中的一部分氢与氧结合成为稳定的化合物$H_2O$，不能燃烧；另一部分氢则存在于可燃有机物中，称为游离氢，这部分氢极易着火，燃烧迅速，火苗也长。因此氢含量越多的煤，着火及燃尽都越容易。

3. 氧（O）和氮（N）

氧和氮都是煤中的不可燃元素。

煤中的氧由两部分组成：一部分为游离的氧，它能助燃；另一部分氧与煤中碳、氢结合成化合物（$CO_2$、$H_2O$），不能助燃。煤中氧的含量随煤种的变化很大，从1%～2%到最高40%，煤的地质年代越长，碳化程度越深，氧的含量越少。

煤中氮的含量很少，一般为0.5%～2%。氮是一种有害元素，在氧气供应充分和炉膛内高温条件下易生成有害气体氮氧化物（$NO_x$），所以氮元素是一种会造成环境污染的有害元素。

4. 硫（S）

硫是煤中的可燃元素之一，煤中的硫含量一般不超过2%，但个别煤种高达8%以上。硫在煤中的存在方式有有机硫（与C、H、O等元素结合成化合物）、黄铁矿（硫化铁）中的硫及硫酸盐中的硫三种。前两种硫均能燃烧，称为可燃硫，硫酸盐中的硫不能燃烧，一般归入灰分。我国煤中硫酸盐硫含量很少，通常全部按可燃硫进行燃烧计算。1kg硫完全燃烧生成二氧化硫（$SO_2$）时，能放出9050kJ的热量，其化学反应式为

$$S+O_2=SO_2+9050kJ/kg \tag{2-4}$$

$SO_2$中的一部分进一步氧化成三氧化硫$SO_3$，$SO_3$与烟气中的水蒸气作用生成硫酸蒸汽，在锅炉内会造成金属的低温腐蚀；烟气中的$SO_2$排向大气，会造成大气污染。因此硫是煤中的有害元素。

5. 灰分（*A*）

灰分是煤中的主要不可燃成分，也是煤中的有害成分。各种煤的灰分含量相差很大，多为5%～50%。灰分对锅炉工作的影响如下：灰分含量增加，煤中可燃物质的含量就相对减少，因此煤的发热量下降，影响了煤的着火与燃尽的程度；灰分含量增加，大量灰粒随烟气流过受热面，使受热面磨损加剧；当灰熔点低时，熔融灰粒会黏结在高温受热面的表面形成

结渣，影响锅炉的安全性和经济性；灰分含量增加，还容易在锅炉内形成积灰，积灰严重时会堵塞烟气通道，使引风机电耗增加，影响锅炉的正常运行。

6. 水分（$M$）

水分是煤中的主要不可燃成分，也是煤中的一种有害成分。各种煤的水分含量相差很大，少的仅有3%左右，多的可达50%～60%，一般随煤的地质年代的增长而减少。煤中水分由表面水分和固有水分两部分组成。表面水分又称外在水分，它是煤在开采、运输和储存过程中由于雨雪、地下水等进入煤中而形成的，表面水分可以通过自然干燥的方法除去。去掉表面水分后煤中具有的水分，称为固有水分（或内在水分），固有水分不能通过自然干燥的方法除掉，必须将煤加热至105～110℃，并保持一定的时间，才能除去。表面水分和固有水分之和为全水分。

水分对锅炉工作的影响：煤中水分含量增加，可燃物质的含量相对减少，降低了煤的发热量；水分含量增多，会使着火推迟，还会使炉膛温度降低，使着火困难，燃烧不完全，降低锅炉的热效率；水分含量增加，燃烧生成的烟气容积增加，使排烟热损失和引风机耗电量增加；水分含量增多，也为低温受热面的积灰和低温腐蚀创造了条件；此外，原煤水分含量增多，会给煤粉制备增加困难，造成原煤仓、给煤机及落煤管堵塞和磨煤机出力下降等不良后果。

煤的元素分析是锅炉燃烧计算的依据，也是研究煤的特性的依据。但煤的元素分析相当繁杂，需要复杂的设备、较高的技术和较长的分析时间，所以，从运行角度出发，发电厂一般采用较简单的工业分析法。

## 二、煤的工业分析

1. 煤的工业分析及其方法

煤的工业分析是利用煤在加热燃烧过程中的失重进行定量分析，测定煤中水分、挥发分、固定碳和灰分的质量百分含量。根据煤的工业分析组成，可以了解煤在燃烧方面的特性，以便正确地进行燃烧调整，改善燃烧工况，提高运行的经济性。

煤的工业分析方法如下：先将去掉表面水分的煤样，放入105～110℃的恒温干燥箱内加热1～1.5h，煤样减少的质量就是固有水分的质量；然后，把上述失去全部水分的煤样放进温度为（900±10）℃的马弗炉内，在隔绝空气的条件下加热7min，失去的质量即为煤的挥发分含量；煤中水分、挥发分析出后剩下的残留物称为焦炭，它包括固定碳及灰分。将焦炭放入马弗炉内，在空气充足的条件下加热到（815±10）℃，灼烧约2h，失去的质量为固定碳的含量，而剩余部分则为灰分的含量。

2. 挥发分（$V$）

把失去全部水分的煤样在隔绝空气的条件下加热到（900±10）℃时，煤中的有机物质会分解成各种气体成分析出，这些析出的气体称为挥发分。挥发分不是煤中的固有物质，而是煤加热分解后析出的产物。挥发分的成分主要是可燃气体，包括氢气、一氧化碳、甲烷、硫化氢、碳氢化合物等，另外还含有少量不可燃气体，如氧气、二氧化碳、氮气等。

挥发分的特点是容易着火燃烧，挥发分着火后对焦炭产生强烈的加热作用，促使其迅速地着火燃烧；同时挥发分析出后会使焦炭变得比较松散而多孔，有利于燃烧过程的进行。含挥发分越多的煤越容易着火，燃烧反应快，火焰长。所以煤中挥发分的含量决定了煤的着火和燃烧性能，是锅炉燃烧设备设计布置及运行调整的重要依据。

3. 焦炭

煤中水分、挥发分析出后剩下的固体物质称为焦炭，它包括固定碳及灰分。不同的煤种，其焦炭的物理性质差别很大，有的比较松软，有的结成不同硬度的焦块，焦炭的这种不同黏结性程度称为煤的焦结性。

焦结性是煤的一个重要特性，它对锅炉工作有一定的影响。在层燃炉中，烧不焦结性煤时，焦炭成粉末，易被风吹走或从炉中落下，使燃烧损失增加；烧强焦结性煤时，焦炭成块状，使空气阻力增加，影响煤的燃烧，使燃烧损失增加。在煤粉炉中，烧强焦结性煤时，易引起炉内结渣。

## 三、煤的成分分析基准

因为煤中灰分和水分含量容易受外界条件的影响而变化，所以单位质量的煤中各成分的百分含量也会随之而变化。因此，在给出煤中各成分的百分含量时，应标明其分析基准才有实际意义。煤常用的成分分析基准有以下 4 种。

1. 收到基

以实际收到状态的煤为基准来计算煤中全部成分的质量百分数，其中包括全部水分。对进厂原煤或炉前煤都应按收到基计算各项成分。收到基以下角标 ar 表示，即

元素分析 $$C_{ar}+H_{ar}+O_{ar}+N_{ar}+S_{ar}+A_{ar}+M_{ar}=100\% \quad (2-5)$$

工业分析 $$FC_{ar}+V_{ar}+A_{ar}+M_{ar}=100\% \quad (2-6)$$

2. 空气干燥基

以自然干燥失去外部水分后的煤为基准来计算煤中各成分的质量百分数，即实验室分析化验的煤样状态。空气干燥基以下角标 ad 表示，即

元素分析 $$C_{ad}+H_{ad}+O_{ad}+N_{ad}+S_{ad}+A_{ad}+M_{ad}=100\% \quad (2-7)$$

工业分析 $$FC_{ad}+V_{ad}+A_{ad}+M_{ad}=100\% \quad (2-8)$$

3. 干燥基

以假想无水状态的煤为基准来计算煤中各成分的质量百分数。由于已不受水分的影响，灰分含量百分数比较稳定，可用于比较两种煤的含灰量。干燥基以下角标 d 表示，即

元素分析 $$C_d+H_d+O_d+N_d+S_d+A_d=100\% \quad (2-9)$$

工业分析 $$FC_d+V_d+A_d=100\% \quad (2-10)$$

4. 干燥无灰基

以假想无水、无灰状态的煤为基准来计算煤中各成分的质量百分数。由于不受水分、灰分影响，常用于比较两种煤中的碳、氢、氧、氮、硫成分含量的多少。干燥无灰基以下角标 daf 表示，即

元素分析 $$C_{daf}+H_{daf}+O_{daf}+N_{daf}+S_{daf}=100\% \quad (2-11)$$

工业分析 $$FC_{daf}+V_{daf}=100\% \quad (2-12)$$

煤的成分及其与分析基准间的关系如图 2-1 所示。

## 四、煤的成分分析基准之间的换算

对同一种煤，各基准间可进行换算，其换算系数 $K$ 见表 2-1。

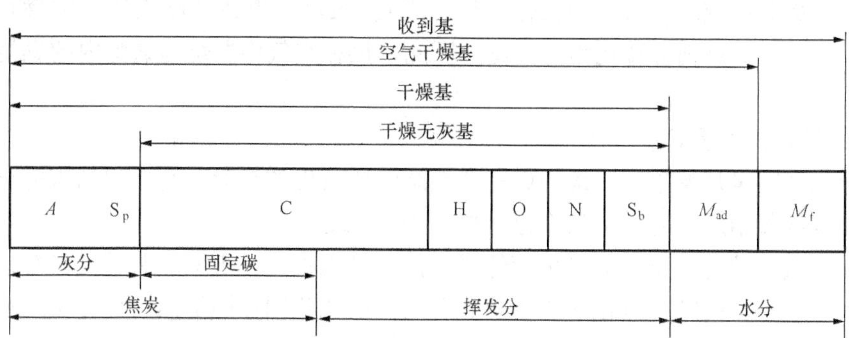


图 2-1　煤的成分及其与分析基准间的关系

**表 2-1**　　**不同基准的换算系数 K**

| 所求 / 已知 | 收到基 | 空气干燥基 | 干燥基 | 干燥无灰基 |
|---|---|---|---|---|
| 收到基 | 1 | $\frac{100-M_{ad}}{100-M_{ar}}$ | $\frac{100}{100-M_{ar}}$ | $\frac{100}{100-A_{ar}-M_{ar}}$ |
| 空气干燥基 | $\frac{100-M_{ar}}{100-M_{ad}}$ | 1 | $\frac{100}{100-M_{ad}}$ | $\frac{100}{100-A_{ad}-M_{ad}}$ |
| 干燥基 | $\frac{100-M_{ar}}{100}$ | $\frac{100-M_{ad}}{100}$ | 1 | $\frac{100}{100-A_{d}}$ |
| 干燥无灰基 | $\frac{100-A_{ar}-M_{ar}}{100}$ | $\frac{100-A_{ad}-M_{ad}}{100}$ | $\frac{100-A_{d}}{100}$ | 1 |

## 第二节　煤的主要特性及分类

### 一、煤的发热量

（一）定义

煤的发热量是煤的重要特性之一，它是指单位质量的煤在完全燃烧时所放出的热量，用符号 $Q$ 表示，单位是 kJ/kg。

煤的发热量常用弹筒发热量 $Q_b$、高位发热量 $Q_{gr}$、低位发热量 $Q_{net}$ 表示。

1. 弹筒发热量 $Q_b$

弹筒发热量是在实验室中用氧弹式量热计测定的实测值。测定方法是将约 1g 的煤样置于氧弹中，氧弹内充满压力为 2.8～3.2MPa 的氧气，点火燃烧，然后使燃烧产物冷却到煤的原始温度（20～50℃），在此条件下单位质量的煤所放出的热量即为弹筒发热量。这时，煤样中的碳完全燃烧生成二氧化碳；氢燃烧并经冷却生成液态水；硫和氮在氧弹内瞬时燃烧温度达 1500℃左右时与过剩氧反应生成三氧化硫 $SO_3$ 和 $NO_x$，并溶于事先置于氧弹内的水中，形成硫酸和硝酸。生成酸的反应要放出热量，因而弹筒发热量比在锅炉内实际燃烧所释放的热量要高，故实测出来的弹筒发热量还要换算成煤的空气干燥基高位发热量和低位发热量后才能使用。

2. 煤的高位发热量 $Q_{gr}$

煤的高位发热量是指单位质量的煤在完全燃烧时所放出的热量，它包括煤完全燃烧所生成的水蒸气全部凝结成水时放出的汽化潜热，用 $Q_{gr}$ 表示。煤在常压空气流中燃烧时，其中的硫只能生成 $SO_2$，氮则会转化为游离氮，因此，煤在空气中燃烧与氧弹内的燃烧生成物是不同的。

3. 煤的低位发热量 $Q_{net}$

煤的低位发热量是指单位质量的煤完全燃烧时所放出的热量，它不包括煤完全燃烧所生成的水蒸气全部凝结成水时放出的汽化潜热，用 $Q_{net}$ 表示。

现代大容量锅炉为防止尾部受热面低温腐蚀，排烟温度一般均控制在 110℃以上，因此烟气中的水蒸气不会凝结，汽化潜热不能被利用。因此我国在锅炉热力计算中采用的是煤的收到基低位发热量 $Q_{ar,net}$。

不同基准燃料的发热量是不同的，在进行不同基准燃料发热量之间的换算时，应考虑水分的影响。对于高位发热量来说，水分存在只是占据质量的一部分，使可燃成分减少，导致发热量降低，因此，不同基准的高位发热量之间可以采用燃煤成分换算方法，按表 2-1 的换算系数直接换算即可。

不同基准燃料低位发热量的换算可以按下述方法进行：先将已知的低位发热量换算成同基准的高位发热量，然后查出相应的换算系数，进行不同基准的高位发热量的换算，求出所求基准的高位发热量，最后进行所求基准高、低位发热量换算，即得出所求的低位发热量。

（二）标准煤

1. 标准煤

不同种类的煤具有不同的发热量，因此，同一燃烧设备在相同的工况下，燃烧发热量低的煤时，其煤耗量就大；反之，燃烧发热量高的煤，其煤耗量就小。所以不能简单地用实际煤耗量的大小作为比较各厂之间设备运行经济性好坏的依据。为了使各厂之间的设备运行经济性具有可比性，引入了标准煤的概念。

所谓标准煤是指收到基低位发热量 $Q_{ar,net}$ 为 29 310kJ/kg（7000kcal/kg）的煤。锅炉实际煤耗量可用下式折算成标准煤耗量，即

$$B_b = \frac{BQ_{ar,net}}{29\ 310} \tag{2-13}$$

式中 $B$——锅炉实际煤耗量，kg/h；

$B_b$——锅炉标准煤耗量，kg/h。

在比较两个电厂的煤耗时，可用式（2-13）先折算为标准煤耗量后再比较。

2. 标准煤耗率

指发电厂或机组生产 1kWh 的电能所消耗的标准煤量，用符号 $b_b$ 表示，单位为 kg 标准煤/kWh，即

$$b_b = \frac{B_b}{P} \tag{2-14}$$

式中 $P$——发电厂或机组每小时生产的电能，kWh/h。

标准煤耗率是全厂性或整台发电机组的经济指标，它与锅炉、汽轮机、发电机等设备及其系统的运行经济性有关，特别是锅炉的运行经济性对电厂煤耗率影响较大。

（三）折算成分

在锅炉的设计和运行中，为了更准确地比较煤中各种有害成分（水分、灰分和硫分）对

锅炉工作的影响，引入折算成分的概念。规定把相对于每 4190kJ/kg（即 1000kcal/kg）收到基低位发热量的煤所含的收到基水分、灰分和硫分，分别称为折算水分、折算灰分、折算硫分。

折算水分 $$M_{ar,zs}=4190\frac{M_{ar}}{Q_{ar,net}}\% \tag{2-15}$$

折算灰分 $$A_{ar,zs}=4190\frac{A_{ar}}{Q_{ar,net}}\% \tag{2-16}$$

折算硫分 $$S_{ar,zs}=4190\frac{S_{ar}}{Q_{ar,net}}\% \tag{2-17}$$

$M_{ar,zs}>8\%$的煤，称为高水分煤；$A_{ar,zs}>4\%$的煤，称为高灰分煤；$S_{ar,zs}>0.2\%$的煤，称为高硫分煤。

## 二、高温下煤灰的熔融性

### （一）煤灰的熔融特性及三个特征温度

灰的熔融性对锅炉运行的经济性和安全性有很大影响。对于固态排渣煤粉炉，燃用灰熔点低的煤时，容易引起受热面结渣。结渣不仅影响传热，降低锅炉热效率，而且还会影响锅炉的正常运行，甚至被迫停炉。对于液态排渣煤粉炉，当燃用灰熔点高的煤时，容易造成炉底排渣口流渣困难，从而影响锅炉的正常运行甚至被迫停炉。

煤灰的熔融性的测定方法主要采用角锥法，如图 2-2 所示。把煤灰研细至 0.1mm 以下，制成正三角锥体，锥体高度为 20mm，底面的边长为 7mm，锥体的一侧面垂直于底面，置于温度可调节并充有适量还原性气体的电炉中逐渐加热，根据灰锥的状态变化，记录 DT、ST 和 FT 这三个特征温度。

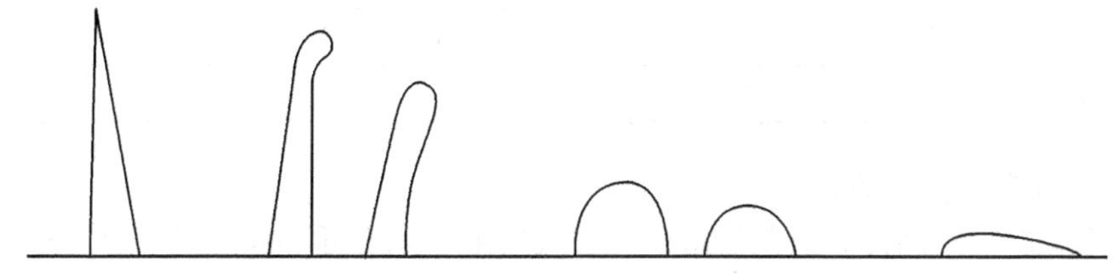

图 2-2 灰的熔融特性

（1）变形温度 DT。锥体尖端开始变圆或弯曲时的温度。

（2）软化温度 ST。灰锥弯曲至锥尖触及托板或灰锥变成球状时的温度。

（3）流动温度 FT。灰锥熔化展开成高度在 1.5mm 以下的薄层时的温度。

在锅炉技术中多用软化温度 ST 作为熔融性指标（或称灰熔点）。各种煤灰的软化温度 ST 多在 1100～1600℃之间。通常把 ST＜1200℃的煤灰称为易熔灰，此时锅炉一般宜采用液态排渣方式。ST＞1400℃的煤灰称为难熔灰，此时锅炉一般宜采用固态排渣方式。

DT、ST 和 FT 的温度间隔大小对锅炉工作也有较大影响。如果温度间隔很大，就意味着固相和液相共存的温度区间很宽，灰渣的黏度随温度变化就很慢，这样的灰渣称为长渣；反之，如果温度间隔很小，那么灰渣黏度随温度变化就很快，这样的灰渣称为短渣。一般认为温度间隔为 200～400℃时为长渣，而温度间隔为 100～200℃时为短渣。长渣在炉膛中易于结渣；而短渣一般来说不易结渣。

(二) 影响煤灰熔融性的因素

煤灰的熔融特性是判断锅炉运行中是否会结渣的主要因素之一，实际上影响煤灰熔融性的因素是多方面的，主要有煤灰的化学组成成分和煤灰周围高温介质的性质。

1. 煤灰的化学组成成分

煤灰的化学组成成分比较复杂，分为酸性氧化物（如 $SiO_2$、$Al_2O_3$、$TiO_3$ 等）和碱性氧化物（如 $Fe_2O_3$、CaO、MgO、$Na_2O$ 和 $K_2O$ 等）。一般来说，灰中高熔点成分（如 $SiO_2$、$Al_2O_3$、CaO、MgO 等）越多，灰的熔点就越高；相反，低熔点成分（如 FeO、$Na_2O$ 和 $K_2O$ 等）越多，则灰的熔点越低。这些物质在纯净状态下本身熔点大多较高，但当煤灰中各成分结合为共晶体或共晶体混合物时，将会使灰熔点降低。煤灰中常见化合物的熔化温度见表 2-2。

表 2-2 煤灰中常见化合物的熔化温度

| 名称 | 熔化温度（℃） | 名称 | 熔化温度（℃） |
|---|---|---|---|
| $SiO_2$ | 1716 | $K_2 \cdot SiO_2$ | 997 |
| $Al_2O_3$ | 2043 | $Al_2O_3 \cdot Na_2O \cdot 6SiO_2$ | 1099 |
| CaO | 2521 | $Fe \cdot SiO_2$ | 1143 |
| MgO | 2799 | $2FeO \cdot SiO_2$ | 1065 |
| $Na_2O$ | 800～1000 | $CaO \cdot Fe_2O_3$ | 1249 |
| $K_2O$ | 800～1000 | $Ca \cdot MgO \cdot SiO_2$ | 1391 |
| $Fe_3O_4$ | 1597 | $Ca \cdot SiO_2$ | 1540 |
| $Fe_2O_3$ | 1566 | $CaO \cdot FeO \cdot SiO_2$ | 1100 |
| FeO | 1377 | $3Al_2O_3 \cdot 2SiO_2$ | 1800 |
| $TiO_3$ | 1837 | $CaO \cdot Al_2O_3$ | 1605 |
| $Na_2 \cdot SiO_2$ | 877 | $CaO \cdot Al_2O_3 \cdot Si_2O_3$ | 1170 |

2. 煤灰周围高温介质的性质

煤灰周围高温介质的性质对灰熔融性有较大影响。当介质中存在还原性气体时，这些气体与灰中的高价氧化铁（$Fe_3O_4$）相遇时，就会使高价氧化铁还原成低熔点的氧化亚铁（FeO），并可能与其他氧化物形成共晶体，使灰熔点降低。

在锅炉运行中，炉内烟气中总难免有少量的 CO 等还原性气体，通常把这种含少量还原性气体的烟气称为半还原性气氛或弱还原性气氛。为了使实验室测出的灰熔点与炉内实际情况比较接近，一般在保持弱还原性气氛的电炉中测定灰的熔融特性。

## 三、发电用煤的分类

我国煤炭资源丰富，种类繁多，为了能够合理地使用各种煤，应对煤进行科学分类。我国 2009 年发布的 GB/T 5751—2009《中国煤炭分类标准》中采用的分类参数有两类：第一类用于表征煤化程度的参数，包括干燥无灰基挥发分 $V_{daf}$ 的含量、干燥无灰基氢含量 $H_{daf}$、恒湿无灰基高位发热量 $Q_{gr,daf}$ 和低煤阶煤透光率 $P_M$；第二类用于表征煤工艺性能的参数，包括烟煤的黏结指数 $G$、烟煤的胶质层最大厚度 $Y$ 和烟煤的奥阿膨胀度 $b$。对煤进行分类时，首先根据干燥无灰基挥发分等指标，将煤分为无烟煤、烟煤和褐煤；再根据干燥无灰基挥发分及黏结指数等指标，将烟煤划分为贫煤、贫瘦煤、瘦煤、焦煤、肥煤、1/3 焦煤、气肥煤、气煤、1/2 中黏煤、弱黏煤、不黏煤和长焰煤。

1. 无烟煤

无烟煤的特点是含碳量很高，挥发分含量很小，一般 $V_{daf}$<10%，故不易点燃，燃烧缓慢，燃烧时无烟且火焰很短；无烟煤的干燥无灰基含碳量达 95%～96%，含氢量少，其发热量大致为 20 930～25 120kJ/kg，焦炭无焦结性。无烟煤表面具有黑色光泽，密度较大，且质硬不易研磨，储存时不易风化和自燃。

2. 贫煤

贫煤的性质介于无烟煤与烟煤之间，故其碳化程度比无烟煤稍低，挥发分含量 $V_{daf}$ 仅为 10%～20%，不易点燃，燃烧时火焰短，但稍胜于无烟煤，焦炭无焦结性。

3. 烟煤

烟煤的特点是含碳量较无烟煤低，挥发分含量较多，一般 $V_{daf}$=20%～40%，故大部分烟煤都易点燃，燃烧快，燃烧时火焰长；烟煤发热量较高，大致为 18 850～27 210kJ/kg；多数具有或强或弱的焦结性；烟煤表面呈灰黑色，有光泽，质松易碎，储存时会自燃。灰分、水分含量较高，发热量较低（多在 18 850kJ/kg 以下）的烟煤称为劣质烟煤。燃用劣质烟煤除应在燃烧上采取适当措施外，还应考虑受热面积灰、结渣和磨损等问题。烟煤在我国各地均有，是锅炉燃煤中数量最多的一种煤。

4. 褐煤

褐煤的特点是含碳量不多，含挥发分很高，其 $V_{daf}$>40%，故极易点燃，燃烧时火焰长；又因其水分、灰分及氧的含量均较高，故发热量低，大致为 10 500～14 700kJ/kg，焦炭无焦结性。褐煤外表多呈棕褐色，质脆易风化，储存时极易发生自燃。

## 第三节　液体及气体燃料

### 一、液体燃料

（一）锅炉常用液体燃料及其成分

我国电站锅炉的主要燃料是煤，但在点火或低负荷运行时，需要燃烧液体燃料。液体燃料一般是指通过石油炼制而得到的各种产品。我国电站锅炉用的液体燃料主要是重油和轻柴油。

重油的组成成分几乎与煤一样，也是由碳、氢、氧、氮、硫、水分、灰分组成。其成分含量一般较稳定，含碳量为 84%～87%，含氢量高达 11%～14%，氧、氮含量为 1%～2%，水分和灰分都较少，一般水分低于 4%，灰分不超过 1%。低位发热量为 37 700～44 000kJ/kg，属易燃的高发热量燃料，对燃油的管理必须注意防火。

（二）液体燃料的物理特性指标

1. 黏度

黏度是反映液体燃料流动性能的指标，对油的输送和燃烧有很大的影响。油的黏度越小，流动性能越好，雾化的质量也越好，便于输送；在 110℃以下时，重油的黏度随油温的升高而降低，因此常用加热的办法降低油的黏度。

2. 凝固点

重油丧失流动性，开始发生凝固时的温度称为凝固点。油中石蜡含量越多，凝固点越高。凝固点高的油，低温时流动性差，将增加运输和管理的难度。我国重油的凝固点一般在

15℃以上。

3. 闪点和燃点

随着油温的升高，油蒸发为油气的数量增多，当油气和空气混合物达到某一浓度时，如有明火接触，发生短暂闪光的最低温度称为闪点。闪点是燃油安全防火的指标，无压容器的油温，应比闪点低20～30℃，在无空气的压力容器和管道内，油温可不受限制。重油因不含易挥发的轻质油成分，所以闪点较高，一般为80～130℃。

油气与空气混合物遇到明火能点燃，且燃烧时间持续5s以上的最低温度称为燃点。油的燃点比它的闪点高20～30℃，具体数值取决于燃油的品种和性质。

闪点和燃点是鉴别燃油着火燃烧危险性的重要指标，燃油的闪点和燃点越高，储存和运输时着火的危险性越小。闪点和燃点间距过大，燃烧过程易出现火炬跳跃波动，甚至火炬暂时中断。

4. 密度

燃油的密度能在一定程度上反映油的物理特性和化学成分。密度大的燃油，其碳及杂质的含量较高，而氢的含量相对较小些，以至黏度较大、闪点较高、发热量较低，因此密度是检验和评价油的指标。由于燃油密度与温度有关，因而在石油工业中，规定以油温为20℃时的密度作为油产品的标准密度。

## 二、气体燃料

### (一) 气体燃料及其组成成分

气体燃料有天然气体燃料和人工气体燃料两种。气体燃料同样由碳、氢、氧、氮、硫、水分、灰分组成，但它通常用组成气体的容积百分数来表示。气体燃料具有与液体燃料相同的优点，但是它易爆炸，某些成分（如CO）有毒，在使用时应采取相应的安全措施。

### (二) 锅炉常用的气体燃料

电站锅炉常用的气体燃料主要有天然气、高炉煤气和焦炉煤气等。

1. 天然气

天然气有气田煤气和油田煤气两种。气田煤气是由地下气层引出的，其甲烷含量高达94%～98%，其他成分含量较少，标准状态下密度为0.5～0.7kg/m³。油田煤气是开采石油时带出的可燃气体，其甲烷含量一般为75%～87%，乙烷、丙烷等重碳氢化合物约占10%以上，二氧化碳等不可燃气体含量较少，占5%～10%，标准状态下其密度为0.6～0.8kg/m³。天然气的发热量很高，标准状态下可达33 500～37 700kJ/m³。天然气是优质的动力燃料，同时又是宝贵的化工原料，一般不应作为锅炉燃料使用。

2. 高炉煤气

高炉煤气是炼铁高炉的副产品，其主要的可燃成分是一氧化碳和氢气，一氧化碳含量为20%～30%，氢气含量为5%～15%。高炉煤气含有大量不可燃气体（$CO_2$、$N_2$），并含有大量的灰粒，所以高炉煤气的发热量较低，标准状态下为3800～4200kJ/m³，在冶金联合企业的发电厂中，常与重油、煤粉混合燃烧。

3. 焦炉煤气

焦炉煤气是炼焦炉的副产品，其主要可燃成分为氢气和甲烷，以及少量一氧化碳和其他杂质，氢气含量为50%～60%，甲烷含量为20%～30%，所以焦炉煤气的发热量较高，标准状态下约为17 000kJ/m³，焦炉煤气属于优质动力燃料，可以从焦炉煤气中提炼氨、苯和焦油等多种化工原料，应提炼后再燃用。

## 复习思考题

2-1 煤的元素分析成分有哪些？工业分析成分有哪些？

2-2 什么是挥发分？它的主要成分有哪些？挥发分对锅炉工作有什么影响？

2-3 简述焦炭、固定碳、煤的含碳量三者之间的区别。

2-4 煤中的灰分含量对锅炉工作有何影响？

2-5 煤的成分基准有哪些？

2-6 什么是煤的发热量？高、低位发热量有何不同？

2-7 什么是标准煤？

2-8 什么是灰的熔融性？影响灰的熔融性的因素有哪些？

2-9 发电用煤分为哪几类？分类的依据是什么？各类煤有哪些特性？

2-10 燃油的闪点和燃点有何不同？

# 第三章　燃料燃烧计算与锅炉热平衡

燃料燃烧计算的主要任务是确定燃料完全燃烧所需要的空气量以及生成的烟气量等。燃料燃烧计算是对锅炉进行设计、改造以及选择锅炉辅机（送风机、引风机等）的基础。

锅炉热平衡的主要任务是计算锅炉热效率、分析影响锅炉热效率的因素和找到提高锅炉热效率的方法。

## 第一节　燃料燃烧反应与空气量计算

### 一、燃料燃烧反应

燃料的燃烧是指燃料中的可燃元素（C、H、S）与氧气（$O_2$）在高温条件下发生的强烈的发光发热的化学反应。当燃烧产物中不含可燃物质时称为完全燃烧，否则称为不完全燃烧。

在燃料的燃烧计算中，通常把空气与烟气都视为理想气体，即在标准状态（0.101MPa和0℃）下，1kmol理想气体的容积等于22.4m³。

锅炉常用的燃料是煤，煤的燃烧实际上是煤中可燃元素碳、氢、硫的燃烧，它们的燃烧反应方程式如下。

1. 碳的燃烧反应

（1）碳完全燃烧时，其化学反应式为

$$C+O_2 = CO_2 \tag{3-1}$$

$$12kgC+22.4m^3O_2=22.4m^3CO_2$$

$$1kgC+1.866m^3O_2=1.866m^3CO_2$$

由此可得：1kg碳完全燃烧时需要1.866m³氧气，并生成1.866m³二氧化碳。1kg燃料中含碳量为$\frac{C_{ar}}{100}$kg，1kg燃料中的碳完全燃烧需要的氧气量为$1.866\frac{C_{ar}}{100}$m³。

（2）碳不完全燃烧时，其化学反应式为

$$2C+O_2 = 2CO \tag{3-2}$$

$$24kgC+22.4m^3O_2=44.8m^3CO$$

$$1kgC+0.933m^3O_2=1.866m^3CO$$

由此可得：1kg碳不完全燃烧时只需要0.933m³氧气，并生成1.866m³一氧化碳。

2. 氢的燃烧反应

氢的燃烧反应式为

$$2H_2+O_2 = 2H_2O \tag{3-3}$$

$$4.032kgH_2+22.4m^3O_2=44.8m^3H_2O$$

$$1kgH_2+5.56m^3O_2=11.1m^3H_2O$$

由此可得：1kg的氢完全燃烧时需要5.56m³氧气，并产生11.1m³水蒸气。1kg燃料中含氢$\frac{H_{ar}}{100}$kg，1kg 燃料中的氢完全燃烧所需要的氧气量为 $5.56\frac{H_{ar}}{100}m^3$。

3. 硫的燃烧反应

硫的燃烧反应式为

$$S+O_2 = SO_2 \tag{3-4}$$

$$32kgS+22.4m^3O_2=22.4m^3SO_2$$

$$1kgS+0.7m^3O_2=0.7m^3SO_2$$

由此可得：1kg 硫完全燃烧时需要 $0.7m^3$ 氧气，并产生 $0.7m^3$ 二氧化硫。1kg 燃料中含硫$\frac{S_{ar}}{100}$kg，1kg 燃料中的硫完全燃烧需要的氧气量为 $0.7\frac{S_{ar}}{100}m^3$。

## 二、理论空气量

1kg（或 $1m^3$）收到基燃料完全燃烧而又没有剩余氧存在时所需要的最小空气量称为理论空气量，用符号 $V^0$ 表示，其单位为 $m^3/kg$（或 $m^3/m^3$）。理论空气量的大小可根据上面的燃烧反应方程式推导出来。

由式（3－1）、式（3－3）和式（3－4）可知，1kg 燃料完全燃烧时，需要的理论氧气量为$\left(1.866\frac{C_{ar}}{100}+5.56\frac{H_{ar}}{100}+0.7\frac{S_{ar}}{100}\right)m^3/kg$，而燃料在燃烧时，1kg 燃料本身释放出的氧气量为$\frac{22.4}{32}\times\frac{O_{ar}}{100}=0.7\frac{O_{ar}}{100}m^3$。

由此可得，1kg 燃料完全燃烧时，需要从外界空气中获得的理论氧气量为

$$V_{O_2}^0=1.866\frac{C_{ar}}{100}+5.56\frac{H_{ar}}{100}+0.7\frac{H_{ar}}{100}-0.7\frac{O_{ar}}{100}\quad m^3/kg \tag{3-5}$$

干空气中氧的容积含量约为 21%，所以 1kg 燃料完全燃烧所需要的理论空气量为

$$V^0=\frac{V_{O_2}^0}{0.21}=0.0889(C_{ar}+0.375S_{ar})+0.265H_{ar}-0.0333O_{ar}\quad m^3/kg \tag{3-6}$$

式（3－6）中把 $C_{ar}$ 和 $S_{ar}$ 合并在一起，是因为 C 和 S 的完全燃烧反应可写成通式 $R+O_2=RO_2$，其中 $R=C_{ar}+0.375S_{ar}$，相当于 1kg 燃料中的当量碳量。另外，在进行烟气分析时，$CO_2$ 和 $SO_2$ 的容积总是一起测定的。

理论空气量用质量表示则为

$$L^0=1.293V^0\quad kg/kg$$

式中 1.293——干空气密度，$kg/m^3$。

特别要指出的是，上面所计算的理论空气量都是指不含水蒸气的理论干空气量。

## 三、实际空气量

如果按照理论空气量给燃料供应空气，由于燃料在炉内燃烧时很难与空气达到完全理想的混合，必然会有一部分燃料因为得不到所需要的氧气而不能完全燃烧。为了使燃料在炉内能够尽可能地完全燃烧，减少不完全燃烧热损失，实际送入炉内的空气量要比理论空气量大些，这一空气量称为实际空气量，用符号 $V_k$ 表示，单位为 $m^3/kg$（或 $m^3/m^3$）。

## 四、过量空气系数

实际空气量与理论空气量之比，称为过量空气系数，用符号 $\alpha$ 表示（在空气量计算时用 $\beta$ 表示），即

$$\alpha = \frac{V_k}{V_0} \quad (3-7)$$

对同一种燃料，由式（3－6）可知，其所需要的理论空气量是一个定值，此时只要知道 $\alpha$ 值的大小，就可以知道实际空气量的大小。对不同形式的锅炉、不同的燃料，其 $\alpha$ 值是不同的。炉内的实际过量空气系数，一般是指炉膛出口处的过量空气系数，这是因为炉内燃烧过程是在炉膛出口处结束的。

实际空气量与理论空气量的差值，称为过量空气量，用 $\Delta V$ 表示，即

$$\Delta V = V_k - V_0 = (\alpha - 1)V^0 \quad m^3/kg \quad (3-8)$$

过量空气系数是锅炉运行的重要指标，$\alpha$ 太大会增大烟气容积使排烟损失增加，太小则不能保证燃料完全燃烧。$\alpha$ 的最佳值与燃料的种类、燃烧方式以及燃烧设备的完善程度等有关，应通过锅炉燃烧试验确定。各种锅炉在燃用不同燃料时，$\alpha$ 的推荐值见表 3－1。

**表 3－1　　炉膛出口过量空气系数 $\alpha$**

| 燃烧方式 | | 燃料 | 炉膛出口过量空气系数 $\alpha$ |
|---|---|---|---|
| 煤粉炉 | 固态排渣 | 无烟煤、贫煤 | 1.20～1.25 |
| | | 烟煤、褐煤 | 1.15～1.20 |
| | 液态排渣 | 无烟煤、贫煤 | 1.2～1.25 |
| | | 烟煤、褐煤 | 1.20 |
| 燃油、燃气炉 | | 重油、天然气、高炉煤气 | 1.10 |
| 层燃炉 | 链条炉 | 无烟煤 | 1.5～1.6 |
| | | 烟煤、褐煤 | 1.3 |
| | 抛煤炉 | 烟煤、褐煤 | 1.3～1.4 |
| | 手烧炉 | 无烟煤 | 1.5 |
| | | 烟煤、褐煤 | 1.4 |

## 第二节　烟气组成与烟气量计算

### 一、烟气组成

燃料燃烧后的产物是烟气和灰渣。飞灰固体颗粒在烟气中所占的容积百分比很小，通常计算时都忽略不计。烟气是由多种气体组成的混合物，分别用 $V_{CO_2}$、$V_{SO_2}$、$V_{H_2O}$、$V_{N_2}$、$V_{O_2}$、$V_{CO}$ 表示二氧化碳、二氧化硫、水蒸气、氮气、氧气和一氧化碳的分容积，用 $V_y$ 表示 1kg 燃料燃烧生成的烟气总容积。

（1）当 $\alpha=1$ 且完全燃烧时，烟气是由 $CO_2$、$SO_2$、$N_2$ 和 $H_2O$ 4 种气体成分组成的，故烟气容积为上述 4 种气体成分分容积之和，即

$$V_y = V_{CO_2} + V_{SO_2} + V_{N_2} + V_{H_2O} \quad m^3/kg \quad (3-9)$$

（2）当 $\alpha>1$ 且完全燃烧时，烟气是由 $CO_2$、$SO_2$、$N_2$、$O_2$ 和 $H_2O$ 5 种气体成分组成的，故烟气容积为上述 5 种气体成分分容积之和，即

$$V_y = V_{CO_2} + V_{SO_2} + V_{N_2} + V_{H_2O} + V_{O_2} \quad m^3/kg \quad (3-10)$$

（3）当 $\alpha \geqslant 1$ 且不完全燃烧时，烟气中除上述 5 种气体成分外还有 $CO$、$H_2$ 及 $CH_4$ 等可

燃气体。通常烟气中的 $H_2$ 及 $CH_4$ 等可燃气体的含量极小，可以忽略不计，而只考虑 CO 成分，故烟气可认为是由 $CO_2$、$SO_2$、$N_2$、CO、$O_2$ 和 $H_2O$ 6 种气体成分组成的，因而烟气容积为上述 6 种气体成分分容积之和，即

$$V_y = V_{CO_2} + V_{SO_2} + V_{N_2} + V_{H_2O} + V_{O_2} + V_{CO} \quad m^3/kg \tag{3-11}$$

## 二、烟气量计算

### （一）根据燃烧反应计算烟气容积

在设计锅炉时，烟气量的计算是根据 $\alpha>1$ 且完全燃烧时的化学反应方程式来计算的。一般计算的方法是：先计算理论烟气容积，再考虑过量空气量和随同这部分过量空气带入的水蒸气容积，最后计算出该烟气的实际容积。

#### 1. 理论烟气容积 $V_y^0$

当 $\alpha=1$ 且燃料完全燃烧时生成的烟气容积称为理论烟气容积，用符号 $V_y^0$ 表示，单位为 $m^3/kg$。由式（3-9）可知，理论烟气容积是由 4 种气体成分的分容积组成的，即

$$V_y^0 = V_{CO_2} + V_{SO_2} + V_{N_2}^0 + V_{H_2O}^0 \quad m^3/kg \tag{3-12}$$

（1）二氧化碳和二氧化硫容积（$V_{RO_2}$）的计算。1kg 燃料中的 C 和 S 完全燃烧生成的 $CO_2$ 与 $SO_2$ 的容积为

$$V_{RO_2} = V_{CO_2} + V_{SO_2} = 1.866\frac{C_{ar}}{100} + 0.7\frac{S_{ar}}{100} = 1.866\left(\frac{C_{ar} + 0.375S_{ar}}{100}\right) \quad m^3/kg \tag{3-13}$$

（2）理论氮气容积（$V_{N_2}^0$）的计算。烟气中的氮气来源于理论空气量中的氮和 1kg 燃料本身所含的氮，即

$$V_{N_2}^0 = 0.79V^0 + 0.8\frac{N_{ar}}{100} \quad m^3/kg \tag{3-14}$$

（3）理论水蒸气容积（$V_{H_2O}^0$）的计算。对于固体燃料，烟气中的理论水蒸气容积来源于以下三个方面，即：

1）1kg 燃料中的 H 完全燃烧生成的水蒸气

$$11.1\times\frac{H_{ar}}{100} = 0.111H_{ar} \quad m^3/kg$$

2）1kg 燃料中的水分形成的水蒸气

$$\frac{22.4}{18}\times\frac{M_{ar}}{100} = 0.0124M_{ar} \quad m^3/kg$$

3）理论空气量 $V^0$ 带入的水蒸气。空气含湿量是指 1kg 干空气含有的水蒸气量，用符号 $d_k$ 表示，单位为 g/kg（干空气），一般取 $d_k=10$g/kg（干空气），因此 $V^0$ 带入的水蒸气为

$$1.293\times\frac{d_k}{1000}\times\frac{22.4}{18}V^0 = 1.293\times\frac{10}{1000}\times\frac{22.4}{18}V^0 = 0.0161V^0 \quad m^3/kg$$

由此可得理论水蒸气容积

$$V_{H_2O}^0 = 0.111H_{ar} + 0.0124M_{ar} + 0.0161V^0 \quad m^3/kg \tag{3-15}$$

#### 2. 实际烟气容积 $V_y$

1kg 燃料的实际燃烧过程是在 $\alpha>1$ 的情况下进行的，我们认为这部分的过量空气不参与化学反应而直接进入烟气中，伴随这部分过量空气还带入了一部分水蒸气，即实际烟气容积 $V_y$ 为理论烟气容积、过量空气容积和过量空气带入的水蒸气容积三部分之和，即

$$V_y = 1.866\left(\frac{C_{ar} + 0.375S_{ar}}{100}\right) + 0.8\frac{N_{ar}}{100} + 0.79V^0 + 11.1\times\frac{H_{ar}}{100} + 1.24\times\frac{M_{ar}}{100} + 0.0161V^0 + (\alpha - 1)V^0 + 0.0161(\alpha - 1)V^0$$

$$= 0.01866(C_{ar} + 0.375S_{ar}) + 0.008N_{ar} + 0.111H_{ar} + 0.0124M_{ar} + 1.016\alpha V^0 - 0.21V^0 \quad m^3/kg \tag{3-16}$$

(二) 根据烟气分析计算烟气容积

1. 运行锅炉的烟气成分分析

对于正在运行的锅炉，实际的过量空气系数 $\alpha$ 通常与设计值有差异，而燃料也通常是不完全燃烧，因此在烟气中常含有少量的CO，这些都将影响烟气的容积。为了比较确切地计算出锅炉运行时的烟气容积，通常要借助烟气分析的方法。根据烟气分析不仅可以确定锅炉运行时的烟气容积，而且还可确定过量空气系数、漏风系数及烟气中CO含量等数据，从而了解锅炉的燃烧工况，以便对燃烧进行调整和对燃烧设备进行改进。

烟气成分分析是指以1kg燃料燃烧生成的干烟气容积 $V_{gy}$ 为基础，测出烟气中各组成气体的分容积占干烟气容积的百分数。如果以 $CO_2$、$SO_2$、$O_2$、$N_2$ 和CO分别表示干烟气中二氧化碳、二氧化硫、氧气、氮气和一氧化碳的成分容积百分数，则有

$$CO_2 = \frac{V_{CO_2}}{V_{gy}}\times 100\% \tag{3-17}$$

$$SO_2 = \frac{V_{SO_2}}{V_{gy}}\times 100\% \tag{3-18}$$

$$O_2 = \frac{V_{O_2}}{V_{gy}}\times 100\% \tag{3-19}$$

$$CO = \frac{V_{CO}}{V_{gy}}\times 100\% \tag{3-20}$$

$$N_2 = \frac{V_{N_2}}{V_{gy}}\times 100\% \tag{3-21}$$

$$CO_2 + SO_2 + O_2 + CO + N_2 = 100\% \tag{3-22}$$

式（3-17）～式（3-21）中的 $V_{CO_2}$、$V_{SO_2}$、$V_{N_2}$、$V_{O_2}$、$V_{CO}$、$V_{gy}$ 均指的是1kg燃料燃烧生成的烟气中相应气体的容积，单位是 $m^3/kg$。

令 $CO_2 + SO_2 = RO_2$，则式（3-22）可改写成

$$RO_2 + O_2 + CO + N_2 = 100\% \tag{3-23}$$

2. 烟气分析仪器

烟气中的各种气体成分含量是用烟气分析仪测定的，电厂较为普遍使用的是奥氏烟气分析仪。而随着测试技术的发展，色谱分析仪、红外线烟气分析仪等也逐步得到使用。

奥氏烟气分析仪的工作原理是将一定容积的烟气试样依次和某些化学药品相接触，选择性地吸收烟气中的某种气体，每次减少的容积就是该种气体在烟气中所占的容积。奥氏烟气分析仪如图3-1所示，它有三个吸收瓶，第一个吸收瓶内装有氢氧化钾（KOH）水溶液，用来吸收烟气中的 $RO_2$；第二个吸收瓶内装有焦性没食子酸［$C_6H_3(OH)_3$］的碱溶液，用来吸收烟气中的氧气，同时也能吸收 $RO_2$；第三个吸收瓶内装有氯化亚铜氨［$Cu(NH_3)_2Cl$］溶液，用来吸收烟气中的一氧化碳，同时也能吸收氧气。

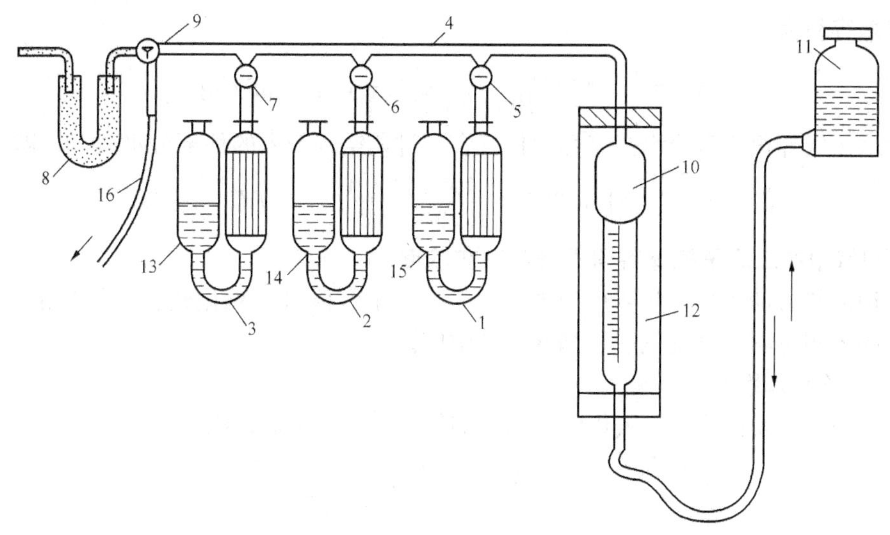


图 3-1　奥氏烟气分析仪

1、2、3—吸收瓶；4—梳形管；5、6、7—旋塞；8—过滤器；9—三通旋塞；10—量管；11—平衡瓶；12—水套管；13、14、15—缓冲瓶；16—排气管

烟气分析操作步骤为：先检查系统的严密性，然后将仪器中的空气排放掉，再经过过滤器 8 抽取烟气 100mL，关闭进口旋塞 9。将烟气依次驱入吸收瓶 1、2、3 中，在每个瓶吸收时，应反复多次，以便充分吸收。注意进入吸收瓶的顺序不能颠倒，读数时需将平衡瓶的水位面与量管中的水位面对齐。利用奥氏烟气分析仪可依次测量出 $RO_2$、$O_2$、CO 的成分含量，$N_2$ 的成分含量可由式（3-23）求出。

需要说明的是，不论吸进烟气分析仪中的烟气是干烟气还是湿烟气，其分析结果均是干烟气成分的容积含量百分数。这是因为干烟气或湿烟气在吸入分析仪后，在量管中一直和水接触，因此烟气已是饱含水蒸气的饱和气体了。在定温、定压下饱和气体中的水蒸气和干烟气的容积比例是一定的。因此在选择性吸收过程中，随着烟气中某一成分被吸收，水蒸气也成比例地被凝结，这样量筒上读到的读数就是干烟气各成分的容积百分数。

3. 根据烟气分析结果计算烟气容积

由烟气分析可得

$$CO_2 + SO_2 + CO = \frac{V_{CO_2} + V_{SO_2} + V_{CO}}{V_{gy}} \times 100\% \tag{3-24}$$

由燃料燃烧的化学反应方程式计算可知，1kg 碳不论生成二氧化碳还是生成一氧化碳，其容积都是 $1.866 m^3/kg$。因此 1kg 燃料中的碳燃烧时生成的二氧化碳和一氧化碳的容积为

$$V_{CO_2} + V_{CO} = 1.866 \frac{C_{ar}}{100} \quad m^3/kg \tag{3-25}$$

$$V_{CO_2} + V_{SO_2} + V_{CO} = 1.866 \frac{C_{ar} + 0.375 S_{ar}}{100} \quad m^3/kg \tag{3-26}$$

由式（3-24）和式（3-26）可得干烟气容积为

$$V_{gy} = 1.866 \frac{C_{ar} + 0.375 S_{ar}}{RO_2 + CO} \quad m^3/kg \tag{3-27}$$

烟气总容积为

$$V_y = 1.866\frac{C_{ar}+0.375S_{ar}}{RO_2+CO}+V_{H_2O}\quad m^3/kg \tag{3-28}$$

实际水蒸气容积比理论水蒸气容积仅仅多了过量空气带入的那部分水蒸气，即

$$V_{H_2O}=V_{H_2O}^0+1.293\times\frac{10}{1000}\times\frac{22.4}{18}(\alpha-1)V^0\quad m^3/kg \tag{3-29}$$

**三、烟气中的三原子气体容积份额和飞灰浓度**

在锅炉的热力计算中，常要用到烟气中的三原子气体（二氧化碳、二氧化硫和水蒸气）在烟气中的容积份额，以及飞灰在烟气中的浓度。

1. 三原子气体的容积份额

用 $r_{RO_2}$ 表示二氧化碳与二氧化硫之和占烟气总容积的份额，则

$$r_{RO_2}=\frac{V_{CO_2}+V_{SO_2}}{V_y}=\frac{V_{RO_2}}{V_y} \tag{3-30}$$

用 $r_{H_2O}$ 表示水蒸气占烟气总容积的份额，则

$$r_{H_2O}=\frac{V_{H_2O}}{V_y} \tag{3-31}$$

三原子气体的容积份额为

$$r=r_{RO_2}+r_{H_2O} \tag{3-32}$$

2. 飞灰浓度

飞灰浓度是指单位质量（或单位容积）的烟气中含有的飞灰质量，用符号 $\mu$ 表示，单位是 kg/kg（或 $kg/m^3$），即

$$\mu=\frac{A_{ar}\alpha_{fh}}{100G_y}\quad kg/kg \tag{3-33}$$

$$\mu=\frac{A_{ar}\alpha_{fh}}{100V_y}\quad kg/m^3 \tag{3-34}$$

式中 $A_{ar}$——燃料中灰的收到基成分；

$\alpha_{fh}$——烟气中飞灰量占燃料总灰量的份额，简称飞灰份额，查表 3-2。

$G_y$——1kg 收到基的燃料燃烧所生成的烟气质量，kg/kg。

**表 3-2　锅炉灰平衡推荐值**

| 炉型 | $\alpha_{fh}$ | 炉型 | $\alpha_{fh}$ |
|---|---|---|---|
| 固态排渣煤粉炉 | 0.9～0.95 | 链条炉 | 0.1～0.2 |
| 液态排渣煤粉炉 | 0.7～0.85 | 抛煤机炉 | 0.25～0.4 |
| 卧式旋风炉 | 0.1～0.15 | 振动炉排炉 | 0.15～0.25 |
| 立式前置炉 | 0.2～0.4 | 往复炉排炉 | 0.1～0.2 |
| 鼓泡流化床 | 0.5～0.6 | 手烧炉 | 0.2～0.3 |

烟气的质量 $G_y$ 应等于除去灰分的燃料质量与供应的空气质量之和。对于 1kg 燃料来说，除去灰分的燃料质量等于 $1-\frac{A_{ar}}{100}$；供应的空气质量等于 $\alpha V^0$ 乘以空气密度。已知干空气的密度 $\rho_{gk}=1.293kg/m^3$，而实际供应的空气是含水蒸气的湿空气，对应于每千克干空气的含

湿量 $d_k$ 约 10g/kg，所以对应于每立方米干空气的湿空气的质量为

$$1.293+1.293\times\frac{10}{1000}=1.306\quad kg/m^3$$

所以，1kg 燃料燃烧生成的烟气质量 $G_y$ 应为

$$G_y=1-\frac{A_{ar}}{100}\times 1+1.306\alpha V^0\quad kg/kg \tag{3-35}$$

### 四、完全燃烧方程式

#### （一）完全燃烧方程式

如果燃料在炉膛中完全燃烧，烟气分析所得的 $RO_2$、$O_2$ 和燃料特性之间必然存在一定的关系，这一关系即为完全燃烧方程式

$$21-O_2=(1+\beta)RO_2 \tag{3-36}$$

$$\beta=2.35\frac{H_{ar}-0.126O_{ar}+0.038N_{ar}}{C_{ar}+0.375S_{ar}} \tag{3-37}$$

式中　$O_2$、$RO_2$——烟气成分分析数据，%；

$\beta$——燃料特性系数，与燃料特性有关，仅取决于燃料元素分析成分。

由式（3-36）可得

$$RO_2=\frac{21-O_2}{1+\beta}\quad \% \tag{3-38}$$

当燃料成分确定时，$\beta$ 为一个确定的值。由式（3-38）可知，$RO_2$ 的值是随烟气中 $O_2$ 的大小而变化的。当燃料完全燃烧且无剩余氧时，即 $O_2=0$，此时烟气中 $RO_2$ 所占份额将达到它的最大值，用 $RO_2^{max}$ 表示，即

$$RO_2^{max}=\frac{21}{1+\beta}\quad \% \tag{3-39}$$

由式（3-39）可知，对于确定的燃料，$RO_2^{max}$ 为一定值，是表示燃料的一个特性参数。随燃料成分的不同，$\beta$ 值也不同，因而 $RO_2^{max}$ 值也不同。常用燃料的 $\beta$ 值和 $RO_2^{max}$ 值见表 3-3。

**表 3-3　常用燃料的 $\beta$ 值和 $RO_2^{max}$ 值**

| 燃料 | $\beta$ | $RO_2^{max}$ | 燃料 | $\beta$ | $RO_2^{max}$ |
|---|---|---|---|---|---|
| 无烟煤 | 0.05～0.1 | 19～20 | 褐煤 | 0.055～0.125 | 18.5～20 |
| 贫煤 | 0.1～0.135 | 18.5～19 | 重油 | 0.03 | 16.1 |
| 烟煤 | 0.09～0.15 | 18～19.5 | 天然气 | 0.78 | 16.8 |

#### （二）不完全燃烧方程式

当燃烧不完全且烟气中可燃物只有一氧化碳时，烟气分析所得的 $RO_2$、$O_2$ 和 CO 与燃料特性之间的关系表达式称为不完全燃烧方程，即

$$21-O_2=(1+\beta)RO_2+(0.605+\beta)CO \tag{3-40}$$

由式（3-40）可以求出一氧化碳的含量，即

$$CO=\frac{21-O_2-(1+\beta)RO_2}{0.605+\beta} \tag{3-41}$$

## 第三节 过量空气系数及烟气焓

### 一、过量空气系数

过量空气系数的大小将直接影响炉内燃烧的好坏及锅炉各项热损失的大小，所以运行中必须对它进行严格控制。对于运行中的锅炉，过量空气系数的大小可根据烟气分析的结果进行计算。

当燃料完全燃烧且忽略燃烧过程中燃料本身释放出来的氮时，过量空气系数 $\alpha$ 可由式（3－42）计算，即

$$\alpha=\frac{21}{21-79\dfrac{O_2}{100-(RO_2+O_2)}} \tag{3-42}$$

当燃料不完全燃烧且燃烧产物中只有一氧化碳存在时，过量空气系数 $\alpha$ 为

$$\alpha=\frac{21}{21-79\dfrac{O_2-0.5CO}{100-(RO_2+O_2+CO)}} \tag{3-43}$$

当不需要 $\alpha$ 的精确数值时，也可用近似公式进行过量空气系数的计算，即

$$\alpha=\frac{RO_2^{max}}{RO_2} \tag{3-44}$$

$$\alpha=\frac{21}{21-O_2} \tag{3-45}$$

由式（3－44）可知，对于确定的燃料，$RO_2^{max}$为一定值，则 $RO_2$（或 $CO_2$）与 $\alpha$ 成反比关系，这样只要测出烟气中 $RO_2$（或 $CO_2$）的含量，就可以近似地计算出测量处的过量空气系数 $\alpha$ 的大小。

然而电厂中燃用的煤种是经常变动的，当燃料成分发生改变时，$RO_2^{max}$也随之发生变化。此时就算 $RO_2$值不发生变化，过量空气系数 $\alpha$ 也已经改变了。因此在运行中，仅用 $CO_2$含量确定 $\alpha$ 值，就可能引起误操作。

而由式（3－45）可知，$O_2$ 与 $\alpha$ 成正比关系，即 $O_2$ 大时，$\alpha$ 就大；$O_2$ 小时，$\alpha$ 就小。因此只要测出烟气中的氧量 $O_2$，就可以近似地计算出过量空气系数 $\alpha$ 大小。因为用烟气中过剩氧量 $O_2$ 来监视过量空气系数大小时，煤种的变化对过量空气系数的影响很小，所以电厂锅炉通常采用磁性氧量计或氧化锆氧量计来测定烟气中的氧量 $O_2$，用于监督运行中的过量空气系数。运行中只要保持最佳的 $O_2$ 值就可以使锅炉处于经济工况下运行。

### 二、锅炉漏风系数

一般电厂锅炉多采用平衡通风负压运行（即炉膛内压力略低于外界大气压力），在炉膛及烟道的结构不十分严密的情况下，会有空气从炉外漏入炉内，从而导致沿烟气流程过量空气系数 $\alpha$ 不断增大。为了查明炉膛及烟道中各受热面的漏风程度，引用了漏风系数的概念。

某一级受热面的漏风系数 $\Delta\alpha$ 为该级受热面的漏风量 $\Delta V$ 与理论空气量 $V^0$的比值，即

$$\Delta\alpha=\frac{\Delta V}{V^0} \tag{3-46}$$

某级受热面的漏风系数，还可以用该级受热面出口过量空气系数 $\alpha''$和进口过量空气系数 $\alpha'$的差表示，即

$$\Delta\alpha = \alpha'' - \alpha' \tag{3-47}$$

由式（3-44）或式（3-45）可知，只要测出某级受热面进、出口烟气中的 $O_2$ 量或 $CO_2$ 量，即可确定漏风系数的大小。

锅炉漏风直接关系到锅炉的安全经济运行，因此必须尽可能减少锅炉漏风。漏风系数与锅炉结构、安装及检修质量、运行操作情况等有关。炉膛及各烟道的漏风系数的一般经验数据见表 3-4。

**表 3-4　额定负荷下锅炉炉膛及各烟道的漏风系数**

| 烟道名称 | 结构特性 | $\Delta\alpha$ | 烟道名称 | 结构特性 | $\Delta\alpha$ |
|---|---|---|---|---|---|
| 固态排渣炉膛 | 带金属护板 | 0.05 | 直流炉过渡区 | | 0.03 |
| | 不带金属护板 | 0.10 | 省煤器每一级 | $D$>50t/h | 0.02 |
| 液态排渣炉膛 | | 0.05 | 空气预热器 | $D$>50t/h 管式每一级 | 0.03 |
| 燃油、气炉膛 | 带金属护板 | 0.05 | | $D$>50t/h 回转式 | 0.20 |
| | 不带金属护板 | 0.08 | | 板式的每一级 | 0.10 |
| 负压旋风炉 | | 0.03 | 除尘器 | $D$>50t/h 电气式 | 0.10 |
| 凝渣管 | | 0 | | 旋风式，多管式 | 0.05 |
| 屏式过热器 | | 0 | 炉后烟道 | 钢制的每 10m 长 | 0.01 |
| 对流过热器 | | 0.03 | | | |
| 再热器 | | 0.03 | | 砖砌的每 10m 长 | 0.05 |

在设计锅炉时，运用表 3-4 中的数据可确定烟道任一点的过量空气系数。烟道某处的过量空气系数可等于炉膛进口过量空气系数与前面各段烟道的漏风系数之和。

## 三、空气焓

在进行锅炉热力计算以及整理锅炉热平衡试验结果时，都需要知道空气焓和烟气焓。

### 1. 理论空气焓的计算

1kg 燃料燃烧所需的理论空气量在定压（通常为大气压）下从 0℃加热到 $\theta$℃所需要的热量称为理论空气焓，用 $h_k^0$ 表示，单位为 kJ/kg，计算式为

$$h_k^0 = V^0 c_k \theta_k \tag{3-48}$$

式中　$V^0$——理论空气量，$m^3/kg$；

$c_k$——湿空气的比热容，可由表 3-5 查出，kJ/($m^3$ · ℃)；

$\theta_k$——空气温度（计算烟气焓时用烟气温度），℃。

**表 3-5　$1m^3$ 空气、烟气和 1kg 灰的焓**　$m^3$/kg；kJ/kg

| $\theta$（℃） | $(c\theta)_{CO_2}$ | $(c\theta)_{N_2}$ | $(c\theta)_{O_2}$ | $(c\theta)_{H_2O}$ | $(c\theta)_k$ | $(c\theta)_h$ |
|---|---|---|---|---|---|---|
| 100 | 170 | 130 | 132 | 151 | 132 | 81 |
| 200 | 358 | 260 | 267 | 305 | 266 | 169 |
| 300 | 559 | 392 | 407 | 463 | 403 | 264 |
| 400 | 772 | 527 | 551 | 626 | 542 | 360 |
| 500 | 994 | 664 | 699 | 795 | 684 | 458 |
| 600 | 1225 | 804 | 850 | 969 | 830 | 561 |

续表

| θ (℃) | $(c\theta)_{CO_2}$ | $(c\theta)_{N_2}$ | $(c\theta)_{O_2}$ | $(c\theta)_{H_2O}$ | $(c\theta)_k$ | $(c\theta)_h$ |
|---|---|---|---|---|---|---|
| 700 | 1462 | 948 | 1004 | 1149 | 978 | 663 |
| 800 | 1705 | 1094 | 1160 | 1334 | 1129 | 768 |
| 900 | 1952 | 1242 | 1318 | 1525 | 1282 | 874 |
| 1000 | 2204 | 1392 | 1478 | 1723 | 1435 | 984 |
| 1100 | 2458 | 1544 | 1638 | 1925 | 1595 | 1096 |
| 1200 | 2717 | 1697 | 1801 | 2132 | 1753 | 1206 |
| 1300 | 2977 | 1853 | 1964 | 2344 | 1914 | 1360 |
| 1400 | 3239 | 2009 | 2128 | 2559 | 2076 | 1571 |
| 1500 | 3503 | 2166 | 2294 | 2779 | 2239 | 1758 |
| 1600 | 3769 | 2325 | 2461 | 3002 | 2403 | 1830 |
| 1700 | 4036 | 2484 | 2620 | 3229 | 2567 | 2066 |
| 1800 | 4305 | 2644 | 2797 | 3458 | 2732 | 2184 |
| 1900 | 4574 | 2804 | 2967 | 3690 | 2899 | 2385 |
| 2000 | 4844 | 2965 | 3138 | 3926 | 3066 | 2512 |
| 2100 | 5115 | 3128 | 3309 | 4163 | 3234 | |
| 2200 | 5387 | 3289 | 3483 | 4402 | 3402 | |

**注** 单位 $m^3/kg$ 是针对气体而言的，单位 kJ/kg 是针对固体灰而言的。

2. 实际空气焓的计算

1kg 燃料燃烧所需的实际空气量在定压（通常为大气压）下从 0℃加热到 θ℃所需要的热量称为实际空气焓，用 $h_k$ 表示，单位为 kJ/kg，计算式为

$$h_k = \beta h_k^0 = \beta V^0 c_k \theta_k \tag{3-49}$$

式中 $\beta$——过量空气系数（空气量计算）。

**四、烟气焓**

1. 根据燃烧反应计算烟气焓

根据燃烧反应计算烟气焓的公式如下

$$h_y = h_y^0 + (\alpha - 1)h_k^0 + h_{fh} \tag{3-50}$$

$$h_y^0 = (V_{RO_2} c_{RO_2} + V_{N_2} c_{N_2} + V_{H_2O}^0 c_{H_2O})\theta_y \tag{3-51}$$

$$h_{fh} = \frac{A_{ar}}{100}\alpha_{fh} c_h \theta_y \tag{3-52}$$

式中 $h_y$——烟气焓，kJ/kg；

$h_y^0$——理论烟气焓（$\alpha=1$，完全燃烧），kJ/kg；

$V_{RO_2}$——1kg 燃料燃烧生成的二氧化碳和二氧化硫的容积，$m^3/kg$；

$V_{N_2}$——1kg 燃料燃烧生成的理论氮气的容积，$m^3/kg$；

$V_{H_2O}^0$——1kg 燃料燃烧生成的理论水蒸气的容积，$m^3/kg$；

$c_{RO_2}$、$c_{N_2}$、$c_{H_2O}$——二氧化碳和二氧化硫、氮气、水蒸气的比热容，查表 3-5，kJ/(m³·℃)；

$\theta_y$——烟气温度，℃；

$h_{fh}$——飞灰焓，kJ/kg；

$A_{ar}$——燃料的收到基灰分，%；

$\alpha_{fh}$——飞灰量占燃料总灰量的份额，见表3-2；

$c_h$——灰的比热容，kJ/(m³·℃)，见表3-5。

燃料含灰较少时$\left(4190\dfrac{A_{ar}\alpha_{fh}}{Q_{ar,net}}\leqslant 6\right)$，$h_{fh}$可忽略不计。

2. 根据烟气成分分析数据计算烟气焓

当烟气成分分析数据已知时，可用式（3-53）计算烟气的焓，即

$$h_y = (V_{gy}c_{gy} + V_{H_2O}c_{H_2O})\theta_y + h_{fh} \tag{3-53}$$

$$c_{gy} = \frac{RO_2 c_{RO_2} + N_2 c_{N_2} + O_2 c_{O_2} + CO c_{CO}}{100} \tag{3-54}$$

式中　$V_{gy}$——1kg燃料燃烧生成的干烟气容积，用式（3-27）计算；

$c_{gy}$——干烟气的比热容，kJ/(m³·℃)；

$c_{RO_2}$、$c_{N_2}$、$c_{O_2}$、$c_{CO}$——二氧化碳和二氧化硫、氮气、氧气、一氧化碳的比热容，见表3-5；

$RO_2$、$O_2$、$N_2$、CO——二氧化碳和二氧化硫、氧气、氮气、一氧化碳在干烟气的容积含量百分数，可用奥氏分析器测得，%。

**五、温焓表**

因为烟气焓不仅随烟道各处的烟气温度不同而变化，而且也随烟道各处过量空气系数不同而变化，所以计算烟道各处的烟气焓，是一项十分繁杂的工作。为了简化计算和使用方便，在进行锅炉热力计算时，都需要事先编制烟气焓—温表或焓—温图，以便在不同的过量空气系数下，知道温度可立即查出焓；或者知道焓，立即可以查出温度。烟气焓—温表的编制如下：

（1）选择炉膛出口的过量空气系数及烟道各处的漏风系数，并根据某段烟道的进口与出口过量空气系数的关系，计算出烟道各处的过量空气系数。

（2）对应于每一个值，根据该段烟道的温度范围假定几个烟气温度，分别用计算公式求得假定温度下的焓。

（3）根据各个过量空气系数下的烟温和焓，绘制成焓—温表。焓—温表的一般格式见表3-6。

**表3-6　　烟气温—焓表**

| $\theta_y$ (℃) | $h_y^0$ (kJ/kg) | $h_k^0$ (kJ/kg) | $h_{fh}$ (kJ/kg) | $h_y=h_y^0+(\alpha-1)h_k^0+h_{fh}$ | | | | | |
|---|---|---|---|---|---|---|---|---|---|
| | | | | $\alpha_1$ | | $\alpha_2$ | | … | |
| | | | | $h_y$ | $\Delta h_y$ | $h_y$ | $\Delta h_y$ | $h_y$ | $\Delta h_y$ |
| 100 | | | | | | | | | |
| 200 | | | | | | | | | |
| 300 | | | | | | | | | |
| … | | | | | | | | | |

## 第四节　锅炉热平衡

锅炉热平衡是计算锅炉热效率和分析影响锅炉热效率因素的基础，也是锅炉热效率试验

的基础。

**一、锅炉热平衡及其意义**

从能量平衡的观点来看，在稳定工况下，输入锅炉的热量应与输出锅炉的热量相平衡，锅炉热量的这种收、支平衡关系，称为锅炉热平衡。输入锅炉的热量是指伴随燃料一起进入锅炉的热量；输出锅炉的热量可以分成两部分，一部分是锅炉有效利用热量，另一部分就是锅炉的各项热损失。

锅炉热平衡是按 1kg 固体或液体燃料（对气体燃料则是 $1m^3$）为基础进行计算的。在稳定工况下，锅炉热平衡方程式可写为

$$Q_r = Q_1 + Q_2 + Q_3 + Q_4 + Q_5 + Q_6 \tag{3-55}$$

式中 $Q_r$——伴随 1kg 燃料输入锅炉的热量，kJ/kg；

$Q_1$——对应于 1kg 燃料的锅炉有效利用热量，kJ/kg；

$Q_2$——对应于 1kg 燃料的排烟损失的热量，kJ/kg；

$Q_3$——对应于 1kg 燃料的气体不完全燃烧损失的热量，kJ/kg；

$Q_4$——对应于 1kg 燃料的固体不完全燃烧损失的热量，kJ/kg；

$Q_5$——对应于 1kg 燃料的锅炉散热损失的热量，kJ/kg；

$Q_6$——对应于 1kg 燃料的灰渣物理热损失的热量，kJ/kg。

将式（3-55）除以 $Q_r$ 并表示成百分数，则可以建立以百分数表示的热平衡方程式，即

$$100 = q_1 + q_2 + q_3 + q_4 + q_5 + q_6 \quad \% \tag{3-56}$$

$$q_1 = \frac{Q_1}{Q_r} \times 100 \quad \%$$

$$q_2 = \frac{Q_2}{Q_r} \times 100 \quad \%$$

$$q_3 = \frac{Q_3}{Q_r} \times 100 \quad \%$$

$$q_4 = \frac{Q_4}{Q_r} \times 100 \quad \%$$

$$q_5 = \frac{Q_5}{Q_r} \times 100 \quad \%$$

$$q_6 = \frac{Q_6}{Q_r} \times 100 \quad \%$$

式中 $q_1$——有效利用热量占输入热量的百分数；

$q_2$——排烟热损失占输入热量的百分数；

$q_3$——气体不完全燃烧热损失占输入热量的百分数；

$q_4$——固体不完全燃烧热损失占输入热量的百分数；

$q_5$——锅炉散热损失占输入热量的百分数；

$q_6$——灰渣物理热损失占输入热量的百分数。

1kg 燃料输入炉内的热量、锅炉有效利用热量和各项损失热量之间的平衡关系也可用图 3-2 所示的图示法表示。

研究锅炉热平衡的意义，就在于弄清燃料中的热量，有多少被有效利用，有多少变成热损失，以及热损失分别表现在哪些方面和大小如何，以便判断锅炉设计和运行水平，进而寻求提高锅炉经济性的有效途径。锅炉设备在运行中应定期进行热平衡试验（通常称为热效率试验），以查明影响锅炉热效率的主要因素，作为改进锅炉工作的依据。

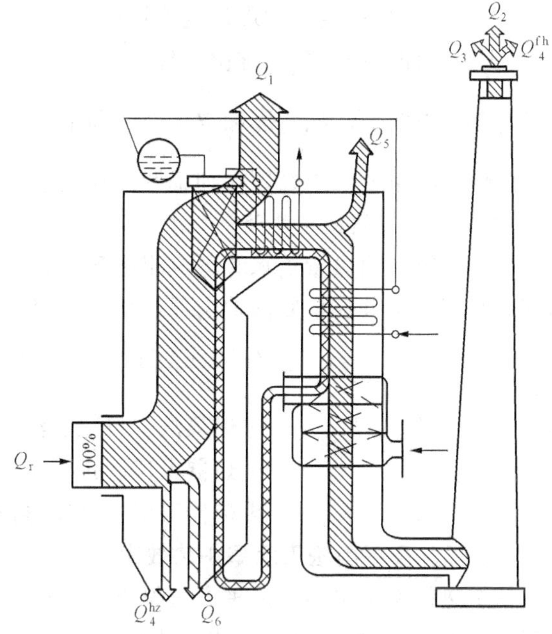


图 3-2　锅炉热平衡示意图

### 二、锅炉输入热量及有效利用热量

#### （一）锅炉输入热量

锅炉输入热量是指从锅炉范围以外输入的热量，对应于 1kg 燃料，输入锅炉的热量 $Q_r$ 包括燃料收到基低位发热量、燃料的物理显热、外来热源加热空气时带入的热量和雾化燃油用蒸汽带入的热量，即

$$Q_r = Q_{ar,net} + Q_{rx} + Q_{wh} + Q_{wr} \tag{3-57}$$

式中　$Q_{ar,net}$——燃料的收到基低位发热量，kJ/kg；

$Q_{rx}$——燃料的物理显热，kJ/kg；

$Q_{wh}$——雾化燃油所用蒸汽带入的热量，kJ/kg；

$Q_{wr}$——外来热源加热空气时带入的热量，kJ/kg。

1. 燃料的物理显热

燃料的物理显热在多数情况下数值是很小的，可忽略不计。只有用外来热源加热燃料或固体燃料的水分较大$\left(M_{ar} \geqslant \frac{Q_{ar,net}}{628}\%\right)$时才考虑，它的计算式为

$$Q_{rx} = c_{ar}^{r} t_r$$

式中　$c_{ar}^{r}$——收到基燃料的比热容，kJ/(kg·℃)；

$t_r$——燃料温度，固体燃料无外来热源加热时可取 20℃。

2. 雾化燃油所用蒸汽带入的热量 $Q_{wh}$

用蒸汽雾化燃油带入的热量可按式（3-58）计算，即

$$Q_{wh} = G_{wh}(h_{wh} - 2510) \tag{3-58}$$

式中　$G_{wh}$——雾化 1kg 燃油用的蒸汽量，kg/kg；

$h_{wh}$——雾化燃油所用蒸汽的焓，kJ/kg；

2510——雾化蒸汽随排烟离开锅炉时的焓值，取汽化潜热值。

3. 外来热源加热空气时带来的热量

外来热源加热空气时带入的热量按式（3-59）计算，即

$$Q_{wr} = \beta(h_{rk}^{0} - h_{lk}^{0}) \tag{3-59}$$

式中　$\beta$——被加热空气的过量空气系数；

$h^0_{rk}$——加热后空气的理论空气焓；

$h^0_{lk}$——加热前空气的理论空气焓。

对于燃煤锅炉，如燃煤和空气都未利用外部热源进行预热，且燃煤水分 $M_{ar} \leqslant \frac{Q_{ar,net}}{628}\%$，则锅炉输入热量就等于燃煤收到基低位发热量，即 $Q_{ar,net}$。

（二）锅炉有效利用热量

锅炉有效利用热量指水和蒸汽流经各受热面时吸收的热量。空气在空气预热器吸热后又回到炉膛，这部分热量属锅炉内部热量，不应计入。锅炉有效利用热量为

$$Q_1 = \frac{D_{gq}(h''_{gq} - h_{gs}) + D_{zq}(h''_{zq} - h'_{zq}) + D_{pw}(h_{pw} - h_{gs})}{B} \tag{3-60}$$

式中 $D_{gq}$、$D_{zq}$、$D_{pw}$——过热蒸汽、再热蒸汽、排污水的流量，kg/h；

$h''_{gq}$、$h_{pw}$、$h_{gs}$——过热器出口、排污水、给水的焓，kJ/kg；

$h''_{zq}$、$h'_{zq}$——再热器出口、进口蒸汽的焓，kJ/kg。

**三、正、反平衡法表示锅炉热效率**

锅炉热效率可以通过两种方法得出：一种方法是测定输入锅炉热量 $Q_r$ 和锅炉有效利用热量 $Q_1$ 后，计算锅炉的热效率，称为正平衡热效率，计算公式如下

$$\eta = q_1 = \frac{Q_1}{Q_r} \times 100\% \tag{3-61}$$

另一种方法是测定锅炉的各项热损失 $q_2$、$q_3$、$q_4$、$q_5$、$q_6$，再计算锅炉热效率，称为反平衡热效率，计算公式如下

$$\eta = q_1 = 100\% - (q_2 + q_3 + q_4 + q_5 + q_6) \tag{3-62}$$

目前电厂大容量锅炉常用反平衡法求效率。一是因为大容量锅炉机组用正平衡法求效率时由于燃料消耗量的准确测量比较困难，以及在有效利用热量的测定上常会产生较大的误差，不如利用反平衡法求效率更为准确；二是正平衡法只求出锅炉的热效率，而未求锅炉的各项热损失，因而就不利于对各项热损失进行分析和提出改进锅炉热效率的途径；三是正平衡法要求较长时间保持锅炉工况的稳定，这在实际运行中是比较困难的。

## 第五节 锅炉的各项热损失

在用反平衡方法求锅炉热效率时，需要知道锅炉各项热损失 $q_2$、$q_3$、$q_4$、$q_5$、$q_6$，下面分别就各项热损失产生的原因、大小及影响因素作一介绍。

**一、固体不完全燃烧热损失**

固体不完全燃烧热损失是由于灰中含有未燃尽的残碳造成的热损失。在煤粉炉中，它是由炉烟带出的飞灰和炉底排出的炉渣中的残碳造成的热损失。在层燃炉中，还有炉箅漏煤造成的热损失。

1. 固体不完全燃烧热损失的计算

在设计锅炉时，固体不完全燃烧热损失无法计算，只能按推荐数据来选取。对于运行锅炉则是根据锅炉每小时的飞灰量、炉渣量以及飞灰和炉渣中残碳的百分含量来计算的。

假定以 $G_{fh}$、$G_{lz}$分别表示每小时的飞灰量和炉渣量，单位为 kg/h；以 $C_{fh}$、$C_{lz}$分别表示

飞灰与炉渣中残碳的质量含量百分数；碳的发热量是32 866kJ/kg，$B$表示锅炉每小时的燃料消耗量，单位为kg/h；则飞灰和炉渣中的残碳造成的固体不完全燃烧损失的热量计算公式为

$$Q_{4fh}=32\ 866\frac{G_{fh}}{B}\times\frac{C_{fh}}{100}$$

$$Q_{4lz}=32\ 866\frac{G_{lz}}{B}\times\frac{C_{lz}}{100}$$

$$q_4=\frac{Q_4}{Q_r}\times100=\frac{32\ 866}{BQ_r}(G_{fh}C_{fh}+G_{lz}C_{lz})\quad\%\qquad(3-63)$$

对于大容量锅炉，常采用水力除灰，不但飞灰量很难准确收集，而且炉渣量也很难准确收集。一般是用灰平衡法间接求出$G_{fh}$和$G_{lz}$，代入式（3－63）得

$$q_4=\frac{32\ 866A_{ar}}{Q_r}\left(\frac{\alpha_{fh}C_{fh}}{100-C_{fh}}+\frac{\alpha_{lz}C_{lz}}{100-C_{lz}}\right)\quad\%\qquad(3-64)$$

在进行锅炉设计计算时，$q_4$可照表3－7所列的数据选用。

**表3－7　电站锅炉$q_4$的一般数据**

| 锅炉形式 | 煤种 | $q_4$（%） | 备注 |
|---|---|---|---|
| 固态排渣煤粉炉 | 无烟煤<br>贫煤<br>烟煤<br>褐煤 | 4～6<br>2<br>1～1.6<br>0.5～1 | 挥发分高者较小<br><br>灰分高者较大<br>灰分高者较大 |
| 液态排渣煤粉炉 | 无烟煤<br>贫煤<br>烟煤<br>褐煤 | 3～4<br>1～1.5<br>0.5<br>0.5 | |
| 卧式旋风炉 | 烟煤<br>褐煤 | 1<br>0.2 | |

2. 影响固体不完全燃烧热损失的因素

从式（3－64）可以看出，影响$q_4$大小的主要因素与灰渣量$G_{fh}$、$G_{lz}$和灰渣中可燃物的含量有关。而炉灰中的残碳含量则与燃料性质、燃烧方式、炉膛结构、锅炉负荷以及运行人员操作水平有关。固体不完全燃烧热损失是锅炉损失中的一个主要项目，通常仅次于排烟热损失。固态排渣煤粉炉的固体不完全燃烧损失$q_4$约为1%～5%。

煤中灰分和水分越少，挥发分越多，煤粉越细，则$q_4$越小。不同燃烧方式$q_4$的值差别很大，如层燃炉、沸腾炉这项损失较大，旋风炉较小，煤粉炉介于两者之间。固态排渣煤粉炉又比液态排渣煤粉炉大。炉膛容积小或高度不够以及燃烧器的结构性能不好或布置不合适，都会减少煤粉在炉内停留时间并降低风粉混合的质量，使$q_4$增大。锅炉负荷过高，会使煤粉停留时间过短来不及烧透，而锅炉负荷过低，又会使炉温降低，燃烧反应减慢，使$q_4$增加。炉内空气动力工况不良，火焰不能很好地充满整个炉膛，$q_4$增加。过量空气系数过小，氧气供应不足，燃烧不完全，$q_4$增加；过量空气系数过大，又会使炉温下降导致$q_4$增加。此外，一、二次风调整不合适，也会使$q_4$增加。

## 二、气体不完全燃烧热损失

气体不完全燃烧热损失是指排烟中含有未燃烧的$CO$、$H_2$、$CH_4$等可燃气体造成的热

损失。

1. 气体不完全燃烧热损失的计算

对于运行中的锅炉，气体不完全燃烧损失的热量 $Q_3$ 等于烟气中所有可燃气体的发热量之和。气体不完全燃烧损失 $q_3$ 可按式（3-65）计算，即

$$q_3 = \frac{Q_3}{Q_r} \times 100 = \frac{V_{gy}}{Q_r}\left(12\ 640\frac{CO}{100} + 10\ 800\frac{H_2}{100} + 35\ 820\frac{CH_4}{100}\right)\left(1 - \frac{q_4}{100}\right) \times 100 \quad \% \tag{3-65}$$

式中 $V_{gy}$——干烟气容积，$m^3/kg$；

CO——烟气中一氧化碳容积占干烟气容积的百分数，%；

$H_2$——烟气中氢气容积占干烟气容积的百分数，%；

$CH_4$——烟气中甲烷容积占干烟气容积的百分数，%；

12 640、10 800、35 820——一氧化碳、氢气、甲烷的发热量，$kJ/m^3$；

$1-\frac{q_4}{100}$——考虑 $q_4$ 使 $q_3$ 减少的因素。

式（3-65）中的 $CH_4$、$H_2$ 要用全烟气分析器来测定。当燃用固体燃料时，烟气中 $CH_4$、$H_2$ 的含量极少，常忽略不计。只考虑一氧化碳时，$q_3$ 按式（3-66）计算，即

$$q_3 = \frac{V_{gy}}{Q_r} \times 12\ 640CO \times \left(1 - \frac{q_4}{100}\right) = \frac{236(C_{ar} + 0.375S_{ar})CO}{Q_r(RO_2 + CO)}(100 - q_4) \quad \% \tag{3-66}$$

正常燃烧时 $q_3$ 值很小，在进行锅炉设计时，$q_3$ 值可按燃料种类和燃烧方式选取。煤粉炉，$q_3=0$；燃油燃气炉，$q_3=0.5\%$；高炉煤气炉，$q_3=1.5\%$。

2. 影响气体不完全燃烧热损失的主要因素

影响气体不完全燃烧热损失的主要因素是炉内过量空气系数、燃料的挥发分、炉膛温度、燃料与空气混合情况、燃烧器结构与布置和炉膛结构等。

过量空气系数过小，氧气供应不足，会使 $q_3$ 增大。过量空气系数过大，又会使炉温降低，故过量空气系数必须适当。一般燃用挥发分较多的燃料，炉内可燃气体增多而炉内空气动力工况不好，易出现不完全燃烧，会使 $q_3$ 增大。炉膛容积小，高度不够，水冷壁布置过多以及燃烧器布置不合理等，也会使增 $q_3$ 大。此外锅炉在低负荷下运行时，会使炉温降低，燃烧不稳定，使 $q_3$ 增加。

为了减少此项损失，除应在设计中做到使锅炉结构合理外，在运行中还应设法保持较高的炉膛温度、适当的过量空气系数，并使燃料与空气充分混合，这一点对燃用高挥发分燃料尤为重要。

**三、排烟热损失**

排烟热损失是指离开锅炉的烟气温度高于外界空气温度，排烟带走一部分锅炉的热量所造成的热损失。

1. 排烟热损失的计算

排烟热损失可由排烟焓 $h_{py}$（kJ/kg）与冷空气焓 $h_{lk}$（kJ/kg）来计算，即

$$q_2 = \frac{Q_2}{Q_r} \times 100 = \frac{h_{py} - \alpha_{py}h_{lk}}{Q_r}(100 - q_4) \quad \% \tag{3-67}$$

式中 $h_{py}$——排烟的焓，kJ/kg；

$h_{lk}$——理论冷空气焓，kJ/kg；

$\alpha_{py}$——排烟处过量空气系数。

2. 影响排烟热损失的因素及分析

在室燃炉的各项热损失中，排烟热损失是最大的一项，为4%～8%。由式（3-67）可知，影响排烟热损失的主要因素是排烟焓 $h_{py}$，而排烟焓又取决于排烟容积和排烟温度。显然，排烟容积大，排烟温度高，则排烟热损失也大。

排烟容积的大小取决于炉内过量空气系数和锅炉漏风量。过量空气系数越大，漏风量越大，则排烟容积越大。

炉膛出口过量空气系数 $\alpha_1''$过大或过小，都会使锅炉热效率降低。一般来说，$q_2$ 随 $\alpha_1''$增加而增加；而 $q_3$、$q_4$ 则随 $\alpha_1''$增加而降低，除非 $\alpha_1''$过大，使炉温降低较多及燃料在炉内停留时间缩短时例外。对应于 $q_2$、$q_3$、$q_4$ 之和最小的 $\alpha_1''$称为最佳过量空气系数，最佳过量空气系数的值可用图3-3的曲线求得。最佳 $\alpha_1''$值与燃料种类、燃烧方式以及燃烧设备的结构完善程度等因素有关，可通过燃烧调整试验确定。最佳 $\alpha_1''$值大致范围：对于固态排渣煤粉炉，当燃用无烟煤、贫煤及劣质煤时，$\alpha_1''$为1.20～1.25；当燃用烟煤、褐煤时，$\alpha_1''$为1.15～1.20。

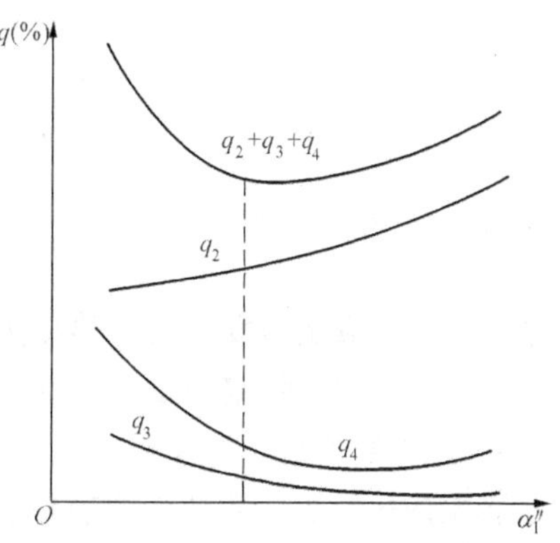


图3-3　最佳过量空气系数的确定

炉膛及烟道各处漏风，都将使排烟处的过量空气系数增大，只能增加 $q_2$ 和引风机电耗，而不能改善燃烧，炉膛漏风还能对燃烧带来不利影响。

排烟温度升高会使排烟焓增加，$q_2$ 也就增大。一般排烟温度每升高15～20℃，排烟热损失约增加1%，所以应尽量降低排烟温度。但降低排烟温度，会使传热平均温差减小，传热减弱，必须增加较多数量的金属受热面，还将使气流阻力增加。

另外，排烟温度的降低，还受到尾部受热面低温腐蚀的限制，当燃料中的水分和硫分含量较高时，排烟温度也应保持得高一些，以免空气预热器被腐蚀。所以合理的排烟温度，应考虑燃料、金属价格以及引风机电耗，通过技术经济比较确定。

最后，还应考虑锅炉运行情况对 $q_2$ 的影响。当受热面结渣、积灰和结垢时，会使传热减弱，排烟温度升高，$q_2$ 增大。所以运行时，应及时吹灰和打焦，并注意监视给水、锅水和蒸汽品质，以保持受热面内外的清洁，从而降低排烟温度，提高锅炉效率。

**四、散热损失**

散热损失是指锅炉在运行中，由于汽包、联箱、汽水管道、炉墙等的温度均高于外界空气温度而散失到空气中去的那部分热量。

1. 散热损失的计算

散热损失的确定通常是根据大量的经验数据绘制出锅炉额定蒸发量 $D_e$ 与散热损失 $q_5^e$ 的关系曲线，如图3-4所示。已知锅炉额定蒸发量，即可查出该额定蒸发量下的散热损失 $q_5^e$ 的数值。

当锅炉额定蒸发量大于900t/h时，$q_5^e$ 按0.2%计算。当锅炉在非额定蒸发量下运行时，散热损失 $q_5$ 则按式（3-68）计算，即

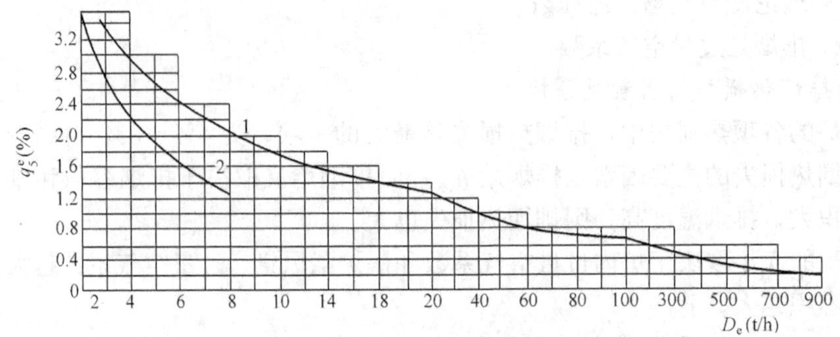


图 3-4 锅炉额定蒸发量下的散热损失

1—有尾部受热面的锅炉；2—无尾部受热面的锅炉

$$q_5 = q_5^e \frac{D_e}{D} \quad \% \tag{3-68}$$

式中 $q_5^e$——额定蒸发量的散热损失，%；

$D_e$、$D$——锅炉额定蒸发量和锅炉实际蒸发量，t/h。

2. 影响散热损失的因素

影响散热损失的主要因素有锅炉容量、锅炉负荷、外表面积、水冷壁和炉墙结构、管道保温以及周围环境等。

一般来说，锅炉容量越大，散热损失 $q_5^e$ 就越小。对同一台锅炉来说，运行负荷越小，散热损失越大，这是由于锅炉外表面积并不随负荷的降低而减少，同时散热表面的温度变化又不大，所以 $q_5$ 与锅炉负荷近似成反比关系。若水冷壁和炉墙等结构严密，炉墙及管道的保温良好，外界空气温度高且流动缓慢，则散热损失小。

在进行锅炉热力计算时，需要涉及各段受热面所在烟道的散热损失。当烟气流过某个受热面时所放出的热量，其中绝大部分被受热面中工质吸收，很少一部分热量则是以散热方式损失了。通常把某段烟道中，烟气放出的热量被受热面吸收的程度用保热系数来考虑，为了简化计算，对各段烟道在结构以及所处环境上的差别不予考虑，即认为各段烟道受热面中工质吸收热量仅与该段烟道中的放热量成正比，这样各段烟道的保热系数可取同一数值，并可按整台锅炉保热系数来计算，即

$$\varphi = \frac{Q_1}{Q_1 + Q_5} = 1 - \frac{q_5}{\eta + q_5} \tag{3-69}$$

有了保热系数，知道某受热面烟气侧放热量就可以算出工质侧吸热量，或者知道工质侧的吸热量就可以求出烟气侧的放热量。

**五、灰渣物理热损失**

灰渣物理热损失是指高温炉渣排出炉外所造成的热量损失。

1. 灰渣物理热损失的计算

灰渣物理热损失可按式（3-70）计算，即

$$q_6 = \frac{Q_6}{Q_r} \times 100 = \frac{A_{ar}\alpha_{lz}c_h\theta_h}{Q_r} \quad \% \tag{3-70}$$

式中 $A_{ar}$——收到基燃料灰分，%；

$c_h$——炉渣比热容，kJ/(kg·℃)；

$\alpha_{lz}$——炉渣份额；

$\theta_h$——炉渣温度，固态排渣时可取600℃，液态排渣时取FT+100℃，℃。

2. 影响灰渣物理热损失的因素

影响灰渣物理热损失的因素有燃料灰分、炉渣份额以及炉渣温度。炉渣份额大小主要与燃烧方式有关，固态排渣量较小，液态排渣量较大。炉渣温度主要与排渣方式有关，液态排渣温度高，固态排渣温度低。所以，液态排渣煤粉炉的 $q_6$ 必须考虑，而对于固态排渣煤粉炉，只有当燃料灰分很高，$A_{ar} \geqslant \frac{Q_{ar,net}}{419}\%$时，才考虑此项损失。

## 第六节 锅炉燃料消耗量

### 一、实际燃料消耗量

实际燃料消耗量是指锅炉每小时实际耗用的燃料量，一般简称为燃料消耗量，用符号 $B$ 表示，单位为kg/h。由式（3-60）和式（3-61）可得

$$B = \frac{100}{\eta Q_r}[D_{gq}(h''_{gq} - h_{gs}) + D_{zq}(h''_{zq} - h'_{zq}) + D_{pw}(h_{pw} - h_{gs})] \tag{3-71}$$

对于大容量燃煤锅炉，考虑到燃料消耗量难于测准，故通常是在测定锅炉输入热量 $Q_r$、锅炉每小时有效利用热量 $Q$ 以及用反平衡法求出锅炉热效率 $\eta$ 的基础上，用式（3-71）求出燃料消耗量 $B$。

### 二、计算燃料消耗量

计算燃料消耗量是考虑到固体不完全燃烧热损失 $q_4$ 的存在，在炉内实际参与燃烧反应的燃料消耗量，用符号 $B_j$ 表示。由于1kg入炉燃料只有$\left(1-\frac{q_4}{100}\right)$kg燃料参与燃烧反应，所以它与燃料消耗量 $B$ 存在如下的关系，即

$$B_j = B\left(1 - \frac{q_4}{100}\right) \tag{3-72}$$

两种燃料消耗量各有不同的用途。在进行燃料输送系统和制粉系统计算时，要用燃料消耗量 $B$ 来计算；但在计算空气需要量及烟气容积等时，则需要用计算燃料消耗量 $B_j$ 来计算。

## 第七节 锅炉机组热平衡试验方法

在新锅炉安装结束后的移交验收鉴定试验中、锅炉使用单位对新投产锅炉按设计负荷试运转结束后的运行试验中、改造后的锅炉进行热工技术性能鉴定试验中、大修后的锅炉进行检修质量鉴定中和校正设备运行特性的试验中以及运行锅炉由于燃料种类变化等原因进行的燃烧调整试验中，都必须进行热平衡试验。

### 一、热平衡试验的目的

（1）求出锅炉的热效率 $\eta$。

（2）求出锅炉的各项热损失并分析热损失高于设计值的原因，并拟定降低热损失和使热效率达到设计值的措施。

(3) 确定锅炉机组在各种负荷下的合理运行方式，如过量空气系数、煤粉细度、火焰位置以及燃料和空气在燃烧器及各层之间的分配情况等。

**二、热平衡试验的组织和准备工作**

锅炉热平衡试验的组织和准备工作如下：

(1) 熟悉锅炉机组的技术资料和运行特性。

(2) 全面检查锅炉机组及其辅助设备、测量表计处于完好状态。

(3) 将所检查出的设备缺陷提交有关车间予以处理。

(4) 制订试验计划，其内容包括试验任务和要求、试验准备工作（如安装测点和取样设备、准备测试仪器等)、试验顺序、测试内容和方法、人员组织和进度等，试验计划应征得生技部门和有关车间同意。

(5) 在制订试验计划的基础上，编写试验准备工作的任务书，并提交技术部门领导审批。

(6) 组织试验小组并就试验所需人员征得有关车间同意。

(7) 准备好所需试验仪器。

(8) 对试验用配件的安装进行技术监督，并培训试验观测人员。

上述组织和准备工作条款同样也适合于锅炉其他试验。

**三、热平衡试验的要求**

(1) 试验前，需预先将锅炉负荷调整到试验规定的数值并稳定一个阶段，在此阶段内可以调整燃烧工况达到试验要求。当原来负荷低于或高于规定试验负荷的20%以上时，将负荷调整到规定工况后一般要求稳定1～2h，再进行试验。

(2) 在试验中，应避免进行吹灰、除灰、打焦、定期排污及启停制粉系统等操作，以防影响试验的顺利进行和试验的准确性。

(3) 试验期间，应尽可能地维持锅炉蒸汽参数及过量空气系数等稳定，其允许波动范围见表3-8。

**表3-8 锅炉参数允许波动范围**

| 参数 | | 允许波动范围 |
|---|---|---|
| 锅炉负荷 | | ±5% |
| 汽压 | 对高压锅炉 | ±0.1MPa |
| | 对低压锅炉 | ±0.05MPa |
| 汽温 | | ±5℃ |
| 过量空气系数 | | ±0.05 |

在试验期间，为维持上述指标，煤粉炉应尽可能使进风量与燃料量不变，而负荷的调整由并列的邻炉担任。此外，在整个试验期间，给水温度不应有较大的波动。

(4) 试验每改变一种工况，原则上应重复进行两次试验，如两次试验的结果相差过大，需重作一次或多次。

(5) 对于燃煤锅炉，一般规定每一工况下正平衡试验的延续时间为8h，反平衡试验延续时间为4h，但根据具体情况可适当减少，正平衡4h、反平衡2h也可。煤粉炉一般不推荐用正平衡试验方法，因为反平衡法更简单准确。

**四、热平衡试验测定内容**

热平衡试验测定内容，应根据试验要求而定，一般进行热平衡试验的主要测定项目如下。

1. 入炉原煤的采样

原煤的采样和分析对效率计算的准确度影响很大，是锅炉试验最基本的测量项目。

煤粉炉的原煤取样，一般在给煤机处进行。人工采样时需要的工具是铲子和储样桶。储样桶应由金属或塑料做成，带有严密的盖子。在采样和保存过程中，储样桶必须盖好盖子，保持密封状态，以避免水分蒸发。

采取的试样应能代表试验期间所用燃料的平均品质，一般每隔 15min 取一次，每次约取 1kg。

2. 飞灰取样

在锅炉试验时，对飞灰取样并分析其可燃物含量是最重要的基本测量项目之一，对煤粉炉来讲，更是反映燃烧效果的主要技术指标。在日常运行中，为了不断改进运行操作，也需要经常采集飞灰试样。

在各种燃烧方式的锅炉上，应在尾部烟道的适宜部位安装专用的取样系统，连续抽取少量的烟气并在系统中将其所含的飞灰全部分离出来作为飞灰试样。

如果锅炉装有效率较高的干式除尘器，也可取其排灰的样品作为飞灰试样。如装有固定的旋风捕集飞灰取样器时，应在试验前将取样瓶内的灰倒干净，在试验期间收 2～3 次即可。

试验中最常用的飞灰取样器系统，主要由取样管和旋风捕集器构成。其工作原理是：利用引风机负压，使烟气等速进入取样管并沿切线方向进入旋风捕集器内，由于烟流在其内旋转，烟中灰粒在离心力作用下被甩到器壁落下并收集在中间灰斗中，借助取样瓶可以从中间灰斗取出飞灰试样。

3. 炉渣采样

对煤粉炉来说，炉渣采样同飞灰采样相比是次要的。当其可燃物含量少时，甚至可以不用采样。液态排渣炉无需采集炉渣试样做可燃物分析。炉渣采样可待试验结束后，用长手柄的铁铲由灰斗内分不同部位掏取。

如煤粉炉在试验期间连续冲灰，可每隔 30min 采样一次。一般来说，炉渣的原始试样数量应不少于炉渣总量的 5%。

4. 烟气成分分析

在锅炉试验中，需要分别采取烟气样品进行成分分析，以达到下列目的：

(1) 为了确定炉膛出口过量空气系数，最好在过热器出口烟道内取样。

(2) 为了确定锅炉的排烟热损失，需要测定排烟处过量空气系数和烟气容积，应在尾部最末级受热面后的烟道内取样，取样截面和排烟温度的测量截面要尽量靠近。

(3) 为了确定气体未完全燃烧损失，可在烟道中任何截面上取样。但最好与上述某一项结合，以免重复分析。

(4) 为了确定某一段烟道的漏风情况，需测定该烟道进、出口的过量空气系数，应在其进、出口处取样。

因为大容量锅炉的烟道很宽，烟气成分很可能不均匀，所以每一取样处，应在左右两侧取样分析。

采用奥氏烟气分析器就地分析烟气成分含量时，一般可每隔 15min 取样分析一次。

一般情况下，烟气中的 CO 含量很少，难以用奥氏分析器测定，此时可用全烟气分析器进行测定或根据奥氏分析器测定的 $RO_2$、$O_2$ 含量，用 CO 含量计算公式进行计算。在要求不甚严格的情况下，也可认为 CO=0，这就不需要测定或计算 CO 含量。

5. 排烟温度的测定

如表盘上排烟温度表的准确性较差时，应进行就地测量排烟温度。因为烟道两侧的排烟温度可能不相等，特别是装有回转式空气预热器的排烟温度两侧相差很大，甚至高达50℃，所以应在烟道两侧都进行测量。

6. 主要参数的记录

试验期间的温度、压力、流量等重要参数应每隔15min记录一次。需要记录的项目，应根据试验要求选定。

每次试验结束后，首先要进行数据的整理工作，对试验中重复多次测取的测量参数，一般取其算术平均值作为其直接测值。

在进行热平衡试验时，尤其是当试验次数较多时，常将有关效率计算的内容，根据具体情况，编制成表格的形式，以利于循序计算、校核对比及查找方便。

## 复习思考题

3-1 什么是理论空气量、实际空气量、过量空气系数？

3-2 烟气成分有哪些？

3-3 锅炉热平衡的意义是什么？电厂锅炉有哪些输入热量和哪些输出热量？

3-4 分析影响排烟热损失的主要因素，降低排烟热损失的措施有哪些？

3-5 锅炉的排烟温度是如何确定的？

3-6 如何确定最佳过量空气系数？

3-7 什么是锅炉热效率？

3-8 结合电厂的实际情况，分析提高锅炉热效率的方法。

# 第四章 煤 粉 制 备

现代大型火力发电机组锅炉一般采用煤粉燃烧，因此，原煤必须经过清除金属等杂物后由碎煤机打碎，然后在磨煤机中磨制成一定细度和干度的煤粉，才能由空气输送并经燃烧器进入炉膛燃烧。原煤磨制与干燥工作由制粉设备承担，制粉设备是锅炉的主要辅助设备，又是耗能较大的设备，其工作直接影响锅炉的安全经济运行。因此，了解煤粉的性质、制粉设备的结构与工作是很重要的，本章重点介绍煤粉特性、制粉设备和系统。

## 第一节 煤 粉 特 性

### 一、煤粉的物理性质

煤粉是经磨制得到的粉状煤炭，由各种尺寸和形状不规则的颗粒组成。通常所说的煤粉尺寸是用它的直径来表示，以 20～60$\mu$m 的颗粒居多。

煤粉是在磨煤机中磨制而成的。新磨制出的煤粉是疏松的，堆积密度约为 0.45～0.5t/$m^3$，随着存放时间的延长，易压紧成块，堆积密度可增加到 0.7～0.9t/$m^3$。干煤粉能吸附空气，煤粉颗粒之间被空气隔开，使它具有良好的流动性，易于同气体混合成气粉混合物，用管道输送。不过，煤粉的流动性也容易引起制粉系统漏粉和煤粉自流，影响锅炉的安全运行及环境卫生，因此要求制粉系统具有足够的严密性。

### 二、煤粉的自燃与爆炸

气粉混合物在制粉管道中流动时，煤粉可能因某些原因从气流中分离出来，并沉积在死角处，由于缓慢氧化而产生热量，导致煤粉温度逐渐升高，而温度升高又会加剧煤粉的进一步氧化，最后达到煤的燃点时，则会引起煤粉的自燃。另外，当煤粉和空气的混合物在一定条件下与明火接触时，还会发生爆炸。在制粉系统内，煤粉起火爆炸的多数原因是由于系统内沉积煤粉自燃所引起的。

影响煤粉自燃与爆炸的主要因素有煤粉的挥发分、水分、灰分、煤粉细度、气粉混合物温度、含粉浓度以及输送煤粉气流中的含氧量等。

挥发分含量越高，产生爆炸的可能性越大。在一般条件下，$V_{daf}$＜10％的煤粉无爆炸危险。在其他条件相同时，灰分越多或提高煤粉的水分，可降低爆炸性。煤的干燥无灰基挥发分与煤的爆炸等级的关系见表 4－1。

**表 4－1　煤的挥发分与煤的爆炸性**

| 干燥无灰基挥发分 $V_{daf}$（％） | 爆炸性 | 干燥无灰基挥发分 $V_{daf}$（％） | 爆炸性 |
|---|---|---|---|
| ＜6.5 | 极难爆炸 | ＞25～30 | 易爆炸 |
| ＞6.5～10 | 难爆炸 | ＞35 | 极易爆炸 |
| ＞10～25 | 中等爆炸 | | |

煤粉越细，自燃爆炸的可能性越大。因此，挥发分含量高的煤种不宜磨得过细。粗粉则不易爆炸，如粒度大于0.1mm的烟煤煤粉，几乎不会爆炸。所以，制粉系统运行中，应根据不同煤种及时调节细度。

气粉混合物为1.2～2.0kg（煤粉）/$m^3$（空气）时，爆炸的危险性最大；大于或小于该浓度时，爆炸的可能性减小。但在制粉系统中很难避免出现危险浓度范围，所以制粉系统必须加装防爆装置。

输送煤粉的气体中，氧的含量越大，越容易发生爆炸。所以，对于挥发分含量高的煤粉，可以采用在输送介质中掺入惰性气体（一般是烟气）的方法来降低含氧量，以防爆炸的发生。

气粉混合物温度越高，挥发分越易析出，气粉混合物越易爆炸。因此，防爆的首要措施是限制磨煤机的出口气粉混合物的温度，见表4-2。

表4-2 磨煤机出口气粉混合物温度限值

| 测点位置 | 用空气干燥 | | 用空气和烟气混合干燥 | |
|---|---|---|---|---|
| 钢球磨煤机中间储仓式制煤系统：磨煤机后 | 贫煤 | 130℃ | 烟煤 | 120℃ |
| | 烟煤和褐煤 | 70℃ | 褐煤 | 90℃ |
| 直吹式制煤系统：分离器后 | 贫煤 | 150℃ | | |
| | 烟煤 | 130℃ | 烟煤 | 170℃ |
| | 褐煤和页岩 | 100℃ | 褐煤 | 140℃ |

为防止制粉系统爆炸，应设法避免或消除煤粉的沉积，限定或控制煤粉气流的温度和含氧浓度。加强原煤管理，防止易燃易爆物混入煤中。制粉系统在运行时，严禁在煤粉管道上进行焊接等工作。

## 三、煤粉细度与均匀性

### （一）煤粉细度

煤粉细度是指煤粉颗粒的粗细程度，是衡量煤粉品质的主要指标。煤粉细度一般用具有标准筛孔尺寸的筛子来测定。煤粉经过筛分后，剩余在筛子上的煤粉量占筛分前煤粉总质量的百分数，叫煤粉细度，用$R_x$表示

$$R_x = \frac{a}{a+b} \times 100\% \tag{4-1}$$

式中 $a$——筛子上剩余的煤粉质量；

$b$——通过筛子的煤粉质量；

$x$——筛子的编号或筛孔尺寸，μm。

在筛子上面剩余的煤粉越多，其$R_x$值越大，则煤粉就越粗。煤粉的全面筛分要用4～5种规格筛子。常用筛子规格和煤粉细度见表4-3。在电厂的实际应用中，对烟煤和无烟煤，煤粉细度只用$R_{90}$和$R_{200}$表示。如果只有一个数值来表示煤粉的细度，则常用$R_{90}$。

表4-3 常用筛子规格及煤粉细度表示方法

| 筛号（每厘米长的孔数） | 6 | 8 | 12 | 30 | 40 | 60 | 70 | 80 | 100 |
|---|---|---|---|---|---|---|---|---|---|
| 孔径（筛孔的内边长，μm） | 1000 | 750 | 500 | 200 | 150 | 100 | 90 | 75 | 60 |
| 煤粉细度符号 | $R_1$ | $R_{750}$ | $R_{500}$ | $R_{200}$ | $R_{150}$ | $R_{100}$ | $R_{90}$ | $R_{75}$ | $R_{60}$ |

（二）煤粉的均匀性

煤粉的均匀性是衡量煤粉品质的另一个重要指标，因为煤粉的颗粒性质只用煤粉细度表示是不完整的，还要看煤粉的均匀性。如有甲、乙两种煤粉，它们的细度都为 $R_{90}$，但是甲种煤留在筛子上的煤粉中较粗的颗粒比乙种煤粉多，而通过筛子的煤粉中较细的颗粒也比乙种多，则乙种煤粉较甲种煤粉均匀。粗颗粒多，不完全燃烧损失大；细颗粒多，制粉系统的磨煤电耗和金属的消耗量就大，因此燃用甲种煤粉的经济性较差。

煤粉的均匀性可用煤粉颗粒的均匀性指数 $n$ 来表示，$n$ 值主要与磨煤机及配用的煤粉分离器的形式有关。当 $n>1$ 时，则过粗或过细的煤粉都比较少，中间尺寸的颗粒较多，煤粉的颗粒分布就比较均匀；反之，当 $n<1$ 时，过粗和过细的煤粉颗粒都比较多，中间尺寸的少，煤粉的均匀性就差。所以一般要求 $n\approx1$。不同制粉设备所磨制煤粉的均匀性指数见表 4-4。

（三）煤粉的经济细度

煤粉细度关系到锅炉机组运行的经济性。煤粉越细，越容易着火并达到完全燃烧，即固体可燃物不完全燃烧热损失（$q_4$）就越小；但这将导致制粉设备的电耗（$q_p$）和金属磨损消耗（$q_m$）增加。显然，比较合理的煤粉细度应根据锅炉燃烧技术对煤粉细度的要求与制粉设备的电耗（$q_p$）和金属磨损消耗（$q_m$）等方面进行技术经济比较来确定。通常把 $q_4$、$q_p$、$q_m$ 之和（$q_4+q_p+q_m$）为最小值时所对应的煤粉细度称为经济细度，如图 4-1 所示。

表 4-4　各种制煤粉设备的煤粉均匀性指数 $n$ 值

| 磨煤机形式 | 粗细分离器形式 | $n$ 值 |
|---|---|---|
| 钢球磨煤机 | 离心式 | 0.80～1.20 |
| | 回转式 | 0.95～1.10 |
| 中速磨煤机 | 离心式 | 0.86 |
| | 回转式 | 1.20～1.40 |
| 风扇磨煤机 | 惯性式 | 0.7～0.8 |
| | 离心式 | 0.80～1.30 |
| | 回转式 | 0.80～1.0 |

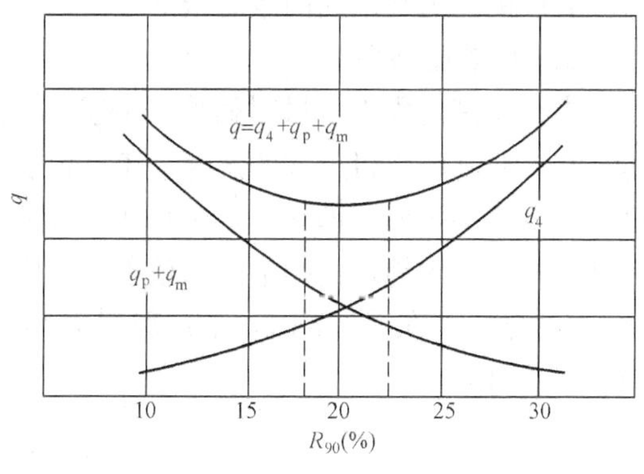


图 4-1　煤粉经济细度的确定

煤粉的经济细度主要与燃煤的干燥无灰基挥发分 $V_{daf}$、磨煤机和粗粉分离器形式等因素有关。$V_{daf}$ 较高的燃煤，易于着火和燃烧，允许煤粉磨得粗一些，即 $R_{90}$ 可大一些，否则 $R_{90}$ 应小一些。$n$ 值较大时，煤粉粗细比较均匀，即使煤粉粗一些，也能燃烧得比较完全，因而 $R_{90}$ 可大一些；反之，$R_{90}$ 应小一些。综合考虑 $V_{daf}$ 和 $n$ 值的影响。煤粉的经济细度可用经验公式计算

$$R'_{90}=4+0.8nV_{daf} \tag{4-2}$$

另外，燃烧设备的形式及锅炉运行工况对煤粉经济细度也有较大的影响，因此，在锅炉实际运行中，应通过燃烧调整试验来确定煤粉的经济细度。

## 第二节　煤的可磨性与磨损性

### 一、煤的可磨性

原煤在机械力的作用下可以被粉碎，常用的磨煤机通过撞击、挤压、研磨等方法将煤磨

碎。由于煤的机械强度和脆性的不同，有的煤较难破碎，有的却容易破碎，因此所消耗的能量也不同。煤被磨成一定细度煤粉的难易程度称为煤的可磨性，并用可磨性系数 $K_{km}$ 表示。某种煤的可磨性系数是在风干状态下，将单位质量标准煤和试验煤由相同的粒度磨碎到相同的细度时，所消耗能量之比，即

$$K_{km} = \frac{E_b}{E_s} \tag{4-3}$$

式中 $E_b$——磨制标准煤（一种难磨的无烟煤）的电耗；

$E_s$——磨制待测煤的电耗。

我国常用苏联热工研究所法（简称 BTИ）和欧美的哈得罗夫法（简称哈氏法 HGI）测定可磨性系数。其中，哈氏法可用式（4-4）计算可磨性系数，即

$$HGI = 13 + 6.93G \tag{4-4}$$

式中 $G$——所测 50g 煤粉中通过孔径为 74μm 的筛子的煤粉质量，g。

哈氏法与 BTИ 法的可磨性系数之间的关系可用式（4-5）换算，即

$$K_{km} = 0.0034(HGI)^{1.25} + 0.61 \tag{4-5}$$

我国发电用煤可磨性系数 $K_{km}$ 值在 0.8～2.0 之间。一般认为，$K_{km}<1.2$（即 HGI<64）的煤为难磨煤，$K_{km}>1.5$（即 HGI>86）的煤为易磨煤。煤的可磨性系数是选择磨煤机形式、计算磨煤机出力与电耗的重要依据之一。

**二、煤的磨损性**

煤在磨制过程中，煤对研磨设备金属磨损的强弱程度，可用煤的磨损性指数 $K_e$ 来表示，它关系到磨煤机形式的选择。$K_e$ 值越大，煤对金属的磨损越强烈。煤的磨损指数是通过实验方法确定的，即在一定条件下，试验煤每分钟对纯铁磨损的毫克数 $x$ 与相同条件下标准煤每分钟对纯铁磨损量的比值称为该煤的磨损性指数。标准煤是指每分钟能使纯铁磨损 10mg 的煤。若在 $\tau$ min 内，某试验煤对纯铁磨损量为 $m$ mg，则该煤的磨损性指数可由式（4-6）计算

$$K_e = \frac{x}{10} = \frac{m}{10\tau} \tag{4-6}$$

煤的磨损性指数越大，对金属部件的磨损就越强烈。煤的磨损性能分类见表 4-5。

**表 4-5 煤的磨损性能分类**

| 磨损指数 $K_e$ | <2 | 2～3.5 | 3.5～5 | >5 |
|---|---|---|---|---|
| 煤的磨损性 | 不强 | 较强 | 很强 | 极强 |

煤的磨损性与可磨性是两个不同的概念，两者之间无直接的因果关系。也就是说，容易磨制成粉的煤，不一定具有弱磨损性；反之亦然。

## 第三节 磨 煤 机

磨煤机是制粉系统中的主要设备，其作用是将原煤磨成煤粉并干燥到一定程度，磨煤机磨煤的原理主要有撞击、挤压、研磨三种。撞击原理是利用燃料与磨煤部件以及燃料与燃料相对运动产生的冲力作用；挤压原理是利用煤在受力的两个碾磨部件表面间的压力作用；研

磨原理是利用煤与运动的碾磨部件间的摩擦力作用。实际上，任何一种磨煤机的工作原理并不是单独一种力的作用，而是几种力的综合作用。

根据磨煤部件的工作转速，电站用的磨煤机大致可分为以下三类：

(1) 低速磨煤机。转速为16～25r/min，如筒式钢球磨煤机。

(2) 中速磨煤机。转速为50～300r/min，如中速平盘式磨煤机、中速环球式磨煤机（又叫E型磨煤机）、中速碗式磨煤机、MPS磨煤机等。

(3) 高速磨煤机。转速为500～1500r/min，如风扇磨煤机、锤击磨煤机等。

我国燃煤电厂目前广泛应用的是筒式钢球磨煤机和中速磨煤机。

## 一、单进单出筒式钢球磨煤机

### （一）结构及工作原理

单进单出筒式钢球磨煤机，其结构如图4-2所示。它的磨煤部件是一个直径为2～4m、长3～10m的圆筒，筒内装有许多直径为30～60mm的钢球。圆筒自内到外共有五层：第一层是由锰钢制的波浪形钢瓦组成的护甲，其作用是增强抗磨性并把钢球带到一定高度；第二层是绝热石棉层，起绝热作用；第三层是筒体本身，它是由18～25mm厚的钢板制作而成的；第四层是隔声毛毡，其作用是隔离并吸收钢球撞击钢瓦产生的噪声；第五层是薄钢板制成的外壳，其作用是保护和固定毛毡。圆筒两端各有一个端盖，其内面衬有扇形锰钢护瓦，端盖中部有空心轴颈，整个钢球磨煤机重量通过空心轴颈支撑在大轴承上。两个空心轴颈的端部各接一个倾斜45°的短管，其中一个是原煤与干燥剂的进口，另一个是气粉混合物的出口。

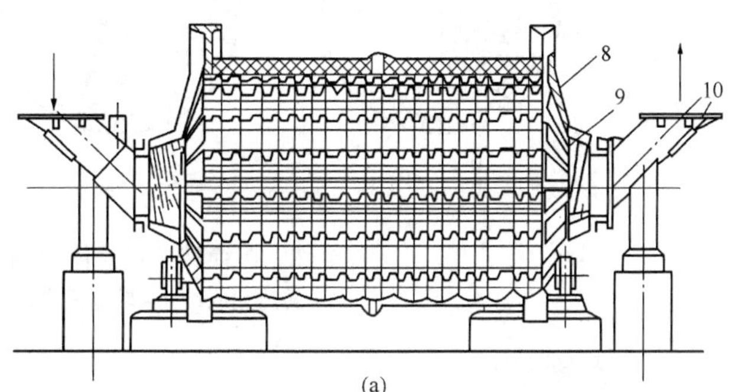


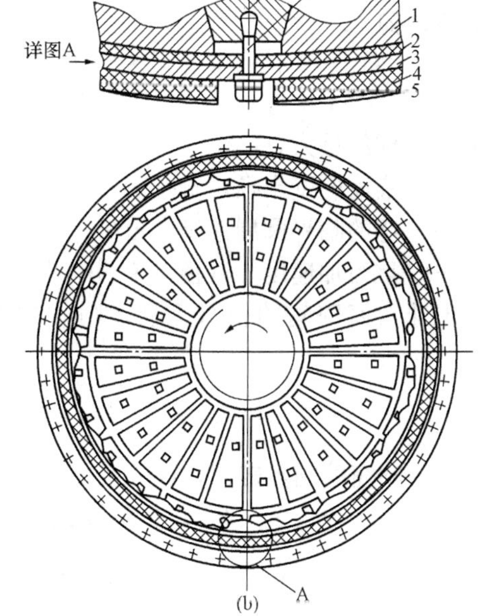


图4-2　筒式钢球磨煤机的结构图
(a) 纵剖图；(b) 横剖图
1—波浪形护甲；2—石棉层；3—筒身；4—隔声毛毡；5—薄钢板外壳；6—压紧用的楔形块；7—螺栓；8—端盖；9—空心轴颈；10—短管

筒式钢球磨煤机的工作原理：筒身经电动机、减速装置传动以低速旋转，在离心力与摩擦力作用下，护甲将钢球与燃料提升至一定高度，然后借重力自由下落，煤主要被下落的钢球撞击破碎，同时还受到钢球之间、钢球与护甲之间的挤压、研磨作用。原煤与热空气从一端进入磨煤机，磨好的煤粉被气流从另一端输送出去。热空气不仅是输送煤粉的介质，同时还起干燥原煤的作用，因此进入磨煤机的热空气被称作干燥剂。

(二) 钢球磨煤机的临界转速和工作转速

钢球磨煤机圆筒的转速对磨制煤粉的工作有很大影响，如图 4-3 所示。如果转速太低，钢球不能提到应有的高度，磨煤作用很小，而且磨制好的煤粉也不能从钢球层中吹走；如果转速太高，钢球的离心力过大，以致钢球紧贴圆筒内壁和圆筒一起作圆周转动，起不到磨煤作用。适当的转速应是把钢球带到一定高度，然后落下，才能有最佳的磨煤效果。

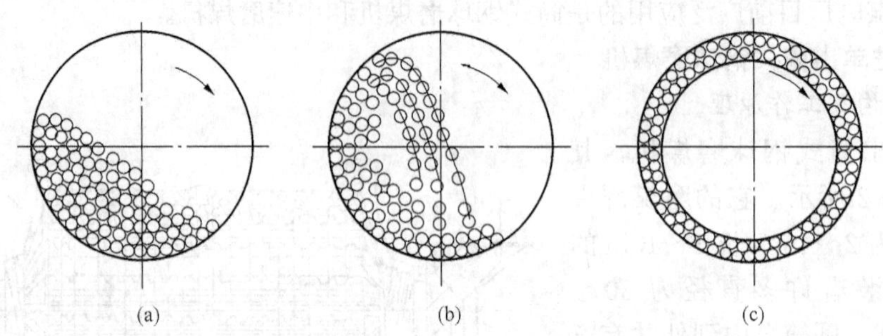


图 4-3 圆筒转速对筒体内钢球运动的影响

(a) 转速太低；(b) 转速适当；(c) 转速太高

1. 临界转速 $n_{lj}$

筒体的转速达到使钢球的离心力等于其重力，筒内钢球不再脱离筒壁的最小转速称为临界转速 $n_{lj}$，单位为 r/min。这一转速可通过圆筒内壁最高点处钢球受到的离心力恰好与其重力相等求得，即

$$G_P = \frac{G_g}{g}\frac{w_{lj}^2}{R} \tag{4-7}$$

式中 $G_g$——球的重力，N；

$R$——圆筒内壁半径，m；

$w_{lj}$——球的临界圆周速度，m/s；

$g$——重力加速度，其值为 9.81，m/s²。

不考虑球与筒壁间的相对运动，则球的临界圆周速度与圆筒内壁的临界圆周速度相等，即

$$w_{lj} = \frac{2\pi R n_{lj}}{60} \tag{4-8}$$

式中 $n_{lj}$——圆筒的临界转速，r/min。

将式 (4-8) 代入式 (4-7)，整理化简得

$$n_{lj} = \frac{42.3}{\sqrt{D}} = \frac{30}{\sqrt{R}} \tag{4-9}$$

式中 $D$——圆筒的内壁直径，m。

式 (4-9) 说明，圆筒直径越大，则临界转速越低。显然，钢球磨煤机达到临界转速时是不能磨制煤粉的，为此圆筒转速应小于临界转速。

2. 最佳转速和工作转速 $n$

最佳转速是指能把钢球带到适当高度落下，使磨煤效果最好的转速，用符号 $n_{zj}$ 表示，

单位为 r/min，其计算式为

$$n_{zj}=\frac{32}{\sqrt{D}} \tag{4-10}$$

最佳转速只是单个球在筒体内运动时的理论公式。实际上磨煤机内有许多钢球，并且有煤，同时，它们对筒壁还可能有滑动，因而在工业上磨煤机的最佳工作转速还需借助试验得出，但试验所得最佳转速与理论最佳转速很接近。

（三）钢球磨煤机的磨煤出力及影响因素

1. 钢球磨煤机的磨煤出力

钢球磨煤机的磨煤出力是指单位时间内，在保证一定煤粉细度条件下，磨煤机所能磨制的原煤量，用 $B_m$ 表示，单位是 t/h。对于筒体直径小于 4m 的磨煤机，磨煤出力 $B_m$ 可按式（4－11）所示的经验公式计算，即

$$B_m=\frac{0.11D^{2.4}Ln^{0.8}K_{hj}K_{ms}\varphi^{0.6}K_{km}^{g}K_{tf}S_2}{\sqrt{\ln\frac{100}{R_{90}}}} \tag{4-11}$$

$$\varphi=\frac{G}{\rho_{gq}V} \tag{4-12}$$

式中 $D$——钢球磨煤机筒体直径，m；

$L$——钢球磨煤机筒体长度，m；

$n$——筒体的工作转速，r/min；

$K_{hj}$——护甲的形状修正系数，对未磨损波浪形护甲 $K_{hj}=1.0$，对未磨损阶梯形护甲 $K_{hj}=0.9$；

$K_{ms}$——运行中考虑护甲与钢球磨损，对磨煤出力影响的修正系数，通常取 $K_{ms}=0.9$；

$K_{tf}$——考虑筒体通风量偏离最佳磨煤通风量时，对磨煤出力影响的修正系数，根据磨煤机筒体通风量与最佳磨煤通风量的比值，可按表 4－6 选取；

$\varphi$——钢球充满系数，它表示钢球容积占筒体容积的份额；

$G$——钢球装载量，t；

$V$——钢球磨煤机筒体容积，$m^3$；

$\rho_{gq}$——钢球堆积密度，取 4.9，$t/m^3$；

$S_2$——原煤质量换算系数；

$K_{km}^{g}$——工作燃料的可磨性系数。

**表 4－6 磨煤通风量修正系数 $K_{tf}$**

| $V_{tf}/V_{tf}^{zj}$ | 0.4 | 0.5 | 0.6 | 0.7 | 0.8 | 0.9 | 1.0 | 1.1 | 1.2 | 1.3 | 1.4 |
|---|---|---|---|---|---|---|---|---|---|---|---|
| $K_{tf}$ | 0.66 | 0.76 | 0.83 | 0.89 | 0.95 | 0.975 | 1.0 | 1.025 | 1.03 | 1.04 | 1.07 |

磨制的理论和试验都证实：钢球磨煤机的磨煤出力正比于燃料的实验室可磨性系数 $K_{km}$。然而，在发电厂中，钢球磨煤机内磨煤是在不同于实验室条件的另一种水分和初始粒度下进行的，因此，要对可磨性系数进行修正。修正后的可磨性系数，即工作燃料可磨性系数为

$$K_{km}^{g}=K_{km}\frac{S_1}{S_{ps}} \tag{4-13}$$

$$S_1=\sqrt{\frac{(M_{ar}^{max})^2-(M^{pj})^2}{(M_{ar}^{max})^2-(M_{ad})^2}} \tag{4-14}$$

对烟煤 $$M^{pj}=\frac{M'_m+6M^{mf}}{7} \tag{4-15}$$

对褐煤 $$M^{pj}=\frac{M'_m+3M^{mf}}{4} \tag{4-16}$$

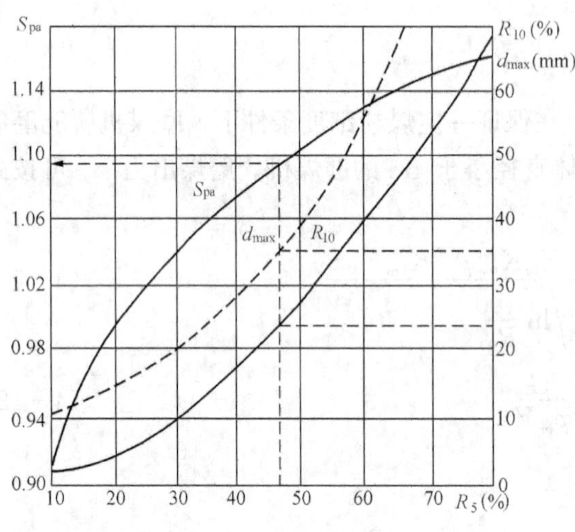


图 4-4 原煤颗粒修正系数

$R_5$—原煤在筛孔尺寸为 5mm×5mm 筛子上的剩余量；

$R_{10}$—原煤在筛孔尺寸为 10mm×10mm 筛子上的剩余量；

$d_{max}$—原煤中最大煤块尺寸，mm

式中 $S_{ps}$——原煤粒度对煤可磨性系数 $K_{km}$ 的修正系数，根据原煤破碎程度按图 4-4 确定；

$S_1$——水分对煤可磨性系数 $K_{km}$ 的修正系数；

$M_{ar}^{max}$——煤的收到基最大水分，无资料时可按 $M_{ar}^{max}=4+1.06M_{ar}$ 计算，%；

$M_{ad}$——煤的空气干燥基水分，%；

$M^{pj}$——磨煤机内煤的平均水分，%；

$M^{mf}$——煤粉水分，%；

$M'_m$——磨煤机前的煤的水分，%。

1kg 原煤在干燥过程中，从原煤水分 $M_{ar}$ 干燥到煤粉水分 $M^{mf}$，失去的水分为

$$\Delta M=\frac{M_{ar}-M^{mf}}{100-M^{mf}} \tag{4-17}$$

我国电站的钢球磨煤机出口，装有一定长度的下降干燥管，在其中干燥管中的水分一般按 0.4$\Delta M$ 计算，经推导磨煤机前煤水分为

$$M'_m=\frac{M_{ar}(100-M^{mf})-40(M_{ar}-M^{mf})}{(100-M^{mf})-0.4(M_{ar}-M^{mf})} \tag{4-18}$$

$$S_2=\frac{100-M^{pj}}{100-M_{ar}} \tag{4-19}$$

2. 影响钢球磨煤机出力的因素

钢球磨煤机是锅炉耗能较大的设备，制粉系统运行的经济性主要取决于钢球磨煤机的工作，下面对影响钢球磨煤机工作的主要因素进行分析。

(1) 钢球磨煤机的转速。钢球磨煤机的转速对煤粉磨制过程影响很大，不同转速时，筒内钢球和煤的运动状况不同。若筒体转速太低，钢球随筒体转速而上升形成一个斜面，当斜面的倾角等于或大于钢球的自然倾角时，钢球就沿斜面滑下来，撞击作用很小，同时煤粉被压在钢球下面，很难被气流带出，以致磨得很细，降低了磨煤机出力。若转速过高，在离心力作用下，球贴在筒壁随圆筒一起旋转而不再脱离，则球的撞击作用完全丧失。显然，滚筒的转速应小于临界转速。国产钢球磨煤机的工作转速 $n$ 接近最佳转速 $n_{zj}$，工作转速 $n$ 与临界转速 $n_{lj}$ 的关系为 $n/n_{lj}=0.74\sim0.8$。

(2) 钢球充满系数 $\varphi$ 与钢球直径。钢球充满系数 $\varphi$ 简称充满系数。钢球装载量直接影响磨煤机出力及电能消耗，当筒体通风量与煤粉细度不变时，随着钢球装载量的增加，单位时间内球的撞击次数增加，磨煤出力 $B_m$ 及磨煤机功率 $P_m$ 相应增加，磨煤单位电耗 $E_m$ 也增加。

由于通风量不变，排粉风机功率 $P_{tf}$ 不变，随着磨煤机出力的增加，通风单位电耗减小，制粉单位电耗也是减小的。但是，当钢球装载量增加到一定程度后，由于钢球充满系数过大使钢球下落的有效高度减小，撞击作用减弱，磨煤出力增加的程度减缓，而磨煤功率却仍然按原来变化速度增加，磨煤单位电耗显著增大，这时制粉单位电耗也将增大。磨煤出力和单位电耗随钢球充满系数 $\varphi$ 的变化关系，如图 4-5 所示，制粉单位电耗最小值所对应的充球系数称为最佳充球系数，它可通过试验确定。

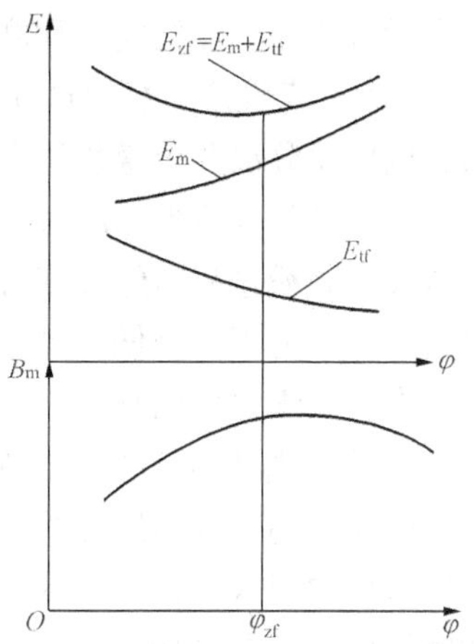


图 4-5 单位电耗 $E$ 与钢球充满系数 $\varphi$ 的关系（通风量不变，煤粉细度不变）

钢球直径应按磨煤电耗与磨煤金属损耗总费用最小的原则选择。当充球系数一定时，钢球直径越小，撞击次数及作用面积越大，磨煤出力提高，但球的磨损加剧。随着球直径减小，球的撞击力减弱，不宜磨制硬煤及大煤块。因此，一般采用的球径为 30～40mm，当磨制硬煤或大煤块时，则选用直径为 50～60mm 的钢球。运行中，由于钢球不断磨损，为维持一定的充球系数及球径，应定期向磨煤机内添加钢球。

(3) 护甲形状完善程度。形状完善的护甲，可增大钢球与护甲的摩擦系数，有助于提升钢球和燃料，磨煤出力得以提高。磨损严重的护甲，钢球与护甲间有较大的相对滑动，将有较多能量消耗在钢球与护甲的摩擦上，未能用来提升钢球，磨煤出力明显下降。

(4) 通风量。磨煤机内磨好的煤粉，需一定的通风量将煤粉带出。由于燃料沿筒体长度分布不均，当通风量太小时，筒体通风速度较低，仅能带出少量细粉，部分合格煤粉仍然留在筒内被反复碾磨，使磨煤出力降低。适当增大通风量可改善燃料沿筒体长度的分布情况，提高磨煤出力，降低磨煤单位电耗。但是，当通风量过大时，部分不合格的粗粉也被带出，经粗粉分离器分离后，又返回磨煤机再磨，造成无益的循环。这时，不仅通风量单位电耗增大，制粉单位电耗也是增大的。当钢球装载量不变，制粉单位电耗最小值所对应的磨煤通风量，称最佳磨煤通风量 $V_{tf}^{zj}$，如图 4-6 所示，最佳磨煤通风量可通过试验确定。

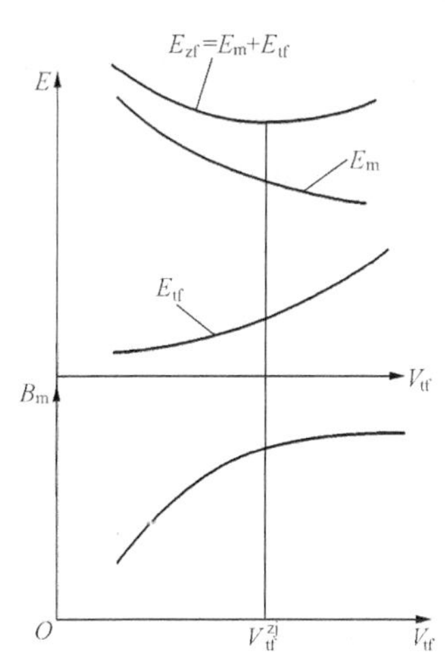


图 4-6 单位电耗 $E$ 与磨煤通风量 $V_{tf}$ 的关系（钢球装载量不变）

(5) 载煤量。钢球磨煤机滚筒内载煤量较少时，钢球下落的动能只有一部分用于磨煤，另一部分白白消耗于钢球的空撞磨损。随着载煤量的增加，磨煤出力相应的增加，但载煤量过大时，由于钢球下落高度减小，钢球间煤层加厚，部分能量消耗于煤层变形，磨煤出力反而降低，严重时将造成滚筒入口堵塞。因此，每台钢球磨煤机在钢球载装量一定时有一个最佳载煤量，按最佳载煤量运行磨煤出力最大。运行中载煤量可通过磨煤机电流和磨煤机进出口压差来反应。

(6) 燃煤性质。燃煤性质对磨煤出力影响较大，煤的挥发分不同，对煤粉细度的要求不同。低挥发分煤要求煤粉磨得较细，则消耗的能量较多，磨煤出力因此降低。

煤的可磨性系数值越大，破碎到相同细度所消耗的能量越小，磨煤出力就越高；原煤水分越大，磨粉过程由脆性变形过渡到塑性变形，改变了煤的可磨性，额外增加了磨粉能量消耗，磨煤出力因而降低；进入磨煤机的原煤粒度越大，磨制成相同细度的煤粉所消耗的能量也越大，磨煤出力则越低。

钢球筒式磨煤机的主要特点是适应煤种广，能磨任何煤，特别是硬度大、磨损性强的煤及无烟煤、高灰分劣质煤等，其他形式的磨煤机都不宜磨制，只有采用钢球磨煤机。钢球磨煤机对煤中混入的铁件、木屑不敏感，又能在运行中补充钢球，延长了检修周期，因此，钢球磨煤机能长期维持一定出力和煤粉细度可靠地工作，且单机容量大，磨制的煤粉较细。其主要缺点是设备庞大笨重、金属消耗多、占地面积大，初投资及运行电耗、金属磨损都较高，特别是不适宜调节、低负荷运行不经济，运行噪声大，磨制的煤粉不够均匀。这些使钢球磨煤机的应用受到一定限制。

## 二、双进双出钢球磨煤机

双进双出钢球磨煤机的结构与单进单出钢球磨煤机相类似，也有一装有锰钢或铬铝钢护甲的圆筒，研磨部件——钢球在筒内磨制煤粉的原理和过程也与单进单出钢球磨煤机相似。不同的是两端空心轴既是热风和原煤的进口，又是气粉混合物的出口。从两端进入的干燥气流在球磨机筒体中间部位对冲后反向流动，携带煤粉从两空心轴中流出，进入煤粉分离器，形成两个相互对称、又彼此独立的磨煤回路，其原理性结构示意如图 4-7 所示。连接筒体的中空轴架在轴承上，中空轴内有一中心管，中心管外是螺旋输送装置，用保护链条弹性固定。煤从给煤机出口落入混料箱，经旁路热风预干燥后落入中空轴，由旋转的螺旋输送装置

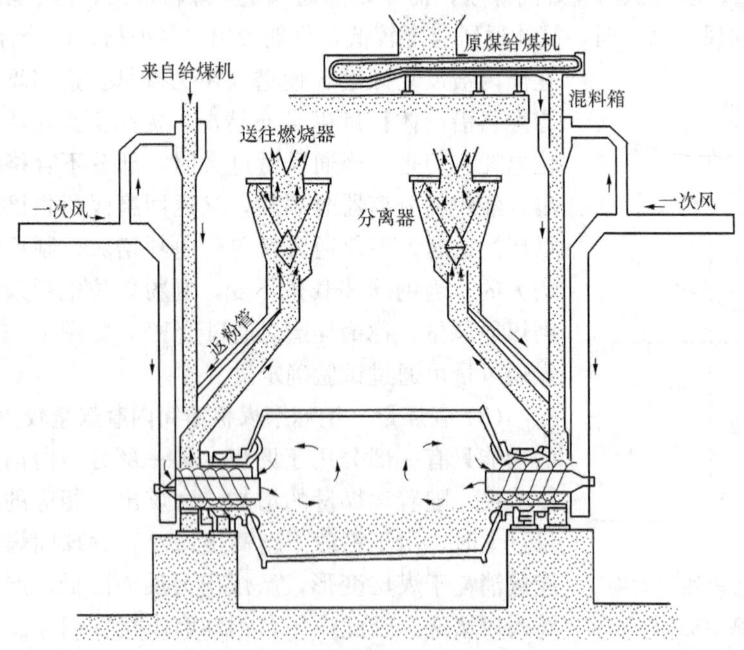


图 4-7　双进双出钢球磨煤机原理性结构示意图

将煤送入磨煤机，由钢球进行磨制。热一次风通过中空轴的中心管进入筒体，进入筒体的热空气既是煤粉干燥剂，又是煤粉输送剂。在热一次风完成对煤的干燥后，按与原煤进入磨煤机的相反方向，通过中心管与中空轴之间的环行通道，将煤粉带出磨煤机。煤粉空气混合物与混料箱来的旁路风混合，一起进入上部的煤粉分离器，分离出来的粗煤粉经返粉管回落到中空轴入口，与原煤混合，重新进入磨煤机研磨。从分离器出来的气粉混合物作为一次风送到燃烧器或进入细粉分离器进行气粉分离。

双进双出钢球磨煤机的研磨部件主要是钢球，它也装有钢球添加装置，不需停机就可添加钢球。磨煤机为正压运行，用密封风机向中空轴的固定件和旋转件之间输送高压空气，防止煤粉向外泄漏。双进双出钢球磨煤机设有微动装置，可使磨煤机在停机或维修操作时以1/100额定转速旋转，因此在短时间停机时不必将筒内的剩煤排空。这是因为缓慢旋转可使筒内存煤及时散热，可防止因局部高温引起自燃。

与单进单出钢球磨煤机一样，运行中的磨煤机存煤量不随负荷变化。筒内存煤量约为钢球重量的15%，相当于磨煤机额定出力的1/4。双进双出钢球磨煤机应用检测制粉噪声或进出口差压的方法来控制筒内的存煤量。

与普通钢球磨煤机相比，双进双出球钢磨煤机的主要优点是：可靠性高，可用率高；维护方便，维护费用低；能长期保持恒定的容量和要求的煤粉细度；能磨制哈式可磨性系数小于50的煤种或高灰分（>40%）的煤种；储粉能力强，有较大的煤粉储备能力，大约相当于磨煤机运行10～15min的出煤量；在较宽的负荷范围内有快速反应能力，其负荷变化率每分钟可以超过20%；低负荷时，由于一次风量减小，相应的风速也减小，带走的只能是更细的煤粉，这有利于燃用低挥发分煤时的稳燃。总之，双进双出钢球磨煤机较之一般钢球磨煤机有许多无法比拟的特点，在某些情况下比中、高速磨煤机适应性更好，因此，它在大容量机组的煤粉制备系统中得到了越来越多的应用。

### 三、中速磨煤机

目前，电厂中采用的中速磨煤机的型式主要有4种：辊—盘式磨煤机，又称平盘磨煤机；辊—碗式磨煤机，又称碗式磨煤机（RP型、HP型）；辊—环式磨煤机（MPS型）；球—环式磨煤机，又称中速球式磨煤机（E型）。其中，RP型磨煤机（改进型为HP型）、MPS型磨煤机和E型磨煤机在国内大型电站锅炉上应用最多。

#### （一）中速磨煤机的结构特点及其工作原理

中速磨煤机的研磨部件各异，但都具有相同的工作原理及基本类似的结构。如图4-8～图4-11所示，4种磨煤机沿高度方向自下而上可分为驱动装置、研磨部件、干燥分离空间以及煤粉分离和分配装置四部分。工作过程为：由电动机驱动通过减速装置和垂直布置的主轴带动磨盘或磨环转动。原煤经落煤管进入两组相对运动的研磨件的表面，在压紧力的作用下受到挤压和研磨，被粉碎成煤粉。磨成的煤粉随碾磨部件一起旋转，在离心力和不断被碾磨的煤和煤粉推挤作用下被甩至风环上方。热风（干燥剂）经装有均流导向叶片的风环整流后，以一定的风速进入环形干燥空间，对煤粉进行干燥，并将煤粉带入磨煤机上部的煤粉分离器。不合格的粗煤粉在分离器中被分离下来，经锥形分离器底部返回碾磨区重磨。合格的煤粉经煤粉分配器由干燥剂带出磨煤机外，进入一次风管，直接通过燃烧器进入炉膛，进行燃烧。煤中夹带的难以磨碎的煤矸石、石块等在磨煤过程中也被甩至风环上方，因风速不足以将它们夹带而下降，通过风环落至杂物箱内，并被定期排出。从杂物箱中排出的物质称为石子煤。

1. 平盘磨煤机

平盘磨煤机的旋转磨盘为圆形平盘，如图 4-8 所示，一般每台平盘磨煤机上装有 2～3 个磨辊。辊子与平盘之间有一定间隙，约为 1.25mm，以避免空转时磨损。磨盘由电动机带动旋转，磨辊绕固定轴在磨盘上滚动。磨辊研压煤的压力一部分靠辊子本身的质量，但主要靠加压弹簧的压力，也有采用液力—气动加载装置的。平盘磨煤机的磨辊是锥形的，其转动轴线与平盘成 15°夹角。为了防止原煤在旋转平盘上未经碾磨就被甩到风环室，在平盘外缘设有挡圈。挡圈还能使平盘上保持适当的煤层厚度，提高碾磨效果。

2. RP 型与 HP 型磨煤机

RP 型碗式磨煤机的磨盘目前多采用浅沿形或斜盘形钢碗，如图 4-9 所示，磨辊一般也是锥型的，其转动轴线与水平面成一定角度，以使磨辊表面与磨盘碗面相吻合。一般碗式磨煤机装有 3 个磨辊，相隔 120°安装于磨盘上方，磨辊与磨盘之间不直接接触，间隙可调。RP 型磨煤机具有以下优点：①出力调节范围大，煤粉细度可以作线形调节；②两碾磨件无接触，能空载启动，启动力矩小，安全平稳；③噪声小，密封性能好；④更换磨损件方便，停机时间短；⑤单位电耗小，磨煤电耗为 7～8kWh/t，通风电耗约 7kWh/t；⑥结构紧凑，占地面积小。

HP 型碗式中速磨煤机是 RP 型碗式中速磨煤机的改进型，如图 4-10 所示，它采用 RP 碗式中速磨煤机的基本形式，两者的主要区别体现在传动装置上。RP 碗式中速磨煤机的传动装置采用涡轮蜗杆，磨辊长度大，直径小。HP 碗式中速磨煤机的传动装置采用圆锥齿轮，传动力矩大，磨辊长度小，直径大，磨煤出力较大。

HP 碗式磨煤机主要由落煤管、分离器顶盖、内锥体、分离器体、叶轮装置、行星齿轮减速器、排出阀、折向门调节装置、文丘里管、弹簧加载装置、侧机体装置、磨碗装置、磨辊装置、密封空气集管和石子煤排出口等组成，其内部风粉流程如图 4-11 所示。

HP 碗式中速磨煤机具有结构新颖、运行可靠、维修方便、单位电耗量小、金属磨损少、使用寿命长、应用广泛等优点，另外，其传动机构采用集中润滑，煤粉细度均匀性好并可作线性调节，能够对含水量高的煤种进行高温空气干燥。

3. MPS 型磨煤机

MPS 型磨煤机采用具有圆弧形凹槽滚道的磨盘，磨辊边缘也呈圆弧形，如图 4-12 所示。3 个磨辊相对布置在相距 120°的位置上。磨辊尺寸大，在水平方向具有一定的自由度，可以摆动，能自动调整碾磨位置。在碾磨过程中磨辊由磨盘摩擦力带动旋转。磨煤的碾磨力来自磨辊、弹簧架及压力架的自重和弹簧的预压缩力。弹簧的预压缩力依靠作用在弹簧压盘上的液压缸加压系统来实现。该型磨煤机与其他类型中速磨煤机相比，其主要优点是：①辊子外形凸出近于球状，滚动阻力较小，辊子尺寸大，燃料进入辊下的条件也较好，利于增大磨煤出力和降低磨煤单位电耗；②磨损均匀性得到改善；③无上磨环，避免上磨环的磨损问题；④占地面积缩小，利于大型锅炉多台磨煤机的合理布置。

4. E 型磨煤机

中速钢球磨煤机（E 型磨煤机）的碾磨部件为上下磨环和夹在中间的大钢球，如图 4-13 所示。在上、下磨环之间放有 10 个左右的钢球，一般钢球直径为 200～500mm，钢球和钢球之间几乎靠着，放入全部钢球后仅留有 15～20mm 的间隙。上、下磨环和钢球相互配合的剖面图形状和字母 E 相似，由此得名为 E 型磨煤机。钢球可以在磨环之间自由滚动，磨

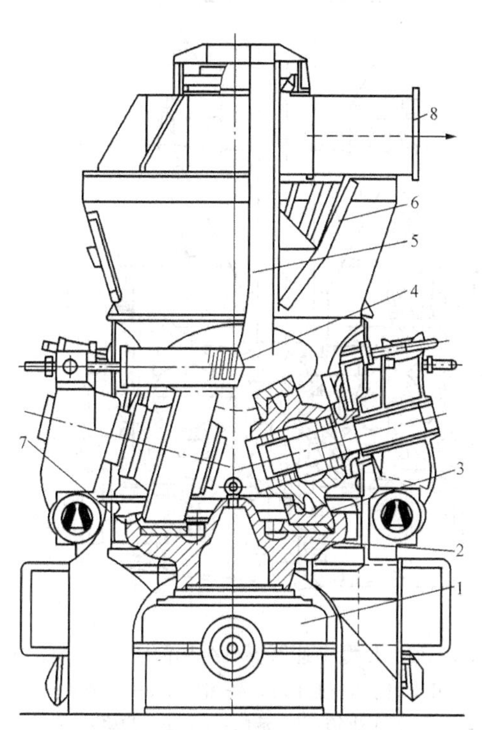


图 4-8　中速平盘磨煤机结构简图
1—减速器；2—磨盘；3—磨辊；4—加压弹簧；
5—下煤管；6—分离器；7—风环；
8—气粉混合物出口管

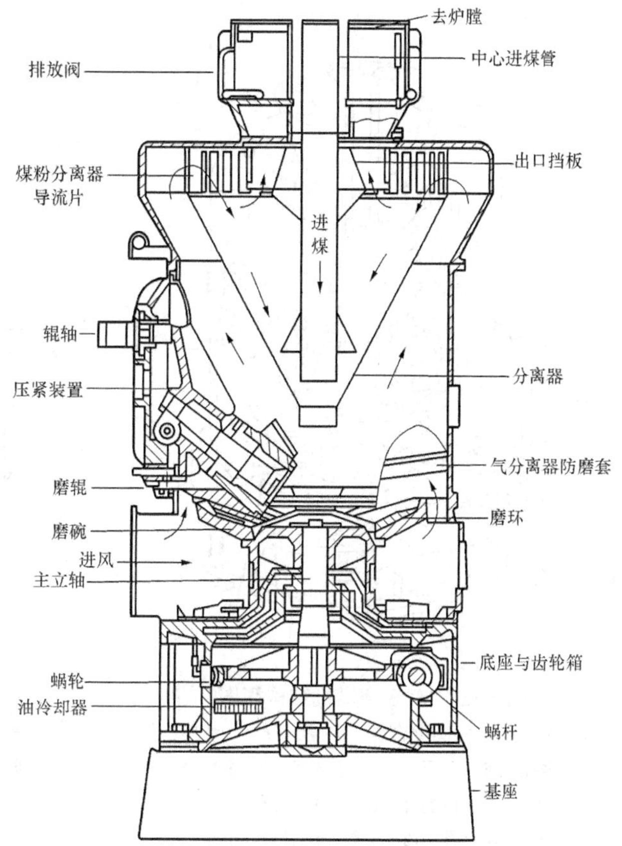


图 4-9　RP 型碗式中速磨煤机结构简图

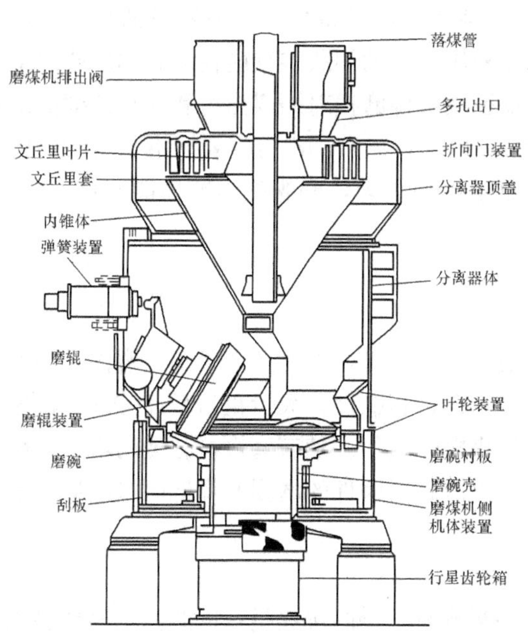


图 4-10　HP 型碗式中速平盘磨煤机结构简图

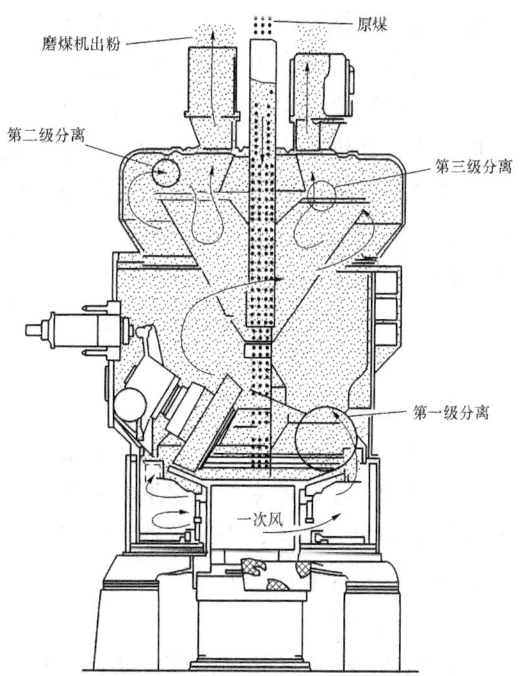


图 4-11　HP 型碗式中速磨煤机内部风粉流程图

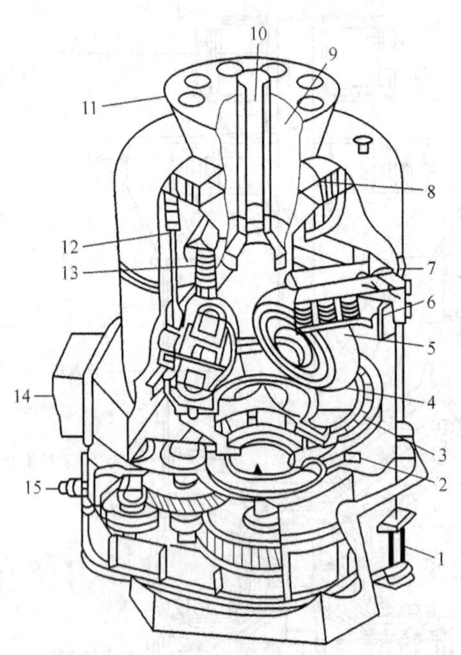


图 4-12　MPS 磨煤机结构简图

1—液压缸；2—杂物刮板；3—风环；4—磨环；5—磨辊；6—下压盘；7—上压盘；8—分离器导叶；9—气粉混合物出口；10—原煤入口；11—煤粉分配器；12—密封空气管路；13—加压弹簧；14—热空气入口；15—传动轴

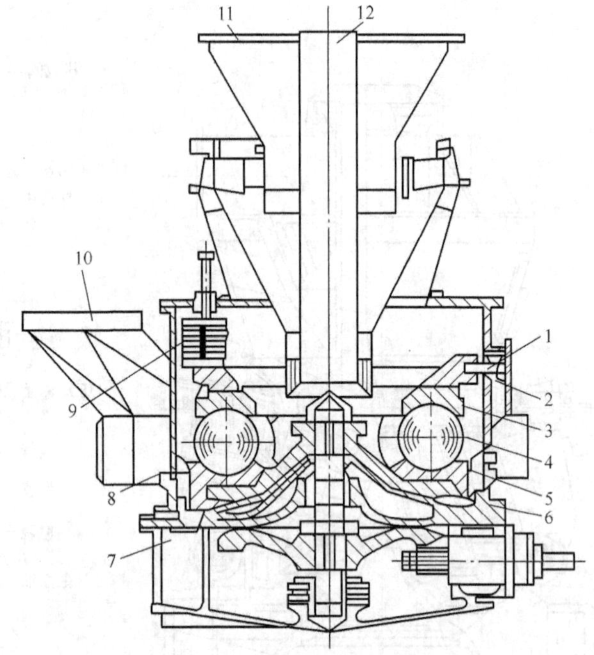


图 4-13　E 型中速磨煤机结构简图

1—导块；2—压紧环；3—上磨环；4—钢球；5—下磨环；6—轭架；7—石子煤箱；8—活门；9—压紧弹簧；10—热风进口；11—煤粉出口；12—原煤进口

煤时不断改变旋转轴承位置，在整个工作寿命中钢球始终保持球的圆度，以保证磨煤性能不变，使磨煤出力不会因钢球磨损而减少。小型 E 型磨煤机用弹簧加载，大容量的采用液压—气动加载装置，它通过上磨环对钢球施加压力。液压—气动加载装置能在碾磨部件使用寿命期限内自动维持磨环上的压力为定值，从而降低因碾磨件磨损对磨煤出力和煤粉细度的影响。E 型磨煤机与平盘磨煤机和碗式磨煤机相比，有以下特点：①没有需要润滑、密封的磨辊，易于实现正压运行且磨煤部件工作可靠；②钢球磨损均匀，磨煤机运转性能变化不大，钢球的金属利用率高。

（二）影响中速磨煤机工作的主要因素

1. 转速

中速磨煤机的转速考虑到最小能量消耗下的最佳磨煤效果，同时还考虑到碾磨件合理的使用寿命。转速太高，离心力过大，煤来不及磨碎即通过碾磨件，大量粗粉循环使气力输送的电耗增加；而转速太低，煤磨得过细，又将使磨煤电耗增加。随着磨煤机容量的增大，碾磨件的直径相应增大，为了限制一定的圆周速度，以减轻碾磨件的磨损并降低磨煤电耗，中速磨煤机的转速趋向降低。

2. 通风量

通风量的大小，影响磨煤出力与煤粉细度，并影响石子煤的排放量，因此，中速磨煤机需维持一定的风煤比，如 E 型磨煤机推荐的风煤比为 1.8～2.2kg/kg，RP 型磨煤机一般约为 1.5kg/kg 左右。

3. 风环气流速度

合理的风环气流速度应能保证一定煤粉细度下的磨煤出力，并减少石子煤的排放量。通风量确定后，风环气流速度通过风环间隙控制在一定的范围内，如 E 型磨煤机一般为 70～90m/s。

4. 碾磨压力

碾磨件上的平均载荷称碾磨压力。碾磨压力过大，将加速碾磨件的磨损，过小将使磨煤出力降低、煤粉变粗，因此，运行中要求碾磨压力保持一定。随着碾磨件的磨损，碾磨压力相应减小，运行中需随时进行调整。

5. 燃料性质

中速磨煤机主要靠碾压方式磨煤，燃料在磨煤机内扰动不大，干燥过程不太强烈，对于活动部件穿过机壳的小型辊磨，由于密封条件不好，只适合负压运行，冷风漏入降低了磨煤机的干燥能力，因此一般适于磨制原煤水分 $M_{ar}<12\%$ 的煤。E 型磨煤机、RP 型磨煤机、MPS 磨煤机具有良好的气密结构，适合于正压运行，干燥能力大为改善。当锅炉能提供足够高温的干燥剂时，可以磨制 $M_{ar}=20\%\sim25\%$ 的原煤。为了减轻磨损，延长碾磨件的寿命，并保证一定的煤粉细度，中速磨煤机一般适合磨制烟煤及贫煤。

中速磨煤机的优缺点：中速磨煤机与分离器装配成一体，结构紧凑，占地面积小，质量轻，金属消耗量小，投资省；磨煤电耗低，特别是低负荷运行时单位电耗量增加不多；运行噪声小；空载功率小，适宜变负荷运行，煤粉均匀性指数较高。因此，在煤种适宜条件下应优先采用中速磨煤机。其缺点是结构复杂，磨煤部件易磨损，需严格地定期检修，不宜磨硬煤和灰分大的煤，也不宜磨水分大的煤。

## 四、高速磨煤机

风扇磨煤机大多用于燃用褐煤的锅炉，一般转速在 400r/min 以上，属高速磨煤机。

如图 4-14 所示，风扇磨煤机的结构与风机相类似，也由叶轮和蜗壳组成，但风扇磨煤

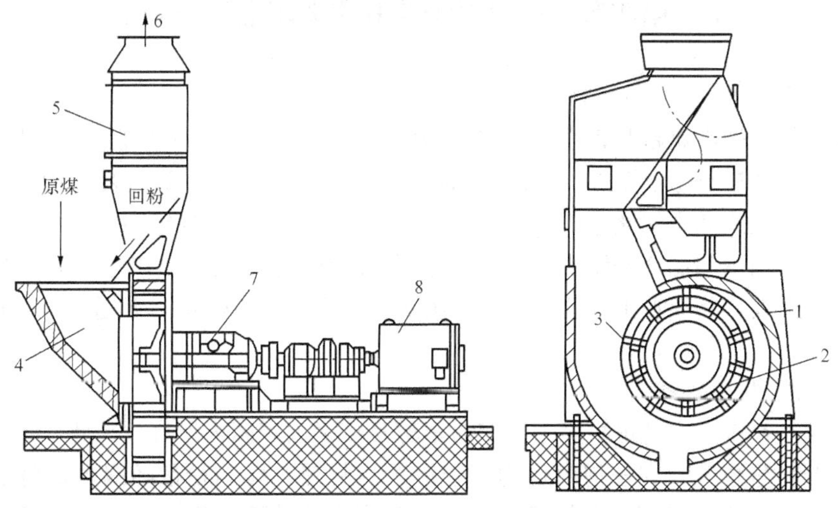


图 4-14 风扇磨煤机结构简图

1—蜗壳状护甲；2—叶轮；3—冲击板；4—原煤进口；5—分离器；
6—煤粉气流出口；7—轴承箱；8—电动机

机的叶轮和叶片很厚，蜗壳内壁装有护板。叶轮、叶片和护板都用锰钢等耐磨钢材制造，是主要的磨煤部件。煤粉分离器在叶轮的上方，与外壳连成一个整体，结构紧凑。

在风扇磨煤机中，煤的粉碎过程既受机械力的作用，又受热力作用的影响。风扇磨煤机的工作原理是：原煤随热风一起进入磨煤机，即被高速转动的冲击板击碎后抛掷到蜗壳护甲上，煤粒与护甲的撞击以及煤粒的相互撞击，致使煤再次破碎而成为煤粉。煤粉被热空气干燥后带入分离器进行粗粉分离，分离出来的不合格煤粉经回粉管落回磨煤机中重新磨制，合格煤粉继续由气流携带送入炉内燃烧。蜗壳下方设有活门，以便排放石子煤及金属杂物。

煤粉在风扇磨煤机中大多处于悬浮状态，加上风扇磨煤机自身的抽吸力，不仅可用热风，还可抽吸炉烟作干燥剂，这样就使得干燥过程十分强烈，因而可以磨制高水分煤。但由于风扇磨煤机工作转速高，冲击板和护甲磨损较严重，磨出的煤粉也较粗，所以风扇磨煤机不宜磨制硬煤、强磨损性煤及低挥发分煤。一般适合磨制水分大于35%、冲刷磨损指数$K_e$<3.5的褐煤和烟煤。

风扇磨煤机本身就是排粉风机，在对原煤进行粉碎的同时能产生1500～3500Pa的风压，用以克服系统阻力，完成干燥剂吸入、煤粉输送的任务。所以具有结构简单、尺寸小、金属耗量少的优点。风扇式磨煤机的主要缺点是：叶轮、叶片磨损快，机件磨损后磨煤出力明显下降，煤粉品质恶化，因此维修工作频繁，另外，磨出的煤粉较粗且不够均匀。

风扇磨煤机有S型和N型两个系列。S型系列适合磨制$M_{ar}$>35%的烟煤，N型系列适合磨制$M_{ar}$<35%的褐煤。

**五、磨煤机类型的选择**

磨煤机类型的选择主要考虑燃料的性质（特别是煤的挥发分）、可磨性系数、碾磨细度要求、运行的可靠性、磨损指数、投资费、运行费（包括电耗、金属磨损、折旧费、维护费等），以及锅炉容量、负荷性质等方面，必要时还得进行技术经济比较。原则上，煤种较硬的无烟煤、贫煤以及杂质较多的劣质煤可考虑选用钢球磨煤机。

## 第四节　制粉系统及其主要辅助设备

**一、制粉系统**

燃用煤粉的锅炉由煤粉制备系统供应合格的煤粉。煤粉制备系统是指将原煤磨制成粉，然后送入锅炉炉膛进行悬浮燃烧所需设备和相关连接管道的组合，通常简称为制粉系统。制粉系统可分为直吹式和中间储仓式两种。直吹式制粉系统，是指煤经磨煤机磨成煤粉后直接吹入炉膛燃烧；而中间储仓式制粉系统，是将磨好的煤粉先储存在煤粉仓中，然后再根据锅炉运行负荷的需要，将煤粉由煤粉仓经给粉机输出并送入炉膛燃烧。现把这两类制粉系统分别介绍如下。

*（一）直吹式制粉系统*

直吹式制粉系统中，磨煤机磨制的煤粉全部直接送入炉膛内燃烧。因此，每台锅炉所有运行磨煤机制粉量总和，在任何时候均等于锅炉煤耗量，即制粉量随锅炉负荷的变化而变化。这样若采用低速筒式钢球磨煤机，在低负荷或变负荷下运行时制粉系统很不经济，因此，直吹式制粉系统一般多配用中速磨煤机和风扇磨煤机，仅在锅炉带基本负荷时才考虑采用配低速钢球磨煤机的直吹式制粉系统。

1. 中速磨煤机直吹式制粉系统

配中速磨煤机的直吹式制粉系统有正压和负压两种连接方式。按其工作流程，排粉风机在磨煤机之后，整个系统处于负压下工作，称为负压直吹式制粉系统，如图 4-15（a）所示；反之，排粉风机在磨煤机之前，整个系统处于正压下工作，则称为正压直吹式制粉系统，如图 4-15（b）所示。

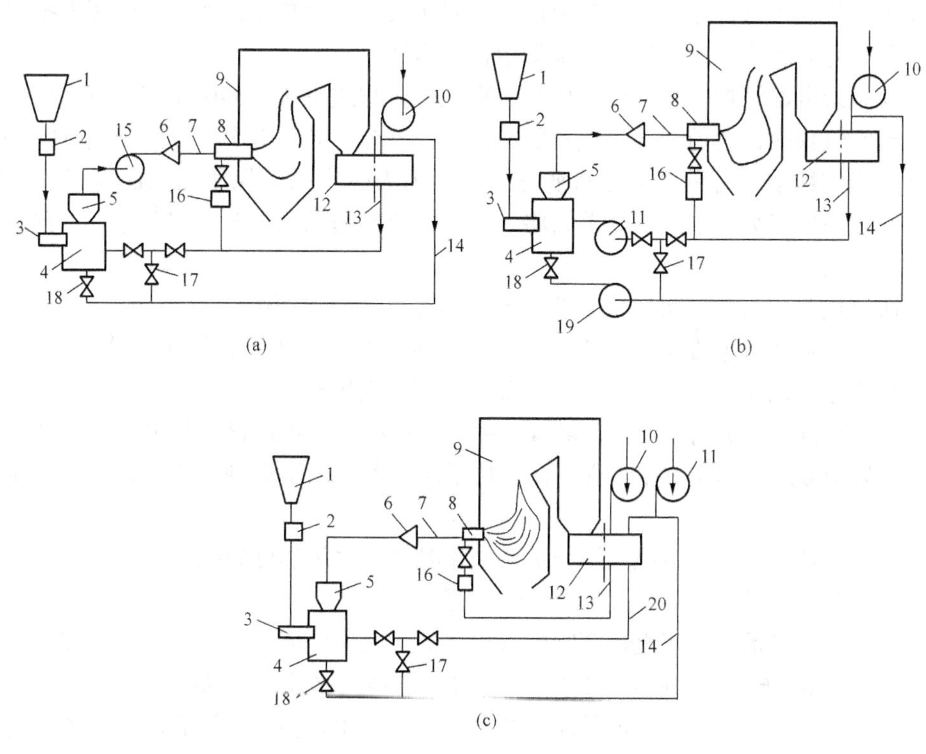

图 4-15 中速磨煤机的直吹式制粉系统

（a）负压系统；（b）正压系统（带热一次风机）；（c）正压系统（带冷一次风机）

1—原煤仓；2—自动磅秤；3—给煤机；4—磨煤机；5—煤粉分离器；6—一次风风箱；7—煤粉管道；8—燃烧器；9—锅炉；10—送风机；11—热一次风机；12—空气预热器；13—热风管道；14—冷风管道；15—排粉风机；16—二次风风箱；17—冷风门；18—密封风门；19—密封风机；20—热一次风道

在图 4-15（a）所示的负压直吹式制粉系统中，排粉风机后已完成干燥任务的废干燥剂，由于温度低并含有水分，而被称作乏气；携带煤粉进入炉膛的空气称为一次风；直接通过燃烧器送入炉膛，补充煤粉燃烧所需氧量的热空气称为二次风。另外，由于中速磨煤机下部局部有正压，故需引入一股压力冷风起密封作用，这股冷风称为密封风。在这种制粉系统中，燃烧所需的煤粉均通过排粉风机，因此排粉风机磨损严重，这不仅降低风机效率，增加运行电耗，而且需要经常更换叶轮，致使维护费用增加，系统可靠性降低。此外，负压直吹式制粉系统漏风较大，大量冷空气随一次风进入炉膛会降低锅炉效率。负压直吹式制粉系统的最大优点是不会向外漏粉，工作环境比较干净。

在图 4-15（b）所示的正压直吹式制粉系统中，一次风机布置在磨煤机之前，风机输送的是干净空气，不存在风机的磨损问题，冷空气也不会漏入系统，因此，运行的可靠性和经济性都比负压系统要高。但这种系统的磨煤机中需采取适当的密封措施，系统中设有专门的密封风机，以高压空气对其进行密封和隔离，否则向外冒粉，既污染环境又有引起自燃爆炸的危险。

图 4 - 15（b）所示为中速磨煤机正压热一次风机直吹式制粉系统。其中的排粉风机又称热一次风机，热一次风机布置在空气预热器与磨煤机之间，输送的是经空气预热器加热的热空气。由于空气温度高，比体积大，因此比输送同样质量的冷空气的风机体积大，电耗高，且风机运行效率低，还存在高温侵蚀。从回转式空气预热器来的热空气还会携带有飞灰颗粒，对风机叶轮和机壳产生磨损，降低运行可靠性。

国产大容量电站锅炉一般采用正压冷一次风机直吹式系统，如图 4 - 15（c）所示。一次风机移置到空气预热器之前，通过风机的介质为冷空气。冷一次风机的工作条件大为改善，且因冷空气比体积小，通风电耗也将明显降低。因为一次风的风压比二次风机的风压高得多，所以必须采用三分仓空气预热器，将一、二次风流通区域分开，因此使空气预热器结构复杂，造价提高。

冷一次风机系统与热一次风机系统相比，具有以下明显的优点：

（1）冷一次风机输送的是干净的空气，工作条件好，风机结构简单，体积小，造价低；冷空气比体积小，风机容量小，电耗低，并可采用高效风机。

（2）冷一次风机压头高，可兼作磨煤机的密封风机，使系统设备减少。

（3）作为干燥剂的热风温度不受一次风机限制，可提高干燥剂的温度，适合磨制较高水分煤。

（4）一次风是一个独立系统。锅炉负荷变化时对一次风温度影响很小。

中速磨煤机直吹式制粉系统也存在若干问题：

（1）因为直吹式系统中磨煤机磨制的煤粉全部送入炉膛燃烧，在磨煤机故障或运行不稳定时将直接影响锅炉运行，所以，直吹式系统要求磨煤机有较大的备用容量。

（2）中速磨煤机分离器出口即是煤粉分离器，距离短，各一次风管的煤粉流量均匀性较差，而且在运行中没有调节煤粉流量的手段。

（3）通过调节给煤机的给煤量来适应锅炉负荷的变化。从给煤量的改变，到经过磨煤机，直到给粉量变化，有较长的滞后时间，所以，相应锅炉负荷变化的性能较差。

（4）中速磨煤机对煤种的适应性较差，若电厂煤种变化较多，将影响磨煤出力和煤粉细度，影响燃烧。

（5）低负荷运行时风煤比增加，影响煤粉的着火燃烧。因负荷低，煤粉量减少，为了输送煤粉，风环风速需保持一定，从而使风煤比增大。同时，单位制粉电耗也随着增大。

2. 高速磨煤机直吹式制粉系统

风扇磨煤机一般应用于直吹式制粉系统中。由于风扇磨煤机同时具有磨煤、干燥、干燥介质吸入和煤粉输送等功能，煤粉分离器与磨煤机连成一体，所以，它的制粉系统比其他形式磨煤机的制粉系统简单，设备少，投资省。根据煤的水分不同，风扇磨煤机制粉系统分别采用单介质干燥直吹式制粉系统、二介质干燥直吹式制粉系统和三介质干燥直吹式制粉系统。

当燃用烟煤和水分不高的褐煤时，一般采用图 4 - 16（a）所示的用热风作为干燥剂的单介质干燥直吹式系统。

图 4 - 16（b）所示为热风与从炉膛上部抽取的高温炉烟混合后作干燥剂的二介质直吹式系统。

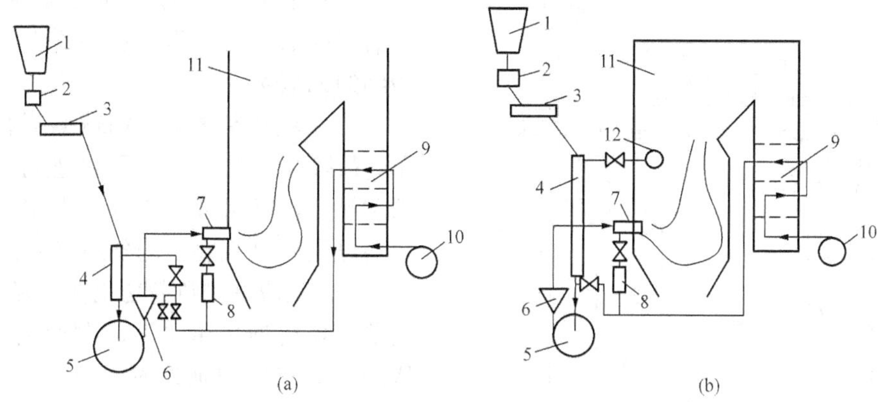


图 4-16 风扇磨煤机直吹式制粉系统

(a) 热风干燥；(b) 热风—炉烟干燥

1—原煤仓；2—自动磅秤；3—给煤机；4—下行干燥管；5—磨煤机；6—煤粉分离器；7—燃烧器；8—二次风箱；9—空气预热器；10—送风机；11—锅炉；12—抽烟口

采用热风、高温炉烟和低温炉烟混合物作干燥剂的三介质干燥直吹式制粉系统中，高温炉烟取自炉膛上部，低温炉烟取自引风机出口。二介质干燥直吹式系统和三介质干燥直吹式系统适宜磨制高水分褐煤。

采用热风和高、低温炉烟混合物作为干燥剂有如下好处：

(1) 热风和炉烟混合后，降低了干燥剂的氧浓度，有利于防止高挥发分褐煤煤粉发生爆炸。

(2) 含氧量低的热风和炉烟混合物作为一次风送入炉膛，可以降低炉膛燃烧器区域的温度水平，燃用低灰熔点褐煤时可避免炉内结渣，并减少 $NO_x$ 的生成。

(3) 当燃煤水分变化幅度大时，改变高、低温炉烟的比例即可满足煤粉干燥的需要，而一次风温度和一次风比例仍保持不变，减轻了燃煤水分变化对炉内燃烧的影响。

3. 双进双出钢球磨煤机直吹式制粉系统

除上述的几种直吹式制粉系统外，随着双进双出钢球磨煤机的引进，国内有的燃煤电厂采用配双进双出钢球磨煤机的正压直吹式制粉系统，如图 4-17 所示。系统由两个相互对称又彼此独立的系统组合在一起。每个系统的流程为：煤从原煤仓经刮板式给煤机落入混料箱，与进入混料箱的高温旁路风混合，在落煤管中进行预干燥。之后进入中空轴，由螺旋输送装置送入磨煤机筒内，进行粉碎。空气由一次风机输送入空气预热器，加热后进入热风管道，一部分作为旁路风，一部分作为干燥剂，经由中空轴内的中心管进入磨煤机筒体，与对面进入的热空气流在筒体中部相对冲后，向回折返，携带煤粉从空心轴的环形通道流出筒体。煤粉空气混合物与落煤管出口煤预热旁路空气混合，进入粗粉分离器，分离出来的粗粉经返料管与原煤混合，返回磨煤机重新磨制。圆锥形粗粉分离器上部装有导向叶片，改变导向叶片的倾角可以调节煤粉细度。从分离器出来的一次风气粉混合物经煤粉分离器后进入一次风管道，经燃烧器被送入炉内燃烧。停机时应用清洗风吹扫一次风管道和燃烧器。

双进双出钢球磨煤机系统与中速磨煤机直吹式制粉系统比较，具有以下优点：

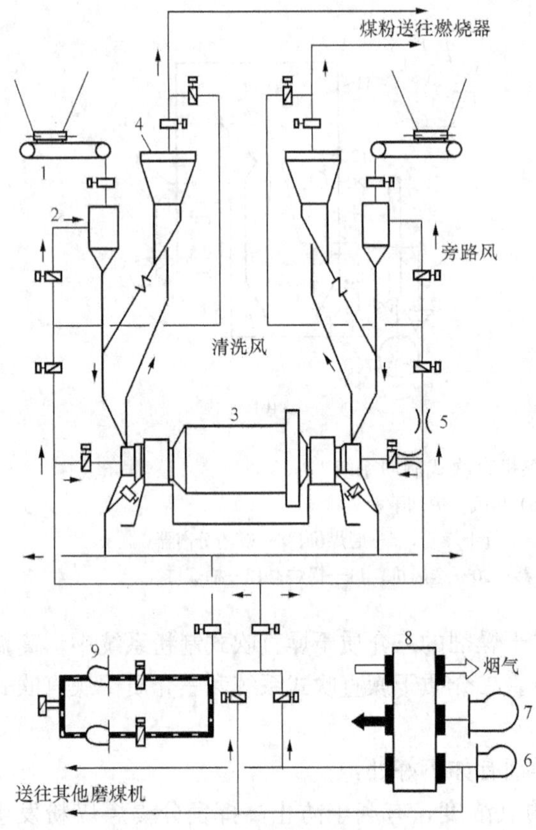


图 4-17　双进双出钢球磨煤机正压直吹式制粉系统

1—给煤机；2—混料箱；3—双进双出钢球磨煤机；4—粗粉分离器；5—风量测量装置；6—一次风机；7—二次风机；8—空气预热器；9—密封风机

(1) 煤种适应性广。适于磨制高灰分、强磨损性的煤种，以及挥发分低、要求煤粉细的无烟煤。

(2) 备用容量小。钢球磨煤机结构简单，故障少，无需停机即可进行钢球的筛选和补充，以保证系统正常供粉，不像中速磨煤机需 20%左右的备用容量。

(3) 响应锅炉负荷变化性能好。系统以调节磨煤机通风量方法控制给粉量，响应锅炉负荷变化的延迟时间极短。应用双进双出钢球磨煤机直吹式制粉系统的锅炉，负荷变化率可达 20%/min。

(4) 负荷调节范围大。一台磨煤机的两路制粉系统彼此独立，可两路并用或只用一路，大大增加了系统的负荷调节范围。

(5) 钢球磨煤机的煤粉细度稳定，不受负荷变化影响，负荷低时，煤粉在筒内停留时间长，磨制的煤粉更细，能改善煤粉气流着火和燃烧性能，使锅炉能在更低的负荷下稳定运行，锅炉负荷调节范围扩大。

(6) 双进双出钢球磨煤机与中速磨煤机和风扇磨煤机相比，具有较低的风煤比，即一次风的煤粉浓度高，有利于低挥发分煤的燃烧。

### (二) 中间储仓式制粉系统

中间储仓式制粉系统的特点是磨煤机出力不受锅炉负荷的限制，可保持在经济出力下运行。所以这种制粉系统一般都配用低速钢球磨煤机。

因为钢球磨煤机轴颈密封性不好，不宜正压运行，故配钢球磨煤机的中间储仓式制粉系统均为负压系统，并要求钢球磨煤机进口维持 200Pa 的负压。与直吹式制粉系统相比，由于气粉分离及煤粉的储存、转运、调节的需要，中间储仓式制粉系统增加了细粉分离器、煤粉仓、螺旋输粉机、给粉机等设备，如图 4-18 所示。

原煤和干燥用热风在下行干燥管内相遇后一起进入磨煤机，磨制好的煤粉由干燥剂从磨煤机内带出，气粉混合物经粗粉分离器分离后，合格的煤粉被干燥剂带入细粉分离器进行气粉分离，其中 90%左右的煤粉被分离出来并落入煤粉仓，或通过螺旋输粉机转送到其他煤粉仓。根据锅炉负荷的需要，给粉机将煤粉仓中的煤粉送入一次风管，再经燃烧器喷入炉内燃烧。

由细粉分离器上部出来的干燥剂（也称磨煤乏气）还含有约 10%的极细煤粉，通常要经排粉风机送入炉内燃烧，以节省燃料并避免其污染环境。

单进单出钢球磨煤机中间储仓式制粉系统有两种典型的方式：乏气送粉系统［见图 4-18

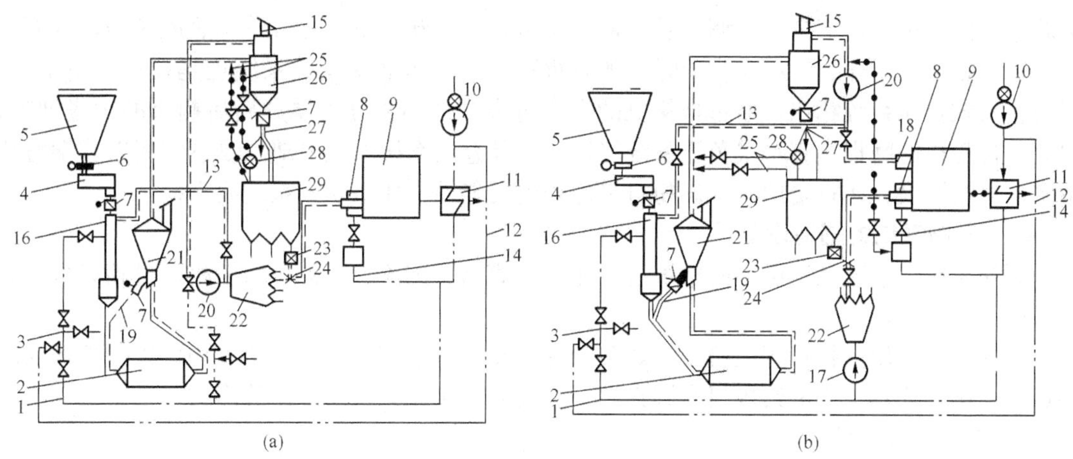


图 4-18 单进单出钢球磨煤机中间储仓式制粉系统

(a) 乏气送粉；(b) 热风送粉

1—热风管；2—磨煤机；3—冷风入口；4—给煤机；5—原煤仓；6—闸板；7—锁气器；8—燃烧器；9—锅炉；10—送风机；11—空气预热器；12—压力冷风管；13—再循环管；14—二次风管；15—防爆门；16—下行干燥管；17—热一次风机；18—三次风；19—回粉管；20—排粉管；21—粗粉分离器；22—一次风箱；23—给粉机；24—混合器；25—排湿管；26—煤粉分离器；27—转换挡板；28—螺旋输粉机；29—煤粉仓

(a)］和热风送粉系统［见图 4-18（b）］。乏气送粉系统适用于原煤水分较小，挥发分较高的煤种。以乏气（干燥剂流出细粉分离器时，温度已大大降低，并含有相当多的水蒸气，这时就称为乏气）作为一次风的输送介质，乏气夹带的细粉与给粉机下来的煤粉混合后，被送入炉膛燃烧。

当燃用难燃的无烟煤、贫煤和劣质烟煤时，需要高温一次风来稳定着火燃烧，则采用如图 4-18（b）所示的热风送粉中间储仓式制粉系统，用从空气预热器来的热空气作为一次风的输送介质，乏气作为三次风送入炉膛燃烧。

在煤粉仓和螺旋输粉机上部装有吸潮管，利用排粉风机的负压将潮气吸出，以免煤粉受潮结块。在排粉风机出口与磨煤机进口之间，一般设有再循环管，利用乏气再循环来协调磨煤通风量、干燥通风量与一次风量（或三次风量）三者之间的关系，以保证锅炉与制粉系统的安全、经济运行。

### （三）直吹式与中间储仓式制粉系统的比较

直吹式制粉系统的优点是系统简单、设备少、布置紧凑、钢材耗量少、投资省、运行电耗也较低。缺点是：①制粉系统设备的工作直接影响锅炉的运行工况，运行可靠性相对低些，因而，在系统中需设置备用磨煤机；②直吹式负压系统的排粉风机磨损严重，对制粉系统工作安全影响较大；③锅炉负荷变化时，燃煤量通过给煤机调节，时滞较大，灵活性较差；④由于燃煤与空气的调节均在磨煤机之前，运行中调节各并列一次风管中煤粉和空气的分配比较困难，容易出现风粉不均现象。

中间储仓式制粉系统的优点是：①有煤粉仓储存煤粉，并可通过螺旋输粉机在相邻制粉系统间调剂煤粉，供粉的可靠性较高；②磨煤机可经常在经济负荷下运行，当储粉量足够时，还可停止磨煤机工作而并不影响锅炉的正常运行；③锅炉负荷变化时，燃煤量通过给粉机调节，由于中间环节少，使调节既方便又灵敏；④储仓式系统还可采用热风送粉，从而大大改善了燃用无烟煤、贫煤及劣质煤时的着火条件；⑤虽然储仓式系统也是在负压下工作，但与直吹式负压系统相比，通过排粉机的煤粉量多是经细粉分离器分离后剩余的少量细粉，因此，排粉机的磨损比直吹式负压系统轻得多。储仓式系统的主要缺点是系统复杂，钢材耗量多，初投资大，运行费用高，煤粉自燃爆炸的可能性也比直吹式系统要大。

## 二、制粉系统的辅助设备

制粉系统的主要辅助设备有给煤机、粗粉分离器、细粉分离器、给粉机、排粉风机等。

### （一）给煤机

给煤机的作用是根据磨煤机或锅炉负荷的需要调节给煤量，并把原煤均匀连续地送入磨煤机中。国内应用较多的给煤机有圆盘式、振动式、刮板式、皮带式等形式。

#### 1. 圆盘式给煤机

圆盘式给煤机的结构和工作过程如图 4－19 所示。原煤经进口管 1 落到旋转圆盘 4 的中部，以其自然倾角向四周散开，电动机驱动圆盘旋转，圆盘上的煤也随之转动，煤被刮板 5 从圆盘上刮下，落入通往磨煤机的下煤管中。

圆盘式给煤机可用三种方法调节给煤量：

(1) 改变调节套筒的位置来调节给煤量。刮板位置不变时，调节套筒位置升高，煤在圆盘上的自然堆积厚度增加，给煤量就多；反之给煤量就少。

(2) 用调节刮板的位置来调节给煤量。当刮板向圆盘中心移动时，给煤量增加；反之，刮板向圆盘边缘移动时，给煤量减少。

(3) 改变圆盘的转速来调节给煤量。通过配用变速电动机来改变圆盘的转速。转速提高，给煤量增加；转速降低，给煤量减少。

圆盘式给煤机的优点是结构简单、紧凑设备严密，其缺点是供给湿煤时易堵塞。

#### 2. 电磁振动式给煤机

电磁振动式给煤机主要由电磁振动器和给煤槽组成，其结构和工作过程如图 4－20 所示。

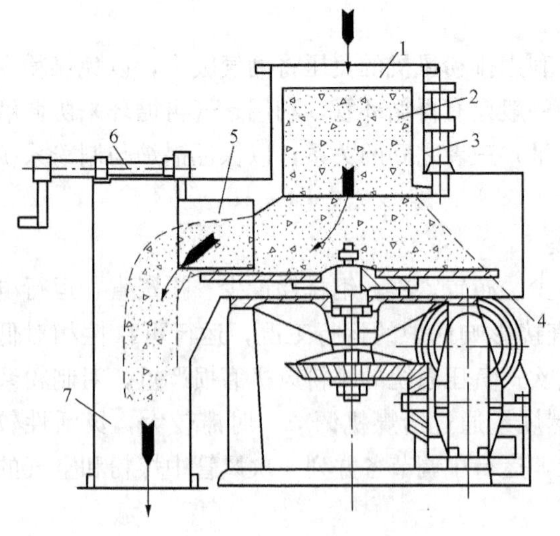


图 4－19　圆盘式给煤机

1—原煤进口管；2—内套筒；3—调节套管；4—圆盘；5—调节刮板；6—调节杆；7—出口

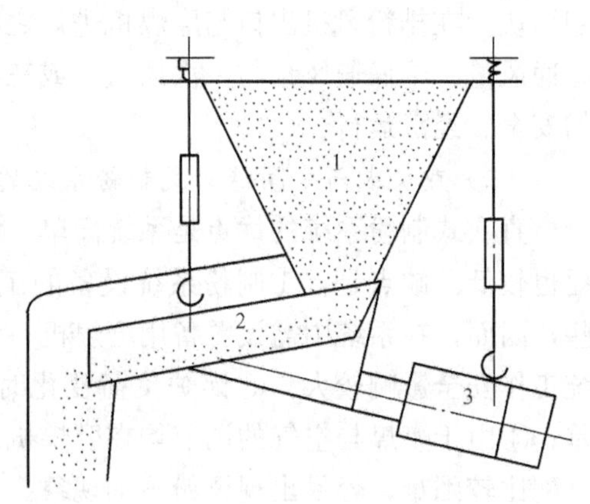


图 4－20　电磁振动式给煤机

1—煤斗；2—给煤槽；3—电磁振动器

其工作原理是：煤由煤斗 1 落入给煤槽 2，在振动器 3 的作用下，给煤槽以 50 次/s 的频率振动，由于振动器与给煤槽平面之间有一夹角 $\alpha$，所以，给煤槽上的煤就以 $\alpha$ 角的方向抛起，并沿抛物线轨迹向前跳动。因为振动频率高，看起来煤就像流水一样，均匀地落入落煤管中。

调整振动器的振动力即调节振幅可以调节给煤量。增大电流或电压，振动力增大，振幅增大，给煤量增加。

电磁振动式给煤机的优点是无转动部件，无机械摩擦，结构简单，造价低，占地面积小，运行维护方便，安全可靠；但要求电源电压稳定，原煤粒度均匀，水分适中，否则，容易发生堵煤或原煤自流现象。

3. 刮板式给煤机

刮板式给煤机。主要由前、后链轮和挂在两个链轮上的一根传送链条组成，其结构和工作过程如图 4－21 所示。其工作原理是：煤从进煤管 1 先落在上台板 7 上，由于刮板 5 的移动，将煤带到左边，经过落煤通道落在下台板上，刮板又将下台板上的煤带到右边，经出煤管送往磨煤机。这种给煤机利用煤在自身内摩擦力和刮板链条拖动力的作用下，在箱体内沿着刮板链条的运动方向形成连续的煤层流，不断地从进煤口流到出煤口，实现连续均匀定量的输送任务。

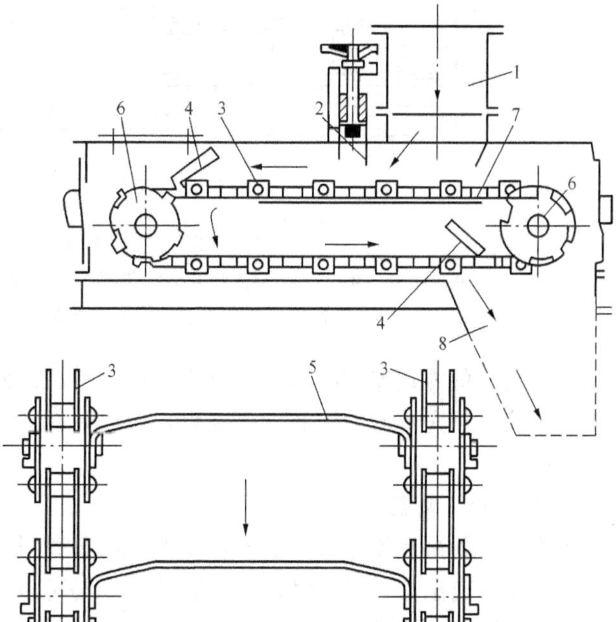

图 4－21 刮板式给煤机

1—进煤管；2—煤层厚度调节板；3—链条；4—导向板；5—刮板；6—链轮；7—上台板；8—出煤管

刮板式给煤机可以通过煤层厚度调节板调节给煤量，也可用改变链轮转速的方法进行调节。

刮板式给煤机的特点是结构合理、系统布置灵活，能满足较长距离的供煤要求，可制成全密封式。其不足之处是占地面积较大，当煤块过大或煤中有杂物时易卡住。

4. 电子重力式皮带给煤机

电子重力式皮带给煤机主要由机体、给煤皮带机构、称重机构、链式清理刮板、断煤及堵煤信号装置、清扫输送装置、电子控制柜及电源动力柜组成，如图 4－22 所示，该给煤机一般处于正压下运行，故采用全封闭装置。其工作原理是：原煤经给煤皮带机构送入磨煤机，给煤皮带制有边缘，内侧中间有凸筋，因而皮带的运动具有良好的导向性。称重机构位于给煤机的进煤与出煤口之间，由三个称重托辊和一对负荷传感器以及电子装置所组成。该给煤机控制系统在机组协调控制系统的指挥下，根据锅炉负荷所需的给煤率信号，控制驱动电动机的转速来进行调节，使实际给煤率与所需要的给煤率相一致。在称重机构的下部装有链式清理刮板机构，将煤刮至出口排出，以清除称重机构下部的积煤。在给煤皮带的上方装有断煤信号，当皮带上无煤时，便启动原煤仓的振动器。另有堵煤信号装在给煤机的出口，若煤流堵塞，则停止给煤机的运行。

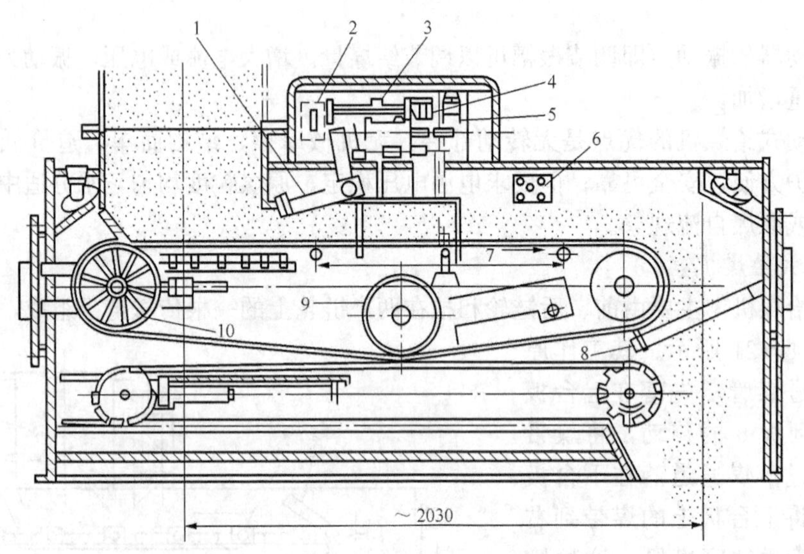


图 4-22 电子重力式皮带给煤机

1—可调节的平煤门；2—电磁开关；3—游码；4—游码动作电动机；5—重量修正电动机；6—事故按钮；7—称量段；8—刮煤板；9—张紧轮；10—主动轮

因为电子重力式皮带给煤机具有先进的皮带转速测定装置、精确度高的称重机构、良好的过载保护以及完善的检测装置等优点，所以，在国内 300MW 及 600MW 机组中得到了广泛地应用。

（二）粗粉分离器

粗粉分离器是制粉系统中必不可少的煤粉分离设备，它的作用，一是将磨煤机带出的不合格粗煤粉分离出来，返回磨煤机中重磨；二是可以调节煤粉细度，以便在煤种或干燥剂量变化时保证一定的煤粉细度。

粗粉分离器是利用离心力、惯性力和重力的作用把不合格的粗煤粉分离出来的。下面介绍两种应用最广的主要依靠离心力原理进行分离和调节的粗粉分离器。

1. 离心式粗粉分离器

图 4-23 所示是国内广泛采用的离心式粗粉分离器，多与低速钢球磨煤机配合使用。离心式粗粉分离器主要由内空心锥体、外空心锥体、调节锥帽、导向板、可调折向门和回粉管组成。工作原理是：由磨煤机出来的气粉混合物以 1～25m/s 的速度进入分离器外锥体下部的环形空间时，由于截面扩大，其速度降至 4～6m/s。气流中较大的煤粉在重力作用下分离出来，并沿回粉管返回磨煤机中重新磨制。进入分离器上部的煤粉气流，经安装在内外圆柱壳体间环形通道内的折向门产生旋转运动，在离心力的作用下，较粗的煤粉被甩到器壁滑下，由另一回粉管送回磨煤机中重新磨制，最后煤粉气流进入出口管时，由于急转弯，惯性力又使一部分煤粉分离出来，而合格的细煤粉则被气流从出口管带走。在内锥体上面装有可上下移动的锥形调节帽，可以粗调煤粉细度。

粗粉分离器分离出来的回粉中，总难免要夹杂一些合格的细粉。这些合格细粉返回磨煤机后，就会磨得更细，这就增加了过细的煤粉，使煤粉的均匀性变差，同时也增加了磨煤电耗。

离心式粗粉分离器的煤粉细度调节一般有改变折向挡板的位置、调节磨煤通风量、调节活动环的位置三种方法。改变折向挡板与圆周切线的夹角可以改变煤粉细度。夹角减小时，气流的旋转强度加强，分离出来的煤粉增多，气流带走的煤粉变细；反之变粗。增大磨煤通风量，一方面导致磨煤机出来的煤粉变粗，另一方面由于煤粉在分离器中停留的时间变短，因此，使分离器出口处的煤粉变粗；反之亦然。降低活动环的位置，因急转弯程度增大，出口煤粉变细；反之，升高活动环的位置，出口煤粉变粗。

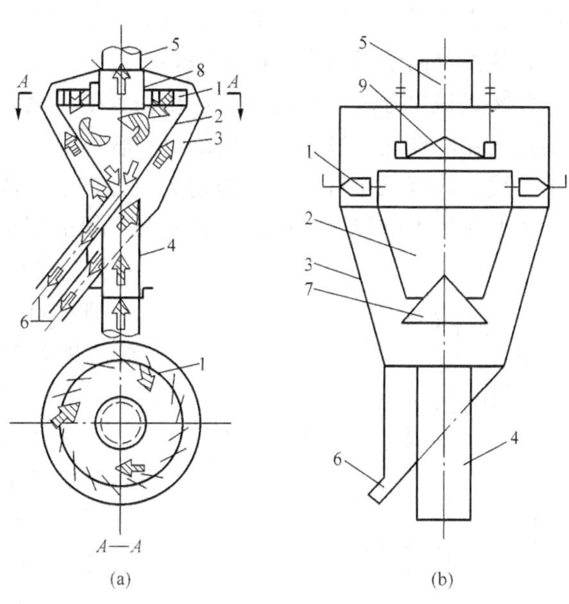

图 4-23 离心式粗粉分离器

(a) 普通径向型；(b) 轴向改进型

1—折向挡板；2—内锥体；3—外锥体；4—进口管；5—出口管；6—回粉管；7—锁气器；8—活动环；9—圆锥帽

轴向型粗粉分离器的结构比较复杂，通风阻力也较大；但由于其折向门是轴向布置的，因而加大了圆筒空间，与径向型相比，分离效果好，改善了煤粉的均匀性；调节幅度较宽，回粉中细粉含量少，提高了制粉系统出力；适应煤种也较广，可配用于各种形式的磨煤机，所以其应用较为普遍。

2. 回转式粗粉分离器

回转式粗粉分离器多与中速磨煤机配合使用，其结构如图 4-24 所示。它有一个由电动机经减速器带动的转子，转子上面一般有 20 个左右的叶片，叶片由角钢或扁钢制成。工作原理如下：当进口管煤粉气流由进粉管引入，自下而上流动时，由于流动截面的扩大，使流速降低，部分粗煤粉在重力作用下分离出来；而后煤粉气流继续上升，进入转子区域，在转子的带动下作旋转运动，粗煤粉受较大离心力的作用，被抛到圆锥筒的内壁上，并沿着内壁下落，经回粉管返回磨煤机重新磨制；而细煤粉则随着气流穿过叶片间隙流到分离器上部，沿切向送出。

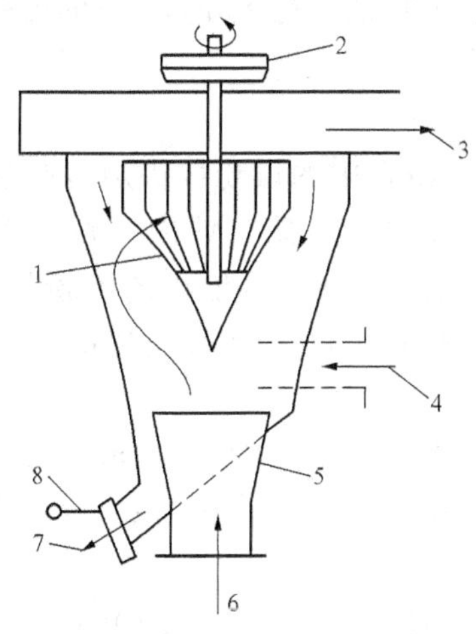

图 4-24 回转式粗粉分离器

1—转子；2—皮带轮；3—细粉空气混合物切线引出口；4—二次风切向引入口；5—进粉管；6—煤粉空气混合物进口；7—粗粉出口；8—锁气器

改变转子的转速，即可调节煤粉细度。转子转速越高，分离作用越强，气流带出的煤粉就越细；反之，转速越低，气流带出的煤粉就越粗。

为了减少回粉中的细粉量，可在分离器的下部加装二次风，二次风沿切向进入分离器，将下落的回粉吹起，促使回粉再次分离，并将合格的细粉带走，从而提高磨煤出力，降低磨煤电耗。

回转式粗粉分离器的特点是：结构紧凑，流动阻力较小，磨煤电耗较低；调节方便，适应负荷变化的性能较好；分离出的煤粉较细且均匀性好。但是，这种分离器结构比较复杂，磨损严重，检修工作量较大。但它的阻力较小，调节方便而且调节幅度也大，因而适应负荷和煤种变化的性能较好，所以回转式分离器适用于直吹式制粉系统。

（三）细粉分离器

细粉分离器也叫旋风分离器，它的作用是将风粉混合物中的煤粉分离出来，储存在煤粉仓中，其结构如图 4-25 所示。

细粉分离器的工作原理是利用气流旋转所产生的离心力，使气粉混合物中的煤粉与空气分离开来。自粗粉分离器来的气粉混合物切向进入分离器圆筒的上部，在外圆筒与中心管之间作自上而下高速螺旋运动，煤粉由于离心力的作用被抛向四周，沿筒壁下落至筒底的煤粉出口。当气流转折向上进入中心管时，由于惯性作用，煤粉再次被分离。分离出来的煤粉经下部煤粉斗和锁气器进入煤粉仓或螺旋输粉机。气流则经中心管引至出口管，然后引往排粉机。中心筒下部有导向叶片，它可使气流平稳地进入中心筒，不产生旋涡，因而避免了在中心筒入口处形成真空，将煤粉吸出而降低效率。目前发电厂多采用直径较小、长度较长的旋风分离器，它的分离效率可达 90%～95%。分离效率是指分离出来的煤粉量占进口煤粉量的百分数。

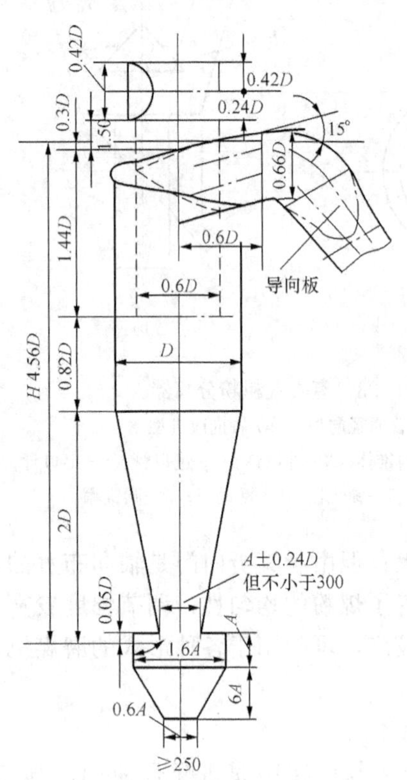


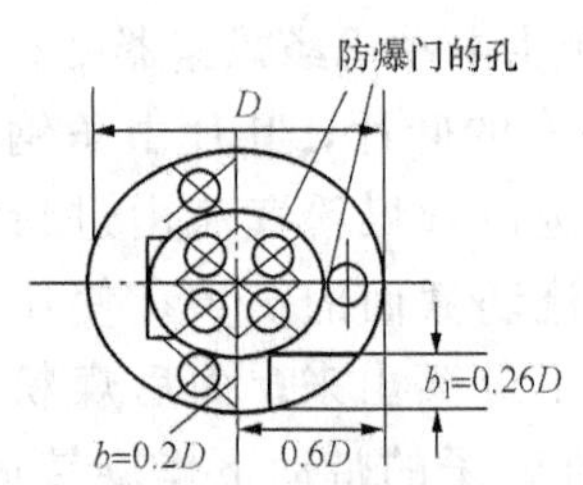


图 4-25 细粉分离器

（四）给粉机

给粉机的作用是将煤粉仓中的煤粉按锅炉负荷的需要均匀地送入一次风管中。显然，炉内燃烧工况的稳定与否，在很大程度上取决于给粉机的给粉量、给粉的均匀性以及给粉机适应锅炉负荷变化的调节性能。

目前，电厂应用较为普遍的给粉机是叶轮式给粉机，它由上下叶轮、外壳和搅拌器等部件组成，其结构如图 4-26 所示。

其工作原理是：当电动机经减速器带动给粉机主轴转动时，固定在轴上的上下叶轮也同时转动，煤粉仓下落的煤粉首先通过左侧的上孔板落入上叶轮的槽道内，然后由上叶轮拨送到右侧的下孔板，落入下叶轮的槽道内，最后由下叶轮拨送至左侧的出口，落入一次风管路。改变电动机的转速即可调节给粉机给粉量的大小，故叶轮式给粉机一般采用直流电动机拖动。叶轮式给粉机的特点是：给粉均匀，调节方便，不易发生煤粉自流，并可以防止一次风冲入煤粉仓，听以其应用较为广泛。该给粉机的主要问题是：结构较复杂，电耗较大，且易被煤粉中的木屑等杂物堵塞。

（五）螺旋输粉机

螺旋输粉机的作用是相互输送相邻锅炉制粉系统的煤粉，以提高锅炉给粉的可靠性。螺旋输粉机主要由装有螺旋导叶的螺旋杆和传动装置组成。螺旋杆由传动装置带动在壳体内旋转，螺旋导叶使煤粉由一端推向另一端，当螺旋杆作反方向旋转时，煤粉向反方向输送。

（六）锁气器

在制粉系统的某些管道上装有只允许煤粉通过，而不允许气流通过的设备，称为锁气器。锁气器有翻板式和草帽式两种，其结构如图4-27所示，它们都是以杠杆原理进行工作的。当翻板或活门上的煤粉超过一定数量时，翻板或活门自动打开，煤粉落下。当煤粉减少到一定程度时，翻板或活门又因平衡重锤的作用而关闭。

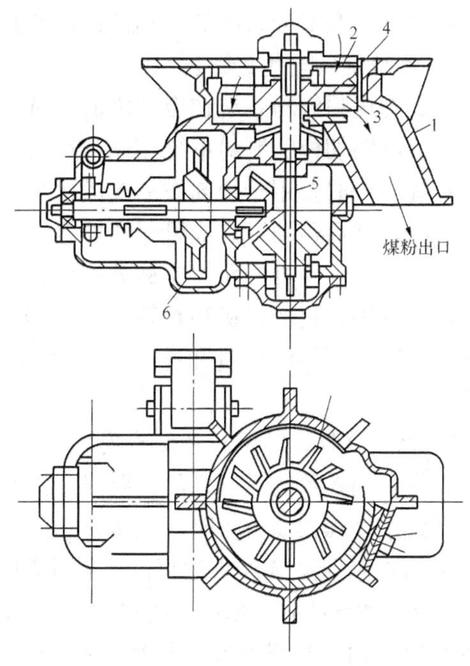


图4-26 叶轮式给粉机

1—外壳；2—上叶轮；3—下叶轮；4—固定盘；5—轴；6—减速器

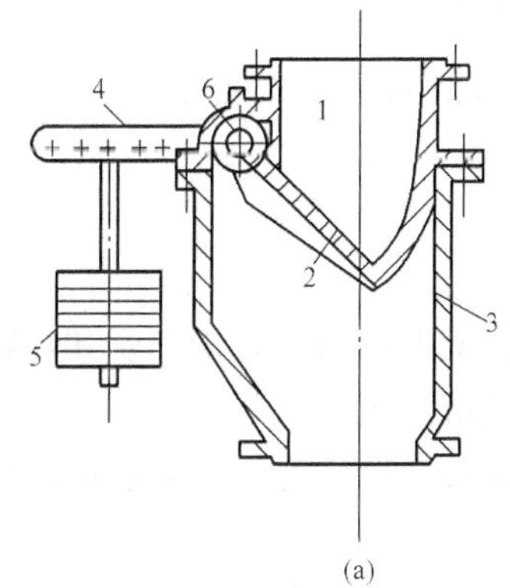


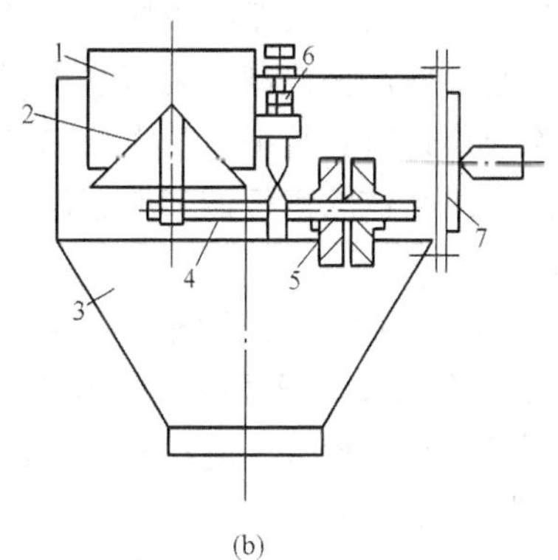


图4-27 锁气器

(a) 翻板式；(b) 草帽式

1—煤粉管；2—翻板或活门；3—外壳；4—杠杆；5—平衡重锤；6—支点；7—手孔

翻板式可装在垂直或倾斜的管段上，草帽式只能装在垂直管道上。翻板式结构简单，不易卡住，工作可靠；草帽式动作灵活，下粉均匀，而且严密性较好。

## 第五节 制粉系统的运行和调节

### 一、中储式制粉系统的启停

1. 启动前的检查

制粉系统在启动前，必须认真、细致、全面地对设备和系统进行检查，可按转动机械、管道及部件、润滑油系统等分别进行，使其符合要求。

2. 启动（以乏气送粉系统为例）

干燥剂送粉制粉系统在启动之前，首先应启动润滑油系统，保证磨煤机润滑工作正常，然后进行风路切换。制粉系统在停止运行时，锅炉是用热风经排粉机作一次风而送粉的。当制粉系统运行时要用干燥剂作一次风送粉，在启动制粉系统时，先开启磨煤机入口混合风门及调节门，然后逐渐开启旋风分离器至排粉机入口的调节门，同时逐渐关闭热风管至排粉机入口的调节门，这种风路切换称为倒风。在倒风过程中，应严格监视调节一次风压稳定。倒风后，进行磨煤机的暖机和暖管工作。当磨煤机出口风温达到60℃以上时，启动磨煤机和给煤机，同时调整给煤量和通风量，使磨煤机入口风压、进出口压差、出口风温均处于正常值。

3. 停止（以乏气送粉系统为例）

在停止制粉系统运行之前，要根据停炉的要求决定是否将粉仓内的煤粉全部用完，若停炉进行大小修和长期备用时，应将粉仓内的煤粉全部烧完。

中储式制粉系统停止运行的大致步骤如下：首先逐渐减少给煤量，同时要相应地逐渐减少进入磨煤机的热风量，直到停止热风改为冷风。给煤机停止后磨煤机还要运行，直至将磨煤机内的存煤磨完，然后进行抽粉和通风。当锁气器不动作时，可停止磨煤机。当磨煤机出口风温低于60℃时，可进行倒风操作。最后关闭磨煤机入口的混合气门，停止润滑油系统。

4. 启停过程中的防爆措施

(1) 启停通风时应防止煤粉的吹扬，以免引起爆炸。

(2) 启停过程中应严格控制并调节磨煤机出口风温不超过规定值。

(3) 制粉系统停运时必须把系统内余粉抽光。

**二、中储式制粉系统的运行调节和经济性分析**

1. 运行调节

为满足锅炉机组燃用煤粉的要求，必须对制粉系统的出力、煤粉细度和煤粉水分进行调节，使制粉系统能在磨煤、通风电耗及钢耗较低的经济工况下运行。

(1) 制粉系统的出力调节。制粉系统的出力，是靠对给煤量、通风量及磨煤机出口风温进行调整而达到调节目的的。

进入磨煤机的给煤量应与由通风带出的煤粉量相平衡。不平衡时，磨煤机内的存煤量就会发生变化，若给煤量大于出粉量时，磨煤机内的存煤量增加，煤位升高，磨煤机内流动阻力增加，出入口风压差变大，使通风量减少，出口风温下降，导致磨煤机因煤多而堵塞（满罐）；反之，使磨煤机出现严重的缺煤或断煤。

上述两种情况，可以根据磨煤机进出口风压差、出口风温以及磨煤机运行声音和电流变化等来判断。因通风量不足而引起的煤量和粉量不相平衡时，可适当增加通风量，使粉量和煤量相平衡，但要注意细度应符合要求。若因煤质太硬而引起磨煤出力不足，则应适当减少给煤量和增加再循环风量。因钢球数不够，而引起磨煤出力下降，则必须补加适量的钢球。

制粉系统在正常运行时，干燥出力应与磨煤出力相平衡。由于运行条件的变化，可能出现磨煤出力和干燥出力不相平衡的情况。

1) 干燥出力大于磨煤出力的调节。当干燥出力大于磨煤出力时，则磨煤机出口风温升高。燃用挥发分含量较大的煤时，应增加再循环风量，同时加大给煤量；若用含挥发分较少的煤，则提高再循环风量，会使煤粉变粗，对燃烧不利。故此时应减少热风量，使其干燥出力降低来与磨煤出力相平衡。

2）干燥出力小于磨煤出力时的调节。干燥出力小于磨煤出力时，磨煤机出口风温降低。此时可关小再循环风，适当开大热风，保持磨煤的通风量不变。对于挥发分高的煤，可提高进口风温和风量，使磨煤机内的通风速度加快，使干燥出力与磨煤出力相平衡。

（2）煤粉细度的调节。煤粉的细度可以通过调整磨煤机的通风量和粗粉分离器的调节装置来进行调节。增加磨煤机的通风量可使煤粉变粗；减少通风量可使煤粉变细。开大调整挡板和提升出口套筒能使煤粉变组；反之，煤粉变细。

筒体内钢球量不足时，补加适量钢球可使煤粉变细。

（3）煤粉水分调节。煤粉水分是用磨煤机出口风粉混合物的温度来衡量的，出口风温越高，对原煤的破碎和炉内燃烧越有利。因此应在保证煤不爆炸的条件下，尽量保持较高的出口温度。出口温度的调节靠改变磨煤机入口介质温度的方法来实现，降温时可开大再循环风、温风或冷风。但采用温风或冷风调节时，会使排烟温度升高，锅炉效率降低。在一般情况下，应使用再循环风。

2. 中储式制粉系统的经济性

中储式制粉系统的经济性应以磨煤电耗、通风电耗、钢件磨损量和燃烧热损失等作为衡量经济性的指标。

（1）钢球磨煤机负荷。钢球磨煤机空载功率很大，随着磨煤机出力的增加而功率稍有增加，故磨煤机出力越大，单位电耗越小。所以应尽量保持钢球磨煤机在高负荷下工作。

（2）钢球装载量。磨煤出力 $B_m$、磨煤功率 $N_m$ 在一定范围内随钢球装载量 $G_g$ 的增加而增加，而磨煤单位电耗稍有增加。此时必须加强通风带走磨制成的煤粉，但通风的单位电耗下降，综合后单位制粉电耗有所降低。

钢球装载量增加到一定限度后，若再增加，就会使磨煤出力降低、功率增加、磨煤电耗有显著的增加。

（3）通风量。磨煤通风量应与干燥通风量协调一致，等于或接近最佳通风量，此时单位通风电耗最小。通风量过大过小都是不经济的。对一定的煤种应有一个最佳通风量（最佳通风速度）。

推荐最佳通风速度为：无烟煤，1.2～1.7m/s；烟煤，1.5～2.0m/s；褐煤，2～3.5m/s。

（4）载煤量。随着载煤量的增加，磨煤出力增加，单位磨煤电耗相应减少。当载煤量增加到某一值时磨煤出力最大，此时载煤量称为最佳载煤量，再增加载煤量时磨煤出力不但不增加反而下降，同时单位磨煤电耗增加。磨煤机应长期在最佳载煤量下工作。最佳载煤量可根据磨煤机型号和燃煤特性通过试验来确定。筒内载煤量的大小，可用磨煤机出入口风压差、电流表指示、磨煤声音来判断。

（5）制粉系统的漏风。磨煤机前冷风漏入，会直接影响磨煤出力和干燥出力，且加大排粉风机负荷，使单位磨煤电耗增加。

磨煤机后各部漏风，会增加排粉通风量、流动阻力、各部件的磨损，并使粗粉分离效果变差，增加了排入炉膛不可调节的供风量，给锅炉运行调整带来一定的困难。因此运行过程中应尽量减少制粉系统漏风。

### 三、直吹式制粉系统的运行

下面以某600MW机组为例，介绍其直吹式制粉系统的运行。

1. 密封风机启动、停止及运行维护

(1) 密封风机启动前检查。①密封风机相关工作已结束，系统恢复完整；②密封风机轴承油位正常，油质良好；③风机、电动机地脚螺栓无松动、靠背轮安全防护罩齐全良好；④电动机接线盒、接地线完好；⑤风机进口挡板执行机构连杆完整，销子无脱落；⑥风机电源送上，进口挡板已打开；⑦密封风机进口滤网通大风箱泄放阀电源送上，并已关闭；⑧确认已有一台一次风机投入运行。

(2) 密封风机启动。①确认6台磨煤机密封风进口门全部关闭；②确认就地检查具备启动条件；③在CRT上启动密封风机，电流在短时间内返回，就地检查运行正常；④调整密封风压力与磨煤机一次风压差大于2kPa，投入密封风压自动；⑤将另一台密封风机按启动前检查要求列入备用状态，投入连锁自启动位置。

(3) 密封风机的运行维护。①密封风机正常运行中，应无杂声、摩擦和撞击声，各处无漏风、漏油、漏水现象；②风机轴承温度小于75℃，电动机轴承温度小于80℃，电动机绕组温度小于100℃；③密封风机入口滤网差压不得超过1kPa；④风机电动机外壳温度不得超过70℃，温升不得超过65℃；⑤密封风机振动不得超过80$\mu$m。

(4) 密封风机停止。①确认磨煤机全部停止、通风完毕后，停止密封风机，关闭入口挡板；②当一台密封风机运行，另一台密封风机检修时，必须将检修密封风机入口挡板全部关闭并停电。

2. 磨煤机启动、停止及运行维护

(1) 磨煤机润滑油系统启动。

1) 同时具备下列条件：①油泵设有跳闸信号；②油泵电源送上且在停止状态；③润滑油箱油位正常；④润滑油箱油温大于15℃；⑤油泵没有电气故障。

2) 启动磨煤机润滑油泵，检查油压在正常范围，回油正常。

(2) 给煤机启动前的检查。

1) 煤仓内有足够的存煤。

2) 给煤机前后的煤闸门电源送上，并在开启位置。

3) 给煤机电源送上，点转良好。

4) 给煤机皮带上已有煤、且无杂物，皮带无偏斜、无损坏。

5) 给煤机密封风蝶阀开启。

6) 给煤机清扫机完整可用，清扫机电动机油位正常。

(3) 磨煤机启动检查。

1) 磨煤机所有作业均已结束，检修人员已撤离现场，系统恢复完整。

2) 磨煤机润滑油系统投入正常。

3) 磨煤机出口门开启、控制气源送上。

4) 燃烧器前隔绝挡板开启。

5) 磨煤机出口门密封风电磁阀电源投入，阀门开启。

6) 磨煤机本体密封风电磁阀电源送上并开启。

7）磨煤机冷热风闸板门控制气源投入，调节门电源送上。

8）磨煤机进口热风闸门密封投入。

9）磨煤机石子煤斗清理干净、石子煤斗进口门开启，排渣门关闭。

10）磨煤机电动机空冷器冷却水门开启，冷却水畅通。

11）闭式冷却水已投入运行，水压合格。

12）磨煤机消防蒸汽系统备用。

13）无磨煤机跳闸条件。

14）启动第一台磨煤机及第一层磨煤机时，应先投入对应燃烧器油枪。

（4）制粉系统的启动。

1）开启磨煤机密封风门。

2）开启磨煤机消防蒸汽阀门。

3）开启磨煤机冷热风挡板门。

4）开启磨煤机冷风调节挡板门，控制风量不小于 60t/h。

5）启动磨煤机，开启热风调节门，调节磨煤机出口温度在 75℃以上。

6）启动给煤机，迅速将给煤量加至 14.8t/h 后根据锅炉工况，将给煤机给煤量逐渐加到 40％以上，或调整给煤机转速与其他给煤机平衡后投入自动。

7）给煤机启动后关闭磨煤机消防蒸汽阀门。

8）调整热风调节门，使磨煤机出口温度维持在 75℃，投入冷、热风调节挡板自动，出口温度定值 75℃。

9）对磨煤机排渣一次。

（5）制粉系统正常运行维护。

1）制粉系统运行时，保持煤粉细度 $R_{90}$＝18.38％。

2）给煤机正常运行时的转速控制在 40％～80％。

3）定期检查磨煤机的振动在允许范围内，并做好记录。

4）正常运行时磨煤机出口温度不应超过 85℃。

5）正常运行中，保证磨煤机润滑油压大于 0.15MPa，油温为 30～40℃。

6）润滑油箱油位大于 700L。

7）检查磨煤机四点轴承温度不超过 75℃。

8）磨煤机本体及管道无漏粉、漏油现象。

9）磨煤机的磨辊运行中无异声，弹簧加载压力正常无较大的偏差。

10）磨煤机出口温度应控制在 75℃左右。

11）保持密封风与一次风压差大于 1.2kPa。

12）磨煤机石子煤箱入口门正常开启、排渣门关闭严密。

13）给煤机内煤层正常，皮带无偏斜、无损坏、无打滑现象，张力正常。

14）给煤机清扫机运行正常，给煤机底部无积煤。

15）运行的磨煤机平均出力超过 80％时应增加一台磨煤机。运行的磨煤机平均出力低于 40％时，应切除一台磨煤机运行。

（6）减速器润滑油站的维护。

1）润滑油油箱温度大于 15℃时，可以启动润滑油泵。

2）润滑油箱油位大于700L时，油箱温度小于35℃，油箱电加热投入。油箱温度大于40℃，油箱电加热停止。

3）润滑油箱油位大于700L时，回管油温度小于45℃，回油管加热带投入。回油管温度大于49℃，回油管加热带停止。

4）润滑油冷却器后油温正常控制在30～40℃范围内，油温大于40℃报警，油温大于30℃可以启动磨煤机。

5）润滑油供油压力正常为0.15MPa，当压力小于0.09MPa时报警，当压力小于或等于0.07MPa时停止磨煤机运行。

6）润滑油滤网压差大于0.2MPa时报警，应切换滤网。

（7）磨煤机排渣。

1）磨煤机渣箱装有渣位报警装置，渣位高将发出报警信号。

2）磨煤机正常排渣在就地进行，将就地控制电源切换手柄切到就地，关闭磨煤机落渣门，开启排渣门排渣。排渣结束，关闭排渣门，开启落渣门。

（8）制粉系统的停止。

1）制粉系统的正常停止。①逐渐降低给煤机转速至40%；②调整磨煤机出口温度定值到60℃，风量自动；③解除热风调节门自动，关闭热风闸板和调节挡板；④关闭给煤机入口门；⑤当给煤机内煤走空后，停止给煤机运行；⑥吹扫10min后，且磨煤机出口温度已小于50℃，磨煤机电流降至空载时，停止磨煤机运行；⑦将磨煤机冷风调节挡板关至5%冷却；⑧磨煤机轴承温度降至常温后停止润滑油泵运行。

2）制粉系统的故障停止。

a）给煤机自动跳闸条件：①锅炉MFT；②磨煤机跳闸；③给煤机出口门关；④给煤机清扫电动机故障；⑤给煤机堵煤；⑥给煤机出口堵煤；⑦给煤机运控停机指令；⑧给煤机电动机故障；⑨给煤机断煤并磨煤机功率小于最小值。

b）磨煤机自动跳闸条件：①锅炉MFT动作；②锅炉RB；③磨煤机出口门关；④磨煤机轴承温度高；⑤密封风与磨碗差压低于1.2kPa持续1min以上；⑥磨煤机润滑油系统故障；⑦磨煤机润滑油压力低或润滑油流量低于121L/min；⑧磨煤机通风量小于60t/h；⑨一次风与炉膛差压小于2kPa延时5～10s；⑩给煤机堵煤；⑪磨煤机运行时，火检未测到对应燃烧器的火焰。

c）磨煤机手动打闸条件：①机组发生故障应自动切除而未切除；②磨煤机启动时最大电流持续时间超过规定值或正常运行电流达到最大而不返回；③电动机冒烟或着火时；④磨煤机剧烈振动危及设备安全时。

（9）制粉系统故障停止后的操作。

1）给煤机连锁跳闸，否则手动停止。

2）热风闸板门、调节挡板自动关闭，否则手动关闭。

3）开大冷风调节挡板进行吹扫冷却（锅炉MFT除外），10min后将冷风调节挡板关至5%。

4）关闭给煤机入口门。

5）查找磨煤机跳闸原因，处理后恢复磨煤机运行。如故障短时间内不能消除，联系检修维护人员打开磨煤机人孔，将磨煤机内清理干净。

## 复习思考题

4-1　什么是煤粉的自燃性和爆炸性？如何防止制粉系统爆炸？

4-2　什么是煤粉细度？什么是经济细度？

4-3　什么是煤粉的可磨性系数？

4-4　磨煤机的作用是什么？按照转速的不同磨煤机可以分为哪几类？

4-5　简述单进单出筒式钢球磨煤机的工作原理。

4-6　什么是钢球磨煤机的临界转速和最佳转速？

4-7　影响钢球磨煤机出力的因素有哪些？

4-8　和普通钢球磨煤机相比，双进双出钢球磨煤机有哪些优点？

4-9　中速磨煤机有哪些形式？

4-10　简述中速磨煤机的结构及工作原理。

4-11　哪些因素可能影响中速磨煤机的工作？

4-12　中速磨煤机有哪些优缺点？

4-13　风扇磨煤机有哪些优缺点？

4-14　如何选择磨煤机的类型？

4-15　简述给煤机的作用、类型及调节给煤量的方法。

4-16　简述粗粉分离器的作用及工作原理。

4-17　简述细粉分离器的作用及工作原理。

4-18　简述锁气器的作用及类型。

4-19　制粉系统由哪些主要辅助设备构成？

4-20　制粉系统的主要任务是什么？

4-21　直吹式制粉系统的工作有何特点？

4-22　简述中间储仓式制粉系统的工作原理。

4-23　试比较直吹式与中间储仓式制粉系统的特点。

# 第五章　燃烧原理与燃烧设备

燃料的燃烧一般是指燃料中的可燃物质与空气中的氧化剂之间进行的发热与发光的高速化学反应，伴随着发光发热现象。燃烧原理是锅炉燃烧设备设计、改造及运行的理论依据。燃烧设备是组织燃料安全经济燃烧的生产装置。本章将重点介绍一些固体燃料燃烧的基础知识和几种燃烧设备。

## 第一节　燃　烧　原　理

### 一、燃烧程度

燃烧程度即燃烧的完全程度，燃烧有完全燃烧与不完全燃烧之分。燃料中的可燃成分在燃烧后全部生成不能再进行氧化的燃烧产物，如$CO_2$、$SO_2$、$H_2O$等，叫做完全燃烧。燃料中的可燃成分在燃烧过程中，有一部分没有参与燃烧，或虽已进行燃烧，但生成的燃烧产物（烟气）中，还存在可燃气体，如CO、$H_2$、$CH_4$等，叫做不完全燃烧。

例如，碳在完全燃烧时生成$CO_2$，可放出32 866kJ/kg的热量，而在不完全燃烧时，生成一氧化碳，仅能放出9270kJ/kg的热量。这样就有23 596kJ/kg的热量白白地浪费了。如果碳没有燃烧，以致使燃烧生成的飞灰和炉渣中含有大量的碳，其热损失就更大。

总之为了减少不完全燃烧损失，提高锅炉热效率，应尽量使燃烧达到完全程度。燃烧的完全程度可用燃烧效率表示，即输入锅炉的热量扣除机械不完全燃烧损失的热量和化学不完全燃烧损失的热量后占输入锅炉热量的百分比，用符号$\eta_r$表示，并可用式（5－1）计算，即

$$\eta_r=\frac{Q_r-Q_3-Q_4}{Q}\times 100\%=100-q_3-q_4\quad\% \tag{5-1}$$

### 二、燃烧速度

燃烧是指燃料中的可燃元素和空气中的氧进行的强烈化学反应，放出大量热量的过程。在这个化学反应过程中，燃料与氧化剂属于同一形态，称为均相燃烧或单相燃烧，如气体燃烧在空气中的燃烧；燃料与氧化剂不属于同一形态，称为多相燃烧，如固体燃料在空气中的燃烧及油在空气中的燃烧。对于均相燃烧，燃烧速度是指单位时间内参与燃烧反应物质的浓度变化率；对于多相燃烧，燃烧速度是指单位时间内参加燃烧反应的氧浓度变化率。燃烧速度的快慢取决于燃烧过程中化学反应时间的快慢（即化学反应速度）和氧化剂供给燃料的时间的快慢（即物理扩散速度），最终取决于两者之中的较慢者，这可从碳粒的燃烧过程来说明。

碳粒的燃烧反应是在碳粒表面进行的，周围环境中的氧不断向炽热碳粒表面扩散，在其表面进行燃烧，其一次反应为

$$C+O_2=\!=\!=CO_2$$

$$2C+O_2=\!=\!=2CO$$

温度较高时，生成的 CO 多于 $CO_2$，反应生成的 $CO_2$ 和 CO 既可向周围气体扩散，也可向碳粒表面扩散。CO 向外扩散遇氧生成 $CO_2$；$CO_2$ 向碳粒扩散，在高温下与碳进行气化反应生成 CO。反应生成物的二次反应为

$$2CO+O_2 = 2CO_2$$

$$CO_2+C = 2CO$$

一、二次反应综合的结果，在离碳粒表面一定距离处，$CO_2$ 达最大值，从周围环境扩散来的氧不断被消耗，碳粒表面缺氧或氧量不足将限制燃烧过程的进一步发展。在相对静止的空气中燃烧的碳粒，其表面气体浓度的变化如图 5－1 所示。燃烧的温度不同，气体的分布情况将有所变化。

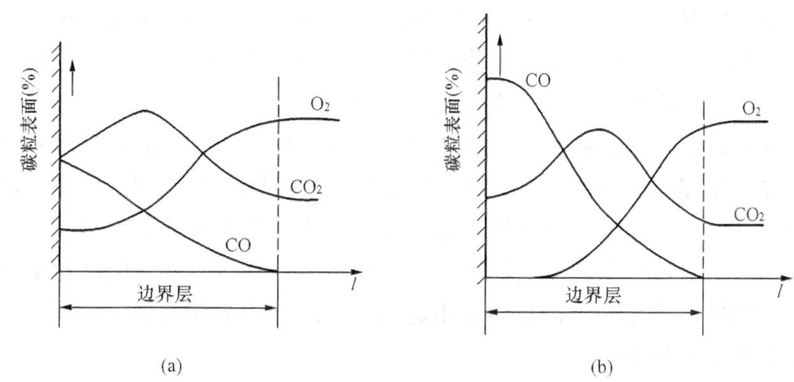


图 5－1 碳粒表面燃烧过程

(a) 温度低于 1200℃；(b) 温度高于 1200℃

上述情况说明，碳粒的燃烧主要包括两个过程：一是扩散过程，即氧扩散到碳粒表面和反应生成物从碳粒表面扩散离开，两者是相互联系的；二是碳粒表面的化学反应过程。碳粒燃烧过程的快慢，取决于这两个过程中的较慢者。

煤粉的燃烧属于多相燃烧，关键是指其中碳的燃烧。这是由于焦炭中的碳是煤中可燃质的主要部分，其发热量占煤总发热量的 40%（泥煤）～95%（无烟煤），同时焦炭着火迟，燃烧所占的时间最长。因此以上碳粒的燃烧过程就反映了煤粒的燃烧过程，其燃烧速度的快慢既取决于燃烧过程中化学反应时间的快慢（即化学反应速度），也取决于氧化剂供给燃料时间的快慢（即物理扩散速度）。

## 三、化学反应速度及其影响因素

化学反应过程的快慢用化学反应速度表示，化学反应速度通常是指单位时间内反应物或生成物浓度的变化，它取决于参加反应的原始反应物的性质，同时还受反应进行时所处条件的影响，其中主要是浓度、压力和温度。

1. 浓度对化学反应速度的影响

化学反应是在一定条件下，不同反应物的分子彼此碰撞而产生的，碰撞的次数越多，反应速度越快。分子碰撞的次数取决于单位容积中反应物质的分子数，即分子浓度。对多相燃烧，化学反应是在固相表面上进行的，可以认为固体燃料的浓度不变。因此化学反应速度是指单位时间碳粒单位表面上氧浓度的变化，即碳粒单位表面上的耗氧速度。在一定温度下，反应容积不变时，增加反应物的浓度，即增加反应物的分子数，分子间碰撞的机会增多，所以反应速度加快。

2. 压力对化学反应速度的影响

分子运动论认为，气体压力是气体分子撞击容器壁面的结果。压力越高，单位容积内分子数越多，在温度和容积不变的条件下，反应物压力越高，则反应物浓度越大，因此化学反应速度越快。目前大力研究的正压燃烧技术，正是通过提高炉膛压力来强化燃烧的。

3. 温度对化学反应速度的影响

在实际燃烧设备中，燃烧过程是在燃料和空气按一定比例连续供应的情况下进行的，因此可以认为反应物质的浓度不变。当反应物浓度不变时，化学反应速度与温度呈指数关系，随着温度升高，化学反应速度迅速加快。这个现象可解释为：并不是所有碰撞的分子都能引起化学反应，只有其中具有较高能量的活化分子的碰撞才能发生反应。使分子活化所需最低能量称为活化能，用 E 表示，能量达到或超过活化能时的分子称为活化分子，活化分子的碰撞才是发生反应的有效碰撞，反应只能在活化分子之间进行。温度升高，分子从外界吸收了能量，活化分子急剧增多，化学反应速度因此加快。

在相同条件下，不同燃料的焦炭的燃烧反应，其活化能是不同的，高挥发分煤的活化能最小，低挥发分无烟煤的活化能最大。在一定温度下活化能越大，则活化分子数越少，反应速度越慢。由此可见，无烟煤的反应能力差，化学反应速度比其他煤种慢。

实际上在炉内燃烧过程中，反应物的浓度、炉膛压力基本不变，因此化学反应速度主要与温度有关，其影响相当显著，运行中常用提高炉温的方法强化燃烧。

**四、燃烧速度与燃烧区域**

碳粒的燃烧速度是指碳粒单位表面上的实际反应速度，一般用耗氧速度来表示，它既与化学反应速度有关，又与氧的扩散速度有关，最终取决于两者中的较慢者。在锅炉技术上，燃烧过程按其燃烧速度受限的因素不同，分为动力燃烧控制区、扩散燃烧控制区和过渡燃烧控制区。

1. 动力燃烧控制区

当温度较低时（<1000℃），碳粒表面化学反应速度较慢，氧的供应速度远远大于化学反应的消耗速度，燃烧速度主要取决于化学反应速度，而与扩散速度关系不大，这种燃烧工况称为处于动力燃烧控制区。随着温度的升高，燃烧速度将急剧增加，因此提高温度是强化动力燃烧工况的有效措施。

2. 扩散燃烧控制区

当温度很高时（>1400℃），碳粒表面化学反应速度很快，耗氧速度远远超过氧的供应速度，碳粒表面的氧浓度实际为零，燃烧速度主要取决于氧的扩散条件，与温度关系不大，这种燃烧工况称为处于扩散燃烧控制区。加大气流与碳粒的相对速度或减少碳粒直径都可提高燃烧速度。

3. 过渡燃烧控制区

介于上述两种燃烧工况的中间温度区，氧的扩散速度与碳粒表面的化学反应速度较为接近，燃烧速度同时受化学反应条件与扩散混合条件的影响，这种燃烧工况称为处于过渡燃烧控制区。要强化燃烧，既要提高温度，又要加强碳粒与氧的混合条件。

在一定条件下，可以使燃烧过程由一个区域移向另一个区域。例如在反应温度不变的条件下，增加煤粉与气流的相对速度或减小煤粉颗粒直径（即煤粉变细），可使燃烧过程由扩散控制区移向过渡控制区，甚至动力控制区。随着碳粒直径减小或相对速度增大，氧向碳粒表面的扩散过程加强，从动力燃烧控制区过渡到扩散燃烧控制区的温度将相应提高。

煤粉的燃烧，主要取决于焦炭的燃烧，焦炭的炉内处于什么样的燃烧控制区域，是关系到如何组织炉内煤粉燃烧的关键。就焦炭在炉内燃烧的情况来看，在高温燃烧中心粗焦粒可能处于扩散控制区，大部分细焦粒则处于动力控制区或过渡控制区，所以提高炉温和加强煤粉与气流的混合都是不可忽视的；而焦炭在炉内燃区，由于此处烟温较低，且烟气中含氧量较少，若扩散混合条件较好，燃烧可处于动力控制区，若扩散混合条件较差，燃烧也可能处于扩散控制区。

## 第二节　煤粉气流的燃烧过程

### 一、煤粉气流的燃烧过程

煤粉的燃烧过程，大致可分为以下三个阶段。

1. 着火前的准备阶段

煤粒受热后首先水分蒸发，接着干燥的煤进行热分解析出挥发分，挥发分析出的数量和成分取决于煤的特性、加热温度与速度，挥发分析出过程一直延续到1100～1200℃，显然着火前的准备阶段是吸热阶段。要使煤粉着火快，可以从两个方面着手：一方面应尽量减少煤粉气流加热到着火温度所需的热量，这可以通过对燃料预先干燥、减少输送煤粉的一次风风量和提高输送煤粉的一次风风温等方法来达到；另一方面应尽快给煤粉气流提供着火所需的热量，这可以通过提高炉温和使煤粉气流与高温烟气强烈混合等方法来实现。

2. 燃烧阶段

当煤粉温度升高至着火温度而煤粉浓度又合适时，煤粉就开始着火燃烧，进入燃烧阶段。

燃烧阶段是一个强烈的放热阶段，燃烧阶段包括挥发分和焦炭的燃烧。首先是挥发分着火燃烧，放出热量，并加热焦炭粒，使焦炭的温度迅速升高并燃烧起来。焦炭的燃烧不仅时间长，且不易燃烧完全，所以要使煤粉燃烧又快又好，关键在于对焦炭的燃烧组织得如何，因此使炉内保持足够高的温度、保证空气充分供应并使之强烈混合，对于组织好焦炭的燃烧是十分重要的。

3. 燃尽阶段

燃尽阶段是燃烧阶段的继续，一些内部未燃尽而被灰包围的炭粒在此阶段继续燃烧，直至燃尽。这一阶段的特点是氧气供应不足，风粉混合较差，烟气温度较低，以致这一阶段需要时间较长。为使煤粉在炉内尽可能燃尽，以提高燃料的利用率，应保证燃尽阶段所需的时间，并应设法加强扰动来击破灰衣，以便改善风粉混合，使灰渣中的可燃物燃透烧尽。

煤粒由水分、挥发分、固定碳和灰分组成。由于挥发分与灰分的存在，使煤粒的燃烧不同于碳粒的燃烧，特别是挥发分对煤粒的燃烧速度影响较大。大颗粒煤慢速加热时，挥发分首先析出并着火燃烧，随后才是焦炭的着火燃烧，挥发分析出与燃烧的时间仅占煤粒燃烧总时间的1/10左右。而煤粉在高温下快速加热时，往往是细小煤粉首先着火燃烧，接着才是挥发分的析出。因此，煤粒的着火燃烧可能发生在挥发分着火之前或之后，或同时进行，这取决于煤粒大小和加热温度。由于挥发分析出过程很长，在高温炉膛中挥发分的析出量一般比实验的分析值高一些。

上述各阶段并没有明显的界限，实际上往往是相互交错进行的。对应于煤粉燃烧的三个阶段，可以在炉膛空间中划分出三个区域，即着火区、燃烧区与燃尽区。由于燃烧的三个阶段不是截然分开的，因而，对应的三个区域也就没有明确的分界线，一般认为：燃烧器出口附近的区域是着火区，与燃烧器处于同一水平的炉膛中部以及稍高的区域是燃烧区，高于燃烧区直至炉膛出口的区域都是燃尽区，其中着火区很短，燃烧区也不长，而燃尽区却比较长。根据对 $R_{90}=5\%$ 的煤粉实验，其中 97%的可燃质是在 25%的时间内燃尽的，而其余 3%的可燃质却要在 75%的时间才燃尽。

**二、煤粉气流的着火与强化**

煤粉气流喷入炉内，主要通过紊流扩散卷吸高温烟气进行对流加热，同时也受高温火焰的辐射加热而着火。煤粉气流的着火首先是从与烟气接触的边界层开始，然后以一定速度向射流轴心传播，形成稳定的着火面。煤粉气流最好离喷口不远就能迅速稳定地着火。着火越快，才能保证可燃物在炉内短暂的停留时间内充分燃尽，否则不仅机械不完全热损失 $q_4$ 增大，而且火焰中心位置上移，可能造成炉膛出口结渣和过热汽温偏高。但着火点离喷口也不能太近，否则可能造成燃烧器附近结渣甚至烧坏燃烧器，恰当的着火距离一般为 300～500mm。稳定着火是指煤粉气流能连续引燃，不致因火焰中断造成灭火。

着火过程实际上是指煤粉一次风气流从入炉前的初始温度加热至着火温度的吸热过程，这个过程吸收的热量称着火热。它主要用于加热煤粉和一次风，并使煤中水分蒸发和过热，因此影响着火热的因素主要有着火温度、一次风煤粉混合物的初温、一次风量和原煤水分等。

强化着火就是保证着火过程迅速稳定进行，为此一方面应减少着火热；另一方面应加强烟气的对流加热，提高着火区的温度水平，保证着火热的供应。这既与燃料性质、一次风的初始状态有关，又与燃烧设备、运行工况有关。下面分析影响煤粉气流着火的主要因素及强化着火的措施。

1. 燃料性质

燃煤中的挥发分、灰分、水分对煤粉着火均有一定影响。

挥发分是判别煤粉着火特性的主要指标。挥发分高的煤，着火温度低，所需着火热少，着火容易。而且挥发分高的煤，其火焰传播速度快，燃烧速度也较快。

原煤灰分在燃烧过程中不但不能放热，而且还要吸热。特别是当燃用高灰分的劣质煤时，由于燃料本身发热量低，燃料的消耗量增大，大量灰分在着火和燃烧过程中要吸收更多热量，因而使得炉内烟气温度降低，同样使煤粉气流的着火推迟，也影响了着火的稳定性，而且灰壳对焦炭核的燃尽起阻碍作用，所以煤粉不易烧透。

水分多的煤，着火需要的热量就多。同时由于一部分燃烧热消耗在加热水分并使其蒸发、汽化和过热上，导致炉内烟温水平降低，从而使煤粉气流卷吸的烟气温度以及火焰对煤粉气流的辐射热都降低，这对着火显然是不利的。

2. 煤粉细度

煤粉越细，进行燃烧反应的表面积越大，加热升温快，单位时间内煤粉吸热量越多，着火越快。由此可见，对于难着火的低挥发分煤，将煤粉磨得更加细一些，无疑会加速它的着火过程。煤粉越细，燃烧越完全。

3. 一次风温

提高一次风温可以减少着火热，从而加快着火。为此，对难着火的无烟煤、劣质煤或某些贫煤，应适当提高空气预热器出口的热风温度，并采用热风送粉制粉系统。为了使煤粉气流的初温尽可能接近 300℃，空气预热器出口的热风温度可以提高到 350～420℃。

根据煤质挥发分含量的大小，一次风温既应满足使煤粉尽快着火、稳定燃烧的要求，又应保证煤粉输送系统工作的安全性。一次风温超过煤粉输送的安全规定时，就可能发生爆炸或自燃。当然，一次风温太低对锅炉运行也不利，除了推迟着火，燃烧不稳定和燃烧效率降低之外，还会导致炉膛出口烟温升高，引起过热器超温或汽温升高。

4. 一次风量和风速

一次风量越大，着火所需热量越多，使着火推迟，并影响煤粉完全燃烧。但一次风量太小，煤粉着火燃烧初期得不到足够的氧气将限制燃烧的发展。一次风量以能满足挥发分的燃烧为原则。因此，挥发分高的煤，一次风量应大些；挥发分低的煤，一次风量应适当限制。通常一次风量大小是用一次风率 $r_1$ 来表示的，它是指一次风量占总风量的百分比。一次风率 $r_1$ 主要取决于燃煤种类和制粉系统形式，其推荐值见表 5－1。

**表 5－1　　各种煤的一次风率 $r_1$ 推荐值**

| 煤种 | 无烟煤 | 贫煤 | 烟煤 | 褐煤 |
|---|---|---|---|---|
| 干燥无灰基挥发分（%） | 10 | 10～20 | 20～40 | ＞40 |
| 一次风率（%） | 15～20 | 20～25 | 25～45 | 40～45 |

气粉混合物通过燃烧器一次风喷口截面的速度称为一次风速。一次风速过高，气粉混合物流经着火区的容积流量大，需要的着火热多，使着火推迟，着火也不稳定；但一次风速过低时，着火点离喷口太近可能烧坏燃烧器或引起燃烧器附近结渣、煤粉管道堵塞等故障。挥发分高的煤易着火，一次风速应适当高一些，以免烧坏燃烧器；难着火的无烟煤、劣质煤等，一次风速应适当低一些，使煤粉气流在着火区得到充分加热。一、二、三次风速的推荐范围见表 5－2。

**表 5－2　　一、二、三次风速的推荐值范围**

| 燃烧器型式 \ 煤种 | | 无烟煤 | 贫煤 | 烟煤 | 褐煤 |
|---|---|---|---|---|---|
| 旋流燃烧器 | 一次风 | 12～16 | 16～20 | 20～25 | 20～26 |
| | 二次风 | 15～22 | 20～25 | 30～40 | 25～35 |
| 直流燃烧器 | 一次风 | 20～25 | 20～25 | 25～35 | 18～30 |
| | 二次风 | 45～55 | 45～55 | 40～55 | 40～60 |
| | 三次风 | 50～60 | 50～60 | | |

5. 着火区的温度水平

煤粉气流在着火阶段的温度较低，燃烧处于动力燃烧区，迅速提高着火区的温度可加速着火过程。燃烧中心区的高温烟气回流到着火区，对煤粉进行对流加热往往是着火热的主要来源。回流的烟气量越大，着火区温度越高，着火就越快。为了提高着火区温度，燃用难着火的煤时，常将燃烧器附近的水冷壁用耐火材料覆盖，构成卫燃带，以减少水冷壁的吸热，提高着火区的温度。

炉膛的温度水平是随锅炉负荷的高低而升降的。锅炉负荷降低，着火区的温度水平也降低，当锅炉负荷低到一定程度时，就危及着火的稳定，甚至造成灭火。固态排渣煤粉炉一般规定 50%～70%MCR 为最低负荷，在最低负荷工况下运行，应采取稳燃措施。

6. 煤粉气流的着火周界面

煤粉气流与烟气的接触周界面越大，传热量越多，着火越快。为此常通过燃烧器将煤粉气流分割为若干小股，或使气流旋转扩散，以增大着火周界面。

**三、煤粉气流的燃烧与强化**

煤粉气流一旦着火就进入燃烧中心区。在这里，除少量粗煤粉接近扩散燃烧工况外，大部分煤粉处于过渡燃烧工况。因此，强化燃烧过程既要加强氧的扩散混合，又不得降低炉温，具体措施如下：

1. 合理送入二次风

煤粉气流着火后放出大量的热，炉温迅速升高，火焰中心温度可达1500～1600℃，燃烧速度很快。一次风中的氧很快耗尽，煤粒表面缺氧限制了燃烧过程的发展。因此，及时供应二次风并加强一、二次风的混合是强化燃烧的基本途径。若二次风混入过迟，氧量供应不足，燃烧速度减慢，可燃气体未完全燃烧热损失增加；二次风混入过早，相当于增加了一次风量，使着火热增加，着火推迟。二次风混入的时间与煤种和燃烧器型式有关。由于二次风温比炉温低得多，为了不降低燃烧中心区的温度，在燃用低挥发分煤时，二次风应该在煤粉气流着火后，随燃烧过程的发展分期分批送入。

2. 较高的二次风温和风速

除了适量供应之外，二次风还应具有较高的温度，以免炉温降低影响燃烧，同时还应具有较高的风速，以加强氧的扩散和一、二次风的混合和扰动。因此，二次风速一般均高于一次风速。较高的二次风速，可提高煤粉与空气的相对速度，增强混合，强化燃烧。但是二次风速不能比一次风速大得过多，否则会迅速吸引一次风，使二次风与煤粉混合提前，影响煤粉气流的着火。二次风速应与一次风速保持一定的速度比，其最佳值取决于煤种和燃烧器型式，其推荐值列于表5-2中。

3. 合理组织炉内空气动力工况

炉膛中煤粉是在悬浮状态下燃烧的，空气与煤粉的相对速度很小，混合条件不理想，为了能使煤粉与补充的二次风良好混合，二次风除了应具有较高的速度外，还应合理组织炉内空气动力工况，促进煤粉和空气混合，才能有效提高燃烧速度。炉内空气动力工况与炉膛、燃烧器的结构型式以及燃烧器在炉膛中的布置等问题有关。

4. 保持较高的炉温

保持较高的炉温不仅是强化着火的措施，而且是强化煤粉燃烧和燃尽的有效措施。炉膛温度高，有利于对煤粉的加热。着火时间可提前，炉膛温度高，燃烧迅速，也容易达到燃烧完全。当然，炉膛温度也不能太高，要注意防止炉膛结渣和过多的$NO_x$形成等问题。

大部分煤粉都在燃烧区燃尽，只剩少量粗炭粒在燃尽区继续燃烧。燃尽区的燃烧条件，不论是可燃质浓度、氧浓度、温度水平，还是气流扰动都处于最不利情况。因此，燃烧速度相当缓慢，燃尽过程延续很长，占据了炉膛空间很大部分。为了提高燃烧过程的完全程度，减少$q_4$，强化燃尽过程是非常重要的。燃尽区的强化主要靠延长煤粉气流在炉内的停留时间来保证。具体措施如下：

(1) 选择适当的炉膛容积和高度，保证煤粉在炉内停留时间。

(2) 强化着火与燃烧区的燃烧，使着火与燃烧区火炬行程缩短，在一定炉膛容积内等于增加了燃尽区的行程，延长了煤粉在炉内的燃烧时间。

(3) 改善火焰在炉内的充满程度。火焰所占容积与炉膛的几何容积之比称为火焰充满程度。充满程度越高，炉膛有效容积越大，可燃物在炉内的实际停留时间越长。

(4) 保证煤粉细度，提高煤粉均匀度。煤粉越细，燃烧速度越快，煤粉完全燃烧所需的时间就越短。因此，对于细而均匀的煤粉，$q_4$ 较小。在燃用低挥发分煤时，应将煤磨得细些。

(5) 选择合适的炉膛出口过量空气系数 $\alpha_1''$。$\alpha_1''$过小会造成燃尽困难，应根据不同的燃料和燃烧设备型式选择最佳的 $\alpha_1''$。

在煤粉气流燃烧过程中，着火是良好燃烧的前提，燃烧是整个燃烧过程的主体，燃尽是完全燃烧的关键。燃烧过程的强化，很大程度上依靠燃烧设备的合理结构和布置来实现。

## 第三节　煤粉炉的炉膛设置

煤粉炉是以煤粉为燃料进行燃烧的，它具有燃烧迅速、完全、容量大、效率高、适应煤种广、便于控制调节等优点，因而它是目前电厂锅炉的主要型式。

煤粉炉按排渣方式可分为两种类型：一种是将灰渣在固体状态下由炉中清除出去，称为固态排渣煤粉炉；另一种是将灰渣在熔化的液体状态下由炉中清除出去，称为液态排渣煤粉炉。本书仅介绍固态排渣煤粉炉。

### 一、炉膛结构及要求

1. 炉膛作用及要求

炉膛也称为燃烧室，是供煤粉燃烧的空间。固态排渣煤粉炉的炉膛结构如图 5－2 所示，它是一个由炉墙围成的长方体空间，其四周布满水冷壁，炉底是由前后水冷壁管弯曲而成的倾斜冷灰斗。炉顶一般是平炉顶结构，高压以上锅炉在炉顶布置顶棚管过热器，在炉膛上部悬挂有屏式过热器，炉膛后上方为烟气出口。为了改善烟气对屏式过热器的冲刷，充分利用炉膛容积并加强炉膛上部气流的扰动，炉膛出口的下部有后水冷壁弯曲而成的折焰角。煤粉和空气在炉内强烈混合燃烧，火焰中心温度可达 1500℃以上，水冷壁吸热使烟温逐渐下降，在水冷壁及炉膛出口处的烟温一般降至 1100℃左右，烟气中的灰渣冷凝成固态，冷灰斗区域的温度更低。燃烧生成的灰渣，绝大部分以飞灰的形式随烟气排出炉外，剩下一小部分以粗渣的形式落入冷灰斗排出。

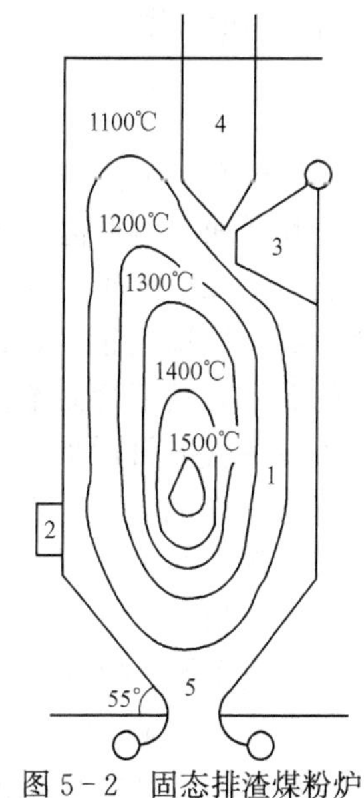

图 5－2　固态排渣煤粉炉的形状及温度分布

1—等温线；2—燃烧器；3—折焰角；4—屏式过热器；5—冷灰斗

炉膛既是燃烧空间，又是锅炉的换热部件，它的结构直接影响锅炉的工作。为此，炉膛应满足以下基本要求：

(1) 具有足够的空间和合理的形状，能够合理组织燃料的燃烧，减小不完全燃烧热损失。

(2) 具有合理的炉内温度场和良好的炉内空气动力特性，满足燃烧过程的需要，能保证足够高的炉温，使火焰在炉内有较好的充满程度，减少炉内死滞旋涡区，保证燃料在炉内稳定着火燃烧；还能够避免火焰冲击炉墙，避免造成结渣。

(3) 能布置足够的受热面，可以将炉膛出口烟温降到允许的数值，保证炉膛出口及其后面的受热面不结渣。

(4) 炉膛结构紧凑，金属及其他材料用量少，便于制造、安装、检修和运行。

2. 炉膛的热力特性

(1) 炉膛容积热负荷。炉膛容积热负荷是指在单位时间、单位炉膛容积内，燃料燃烧放出的热量，用 $q_V$ 表示，即

$$q_V = \frac{BQ_{ar,net}}{V_1} \quad kW/m^3 \tag{5-2}$$

炉膛容积热负荷一般用来表示燃料在炉内的停留时间，也能代表炉内的温度水平。炉膛容积热负荷过大，说明在单位时间、单位炉膛容积内燃烧了过多的燃料，产生的烟气量大，烟气流速过高，一部分燃料来不及完全燃烧就被排出炉外，即燃料在炉内的停留时间缩短，这就表明炉膛容积过小。此时，由于炉内所能布置的水冷壁受热面太少，烟气到达炉膛出口时得不到充分冷却，炉膛出口烟温升高，会使炉膛上部受热面结渣。炉膛容积热负荷随着锅炉容量增加而下降。燃煤量增大，要保证燃料在炉内有足够的停留时间，就必须增大炉膛容积，同时又要有足够的水冷壁来冷却烟气。但是炉膛容积与几何尺寸的三次方成正比，而炉膛壁面积与几何尺寸的二次方成正比，因而容积的增长速度大于壁面积的增长速度，为了布置足够的水冷壁，炉壁容积相应增长得多。因此，当锅炉容量增大时，炉膛容积热负荷呈下降趋势。

(2) 炉膛截面热负荷。炉膛截面热负荷是指在单位时间、单位炉膛横截面积上，燃料燃烧放出的热量，用 $q_A$ 表示，即

$$q_A = \frac{BQ_{ar,net}}{A_1} \quad kW/m^2 \tag{5-3}$$

炉膛截面热负荷是影响燃烧器区域温度水平的主要特性参数。当锅炉容量和参数一定时，炉膛截面热负荷值越大，表示炉膛周界越小，所能布置的水冷壁管子根数也就越少，在燃烧器区域，由于燃烧放热比较集中，如果没有足够的水冷壁吸收燃烧释放的热量，就会导致火焰温度很高，以致灰渣靠近炉壁时，不能得到充分冷却，就会引起结渣。但较高的温度有利于稳定着火。相反，炉膛截面热负荷越小，表明炉膛周界越大，能够布置的水冷壁管数目增加，这时有利于减轻结渣，但由于燃烧区域的温度水平低，不利于稳定着火。因此，对于着火性能比较差，而灰熔点比较高的低反应煤，希望选择较大的炉膛截面热负荷值；对于灰熔点比较低，而着火性能比较好的煤，希望选择较小的炉膛截面热负荷值。

炉膛截面热负荷值随着锅炉容量的增加而增加。这是因为当容量增加时，虽然炉膛横断面积增大，但相对于单位蒸发量的炉膛横截面积减小，故炉膛截面热负荷增加。控制炉膛截面热负荷值，主要是为了取得适当的燃烧器区域的热负荷，而影响燃烧器区域热强度的因素还要考虑燃烧器区域的壁面热负荷。

(3) 燃烧器区域的壁面热负荷。燃烧器区域壁面热负荷是指在单位时间、燃烧器区域的单位炉壁面积上，燃料燃烧放出的热量，以 $q_R$ 表示，即

$$q_R = \frac{BQ_{ar,net}}{A_r} \quad kW/m^2 \tag{5-4}$$

$q_R$ 值越大，说明火焰越集中，燃烧器区域的温度水平就越高，这对燃料稳定着火是有利

的，但容易造成燃烧器区域的壁面结渣。对于高压以上的煤粉锅炉，$q_R$的推荐值为：无烟煤及贫煤，1.4～2.1MW/m²；烟煤，1.28～1.40MW/m²；褐煤，0.93～1.16MW/m²。

$q_A$与$q_R$对调整燃烧器区域的热强度是共同起作用的，由于炉膛周界受燃烧稳定性和蒸发受热面布置的限制无法调整时，需要燃用结渣性强的煤，可适当降低燃烧器区域壁面热负荷值。沿炉膛高度方向将燃烧器拉长，或增大燃烧器喷口的间距，即可降低燃烧器区域的壁面热负荷。

**二、煤粉炉的结渣**

在固态排渣煤粉炉中，熔融的灰黏结并积聚在受热面或炉壁上的现象，叫结渣或称结焦。

1. 结渣的危害

结渣会严重危害及影响锅炉运行的安全性和经济性，并造成以下不良后果：

(1) 受热面上结渣时，会使传热减弱，工质吸热量减少，排烟温度升高，排烟热损失增加，锅炉效率降低。为了保持锅炉蒸发量，在增加燃料的同时必须相应增加风量，这就使送、引风机负荷增加，厂用电增加。因此，结渣会降低锅炉运行的经济性。

(2) 受热面结渣时，为了保持蒸发量，就必须增加风量，若此时通风设备容量有限，加上结渣容易使烟气通道局部堵住，而使风量增加不上去，锅炉只好降低蒸发量运行。

(3) 炉内结渣时，炉膛出口烟温升高，导致过热汽温升高，加上结渣不均匀造成的热偏差，很容易引起过热器超温损坏。此时，为了不使过热器超温，也需要限锅炉蒸发量。

(4) 水冷壁结渣，会使自身各部分受热不均，以致膨胀不均或水循环不良，引起水冷壁管损坏。

(5) 炉膛上部结渣掉落时，可能会砸坏冷灰斗的水冷壁管。

(6) 冷灰斗处结渣严重时，会使冷灰斗出口逐渐堵住，使锅炉无法继续运行。

(7) 燃烧器喷口结渣，会使炉内空气动力工况受破坏，从而影响燃烧过程的进行，喷口结渣严重而堵住时，锅炉只好降低蒸发量运行，甚至停炉。

(8) 结渣严重时，除渣时间过长，可能导致灭火。

总之，结渣不但严重危及锅炉安全运行，还可能使锅炉降低蒸发量运行，甚至停炉，而且增加了锅炉运行和检修工作量，所以应尽最大努力来减轻和防止锅炉结渣。

2. 结渣的过程和原因

在炉膛高温区域内，燃料中的灰分一般为液态或呈软化状态。随着烟气的流动，烟温会因水冷壁吸热而不断降低。当接触到受热面或炉墙时，如果烟中的灰粒已冷却到固体状态，就不会造成结渣，如果烟中的灰粒仍保持软化状态或熔化状态，就会黏在壁面上，形成结渣。

结渣通常发生在炉内和炉膛出口的受热面上。特别是未受水冷壁保护的暴露面积较大的炉墙或卫燃带上，因为它们表面的温度高而且又很粗糙，液态渣粒很容易附上去。

结渣是一个自动加剧的过程。这是因为发生结渣后，由于传热受阻炉内烟气温度和渣层表面温度都将升高，再加上渣层表面粗糙，渣与渣之间的黏附力很大，渣粒就更容易黏附上去，从而使结渣过程越演越烈。

显而易见，形成结渣的主要原因是炉膛温度过高或灰熔点过低。

造成炉膛温度过高的原因有：

(1) 炉膛设计的容积热强度过大或锅炉超负荷运行，使温度过高；火焰偏斜，使高温火焰靠近水冷壁；炉膛设计的断面热强度或燃烧器区域壁面热强度过大，使燃烧器区域水冷壁温度过高；炉底漏风等使火焰中心上移，以致炉膛出口烟温增高，这些都容易引起结渣。

(2) 除煤质不好造成结渣外，炉内空气供应不足，燃料与空气混合不充分等都会在炉内产生较多的还原性气体，以至灰的熔点降低，引起或加剧了结渣。

(3) 吹灰、除渣不及时也会加剧结渣，这是因为积灰、结渣的壁面粗糙，容易结渣。而且随着渣面温度的升高，结渣将加剧，越来越重。

3. 防止结渣的措施

防止结渣主要也是从炉温过高和防止灰熔点降低着手，主要措施如下：

(1) 防止壁面及受热面附近温度过高。设计中应力求使炉膛容积强度、炉膛断面热强度、燃烧器区域壁面热强度设计合理；运行中避免锅炉超负荷运行，从而达到控制炉内温度水平，防止结渣；堵塞炉底漏风，降低炉膛负压，不使漏入空气量过大；直流燃烧器尽量利用下排燃烧器，旋流燃烧器适当加强二次风旋流强度等都能防止火焰中心上移，以免炉膛出口结渣。

保持各喷口给粉量平衡，使直流燃烧器四角气流的动量相等，切圆合适，一、二次风正确配合，风速适宜，防止燃烧器变形等，都能防止火焰偏斜，以免水冷壁结渣。

(2) 防止炉内生成过多还原性气体。保持合适的空气动力场，不使空气量过小，能使炉内减少还原性气体，防止结渣。

(3) 做好燃料管理，保持合适的煤粉细度和均匀度等。尽量固定燃料品种，避免燃料多变，清除煤中的石块，均可使炉膛结渣的可能性减少或者因煤粉落入冷灰斗又燃烧而形成结渣。

(4) 加强运行监视，及时吹灰排渣。运行中应根据仪表指示和实际观察来判断是否有结渣。如发现过热汽温过高、排烟温度升高、燃烧室负压减小等现象，就要注意燃烧室及炉膛出口是否结渣。一旦发现结渣，就应及时清除。此外吹灰器也应处于完好状态，以保证定时有效地进行受热面的吹灰工作。

(5) 做好设备检修工作。检修时应根据运行中的结渣情况，适当的调整燃烧器，检查燃烧器有无变形或烧坏情况，及时校正修复。检修时应彻底清除已积灰渣，而且应做好堵塞漏风工作。

## 第四节 煤粉燃烧器及其布置

煤粉燃烧器是燃煤锅炉燃烧设备的主要部件，其作用是：向炉内输送燃料和空气，保证燃料进入炉膛后尽快、稳定地着火，组织燃料和空气及时、充分地混合，迅速完全地燃尽。煤粉燃烧器可分为直流煤粉燃烧器和旋流煤粉燃烧器两大类。

在煤粉燃烧时，为了减少着火所需的热量，迅速加热煤粉，使煤粉尽快达到着火温度，以实现尽快着火，将煤粉燃烧所需的空气量分为一次风和二次风。一次风的作用是将煤粉送进炉膛，并供给煤粉初始着火阶段中挥发分燃烧所需的氧量；二次风在煤粉气流着火后混入，供给煤中焦炭和残留挥发分燃尽所需的氧量，以保证煤粉完全燃烧。

## 一、直流煤粉燃烧器的类型及特点

直流煤粉燃烧器通常由一列矩形喷口组成，煤粉气流和热空气从喷口射出后，形成直流射流进入炉膛。从燃烧器喷口射出的气流以一定的速度进入炉膛，由于气流的紊流扩散，带动周围的热烟气一起向前流动，这种现象叫卷吸。由于卷吸，射流不断扩大，不断向四周扩张，同时主气流的速度由于衰减而不断减小。正是由于射流的这种卷吸作用，将高温烟气的热量源源不断地输送给进入炉内的新煤粉气流，煤粉气流才得到不断加热而升温，当煤粉气流吸收足够的热量并达到着火温度后，便首先从气流的外边缘开始着火，然后火焰迅速向气流深层传播，达到稳定着火状态。当煤粉气流没有足够的着火热源时，虽然局部的煤粉通过加热也可达到着火温度，并在瞬间着火，但这种着火不能稳定进行，即着火后还容易灭火，这样的着火极易引起爆燃，也是一种十分危险的着火工况。

直流煤粉燃烧器按照配风方式不同分为均等配风直流煤粉燃烧器和分级配风直流煤粉燃烧器。

### 1. 均等配风直流煤粉燃烧器

均等配风方式是指一、二次风喷口相间布置，即在两个一次风喷口之间均等布置一个或两个二次风喷口，或者在每个一次风喷口的背火侧均等布置二次风喷口。在均等配风方式中，由于一、二次风喷口间距相对较近，一、二次风自喷口流出后能很快得到混合，使煤粉气流着火后不致由于空气跟不上而影响燃烧，故一般适用于烟煤和褐煤，所以又叫做烟煤—褐煤型直流煤粉燃烧器。典型的均等配风直流煤粉燃烧器喷口布置方式如图 5-3（a）所示。

### 2. 分级配风直流煤粉燃烧器

分级配风方式是指把燃烧所需的二次风分级分阶段地送入燃烧的煤粉气流中，即将一次风喷口较集中地布置在一起，而二次风喷口分层布置，且一、二次风喷口保持较大的距离，以便控制一、二次风的混合时间，这对于无烟煤的着火与燃烧是有利的，故此种燃烧器适用于无烟煤、贫煤和劣质煤，所以又叫做无烟煤型直流煤粉燃烧器。典型的分级配风直流煤粉燃烧器喷口布置方式如图 5-3（b）所示。

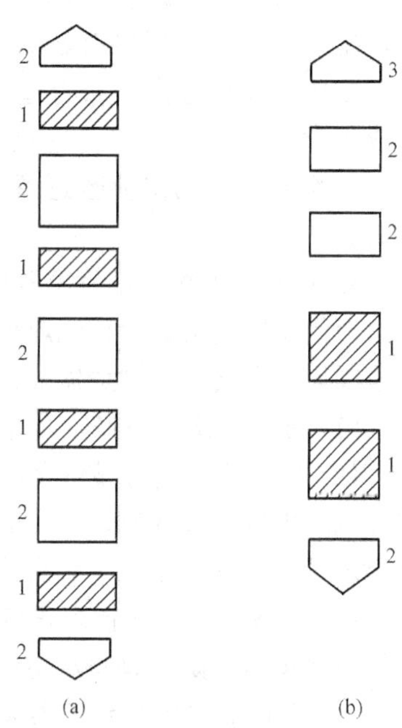


图 5-3　切圆燃烧方式直流燃烧器喷口的布置
(a) 均等配风；(b) 分级配风

分级配风直流燃烧器的特点是：

(1) 一次风喷口狭长，即高宽比比较大，这样可以增大煤粉气流的迎火周界，从而增加对于高温烟气卷吸能力，有利于煤粉气流着火，但狭长喷口会使气流的刚性减弱，造成气流过分偏斜而贴墙，形成炉墙结渣。

(2) 一次风喷口集中布置，由于煤粉燃烧放热集中，火焰中心温度会有所提高，这就有利于煤粉的着火与燃烧。

(3) 一、二次风喷口各自集中在一起，且一、二次风喷口的间距较大，使一、二次风混合较迟，对于无烟煤和劣质煤的着火有利。

(4) 二次风分层布置，即按着火和燃烧需要分级分阶段将二次风送入燃烧的煤粉气流中，这既有利于煤粉气流的前期着火，又有利于煤粉气流后期的燃烧。

(5) 该型燃烧器燃用无烟煤、贫煤、劣质烟煤时，为了保证着火的稳定性，都采用中间储仓式热风送粉制粉系统，该系统中细粉分离器将煤粉和输送煤粉的空气分离后，形成乏气，乏气中带有10%～15%的细煤粉，为了提高燃烧的经济性和避免环境受到污染，这部分乏气一般送入炉膛燃烧，形成三次风。三次风的特点是温度低、水分大、煤粉细。运行经验证明，三次风对燃烧有明显的不利影响。在大容量锅炉上，三次风的投入对过热汽温、再热汽温的影响也很大。

三次风温一般低于100℃，煤中水分较大时，只有60℃。大量低温三次风进入炉内，会对整个燃烧过程产生很大的影响。实践证明，如三次风喷口布置不当，不仅影响主气流着火与燃烧，而且还会恶化燃尽，使机械不完全燃烧热损失增加，此外还会使火焰中心上移，炉膛出口烟温升高，从而引起炉膛出口附近结渣、过热器超温等事故，由此可见，合理布置三次风喷口就有着十分重要的意义。三次风喷口一般布置在燃烧器的最上方，距相邻二次风喷口有较大间距，以便减小其对主煤粉气流燃烧的影响，但也不宜距相邻二次风间距过大，布置过高，使三次风中细煤粉不易燃尽，并使炉膛出口烟温升高，造成炉膛出口附近结渣、过热器超温等。三次风喷口应有一定的下倾角，以便起压火作用，并增加三次风在炉膛逗留时间，有利于三次风细煤粉燃尽，减少机械不完全燃烧热损失。

3. 直流煤粉燃烧器的周界风和夹心风

现代大型电站锅炉直流煤粉燃烧器的一次风喷口周围或中间布置有一股高速二次风，就形成周界风和夹心风燃烧器喷口。在一次风喷口外缘布置的周界风作用如下：

(1) 冷却一次风喷口，防止喷口烧坏或变形。

(2) 少量热空气与煤粉火焰及时混合。由于直流煤粉火焰的着火首先从外边缘开始，火焰外围易出现缺氧现象，这时周界风就起着补氧作用。周界风量较小时，有利于稳定着火；周界风量太大时，相当于二次风过早混入一次风，因而对着火不利。

(3) 周界风的速度比煤粉气流的速度要高，能增加一次风气流的刚度，防止气流偏斜，并能托住煤粉，防止煤粉从主气流中分离出来而引起不完全燃烧。

(4) 高速周界风有利于卷吸高温烟气，促进着火，并加速一、二次风的混合过程，但周界风量过大或风速过小时，在煤粉气流与高温烟气之间形成屏障，反而阻碍加热煤粉气流，故当燃用的煤质变差时，应减少周界风量。周界风的风量一般为二次风量的10%或略多一些，风速为30～40m/s，风层厚度为15～25mm。

夹心风作用如下：

(1) 补充火焰中心的氧气，同时也降低了着火区的温度，而对一次风射流外缘的烟气卷吸作用没有明显的影响。

(2) 高速的夹心风提高了一次风射流的刚度，能防止气流偏斜，而且增强了煤粉气流内部的扰动，这对加速外缘火焰向中心的传播是有利的。

(3) 夹心风速度较大时，一次风射流扩展角减小，煤粉气流扩散减弱，这对于减轻和避免煤粉气流贴壁、防止结渣有一定作用。

(4) 可作为变煤种、变负荷时燃烧调整的手段之一。

如前所述，周界风或夹心风主要是用来解决煤粉气流高度集中时着火初期的供氧问题，数量约占二次风的10%～15%。实际运行中，由于漏风，周界风或夹心风的风率可达20%以上。在燃用无烟煤、贫煤或劣质煤时，周界风或夹心风的速度比较高，约为50～60m/s；在燃用烟煤时，周界风的速度约为30～40m/s，主要是为了冷却一次风喷口。燃烧褐煤的燃烧器一次风喷口上一般布置有十字风，其作用类似于夹心风。

实践表明，周界风和夹心风使用不当时，对煤粉着火产生不利影响。

4. 摆动式燃烧器

直流煤粉燃烧器的喷口可做成固定式的，也可做成摆动式的。摆动式燃烧器的各喷口一般可同步上、下摆动20°或30°，用来改变火焰中心位置的高度，调节再热蒸汽温度，并便于在启动和运行中进行燃烧调节，控制炉膛出口烟温，避免炉膛内受热面结渣。

为了适应煤质的变化，在有些燃烧器上把一次风口做成固定式的，二、三次风口做成摆动式的，这样可以改变二次风和一次风的相交混合位置，以根据煤质变化条件适当推迟或提前一、二次风的混合。这种燃烧器喷口的摆动幅度不能太大，以免一、二次风过早混合，因而对火焰中心位置的调节范围有限，其摆动喷口的目的并不是用来调节汽温，而是为了稳定燃烧。

摆动式燃烧器运行中容易出现的问题是：因喷口受热变形，使摆动机构卡死，或摆动不灵活。摆动机构上的传动销磨损或受热太大时，容易被剪断，这时应立即停止摆动，待修复后再投入运行。

摆动式燃烧器一般适用于燃烧烟煤，也可燃烧较易着火的贫煤，但不适于烧难于着火的无烟煤、贫煤、劣质烟煤，这是因为燃烧器喷口向上摆动时，会减弱上游火焰对邻角煤粉气流的引燃作用，使燃烧变得不稳定，燃烧效率降低，炉膛上部受热面结渣。

在大容量锅炉上，采用摆动式燃烧器主要是为了调节再热汽温，但摆动角度必须有一定限度，一般为−20°～+30°，汽温调节幅度可达±(40～50)℃。当大量投入三次风时，将明显降低摆动式燃烧器的调温效果。

采用摆动式燃烧器的调温方法是：当汽温下降时，喷口向上摆动；当汽温上升时，喷口向下摆动。

## 二、直流煤粉燃烧器的布置及工作特性

1. 直流煤粉燃烧器布置方式

直流煤粉燃烧器一般布置在炉膛四角上，如图5-4所示。煤粉气流在射出喷口时，虽然是直流射流，但当四股气流到达炉膛中心部位时，以切圆形式汇合，形成旋转燃烧火焰，同时在炉膛内形成一个自下而上的旋涡气流，因而这种燃烧方式称为四角切圆燃烧。

直流煤粉燃烧器的布置，直接关系到四角切向燃烧组织。比较理想的炉内气流流动状况是在炉膛中心形成的旋涡火焰不偏斜、不贴墙、火焰的充满程度好、热负荷分布比较均匀。当然，要达到上述要求，还与燃烧器的高宽比和切圆直径等因素有关，甚至还与炉膛负压大小有关。

直流煤粉燃烧器的布置不仅影响火焰的偏斜程度，还影响燃烧的稳定性和燃烧效率。如一次风对冲布置时，气流扰动强烈、混合好，但着火条件差，炉内气流流动不稳定。而上下不等切圆布置时，上层小切圆减弱了切向燃烧方式邻角互相点燃的作用，使着火条件变差。

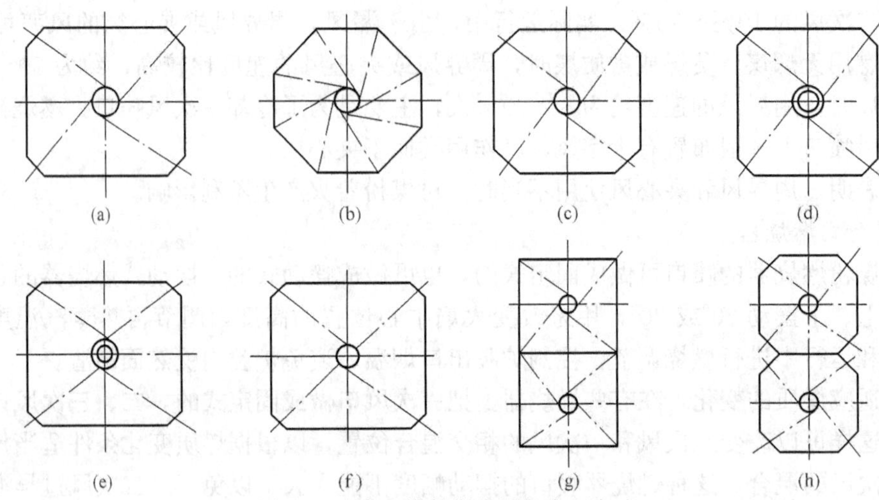


图 5-4 直流煤粉燃烧器的布置方式

(a) 正四角布置；(b) 正八角布置；(c) 大切角布置；(d) 同向大小双切圆方式；(e) 正反双切圆方式；(f) 两角相切，两角对冲方式；(g) 双室炉膛切圆方式；(h) 大切角双室炉膛切圆方式

我国电站在组织四角切圆燃烧方面具有丰富的经验，不少电厂对四角切圆燃烧方式进行了改进，其主要特点有如下几个方面：

(1) 一、二次风不等切圆布置。这种方法是将一、二次风喷口按不同角度组织切圆，二次风靠炉墙一侧，一次风靠内侧布置。这种布置方式既保持了邻角相互点燃的优势，又使炉内气流流动稳定、火焰不贴墙，因而防止了结渣，但容易引起煤粉气流与二次风的混合不良、可燃物的燃烧不充分。

(2) 一次风正切圆、二次风反切圆布置。这种布置方法可减弱炉膛出口残余旋转，从而减小了过热器的热偏差，并能防止结渣。

(3) 一次风对冲、二次风切圆布置。这种方法减小了炉内一次风气流的实际切圆直径，使煤粉气流不易贴壁，因而能防止结渣，而且能减弱气流的残余旋转。

(4) 一次风喷口侧边布置侧边二次风，也称为偏转二次风。这种方法的特点是在燃料着火后，及时供应二次风，将火焰与炉墙隔开，形成一层气幕，在水冷壁附近区域造成氧化性气氛，可提高灰熔点温度，减轻水冷壁的结渣，还可以降低 $NO_x$ 的生成量，适用于燃用烟煤及挥发分较高的贫煤。

2. 直流煤粉燃烧器四角切圆燃烧的着火特性

在直流煤粉燃烧器四角切圆布置时，炉膛四角的四股煤粉气流具有相互自点燃作用，即煤粉气流向上的一侧受到上游邻角高温火焰的直接撞击而被点燃，这是煤粉气流着火的主要条件。背火的一侧也卷吸炉墙附近的热烟气，但这部分卷吸获得的热量较少，此外，一次风与二次风之间也进行少量的过早混合，但这种混合对着火的影响不大。

煤粉气流着火的热源不仅来自卷吸热烟气和邻角火焰的撞击，而且还来自炉内高温火焰的辐射加热，但着火的主要热源来自卷吸加热，约占总着火热源的 60%～70%。

煤粉气流在正常燃烧时，一般在距离喷口 0.3～0.5m 处开始着火，在离开喷口 1～2m 的范围内，煤粉中大部分挥发分析出并烧完，此后是焦炭和剩余挥发分的燃烧，需要延续 10～20m，甚至更长的距离。当燃料到达炉膛出口处时，燃料中 98%以上的可燃物可以完全燃尽。

四角燃烧方式具有较好的着火、燃烧、燃尽能力。气流由四角喷入炉内后，一方面由于气流在炉膛中心发生旋转，另一方面由于引风机抽力，迫使气流上升，在炉膛中心形成一般螺旋上升的气流。从着火的角度来看，每股煤粉气流除依靠本身卷吸高温烟气和接受炉膛辐射热外，由于每个燃烧器都能将一部分高温火焰吹向相邻燃烧器的根部，从而形成相邻煤粉气流相互引燃。此外，气流旋转上升时，由于离心力的作用，气流向四周扩展，使炉膛中心形成负压，造成高温烟气由上向下回流到火焰根部，由此看来，煤粉气流的着火条件是理想的。从燃烧角度看，因为气流在炉膛中心强烈旋转燃烧，使炉膛中心形成一个高温火球，而且煤粉与空气的混合也较好，这就加速了煤粉的燃烧，所以煤粉气流的燃烧条件也是理想的。从燃尽角度看，由于旋转上升气流改善了炉内气流的充满程度，又延长了煤粉在炉内停留时间，这对于煤粉的燃尽是有利的。由于切圆燃烧具有良好的炉内空气动力场，对煤种具有较广的适应性，因而在我国得到广泛的应用。

值得注意的是在四角切圆燃烧锅炉中，燃烧器区域形成的旋转火焰不但旋转稳定、强烈，而且黏性很大。高温烟气流到达炉膛出口的过程中，其旋转强度虽然逐渐减弱，但仍有残余旋转。残余旋转不但造成炉膛出口处的烟温偏差，而且造成烟速偏差。气流逆时针方向旋转时，右侧烟温高于左侧烟温，右侧烟速高于左侧烟速；气流顺时针方向旋转时，左侧烟温高于右侧烟温，左侧烟速高于右侧烟速。一般烟温偏差达 100℃左右，偏差严重的甚至达到 300℃。

## 三、四角切圆燃烧的气流偏斜及切圆直径

### 1. 气流偏斜问题

采用四角燃烧方式的锅炉，运行中容易发生气流偏斜而导致火焰贴墙，引起结渣以及燃烧不稳定现象。引起燃烧器出口气流偏斜的主要原因如下：

(1) 邻角气流的横向推力是气流偏斜的主要原因。横向推力的大小与炉内气流的旋转强度，即炉膛四角射流的旋转动量矩有关，其中二次风射流的动量矩是起主要作用的，二次风动量及其旋转半径越大，中心旋转强度越大，横向推力也越大，致使一次风射流的偏转加剧。一次风射流抵抗偏斜的能力与本身的动量有关，一次风射流动量越大，刚性越强，射流的偏斜也就越小。

试验和运行实践证明，增加一次风动量或减少二次风动量，或者就降低二次风与一次风的动量比，会减轻一次风射流的偏斜，但应注意二次风动量降低导致气流扰动减弱对燃烧带来不利影响。

(2) 射流偏斜还受到射流两侧补气条件的影响。由于射流自喷口射出后仍然保持着高速流动，射流两侧的烟气被卷吸着一起前进，射流两侧的压力就随着降低，这时，炉膛其他地方的烟气就纷纷赶来补充，这种现象称为补气。如果射流两侧的补气条件不同，就会在射流两侧形成压差：向火面的一侧受到邻角气流的撞击，补气充裕，压力较高；而背火面的一侧补气条件较差，压力较低。这样，射流两侧就形成了压力差，在压力差的作用下，射流被迫向炉墙偏斜，甚至迫使气流贴墙，引起结渣。

燃烧器四角布置的炉膛，如果炉膛断面成正方形或接近正方形时，射流两侧补气条件差别不会较大。由于射流两侧炉墙夹角相差较大，射流两侧的补气条件就会显著不同，造成较大的射流偏斜。

(3) 燃烧器的高宽比对射流弯曲变形影响较大。燃烧器的高度比值越大，射流卷吸能力越强，速度衰减越快，其刚性就越差，因而，射流越容易弯曲变形。在大容量锅炉上，因为燃煤量显著增大，燃烧器的喷口通流面积也能相应增大，所以喷口数量必然增多。为了避免

气流变形和减小燃烧器区域水冷壁的热负荷，将燃烧器沿高度方向拉长，并把喷口沿高度分成 2～3 组，相邻两组喷口间留着空挡，空挡相当于一个压力平衡孔，用来平衡射流两侧的压力，防止射流向压力低的一侧弯曲变形。

2. 切圆直径

炉内四股气流的相互作用，不仅影响到气流的偏斜程度，也影响到假想切圆直径。而切圆直径又影响着气流贴墙、结渣情况和燃烧稳定性，此外还影响着汽温调节和炉膛容积中火焰的充满程度。当锅炉用的煤质变化较大时，切圆直径的调整十分重要，这种情况下，单纯依靠运行调节如果难以见效，就需要对燃烧器和燃烧系统进行技术改造，以适应煤质的变化。

当切圆直径较大时，上游邻角火焰向下游煤粉气流的根部靠近，煤粉的着火条件较好，这时炉内气流旋转强烈，气流扰动大，使后期燃烧阶段可燃物与空气流的混合加强，有利于煤粉的燃尽。但是切圆直径过大，也会带来下述问题：

（1）火焰容易贴墙，引起结渣。

（2）着火过于靠近喷口，容易烧坏喷口。

（3）火焰旋转强烈时，产生的旋转动量矩大，同时因为高温火焰的黏度很大，到达炉膛出口处，残余旋转较大，这将使炉膛出口烟温分布不均匀程度加大，因而既容易引起较大的热偏差，也可能导致过热器结渣，还可能引起过热器超温。

在大容量锅炉上，为了减轻气流的残余旋转和气流偏斜，假想切圆直径有减少的趋势。对于 300MW 机组锅炉，切圆直径一般设计为 700～1000mm，同时适当增加炉膛高度或采用燃烧器顶部消旋二次风（一次风和下部二次风正切圆布置，顶部二次风反正切圆布置），对减弱气流的残余旋转，减轻炉膛出口的热偏差有一定的作用，但不可能完全消除。当然切圆直径也不能过小，否则容易出现对角气流对撞，四角火焰的自点燃作用减弱，燃烧不稳定、不完全，炉膛出口烟温升高一系列不良现象，影响锅炉安全运行，或者给锅炉运行调节带来许多困难。

**四、旋流煤粉燃烧器**

出口气流为旋转射流的燃烧器称旋流燃烧器，如图 5－5 所示。

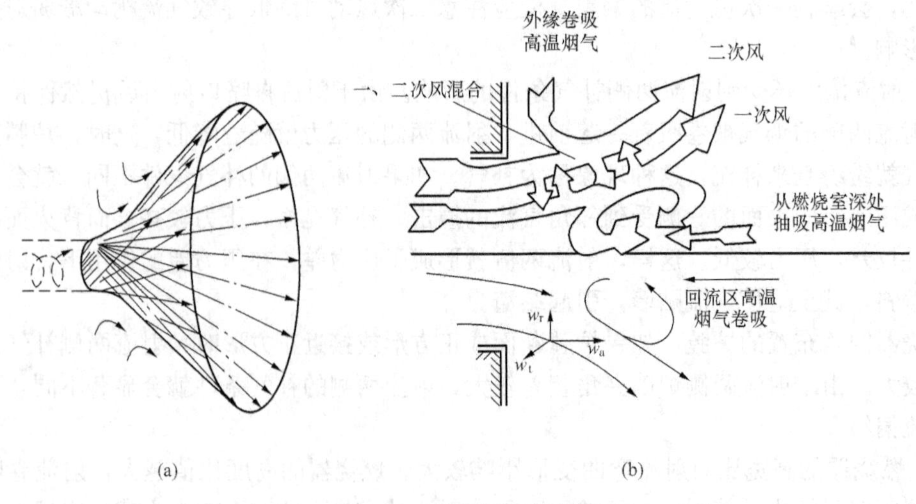


图 5－5　旋转射流示意图

（a）旋转自由射流；（b）射流卷吸和混合示意

旋流煤粉燃烧器的一、二次风喷口为圆形喷口，这种燃烧器的二次风是旋转射流，一次风可为直流射流或旋转射流。气流在离开燃烧器之前，在圆形喷管中作旋转运动，当旋转气流离开喷口失去管壁控制时，气流将沿螺旋线切线方向运动，形成辐射状的空心锥气流。

1. 旋流射流空气动力特性

旋流射流有如下特性：

(1) 旋转射流的扩散角比较大，扰动强烈，而且在气流中心距离喷口不远处轴向速度出现负值，说明气流中心出现烟气回流区。显然，这有助于煤粉气流的着火。

(2) 切向速度和轴向速度都衰减得较快，致使气流速度旋转的强度很快减弱，气流射程较短。这是因为气流大量卷吸周围的烟气和消耗动能之故。

旋流强度表征了旋转气流切向运动相对于轴向运动的强度，它由气流的旋转动量矩和轴向动量及喷口的定性尺寸来决定。射流外边界所形成的夹角称为扩散角，用符号 $\theta$ 表示。旋流强度越大，则切向运动速度越大，气流的扩散角也越大，射程越短，回流区越大。旋流强度小，气流的扩散角小，气流中心回流区小甚至失去回流区。

旋流强度过大，气流扩散角随之增大，射流外缘与炉墙之间间距减小，气流周界回流区补气困难，负压增大，射流在内侧压力的作用下被压向炉墙，气流贴墙流动，产生飞边现象。

2. 旋流燃烧器的分类

旋流强度是由燃烧器中的旋流器产生的。在旋流器中，使气流发生旋转变成旋转射流的方法有两种：一是将气流切向引入一个圆柱形导管（蜗壳）；二是利用气流在轴向或切向流动中加装导向叶片。不同的燃烧器使用的方法是不同的。

按旋流器结构的不同，旋流燃烧器主要有蜗壳式旋流燃烧器和叶片式旋流燃烧器两类。蜗壳式旋流燃烧器分为单蜗壳型与双蜗壳型。叶片式旋流燃烧器按其结构分为切向叶片式和轴向叶轮式两种，一次风为直流或弱旋射流，二次风则用切向叶片或轴向叶片产生旋转。切向叶片式的叶片是可调的，调节叶片倾角即可调节气流的旋流强度。轴向叶轮式叶片是不可调的，但叶轮通过拉杆可在轴向移动。叶轮推到底部就和圆锥套紧贴，二次风全部通过叶轮，旋流强度最大，叶轮外拉时，叶轮与锥套之间构成环形通道，部分二次风在叶轮外环形通道直流通过，旋流强度减弱，叶轮外移距离越大，旋流强度越小。

旋流燃烧器扩散角大，扰动大，动能衰减快，射程短，适应高挥发分燃料。

蜗壳式旋流燃烧器由于阻力大，调节性能差，大型锅炉已很少采用。叶片式旋流燃烧器的调节性能较好，一、二次风阻力也较小，出口气流煤粉分布较均匀，所以应用较广。

常见的旋流燃烧器有以下几种。

(1) 单蜗壳旋流燃烧器。也称直流蜗壳式扩锥型旋流燃烧器（见图 5 - 6），它的二次风气流通过蜗壳旋流器产生旋转，成为旋转射流。一次风则经中心管直流射出，不旋转。一次风中心管出口处有一个扩流锥，使一次风气流扩展开来，并在一次风出口中心处形成回流区，回流高温烟气，使煤粉气流着火、燃烧稳定。扩流锥可以用手轮通过螺杆来调节气流的扩展角。扩展角越大，形成的回流区越大。一、二次风两股气流平行向外扩展，因为二次风的动量较大，故可与一次风混合，共同形成一股旋转射流。这种燃烧器的特点是一次风阻力小，射程远，初期混合扰动不如双蜗壳旋流燃烧器强，但后期扰动比双蜗壳燃烧器好，故对煤种的适应性较双蜗壳旋流燃烧器好，可以燃用较差的煤，但其扩流锥容易磨损烧坏。

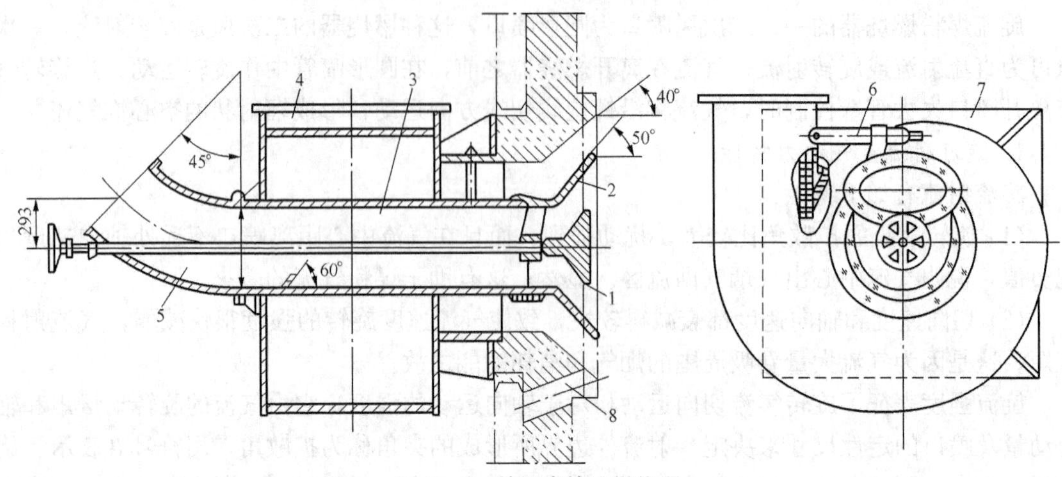


图 5-6　单蜗壳旋流燃烧器

1—扩流锥；2—次风扩散管口；3——次风管；4—二次风蜗壳；5——次风连接管；
6—二次风舌形挡板；7—连接法兰；8—点火孔

(2) 双蜗壳旋流燃烧器。该燃烧器的一、二次风都是通过各自的蜗壳而形成旋转射流的，如图 5-7 所示。双蜗壳旋流燃烧器的一、二次风旋转的方向通常是相同的，因为这有利于气流的混合。燃烧器中心设有一根中心管，可以装置点火用油枪。在一、二次风蜗壳的入口处装有舌形挡板，可以调节气流的旋流强度。

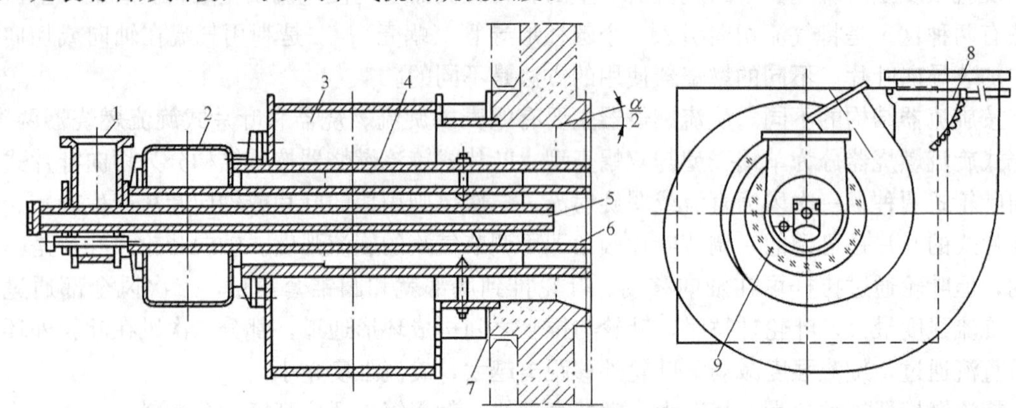


图 5-7　双蜗壳旋流燃烧器

1—中心风管；2——次风蜗壳；3—二次风蜗壳；4——次风通道；5—油枪管；6——次风管；
7—连接法兰；8—舌形挡板；9—火焰观察孔

双蜗壳旋流燃烧器由于出口气流前期混合很强烈，且其结构简单，对于燃用挥发分较高的烟煤和褐煤有良好的效果，也能用于燃烧贫煤，所以我国的小型煤粉炉常采用它。

双蜗壳旋流燃烧器的舌形挡板调节性能不很好，调节幅度不大，故对燃料的适应范围不广。同时其阻力较大，特别是一次风阻力大，不宜用于直吹式制粉系统。蜗壳旋流燃烧器的速度沿圆周分布的不均匀性导致燃烧火焰向一侧偏斜，容易造成局部火焰冲墙和结渣，所以在燃用低挥发分煤的现代大、中型锅炉很少采用。

(3) 切向叶片旋流燃烧器。切向叶片旋流燃烧器的一次风一般是直流或弱旋流，二次风通过切向叶片旋流器产生旋转，如图 5-8 所示。切向叶片做成可调的，改变叶片的切向倾角可以调节气流的旋流强度，从而调节中心回流区的形状和大小。当叶片开度太大时，气流旋流强度下降，中心回流区几乎不再存在，中心区的温度急剧下降。煤粉气流在一次风口直径两倍的范围内难以实现着火。

在该燃烧器一次风口处装置了一个多层盘式稳焰器，如图 5－9 所示，锥角约 75°，部分一次风通过它后产生弱旋转，并形成一个回流区卷吸炉膛内高温烟气，以稳定火焰，故名稳焰器。一次风通过稳焰器后的旋转流动有利于把煤粉气流引入二次风中，使煤粉分布均匀，并改善了煤粉与空气的混合。

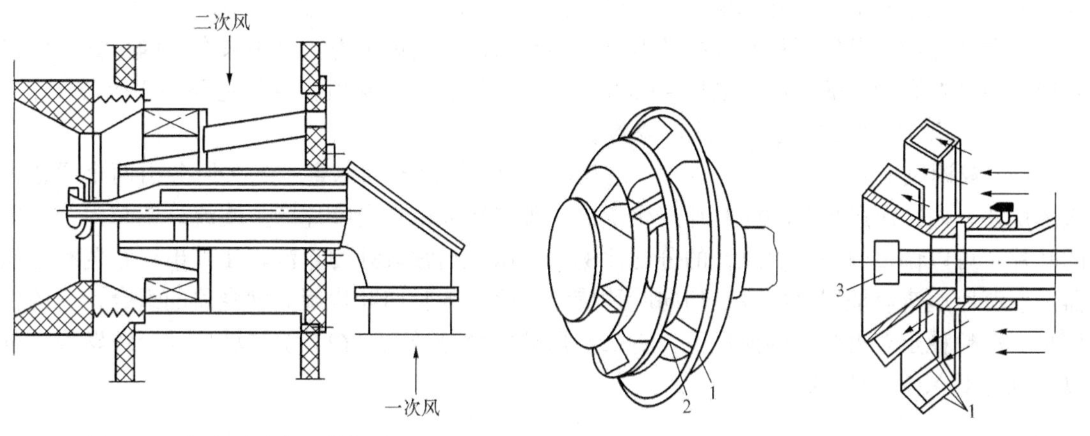


图 5－8　切向叶片旋流燃烧器

图 5－9　稳焰器

1—锥形圈；2—定位片；3—油喷嘴

该型燃烧器一、二次风阻力比较小，主要适用于燃用 $V_{daf}<25\%$ 的烟煤。

（4）轴向叶片旋流燃烧器。利用轴向叶片使气流产生旋转的燃烧器称为轴向叶片式旋流燃烧器。这种燃烧器的二次风是通过轴向叶片的导向，形成旋转气流进入炉膛的。燃烧器中的轴向叶片可以是固定的，也可以是移动可调的。而一次风也有不旋转和旋转的两种，因而有不同的结构。图 5－10 所示是一次风不旋转，在出口处装有扩流锥以增大回流区，二次风为轴向可动叶片形成旋转气流的轴向可动叶片旋流式燃烧器。

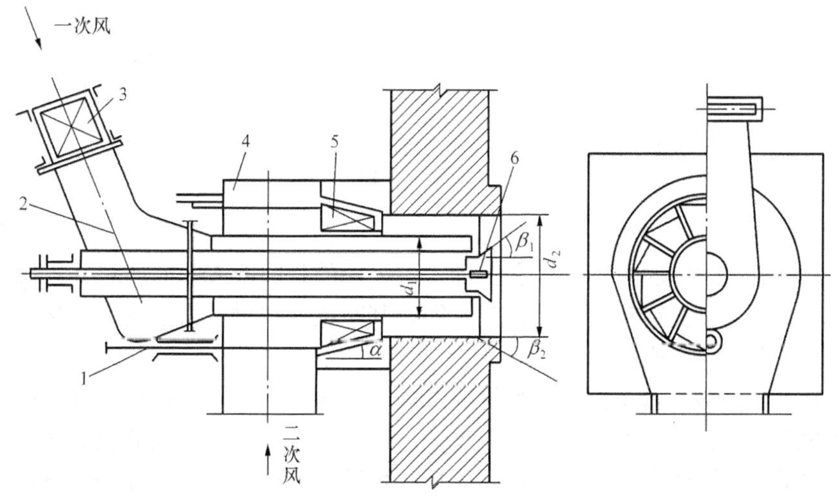


图 5－10　轴向叶轮式旋流燃烧器

1—拉杆；2—一次风管；3—一次风舌形挡板；4—二次风筒；5—二次风叶轮；6—油喷嘴

二次风通过轴向叶片产生较强的旋转，其旋流强度用改变叶片的轴向位置来加以调节。可动叶片的外环与锥形风道的锥度相同，一般锥角为30°～40°。当叶片向外轴向拉出时，叶片与风道壳体形成间隙，于是部分空气不再通过叶片旋流器而从间隙直流通过，在叶片后部再与流经叶片而旋转的气流汇合，这样总的旋流强度下降。叶片的轴向位移调节，对回流区的影响非常明显。

在一、二次风口的配合方面，对于高$V_{daf}$的煤，可以把一次风口缩向燃烧器内，留有预混合段100～200mm。但预混段过长，则一、二次风混合早，回流区较小。

轴向叶片旋流燃烧器具有较好的调节性能和低的一次风阻力，近年来在我国得到了一些发展。但其对煤种的适应性不如蜗壳燃烧器，且叶片制造较麻烦。目前主要用于燃烧$V_{daf}>25\%$、$Q_{ar,net}\geqslant 16\ 800$kJ/kg的烟煤和褐煤。

(5) 双调风旋流燃烧器。图5-11是双调风旋流燃烧器的示意。二次风分由两个通道进入燃烧器，内二次风采用轴向叶片产生旋流，外二次风由切向叶片产生旋流。调节内二次风的叶片，可以调整内外二次风量的分配比例。一次风通常设计为直流，在其出口布置有稳焰器。双调风旋流燃烧器可以说是切向叶片旋流燃烧器与轴向叶片旋流燃烧器的组合，它的作用是在煤粉稳定着火燃烧的前提下，将二次风分两部分送入，在燃烧区域形成分级燃烧，可以达到降低$NO_x$的目的。

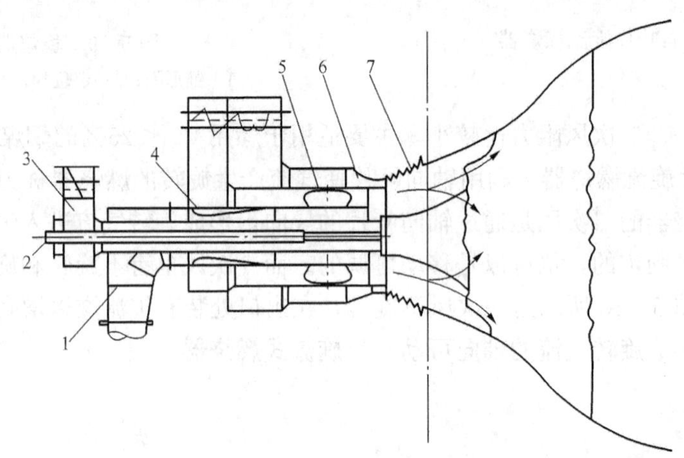


图5-11 双调风旋流燃烧器

1—一次风；2—点火油枪；3—中心风；4—文丘里管；5—内层二次风；6—外层二次风；7—燃烧器出口

3. 旋流燃烧器的布置方式

旋流式燃烧器在炉膛的布置方式有多种，常采用的是前墙或两面墙对冲式交错布置，另外，还有两侧墙对冲、交错布置和炉顶布置等，其布置方式对炉内空气动力场和火焰充满程度影响很大，如图5-12所示。

一般来说，燃烧器前墙布置，煤粉管道最短，且各燃烧器阻力系数相近，煤粉气流分配较均匀，沿炉膛宽度方向热偏差较小，但火焰后期扰动混合较差，气流死滞区大，炉膛火焰充满程度往往不佳。燃烧器对冲布置，两火炬在炉膛中央撞击后，大部分气流扰动增大，火焰充满程度相对较高，若两燃烧器负荷不对称，易使火焰偏向一侧，引起局部结渣和烟气温度分布不均。两面墙交错布置时，炽热的火炬相互穿插，改善了火焰的混合和充满程度。

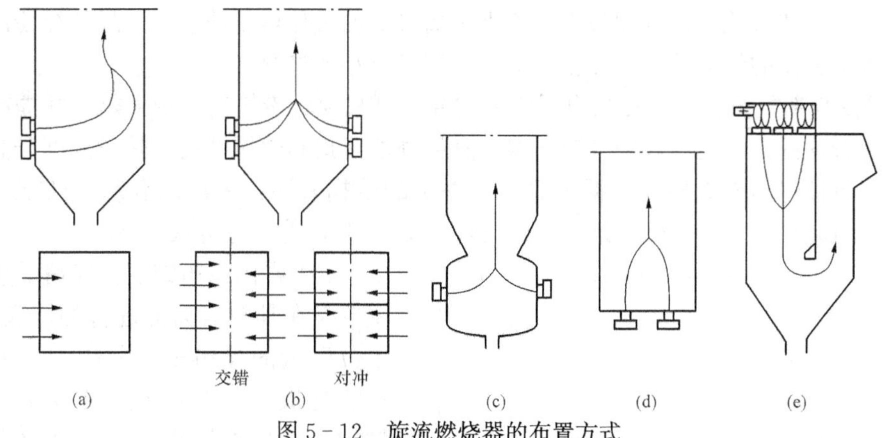


图 5-12 旋流燃烧器的布置方式

(a) 前墙布置；(b) 两面墙对冲或交错布置；(c) 半开式炉膛对冲布置；(d) 炉底布置；(e) 炉顶布置

## 第五节 煤粉炉的稳燃技术

为了改善锅炉着火稳定性，增大锅炉负荷调节范围，降低燃料燃烧时 $NO_x$ 的生成量，满足经济性和环保的要求，近年来，很多新型煤粉燃烧器开始在大型电站锅炉中广泛采用，下面简要介绍一些典型的新型燃烧器和燃烧技术。

### 一、煤粉稳燃及低 $NO_x$ 燃烧技术

1. 煤粉稳燃技术

(1) 提高一次风气流中的煤粉浓度。提高一次风气流中的煤粉浓度，减少了一次风量，可减少着火热；提高了煤粉气流中挥发分的浓度，使火焰传播速度提高；同时燃烧放热相对集中，使着火区保持高温状态。三个条件集中在一起，强化了着火条件，使着火稳定性提高。

但煤粉浓度也并不是越高越好。煤粉浓度过高时，着火区严重缺氧，会影响挥发分的充分燃烧，造成大量煤烟的产生，此时，因挥发分中的热量没有充分释放出来，会影响颗粒温升速度，延缓着火；挥发分此时燃烧缺氧，火焰不能正常传播，会引起着火不稳定。煤粉浓度与火焰传播速度的关系如图 5-13 所示，煤粉浓度与着火距离的关系如图 5-14 所示，由

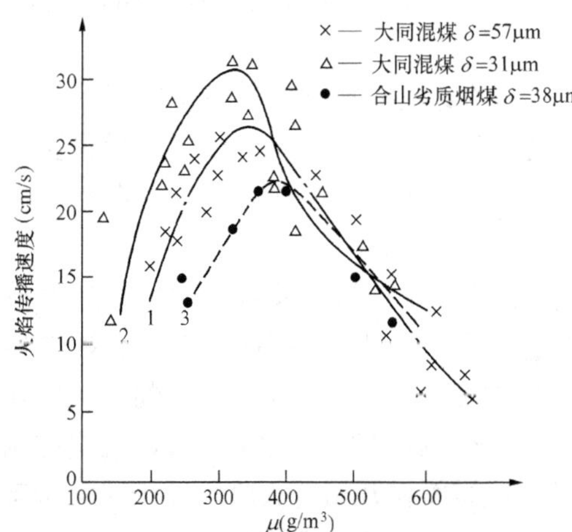


图 5-13 煤粉浓度与火焰传播速度的关系

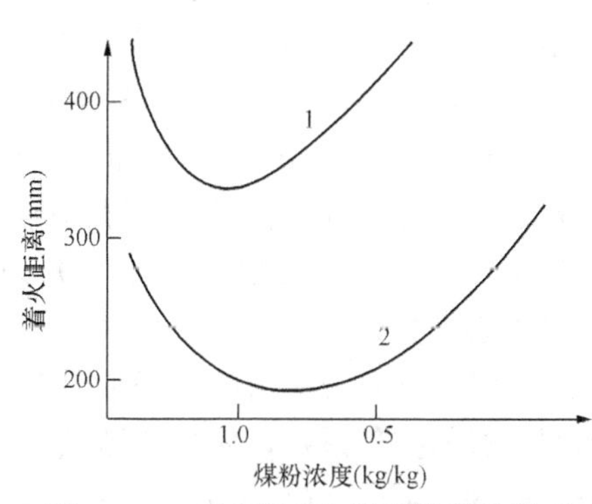


图 5-14 着火距离与煤粉浓度的关系

1—西山贫煤；2—大同烟煤

图可见，有一个使火焰传播速度最大、着火距离最短的最佳煤粉浓度，此最佳煤粉浓度与煤种有关，挥发分高的烟煤的最佳煤粉浓度低于挥发分小的贫煤。

（2）提高煤粉气流初温。提高煤粉气流初温，可减少煤粉气流的着火热，并提高炉内温度水平，使着火提前。提高煤粉气流初温的直接办法是提高热风温度。热风温度升高，烟温升高很快，可使煤粉着火提前。据有关资料提供的数据表明：一次风温从20℃升至300℃时，着火热可减少60%；一次风温从20℃升至400℃时，着火热可减少80%。

（3）提高煤粉细度。煤粉的燃烧反应主要是在颗粒表面上进行的，煤粉越细，单位质量的煤粉表面积越大，火焰传播速度越快，燃烧放热速度越快，煤粉颗粒就越容易被加热，因而也越容易稳定燃烧。煤粉颗粒度与火焰传播速度的关系如图5-15所示。试验研究发现，煤粉燃尽时间与颗粒直径的平方成正比，当锅炉燃用煤质一定时，提高煤粉细度能显著提高煤粉气流着火的稳定性。不过煤粉颗粒细度受磨煤出力与磨煤电耗的限制，不能任意提高。

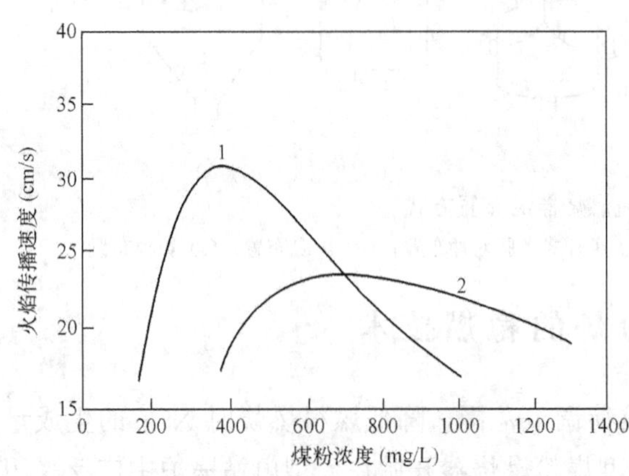


图5-15　煤粉颗粒度对火焰传播速度的影响

1—平均粒径为10μm；2—平均粒径为27μm

（4）在不易燃烧的煤中加入易燃燃料。锅炉负荷很低或煤质很差时，可投入雾化的助燃燃油或气体燃料，在燃烧器出口混入煤粉气流中，改善煤粉的燃烧特性，维持着火的稳定性。有时为了节省燃油，也可混入挥发分较大的煤，以提高着火的稳定性。

2. 低 $NO_x$ 燃烧技术

在煤粉燃烧过程中，燃烧生成的氮氧化物气体（$NO_x$），其中主要是NO（占总量的95%）和 $NO_2$，$NO_x$ 随烟气排放到大气会对环境带来严重污染，降低 $NO_x$ 排放量可从两方面进行：一是控制燃烧过程中的生成量，可采用低 $NO_x$ 燃烧技术实现；二是对烟气进行脱氮处理。由于后者价格昂贵，现在我国重点发展的是低 $NO_x$ 燃烧技术。

（1）$NO_x$ 的生成机理。$NO_x$ 的生成机理有热力型 $NO_x$、燃料型 $NO_x$ 和快速型 $NO_x$ 三种。

热力型 $NO_x$ 又称为温度型 $NO_x$，主要是空气中的氮反应形成的。燃烧区域的温度水平对热力型 $NO_x$ 的生成量起决定作用，在燃烧温度低于1500℃时，$NO_x$ 生成量很少，高于1500℃时，温度每升高100℃，$NO_x$ 的生成量就增大6～7倍。煤粉燃烧中，在燃烧温度为1600℃时，热力型 $NO_x$ 生成量占 $NO_x$ 总生成量的15%～35%。

燃料型 $NO_x$ 是指燃料中的氮受热分解和氧化生成 $NO_x$。进一步说，主要指挥发分中的氮化合物生成的 $NO_x$，其生成量占 $NO_x$ 总生成量60%～80%，这部分 $NO_x$ 在燃烧器出口处的火焰中心处生成。由于大部分煤粒中的挥发分在30～50s内析出，当煤粉气流的速度为10～15m/s时，挥发分析出的行程小于1m。要控制该区域中 $NO_x$ 的生成量，就应控制燃料着火初期的过量空气系数，使燃料形成富燃料区，让煤粉在开始着火阶段处于缺氧状态，使挥发分生成的一部分 $NO_x$ 被还原，实际生成的 $NO_x$ 数量就可明显减少。

快速型 $NO_x$ 是指由高温热解生成的CH自由基和空气中的氮反应，生成HCN化合物和N，并进一步快速与氧反应，生成$NO_x$。这部分$NO_x$的转换速度极快，但其生成量少，仅占$NO_x$总生成量的5%。

从以上论述可以看出，控制$NO_x$的生成量主要应控制燃料型$NO_x$和热力型$NO_x$的生成量。

(2) 低$NO_x$燃烧技术。根据$NO_x$生成机理可知，影响$NO_x$生成量的因素主要有火焰温度、燃烧区段氧浓度、燃烧产物在高温区停留时间和煤的特性（固定碳和挥发分的比值）。降低燃烧过程中$NO_x$生成量的途径主要有两方面：一是降低火焰温度，防止局部高温；二是降低过量空气系数和氧浓度，使煤粉在缺氧条件下燃烧。

典型的低$NO_x$燃烧技术是烟气再循环和两级燃烧法。烟气再循环是从空气预热器前抽取部分烟气送入燃烧器，以降低氧浓度和火焰温度，从而控制$NO_x$的生成。两级燃烧是用80%左右的理论空气量从燃烧器喷口送入，形成浓燃料燃烧区，降低了燃烧区的氧浓度，也降低了燃烧区的温度，使$NO_x$生成量减少；燃烧所需要的其他空气量由主燃烧器上部的火上风喷口（OFA）送入炉膛，形成富氧燃烧。因为燃烧所需空气量是分两级送入炉内的，燃烧过程也分两级进行，故称两级燃烧法或分级燃烧法。

## 二、新型煤粉燃烧器

### （一）PM直流煤粉燃烧器

PM（Pollution Minimum）燃烧器是污染最小型燃烧器的简称，由日本三菱重工株式会社（MHI）开发。PM燃烧器利用惯性原理，在一次风进入燃烧器喷嘴前的弯头处采取特殊措施，将风粉混合物分成浓煤粉气流和淡煤粉气流两部分，分别进入对应的喷嘴，从而保证着火与燃烧的稳定，同时又可使$NO_x$生成量控制在130～500mg/m$^3$。

PM直流烟煤燃烧器的喷口布置及一次风入口管道上的弯头分离器如图5-16所示，它由靠近燃烧器一次风管的一个弯头及两个喷口组成。煤粉气流流过弯头分离器时进行惯性分离，富煤粉气流进入上喷口，贫煤粉气流进入下喷口，在两喷口之间为再循环烟气喷口，称为隔离烟气再循环（SGR），这种布置推迟了二次风向燃烧区域的扩散，延长了挥发分在高温区内的燃烧时间，还可降低炉内温度水平及焦炭燃尽区的氧浓度，因此既稳定了燃烧，也抑制了$NO_x$的生成。每组燃烧器上部有燃尽风（OFA）喷口，从而将燃烧所用空气分成了二次风和燃尽风，是典型的分级燃烧。浓煤粉气流在过量空气系数小于1的条件下燃烧，由于低氧燃烧使燃料型$NO_x$生成量减小；而低浓度煤粉气流在过量空气系数大于1的条件下燃烧，燃烧温度低，又使温度型$NO_x$生成量减少。因此，PM直流煤粉燃烧器是集烟气再循环、分级燃烧和浓淡燃烧等技术于一体的低$NO_x$燃烧器。

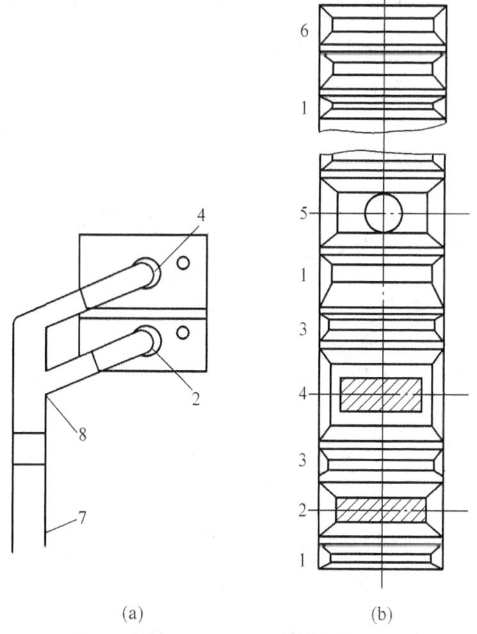


图5-16　PM燃烧器

(a) 一次风入口弯头分离器；(b) 燃烧器喷口布置

1—二次风喷口；2—低浓度煤粉喷口；3—再循环烟气喷口；4—高浓度煤粉喷口；5—油枪；6—火上风（OFA）；7—一次风煤粉管道；8—弯头分离器

与常规燃烧器相比，PM燃烧器可使$NO_x$生成量减少60%，负荷降低时能保持燃烧稳定，不投油时的最低稳定燃烧负荷可达40%BMCR。此外，在65%～100%的负荷变化范围内，$NO_x$生成量基本不变，飞灰中的可燃物含量随负荷下降而有所减少。随着烟气含氧量的下降及SGR的增加，$NO_x$有大幅度降低的倾向，飞灰可燃物的含量稍有上升。

（二）CE公司宽调节比燃烧器

宽调节比燃烧器利用弯管使煤粉浓淡分离，并在直管段布置水平隔板，浓淡侧煤粉浓度比可达7∶3，但浓度不可调节。在燃烧器出口增加一个V型钝体，形成高温回流区。再加上波纹型扩流、周界风调节以及喷嘴上下摆动调节再热汽温、顶部风能形成二级燃烧等，具有较好的稳燃及低$NO_x$性能。CE公司的TFS2000系统融合几种直流燃烧器的减排$NO_x$技术措施，可以降低$NO_x$排放量50%～70%，主要技术特点如下：

（1）提前析出挥发分。具有剪切条和空气折流板形式的煤粉气流喷口能使风粉气流提早着火，并在喷口处形成一个稳定的挥发分析出区，对着火点、局部化学计量配比以及快速型$NO_x$的生成，均可利用小室后的风箱燃料空气挡板进行控制，如图5-17所示。

（2）二次风水平偏置。部分二次风偏离主煤粉气流，有利于在火球前区域控制$NO_x$的生成，并在水冷壁附近形成氧化气氛，使燃烧器及以上区域的结渣和腐蚀减到最轻。

（3）燃尽风两级布置。紧凑布置的燃尽风（CCOFA）可改善碳的燃尽，有助于整体$NO_x$排放的控制。多层的低位和高位分离的燃尽风（L-SOFA，H-SOFA）则在锅炉整个运行范围内提供灵活的分级能力。采用分级器，在大煤粒进入炉膛前将它移开，可以更快地点燃煤粉，燃料氮能更快地释放，生成分子氮。

（4）活性分区风量控制。系统中风箱挡板的控制采用活性分区风量配比控制原则，它连续监视并尽量保持燃烧区的风量配比，但不管锅炉运行的总过量空气系数，避免了低负荷运行时因过量空气系数增加而导致的$NO_x$排放增加，使锅炉在整个运行负荷范围内的$NO_x$排放量到最小，原理见图5-18。

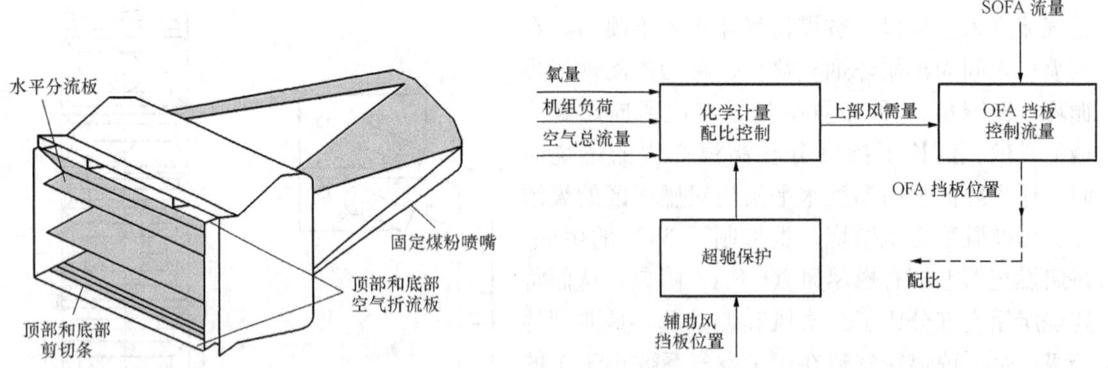


图5-17　TFS2000系统煤粉喷嘴喷口　　图5-18　分区化学计量配比控制示意图

（三）日立NR3型煤粉燃烧器

四川东方锅炉公司与巴布科克—日立公司合制造的600MW超临界锅炉和1000MW超超临锅炉采用日立技术的NR3燃烧器。NR3燃烧器环形稳燃器、煤粉浓缩器、外周空气导管、调风等组成。NR3燃烧器供风分为3个区域，煤粉一次风送入，助燃风由内二次风和外二次风（或三次风）供给。NR3燃烧器燃烧机理如图5-19所示。

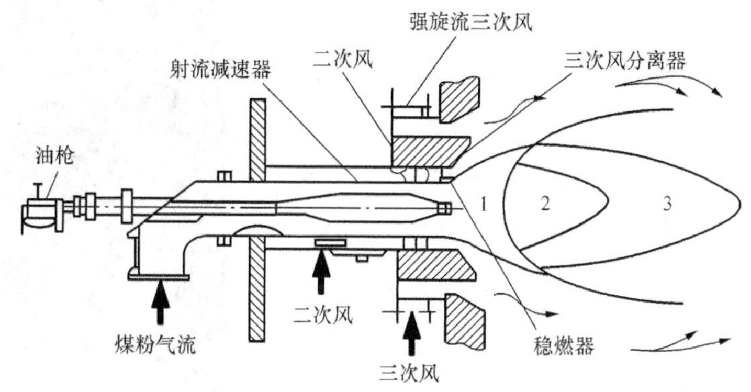


图 5－19 NR3 燃烧器燃烧机理

1—挥发分燃烧区；2—还原区；3—NO 分解区

调风器由旋流叶片组成，二次风通过旋流叶片，促进火焰外围三次风和内部高温还原火焰间的混合，以提高燃烧效率。

控制最外围的三次风的混合，可增强火焰内脱氮效果。同时，三次风挡板开度影响 $NO_x$ 的产生量。600MW 超临界锅炉同型燃烧器调节三次风时的运行数据表明，将三层燃烧器（每层 4 个）的三次风挡板开度沿炉膛左右分别优化调整为 60%、35%、35%、60%时（二次风挡板开度全部为 100%，下同），可以将 $NO_x$ 的质量浓度控制在 500mg/m$^3$ 以下，飞灰可燃物质量分数控制在 6.5%～6.7%（干燥无灰基挥发分为 10.8%）。而 1000MW 超临界锅炉同型燃烧器调节三次风时的运行数据表明，将每层燃烧器（每层 8 个）的三次风挡板开度沿炉膛左右分别优化调整为 80%、50%、50%、80%、80%、50%、50%、80%时，可以将 $NO_x$ 的质量浓度控制在 300mg/m$^3$ 以下，飞灰可燃物质量分数控制在 2.5%～3.0%（干燥无灰基挥发分为 39%）。

NR3 燃烧器能快速点燃煤粉，维持高浓度煤粉火焰，急速降低着火区火焰中的氧气的体积分数（着火区氧气的体积分数约为 0.8）。烟气中产生的一部分 NO 在高温缺氧火焰中被碳氢化合物分解，最终还原成 $N_2$，从而减少 $NO_x$ 的产生。

1. 稳燃环

稳燃环为陶瓷制的齿形环状，煤粉气流在稳燃环的内侧形成一次空气旋转射流，促进煤粉气流卷吸高温烟气并迅速着火燃烧。

火焰稳燃环装在煤粉喷口的出口部位，其主要作用是：

（1）当煤粉气流绕过稳燃齿时，形成小涡流。在主回流区和小涡流区的共同作用下，促进未着火的煤粉与高温火焰接触，使着火提前，增强火焰的稳定性。

（2）煤粉颗粒流过稳燃齿时，其运动轨迹将向火焰中心区偏转，使大部分煤粉颗粒射入高温烟气回流区，从而在火焰核心区形成较高的煤粉浓度。在煤粉气流着火区形成高浓度、高温度、高湍动的条件，为煤粉气流尽快着火和稳定着火创造条件。

（3）在稳燃齿外装设火焰稳燃环，以避免着火后的煤粉气流与内二次风过早混合，既利于煤粉着火稳定，又可控制煤粉气流在着火区的燃烧进程，使火焰核心区形成 $NO_x$ 的还原区和分解区，提高了火焰内脱氮的能力。

齿状稳燃环的稳燃机理如图 5－20 所示，其结构如图 5－21 所示。

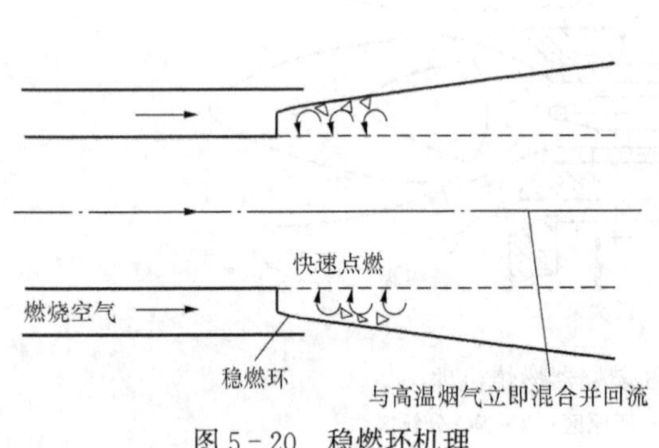

图 5-20　稳燃环机理

图 5-21　齿状稳燃环结构

然而，齿状稳燃环形成的煤粉气流旋流可能导致一次风外缘的较粗和较浓的煤粉被甩向二次风气流中，对低质烟煤和低挥发分煤的着火和燃烧产生不利影响。

2. 煤粉浓缩器

煤粉浓缩器安装在煤粉燃烧器的中心，煤粉燃烧器末端为扩展形状。煤粉气流通过煤粉浓缩器时，获得周向运动的速度分量，从而使大部分煤粉聚集在环形稳燃器四周，提高了稳燃环附近煤粉的浓度，增强了煤粉稳燃性，适应于低负荷稳定燃烧。煤粉气流在扩展管内流动时，由于煤粉气流中的煤粉粒子原先获得相对高的动量，在惯性力的作用下沿直线向前运动，并集中于扩展管中心，使煤粉粒子聚集在稳燃环附近。而空气具有较低的动量，一次风中的大部分空气留在渐扩的喷口内，气流在渐扩喷口内流动的过程中膨胀扩展且流速降低，使得携带少量细微颗粒的一次风空气流被迫从煤粉气流中分离出来。从而在燃烧器喷口中心形成高煤粉浓度区域，在燃烧器出口部位形成高煤粉浓度气流，因此煤粉气流可被快速点燃并提高了火焰的稳定能力，即提高了不投油稳燃能力，同时在着火区缺氧状态下又降低了 $NO_x$ 的生成量。煤粉浓缩器机理如图 5-22 所示。

煤粉燃烧器的上部布置了一层主燃尽风喷口，主燃尽风喷口中心部分为直流风，其风速大，穿透力强，可到达炉膛中部；内二次风和外二次风可通过挡板调节风量，并通过可动旋流叶片调节气流的旋流强度，增强燃尽风与可燃物的混合，以控制未燃尽碳。外二次风贴近水冷壁，在水冷壁周围形成氧化性氛围，以防止水冷壁结渣和腐蚀。燃尽风调节原理如图 5-23 所示。

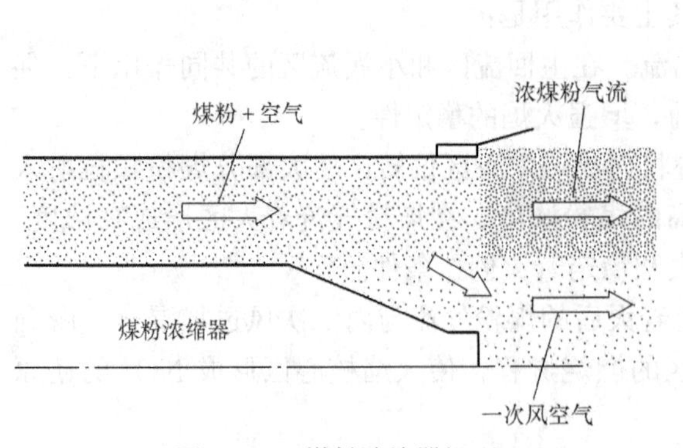

图 5-22　煤粉浓缩器机理

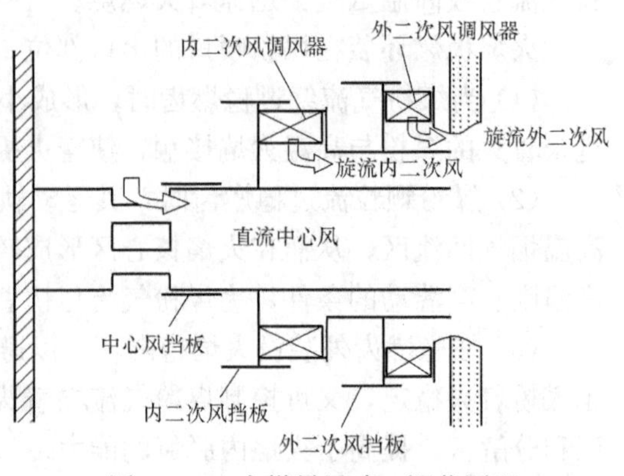

图 5-23　主燃尽风喷口调节原理

（四）B&W 最新 DRB-4Z™旋流式煤粉燃烧器

B&W公司最新开发的DRB-4Z™旋流式煤粉燃烧器用于北京巴威公司供货的600MW超临界锅炉。燃烧器由入口一次风管道接口处的陶瓷内衬弯头、锥形的扩散器、用以优化煤粉气流流场的导向器、用以调节过渡区气流的可调节的滑动挡板、内外二次风的调节叶片、带线性执行机构的风量调节盘、燃烧器风量指示器、配高能点火器的油枪、火焰探测装置用套管和观察孔等组成。DRB-4Z™燃烧器的主要特点是供风多级化，尤其是在一次风外围设置了直流过渡供风，使煤粉气流在着火区形成稳定的回流区，卷吸足够的高温烟气，同时形成可控的$NO_x$还原区，即灵活控制二次风与煤粉气流的混合，在火焰内实现脱氮。燃烧器供风分为4部分：一次风空气和煤粉的混合物；环绕在一次风外围的直流过渡风；旋流内二次风；旋流外二次风。燃料的初始燃烧阶段发生在煤粉浓度比较高的喷嘴附近。直流过渡风的作用是推迟内二次风与着火后的煤粉气流的混合，增强煤粉气流卷吸火焰核心区高温烟气，同时火焰外围富氧区形成的$NO_x$被还原成氮气。内外二次风按一定的比例通过调风器进入燃烧器，提供煤粉充分燃烧所需的氧气，并且在锅炉炉墙附近保持氧化性的氛围。其燃烧机理如图5-24所示。

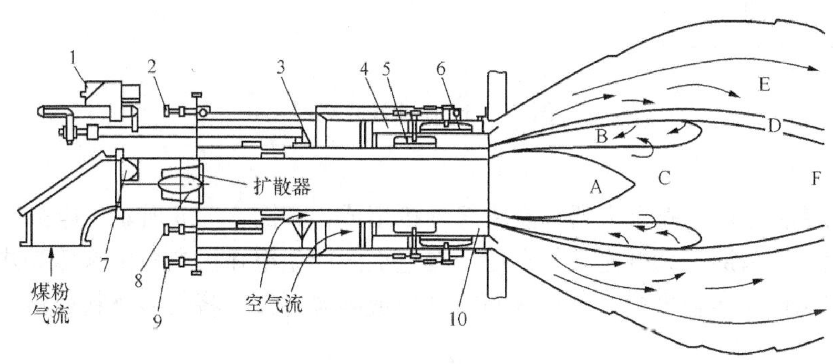


图5-24 DRB-4Z™旋流式煤粉燃烧器燃烧机理

A—贫氧区；B—热烟气回流区；C—$NO_x$还原区；D—高温火焰过渡区；E—可控二次风混合区；F—燃尽区；1—二次风调节机构；2—内二次风调节杆；3—二次风调节挡板；4—导流器；5—内二次风；6—外二次风；7—导流器；8—过渡风调节传动装置；9—外二次风调节器；10—过渡风喷口

## 第六节 煤粉炉的点火装置

煤粉炉的点火装置除了在锅炉启动时利用它来点燃主燃烧器的煤粉气流外，在运行中当锅炉负荷过低时或煤质变差引起燃烧不稳定时，也可以利用点火装置维持燃烧稳定。

煤粉炉的点火装置类型可分为带煤粉预燃室的点火装置和采用过渡燃料的点火装置两大类。

### 一、采用过渡燃料的点火装置

采用过渡燃料的点火装置有气—油—煤三级系统和油—煤二级系统两种。在这两种系统中，气或油借助引燃装置点燃，之后再引燃煤粉。通常采用的引燃方式有电火花点火、电弧点火和高能点火等。

1. 电火花点火装置

电火花点火装置主要由产生电火花的打火电极、火焰检测器和可燃气体燃烧器三部分组成，如图 5-25 所示。点火杆与外壳组成打火电极。打火电极的两极间加上 5000～10 000V 高电压，高压下两极间产生火花放电，将可燃气体点燃，再用可燃气体火焰点燃油枪喷嘴喷出的油雾，最后由油火焰点燃主燃烧器的煤粉气流。这种点火装置击穿能力较强，点火可靠。

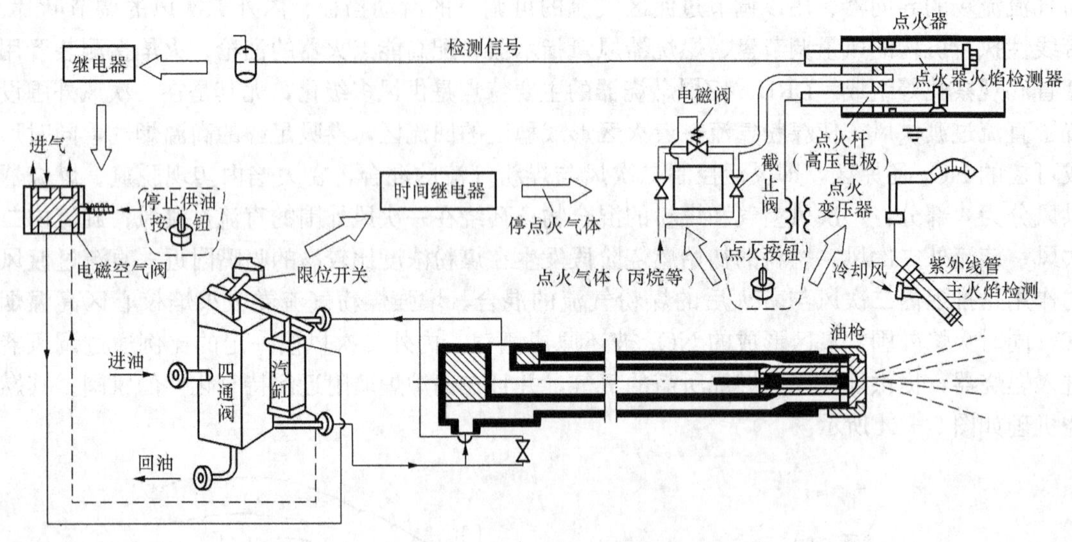


图 5-25　电火花点火器

2. 电弧点火装置

电弧点火装置是由电弧点火器和点火轻油枪组成，如图 5-26 所示。电弧点火的起弧原理与电焊相似，即借助于大电流（低电压）在电极间产生电弧。电极由碳棒和炭块组成，通电后，碳棒和炭块先接触再拉开，在其间隙处形成高温电弧，将气体燃料或液体燃料点着。

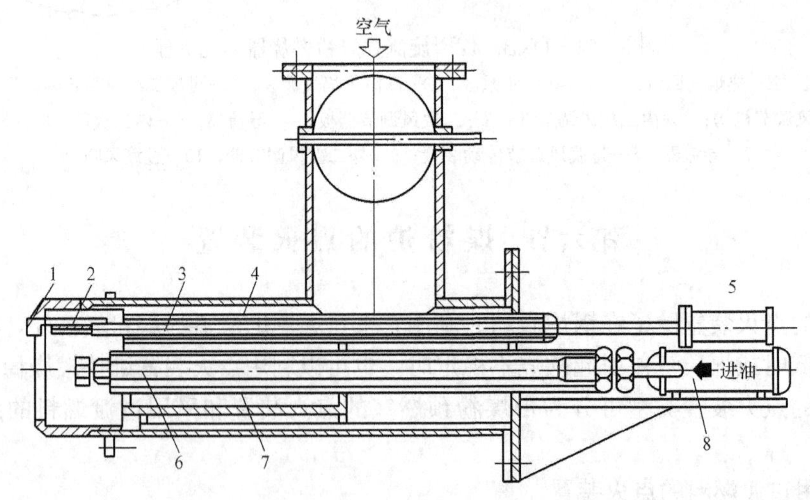


图 5-26　电弧点火装置

1—炭块；2—碳棒；3—电弧点火器；4、7—套管；5—引弧气缸；6—点火轻柴油；8—油枪推进气缸

煤粉点燃的顺序是：电弧点火器点燃点火轻油或点火燃气，轻油再点燃重油，再由重油点燃煤粉；也可直接点燃重油，再由重油点燃煤粉。由于电弧点火装置可直接引燃油类，且性能比较可靠，因而是国内煤粉炉上使用的点火装置的主要形式。

3. 高能点火装置

高能点火装置是一种新型的点火装置，可直接点燃燃料油，从而简化点火程序，加快点火速度。国内电站锅炉多采用半导体高能点火器，如图 5-27 所示，它是利用低电压大电流放电的原理，高能点火装置中装有半导体电阻，当半导体电阻两极处于一个能量很大、峰值很高的脉冲电压作用下时，半导体表面就产生出强烈的电火花，释放出强大的能量，足以直接点着雾化的燃料油。整个点火装置放在主燃烧器内，且高能点火器与点火油枪（包括点火稳焰器）由两台电动推杆分别带动。当主燃烧器煤粉强烈着火后，油枪与点火器自行退出，以避免停用时处于高温区域被烧坏。

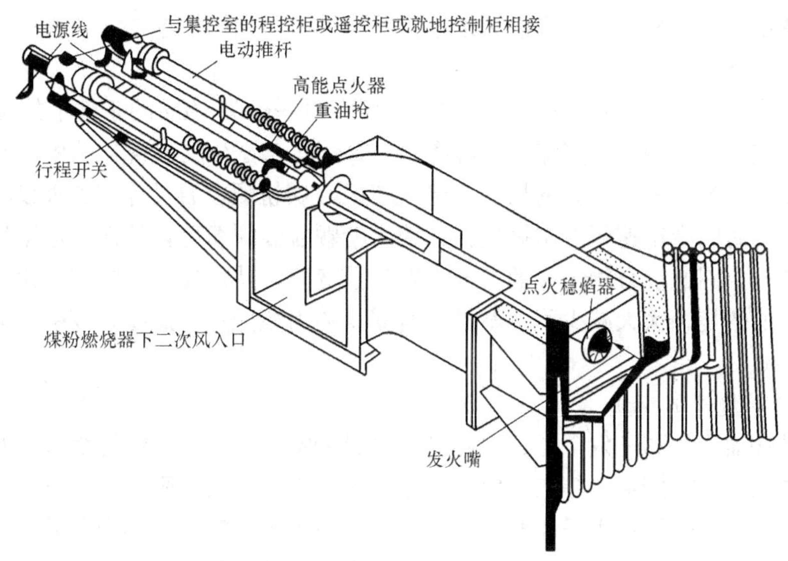


图 5-27 半导体高能点火器组装图

当前国内外在高能点火燃烧技术方面主要以等离子体点火技术为主。

## 二、带煤粉预燃室的点火装置

煤粉预燃室是一个带辅助煤粉燃烧器的小型燃烧室，其内壁用耐火材料覆盖。煤粉预燃室有旋流式、大速差式和直流加钝体等形式。煤粉预燃室为主煤粉气流的着火提供了稳定的着火热源。目前，煤粉预燃室的引燃大多利用原有的点火油系统，通过油枪引燃。

图 5-28 所示为旋流煤粉预燃室点火装置，该装置由旋流煤粉燃烧器和预燃室两部分组成。煤粉预燃室的点火过程如下：启动时，先点燃装在旋流燃烧器内筒的点火油枪，对预燃室进行预热，之后点燃旋流燃烧器的煤粉气流。气粉混合物着火后，在预燃室出口与切向引入的二次风混合，并形成炽热的旋转火炬喷入炉膛，作为主煤粉气流的点火热源。待煤粉气流在预燃室内稳定着火燃烧后，即切断燃油。断油后，预燃室的煤粉火炬依靠气流旋转产生的中心负压，卷吸炉膛高温烟气

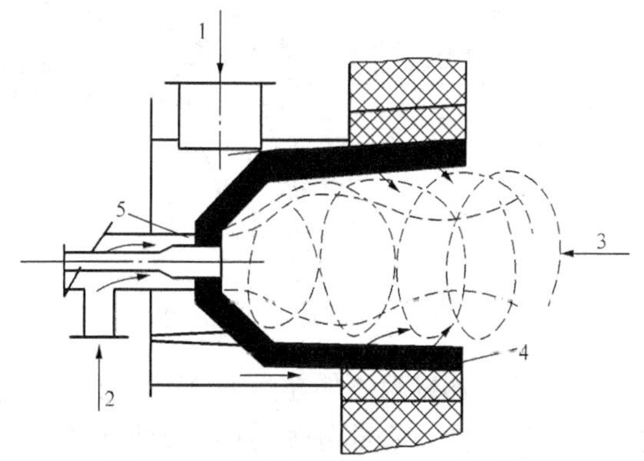


图 5-28 旋流煤粉预燃室点火装置

1—二次风；2—一次风；3—中心回流；4—预燃室；5—旋流燃烧器

回流至预燃室，维持稳定的连续燃烧。由于整个点火过程耗油很少，因此也称为少油点火。煤粉在预燃室内停留的时间有限，大部分煤粉在进入炉膛后继续燃烧，形成炽热的火炬，并以此热源来点燃主燃烧器的煤粉气流。这种装置可用作点火，也可与主燃烧器一起长期运行，利用预燃室的自身稳燃特性为主燃烧器提供连续稳定的着火热源。

**三、等离子点火装置**

由于近年来气体和液体燃料供应出现紧张局面，国内外锅炉点火技术已开始向少油或无油点火方式发展。等离子点火技术是采用直流空气等离子体作为点火源，可实现锅炉无油或少油点火以及低负荷稳燃，近年来已越来越广泛地用于电站锅炉中。

1. 等离子点火的原理

等离子点火技术是利用直流电流在介质气压 0.01～0.03MPa 的条件下接触引弧，并在强磁场控制下获得稳定功率的直流空气等离子体。该等离子体在燃烧器的中心燃烧筒中形成温度大于 5000K、温度梯度极大的局部高温火核区，煤粉颗粒通过等离子火核时，受到高温作用，在极短的时间内迅速释放出挥发分，使煤粉颗粒破裂粉碎，从而迅速燃烧。由于反应是在气相中进行，因此混合物组分的粒度级发生了变化，从而使煤粉的燃烧速度加快，也有助于加速煤粉的燃烧，大大减少了点燃煤粉所需要的引燃能量。此时，该引燃能量只有使用油引燃时的 1/6。

2. 等离子燃烧器的组成

等离子燃烧器由等离子发生器、中心筒一级燃烧室、内套筒二级燃烧室、圆形外套筒等部分组成，如图 5-29 所示。等离子发生器主要由绕组、阴极、阳极等组成，如图 5-30 和图 5-31 所示。引弧管将等离子体电弧引到中心筒一级燃烧室，等离子电弧与煤粉在此处发生强烈的电化学反应，煤粉裂解，释放出大量挥发分并被点燃。挥发分与煤粉继续燃烧，并将后续引入的煤粉点燃，从而实现分级燃烧。

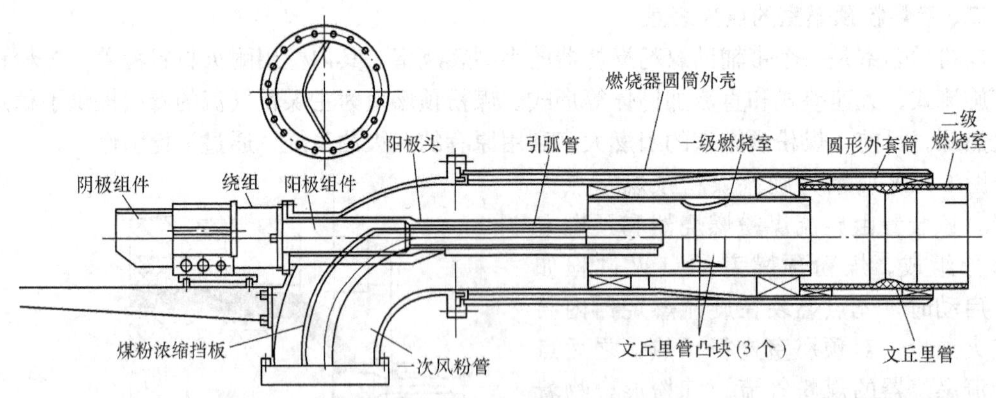

图 5-29 等离子燃烧器的结构示意图

由于燃烧器壁温不能超过 600℃，可用高速含粉气流冷却二级燃烧室，以便于随时对壁温进行调整，同时将部分煤粉推入炉膛燃烧，既可以防止烧坏燃烧器，又有利于点火。

等离子点火器的辅助系统有冷风蒸汽加热系统、等离子载体系统、冷却水系统、图像火检系统等。

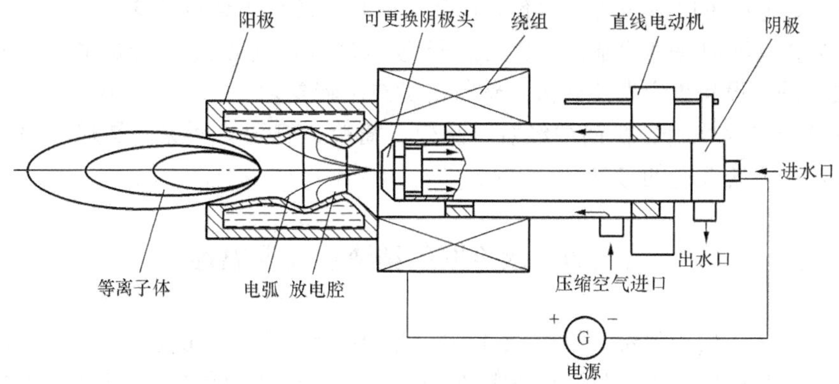


图 5-30　等离子发生器结构示意图

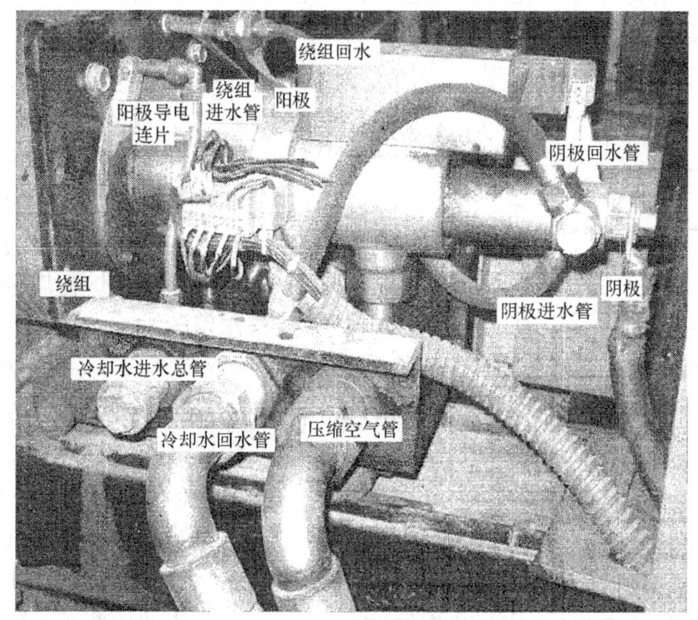


图 5-31　等离子发生器实物

3. 等离子点火装置的优缺点

等离子煤粉点火装置，采用直流空气等离子体作为点火源，可点燃挥发分较低（10%）的贫煤，实现锅炉的冷态启动而不用一滴油，是未来火力发电厂点火和稳燃的首选设备。采用等离子点火装置，点火和稳燃与传统的燃油相比有以下优点：

（1）经济。采用等离子点火运行和技术维护费仅是使用重油点火时费用的 15%～20%，对于新建电厂，可以节约上千万元的初投资和试运行费用。

（2）环保。由于点火时不燃用油品，电除尘装置可以在点火初期投入，因此，减少了点火初期排放大量烟尘对环境的污染；另外，电厂采用单一燃料后，减少了油品的运输和储存环节，也改善了电厂的环境。

（3）高效。等离子体内含有大量化学活性的粒子，可加速热化学转换，促进燃料完全燃烧。

(4) 简单。电厂可以单一燃料运行，简化了系统，简化了运行方式。

(5) 安全。取消炉前燃油系统，也自然避免了经常由于燃油系统造成的各种事故。

主要缺点是：设备投资费用较大，运行维护技术较复杂。

采用等离子技术点燃煤粉锅炉经济、高效、简单、安全、环保，是燃煤锅炉的首选设备，是目前燃油系统改造的最佳替代产品。

## 第七节 水冷壁的结渣及高温腐蚀

燃煤锅炉的水冷壁一般都会受到烟气中灰粒的沾污，甚至造成结渣。所谓水冷壁的沾污又称为积灰，是指温度低于灰熔点的灰粒在受热面上的沉积。结渣是指由高温烟气夹带的熔化或部分熔化的黏性颗粒碰到炉墙或受热面上，黏结形成灰渣层。由水冷壁沾污和结渣引起的水冷壁高温腐蚀主要有硫酸盐型和硫化物型两种，此外，炉内的 $SO_3$、$H_2S$、HCl 气体也会对水冷壁产生高温腐蚀。

### 一、水冷壁的高温腐蚀

1. 硫酸盐型腐蚀

硫酸盐型腐蚀主要有两种途径，一种是灰渣层中的碱金属硫酸盐与 $SO_3$ 共同作用产生腐蚀；另一种是碱金属焦硫酸熔盐腐蚀。硫酸盐与参与作用的 $SO_3$ 一起对水冷壁管子的腐蚀过程可用图 5-32 来描述。

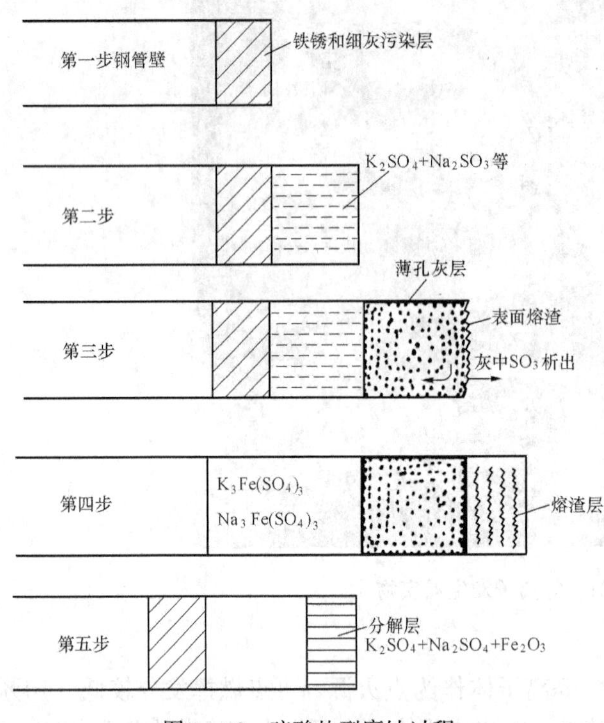


图 5-32 硫酸盐型腐蚀过程

第一步：在水冷壁管壁生成薄氧化层（$Fe_2O_3$）和极细灰粒沾污层。其厚度很小，实际上是金属的保护层。

第二步：冷凝在管壁上的碱金属氧化物与周围烟气中的 $SO_3$ 发生化学反应生成硫酸盐，化学反应如下

$$Na_2O+SO_3 \longrightarrow Na_2SO_4$$

$$K_2O+SO_3 \longrightarrow K_2SO_4$$

第三步：硫酸盐层增厚，热阻加大，表面温度升高，灰渣熔化，黏结烟气中的飞灰形成疏松的灰渣层。硫酸盐熔化时要放出 $SO_3$，向内外扩散。

第四步：硫酸盐释放出来的和烟气中的 $SO_3$ 会穿过疏松的灰渣层向内扩散，进行反应

$$3Na_2SO_4+Fe_2O_3+3SO_3 \longrightarrow 2Na_3Fe(SO_4)_3$$

$$3K_2SO_4+Fe_2O_3+3SO_3 \longrightarrow 2K_3Fe(SO_4)_3$$

管壁上的 $Fe_2O_3$ 保护层被破坏。而 $Na_3Fe(SO_4)_3$ 和 $K_3Fe(SO_4)_3$ 会熔化，与铁发生反应产生腐蚀

$$10Fe+2Na_3Fe(SO_4)_3 \longrightarrow 3Fe_3O_4+3FeS+3Na_2SO_4$$

$$10Fe+2K_3Fe(SO_4)_3 \longrightarrow 3Fe_3O_4+3FeS+3K_2SO_4$$

反应生成的 $Na_2SO_4$ 和 $K_2SO_4$ 循环作用使铁的腐蚀不断进行。

第五步：运行中外层灰渣层因为清灰或灰渣层过厚而脱落，使得 $Na_3Fe(SO_4)_3$ 等暴露在高温火焰辐射之下，会发生分解反应

$$2Na_3Fe(SO_4)_3 \longrightarrow 3Na_2SO_4+Fe_2O_3+3SO_3$$

$$2K_3Fe(SO_4)_3 \longrightarrow 3K_2SO_4+Fe_2O_3+3SO_3$$

这样出现新的碱金属硫酸盐层，在 $SO_3$ 作用下不断使管壁受到腐蚀。

碱金属焦硫酸盐的熔点很低，在一般的壁温下就呈现熔化状态。如果在灰渣附着层中存在焦硫酸盐时会形成反应速度更快的溶盐型腐蚀。焦硫酸盐与氧化铁保护膜的反应方程式如下

$$3Na_2S_2O_7+Fe_2O_3 \longrightarrow 2Na_3Fe(SO_4)_3$$

$$3K_2S_2O_7+Fe_2O_3 \longrightarrow 2K_3Fe(SO_4)_3$$

熔融硫酸盐积灰层对金属壁面的腐蚀速度比气态硫酸盐要快得多。当温度在 600℃左右时，熔融硫酸盐的腐蚀速度约为气态时的 4 倍。炉内水冷壁管壁温度通常在 600℃以下，所以熔融硫酸盐的腐蚀速度随着管壁温度增高而加快。高参数锅炉的水冷壁管壁温度高，高温腐蚀快，因而容易发生爆管事故。

2. 硫化物型腐蚀

在水冷壁管子附近，呈现还原性气氛并且有硫化氢（$H_2S$）存在时，就会产生硫化物腐蚀，它的反应过程如下。

(1) 黄铁矿粉末随着高温烟气流到水冷壁的管壁上，在还原性气氛下受热分解

$$FeS_2 \longrightarrow FeS+[S]$$

当水冷壁管子附近有一定浓度的 $H_2S$ 和 $SO_2$ 的时候，也有如下反应

$$2H_2S+SO_2 \longrightarrow 2H_2O+3[S]$$

(2) 在还原性气氛中，由于缺氧自由硫原子可以存在。当水冷壁管壁温度达到 350℃时，会有硫化反应，同时还有硫化亚铁与氧化亚铁的反应

$$Fe+[S] \longrightarrow FeS$$

$$FeO+H_2S \longrightarrow FeS+H_2O$$

(3) 硫化亚铁（FeS）的熔点为 1195℃；在温度较低的时候可以稳定存在；在温度比较高的时候，FeS 将被氧化成 $Fe_3O_4$，使管壁腐蚀

$$3FeS+5O_2 \longrightarrow Fe_3O_4+3SO_2$$

3. $SO_2$ 和 $SO_3$ 的生成及腐蚀

煤中的黄铁矿 $FeS_2$ 和有机硫化合物燃烧时生成 $SO_2$

$$4FeS_2+11O_2 \longrightarrow 2Fe_2O_3+8SO_2$$

$$S+O_2 \longrightarrow SO_2$$

$SO_3$ 的产生可能通过下列途径。

(1) 在高温下，$SO_2$ 与烟气中的自由氧原子反应，生成 $SO_3$。

自由氧原子可以由如下三种方式产生：

1) 氧气在炉膛内的高温条件下分解。

2) $CO+O_2 \longrightarrow CO_2+[O]$。

3) $H_2+O_2 \longrightarrow H_2O+[O]$。

(2) 催化反应生成 $SO_3$。当高温烟气流过水冷壁积灰层的时候，由于有灰层中的五氧化二钒和氧化铁的催化作用，产生了下列反应

$$V_2O_5+SO_2 \longrightarrow V_2O_4+SO_3$$

$$2SO_2+O_2+V_2O_4 \longrightarrow 2VOSO_4$$

$$2VOSO_4 \longrightarrow V_2O_5SO_3+SO_2$$

(3) 煤中的硫酸盐热解产生 $SO_3$，反应方程如下

$$CaSO_4 \longrightarrow CaO+SO_3$$

$SO_2$ 和 $SO_3$ 的存在，除了能促使硫酸盐型和硫化物型腐蚀发生之外，它们本身也会直接对水冷壁发生腐蚀。三氧化硫气体可以穿过灰层直接与壁面的氧化铁膜反应生成硫酸铁

$$Fe_2O_3+SO_3 \longrightarrow Fe(SO_4)_3$$

硫酸铁与氧化铁的混合物结构疏松，为进一步腐蚀创造了条件。

**二、防止高温腐蚀的措施**

(1) 采用低氧燃烧技术。过量空气系数小的时候生成的自由氧原子的数量少，烟气中的三氧化硫浓度低，发生高温腐蚀的机会减少。

(2) 合理配风和强化炉内湍流混合，避免出现局部还原性气氛，以减少 $H_2S$ 和硫化物型腐蚀。

(3) 加强一次风煤粉输送的调整，尽可能使各燃烧器煤粉流量相等，及燃烧器内横截面上煤粉浓度分布均匀。避免局部缺氧、着火困难、燃烧不稳以及局部结渣。

(4) 合理控制煤粉浓度。在煤粉较粗时燃尽困难，火焰延长冲刷水冷壁管，造成水冷壁管壁磨损和局部壁温结渣，引起高温腐蚀。

(5) 过高的水冷壁管壁温度是引起水冷壁结渣和高温腐蚀的重要原因。应当避免出现水冷壁局部管壁温度过高现象。

燃烧器区域是炉内烟气温度最高的区域，火焰中心偏斜会造成水冷壁局部热负荷过高而产生结渣和腐蚀。

由于水冷壁管子内流量不均匀，引起部分管子内结垢，传热不好，从而产生管壁超温，造成结渣和腐蚀。

(6) 采用烟气再循环，可以降低炉膛内火焰温度和烟气中的 $SO_3$ 含量，降低高温腐蚀。

(7) 在结渣和腐蚀的水冷壁壁面附近喷空气保护膜。就是在受腐蚀的水冷壁区域的炉壁上布置一些小孔，人为地喷入一定的空气，在壁面附近形成氧化气氛，避免高温腐蚀。

(8) 在燃料中加入添加剂，改变灰渣特性。

(9) 提高水冷壁管的抗腐蚀能力。

(10) 对出现高温腐蚀的水冷壁管子及时更换，避免发生爆管。对于下列的情况的水冷壁管子要及时更换：①管壁减薄厚度大于 30%；②碳钢管涨粗超过 3.5%直径；合金钢管超过 2.5%直径；③腐蚀点深度大于 30%壁厚；④石墨化大于 4 级；⑤表面裂纹肉眼可见；⑥常温条件下机械性能低，现有壁厚已不能满足强度需要。

## 复 习 思 考 题

5-1　影响煤粉燃烧的因素有哪些？

5－2　什么是燃烧？什么是完全燃烧？什么是不完全燃烧？
5－3　如何强化煤粉气流的着火、燃烧和燃尽三个过程？
5－4　什么是燃烧速度？影响燃烧速度的因素有哪些？
5－5　影响煤粉气流着火的主要因素及强化着火的措施有哪些？
5－6　燃尽区的强化主要由哪些措施来保证？
5－7　煤粉的燃烧过程可以分为哪几个阶段？
5－8　燃烧器的作用是什么？有哪几种类型？
5－9　直流煤粉燃烧器在一次风喷口外缘布置周界风有什么作用？
5－10　直流煤粉燃烧器有哪两种？
5－11　什么是四角切圆燃烧？我国电厂对四角切圆燃烧方式进行了哪些改进？
5－12　如何确定切圆直径？切圆直径过大或者过小会有什么影响？
5－13　简述摆动式燃烧器的原理和作用。
5－14　旋流煤粉燃烧器按其结构可分为哪两种？
5－15　旋流煤粉燃烧器的旋流射流有什么特性？
5－16　近年来，有哪些新型煤粉燃烧器？
5－17　煤粉炉按排渣方式可分为哪些形式？
5－18　炉膛应满足哪些基本要求？
5－19　什么是结渣？结渣有哪些危害？
5－20　锅炉结渣的原因是什么？如何防止结渣？
5－21　点火装置的作用是什么，通常可分为哪几类？
5－22　什么是等离子点火装置？
5－23　通常采用的电气引燃方式有哪几类？

# 第六章　自然循环原理及蒸汽净化

自然循环是锅炉蒸发系统中工质的一种流动方式，广泛地用于临界压力以下的电站锅炉中，从而形成了自然循环锅炉。自然循环锅炉是临界压力以下电站锅炉的主要形式，由于存在汽包，因而自然循环锅炉的自动调节要求较低，给水带入的杂质可通过排污除掉，给水品质的要求也较低，但是加热、冷却不易均匀，以致使锅炉的启、停速度受到影响。

## 第一节　自然循环蒸发系统及设备

自然循环蒸发系统是由汽包、下降管、下联箱、水冷壁、上联箱、汽水引出管等组成的闭合系统，如图 6-1 所示。其中，汽包、下降管、联箱、汽水引出管等都布置在炉外，不受热；水冷壁一般布置在炉膛四壁，接受炉膛高温火焰的辐射热及高温烟气传递的热量。

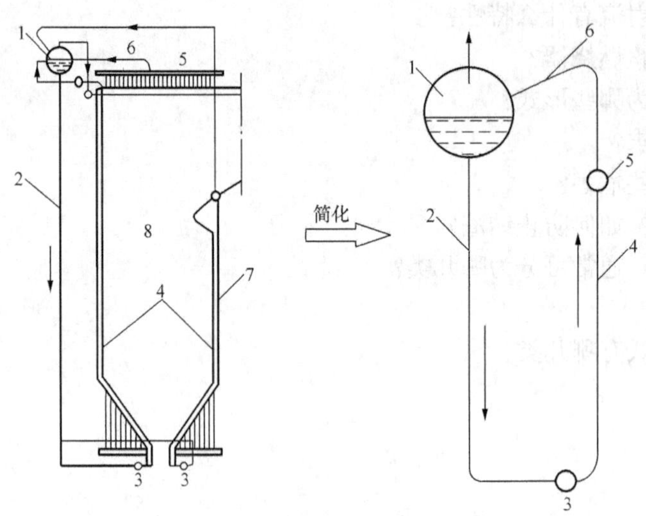


图 6-1　自然循环锅炉蒸发系统简图

1—汽包；2—下降管；3—下联箱；4—水冷壁；5—上联箱；6—汽水引出管；7—炉墙；8—炉膛

在蒸发系统内，来自省煤器的给水首先进入汽包并维持一定水位，再经下降管、下联箱进入水冷壁吸收热量，部分水在水冷壁中受热蒸发变成饱和蒸汽，形成的汽水混合物经上联箱汇集后，再经汽水引出管进入汽包进行汽水分离。分离出来的饱和蒸汽经汽包顶部的引出管进入过热器，而分离下来的水则经下降管继续循环。

蒸发系统中，水冷壁内汽水混合物的密度小于下降管内水的密度，两者密度差形成的推动力促使工质水在闭合的蒸发系统内依次沿着汽包、下降管、下联箱、水冷壁、上联箱、汽水引出管等流动，形成自然循环。

### 一、汽包

#### （一）汽包的结构

汽包是由钢板制成的长圆筒形压力容器，包括筒身和两端的封头，其结构如图 6-2 所示。筒身是由钢板卷制焊接制成，封头用钢板模压制成并焊接于筒身。汽包筒身上开有很多管孔，短管焊接在管孔上形成管座，用于连接给水管、下降管、连续排污管、汽水混合物引入管、饱和蒸汽引出管、事故放水管、加药管、各种测量仪表和自动控制装置的连接管等各种管子。为便于工作人员进入汽包内部进行设备的安装和检修工作，汽包封头上开有椭圆形或圆形人孔并配置人孔盖。为分配给水和保证蒸汽品质，汽包内部设有给水管、汽水分离装置、排污装置、加药管等，如图 6－3 所示。现代电站锅炉的汽包用吊箍悬吊在炉顶大梁上，以利于汽包受热升温后自由膨胀，如图 6－4 所示。

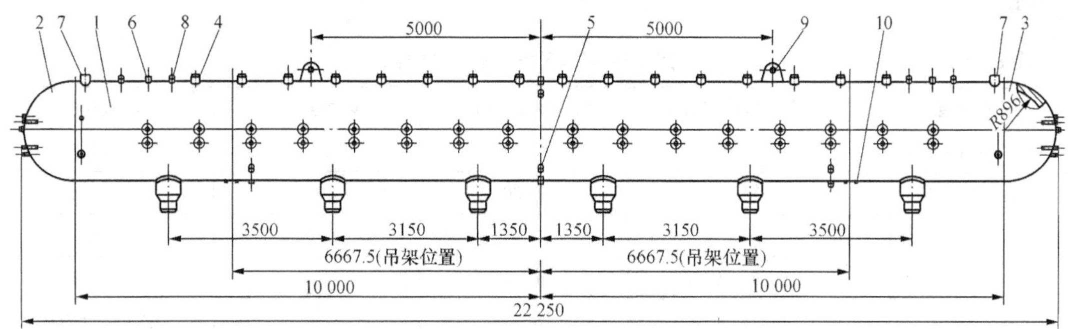


图 6－2　亚临界压力 1025t/h 锅炉汽包结构总图

1—筒身；2—左封头；3—右封头；4、5、6、8—管座接头；7—安全阀接头；9—吊耳；10—挡块

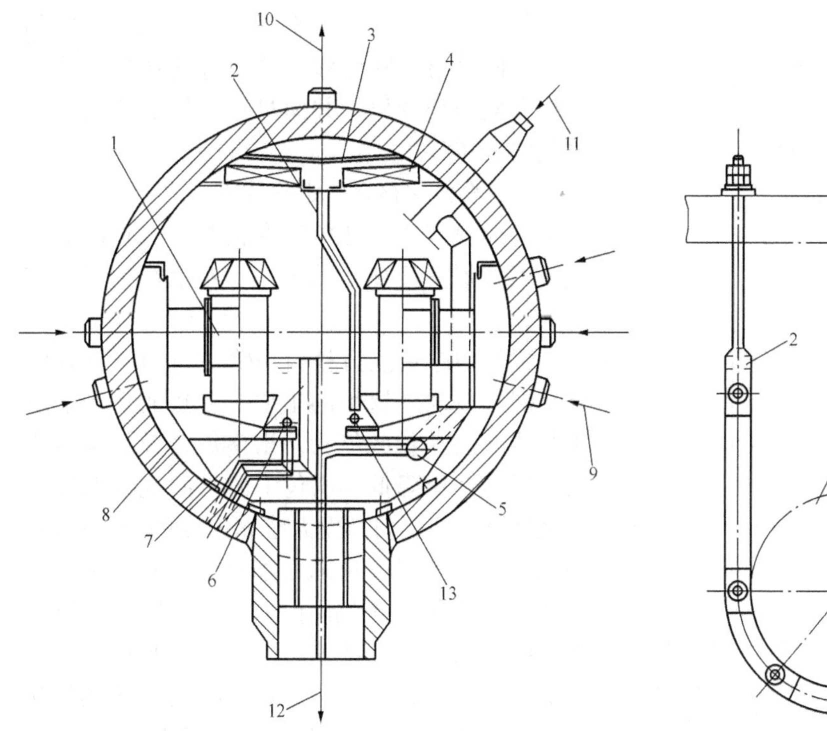


图 6－3　亚临界压力 1025t/h 锅炉汽包内部结构

1—旋风分离器；2—疏水管；3—均汽孔板；4—百叶窗分离器；5—给水管；6—排污管；7—事故放水管；8—汽水夹套；9—汽水混合物；10—饱和蒸汽；11—给水；12—循环水；13—加药管

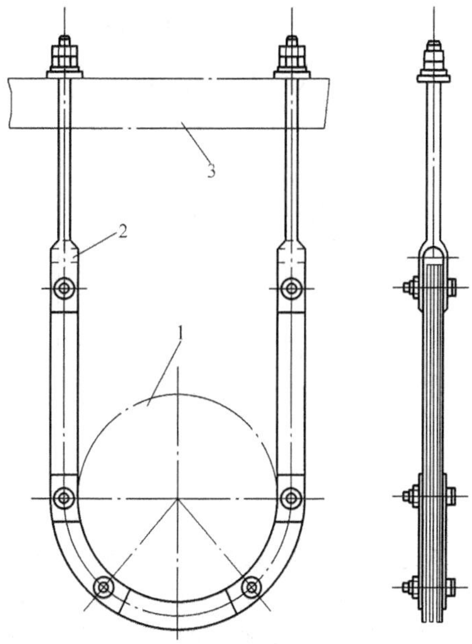

图 6－4　汽包的悬吊结构

1—汽包；2—U 形悬吊装置；3—炉顶钢梁

随着锅炉容量和蒸汽参数的不同，汽包在尺寸和材料方面也有所变化，如表 6－1 所示。汽包的长度应适合锅炉的容量、宽度和管子连接的要求，汽包的内径与锅炉容量和汽水分离装置的要求有关，汽包的壁厚受到锅炉压力、汽包直径与结构以及钢材强度的影响。汽包直径大、壁厚，在锅炉进水、启动、停运和负荷变化时都可能发生过大的汽包上下、内外壁温

差，产生很大的热应力，其机械应力和热应力的综合应力会形成汽包材料的疲劳损耗，使其工作寿命缩短。另外，过大的壁厚也给汽包制造带来困难。因此，在一般情况下，随着锅炉容量的增大和蒸汽参数的提高，汽包壁不宜太厚，汽包内径不宜过大，汽包应采用强度较高的材料。

**表 6-1　　锅炉汽包的尺寸和使用材料**

| 锅炉型号 | 汽包长度（mm） | 汽包内径（mm） | 汽包壁厚（mm） | 汽包材质 |
|---|---|---|---|---|
| HG410/9.8 | 14 616 | 1600 | 100 | 19Mn6 |
| SG420/13.73 | 14 070 | 1600 | 92 | BHW35 |
| DG670/13.6 | 20 000 | 1800 | 90 | 18MnMoNb |
| DG1025/18.2 | 20 000 | 1792 | 145 | BHW35 |
| FWEC2020/18.1 | 28 273 | 1828.8 | 204 | SA-516GR70 |

（二）汽包的作用

（1）汽包是工质加热、蒸发、过热三个过程的连接枢纽和大致分界点。

如图 6-5 所示，汽包接受经省煤器加热的给水，同时与下降管和水冷壁等连接形成蒸发系统自然循环回路，并向过热器输送需进一步过热的饱和蒸汽。

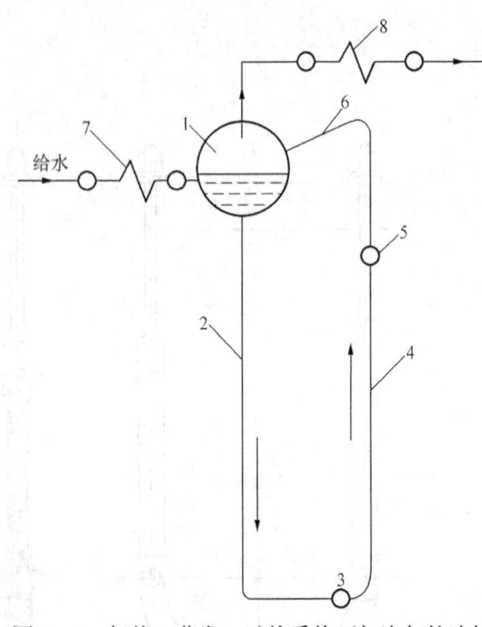

图 6-5　加热、蒸发、过热受热面与汽包的连接
1—汽包；2—下降管；3—下联箱；4—水冷壁；5—上联箱；6—汽水引出管；7—省煤器；8—过热器

（2）汽包中存有一定量的汽、水，因而具有一定的储热能力。在负荷变化时，汽包的储热量可以减缓汽压变化的速度，对锅炉运行调节有利。

锅炉的储热能力是指当锅炉负荷变动而燃烧工况不变时，锅炉的工质、受热面和炉墙所吸收或放出热量的能力。当锅炉负荷突然增大时，锅炉汽压降低，汽包中的水的饱和温度也随之降低，而且与蒸发系统相连接的金属壁面、炉墙和构架的温度也随之降低，于是锅炉自发释放出蓄热量来加热锅水以使之产生部分蒸汽，从而缓解汽压的下降速度。反之，当锅炉负荷降低时，汽压升高，锅炉自发吸收部分热量从而使部分蒸汽凝结，缓解汽压升高的速度。

（3）汽包内装有汽水分离、蒸汽清洗、排污、锅内加药等装置，用以提高蒸汽品质。汽水分离、蒸汽清洗可以使蒸汽含盐量降到最低，锅内加药、排污可以使锅水的含盐量降低。

（4）汽包上装有压力表、水位计、事故放水装置、安全阀等附件，用来保证锅炉的安全运行。

## 二、下降管

1．下降管的作用

下降管的作用是将汽包内的水连续不断地通过下联箱供给水冷壁，用以维持正常的水循环。为了保证水循环的可靠性，下降管都布置在炉外，不受热。

2. 下降管的类型

下降管分小直径分散型和大直径集中型两种型式。

小直径分散型下降管的管径小（一般为 108～159mm），管数多，流动阻力大，不利于水循环，常用于中小型锅炉。

现代大型电站锅炉广泛采用大直径集中下降管，因其管径大（一般为 325～428mm 或更大），管数少（一般 4～8 根不等），流动阻力小，有利于水循环，而且能节约钢材和简化布置。

大直径集中下降管从汽包下部引出，垂直延伸至炉底，通过其下端连接的小直径分配水支管与下联箱相接。表 6－2 是大直径集中下降管的一些应用情况。

**表 6－2　锅炉的大直径集中下降管的应用**

| 锅炉容量（t/h） | 大直径集中下降管 | | 分配水支管 | |
|---|---|---|---|---|
| | 根数 | 管子规格（mm） | 根数 | 管子规格（mm） |
| 420 | 4 | $\phi$419×40 | 44 | $\phi$133×12 |
| 670 | 6 | $\phi$426×50 | 56 | $\phi$159×16 |
| 1025 | 6 | $\phi$508×50 | 74 | $\phi$159×18 |
| 2020 | 14 | $\phi$406 | 155 | $\phi$141 |

## 三、联箱

在锅炉中，连接许多作用一致且平行排列的管子的筒形压力容器称为联箱，主要用于汇集、混合、再分配工质。联箱一般布置在炉外，不受热。

大多数联箱是用较大直径的、与受热面材质一致的无缝钢管加焊两端封头构成的，筒壁上设有多个管座接头，用以连接管子。

在锅炉水循环的蒸发系统中，水冷壁下联箱底部设有定期排污装置、蒸汽加热装置。

## 四、水冷壁

在锅炉中，水冷壁是由许多并列管子组成的蒸发受热面，一般布置在炉膛内壁四周或部分布置在炉膛中间。工质在水冷壁中做上升运动，同时接受炉膛高温火焰辐射的热量和高温烟气传递的热量而变成蒸汽。

（一）水冷壁的作用

（1）吸热产汽。炉膛内燃料燃烧释放的热量传递给水冷壁，使水冷壁管内的水受热并蒸发成饱和蒸汽。

（2）保护炉墙，防止炉壁结渣。水冷壁敷设在炉墙向火面并被管内流动的水不断冷却，可以降低炉墙温度，简化炉墙结构，减轻炉墙重量，而且水冷壁还能够悬吊敷管炉墙。另外，碰撞在温度较低的水冷壁管上的高温熔渣很快降温凝固，失去黏性而下滑至冷灰斗，可以避免炉壁结渣。

（3）强化传热，节省钢材。水冷壁主要以辐射方式吸热，辐射吸热量与炉膛火焰或烟气温度的四次方成正比，而对流传热量与烟气温度的一次方成正比，所以辐射蒸发受热面与对流蒸发受热面相比，传热效果更好。如果要吸收相同的热量，辐射蒸发受热面会设置的少一些，因此可以减少炉膛总的受热面，节省部分钢材。

（二）水冷壁的结构型式

水冷壁通常采用无缝钢管与内螺纹管，管径一般为 $\phi45\sim\phi76$，管子材质主要有碳钢、低合金钢、高合金钢，如 20G、15CrMo、SA-213T2、T91 等。

常见的水冷壁型式有光管水冷壁、膜式水冷壁、销钉水冷壁等。

1. 光管水冷壁

光管水冷壁的结构很简单，如图 6-6 所示，是由外形光滑的管子沿炉壁连续平行布置而形成的水冷壁。光管水冷壁制造简单、加工方便、膨胀均匀，常用于小容量锅炉，上、下分别与上、下联箱连接。

水冷壁的结构要素主要有管子外径 $d$、管壁厚度 $\delta$、管间节距 $s$（相邻两管中心线之间的距离）以及管中心线与炉墙内表面之间的距离 $e$。

水冷壁管排列的紧密程度用相对节距 $s/d$ 来表示。$s/d$ 越小，管子排列越紧密，水冷壁管表面吸收辐射热量减少，金属的利用率降低，但炉墙的吸热量也相应降低，即水冷壁对炉墙的保护性能变好；$s/d$ 变大时，情况正好相反。因此从保护炉墙的角度考虑，一般取 $s/d=1.05\sim1.2$。

相对距离 $e/d$ 也影响水冷壁吸热和炉墙安全。$e/d$ 越大，水冷壁管的吸热量增加，但炉墙安全性变差，水冷壁管背火面的拉杆容易烧坏。$e/d$ 越小，情况则相反。于是，如图 6-7 所示，轻型敷管式炉墙（管子一半埋入炉墙中，管中心线与炉墙内表面重合，$e/d=0$）得到了广泛应用，炉墙广泛采用轻质耐火材料和保温材料。这种炉墙温度低，安装施工方便，比较安全。

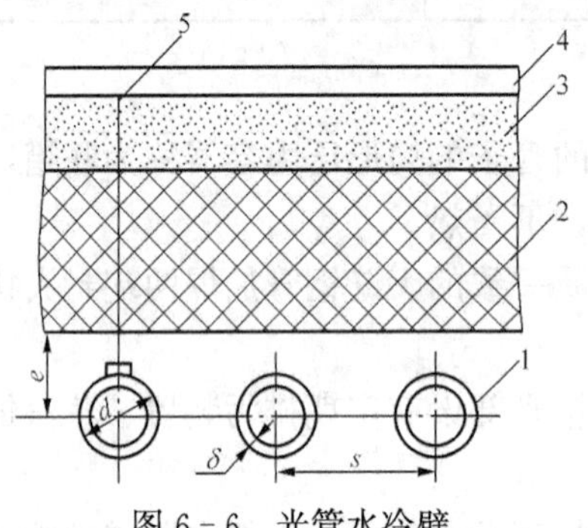


图 6-6 光管水冷壁

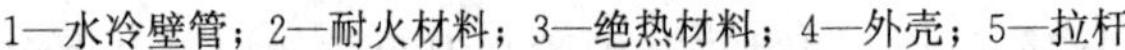

1—水冷壁管；2—耐火材料；3—绝热材料；4—外壳；5—拉杆

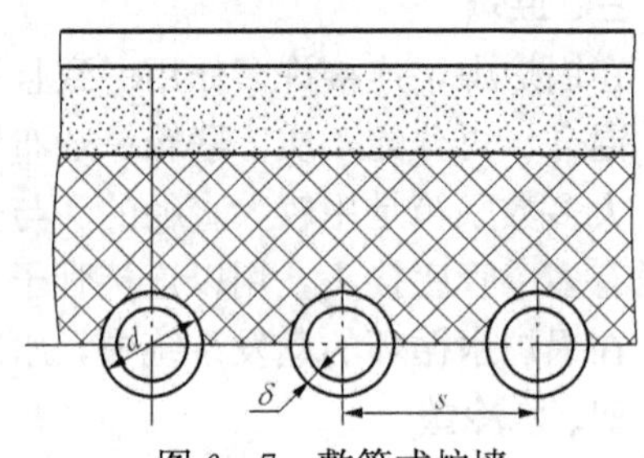


图 6-7 敷管式炉墙

2. 膜式水冷壁

膜式水冷壁就是将鳍片管（或扁钢与光管）相互焊接在一起组成的整块管屏，如图 6-8 所示，其中图（a）是由光管或内螺纹管与鳍片（扁钢）焊接而成，图（b）是由轧制鳍片管焊接而成。安装时，相邻水冷壁管屏组件之间再用焊接密封，使炉膛内壁四周被一层水冷壁膜片严密地包覆起来，因此，这种水冷壁称为膜式水冷壁。

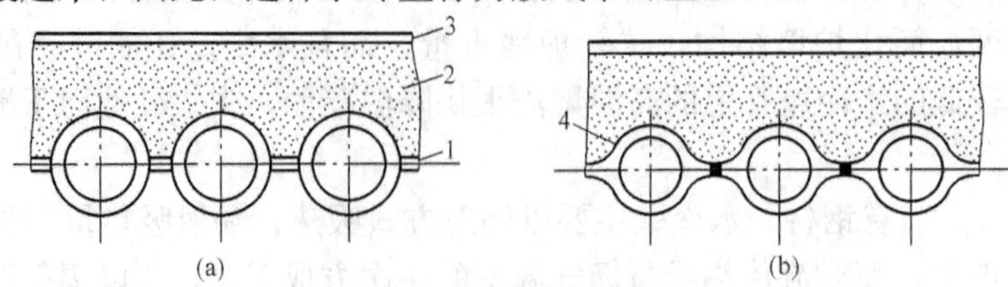


图 6-8 膜式水冷壁

（a）焊接鳍片管膜式水冷壁；（b）轧制鳍片管膜式水冷壁

1—扁钢；2—绝热材料；3—外壳；4—轧制鳍片

国产超高压锅炉大多采用轧制鳍片管焊接而成的膜式水冷壁，而国产亚临界压力锅炉则多采用焊接鳍片管膜式水冷壁。焊接鳍片管膜式水冷壁结构简单，制作工艺没有轧制鳍片管复杂，但是焊接工作量大，每根扁钢有两条焊缝，焊接工艺要求高。如某350MW机组所匹配的HG－1170/17.4－YM1型锅炉，炉膛四周布置全焊式膜式水冷壁，以吸收炉膛辐射热，水冷壁管径为$\phi$63.5×8mm，节距为76.2mm，材质为20G。

为确保锅炉水循环的安全可靠，炉内热负荷较高区域的膜式水冷壁常采用内螺纹管结构。内螺纹管是在管内壁上开出单头或多头螺旋形槽道的管子，如图6－9所示。工质在内螺纹管内流动时，由于受到螺纹的阻碍作用而产生强烈扰动，将液体压向管内壁，迫使管内壁上产生的汽泡脱离管壁而被水带走，使管内壁始终被连续流动的水冷却，因此可以有效地避免膜态沸腾的发生，防止水冷壁超温。

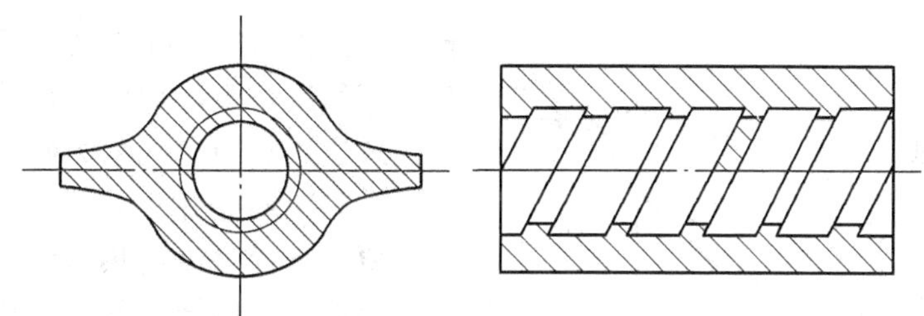

图6－9　内螺纹管

现代大型锅炉广泛采用膜式水冷壁，其优点如下：

(1) 膜式水冷壁的气密性良好，适用于正压或负压的炉膛。对于负压炉膛，膜式水冷壁还能大大降低漏风系数，改善炉膛的燃烧工况。

(2) 膜式水冷壁将炉墙与炉膛完全隔离开来，只用轻型绝热材料的敷管炉墙即可，无需耐火材料，可大大减轻炉墙重量，从而简化了悬吊结构。另外，炉墙蓄热量可降低75%～80%，可加快锅炉启动速度，缩短启动和停炉时间。

(3) 膜式水冷壁承压能力强，能够承受较大的侧向力，增加了抗炉膛爆炸的能力。

(4) 在相同的炉壁面积下，膜式水冷壁的辐射传热面积比一般的光管水冷壁大，因此可节约钢材，降低金属消耗量。

另外，由于膜式水冷壁可制作成片，因此便于吊装。

膜式水冷壁的主要缺点是制造、检修工艺较复杂，而且运行时两相邻水冷壁管金属温度差要求较严，一般不大于50℃，以免管间产生过大的热应力而使水冷壁变形损坏。

3. 销钉式水冷壁

销钉式水冷壁就是在水冷壁管外侧向火面上焊上许多长为20～25mm、直径为6～12mm的圆钢而构成的水冷壁，如图6－10所示。

销钉可以使敷设在水冷壁管上的耐火材料牢固，因此在销钉水冷壁上涂敷铬矿砂耐火材料就构成了卫燃带。卫燃带可以减少水冷壁的吸热量，提高炉膛温度，常用于固态排渣煤粉炉的燃烧器区域、液态排渣煤粉炉的熔渣段以及旋风炉的旋风筒内等。

(三) 折焰角

在现代锅炉上，将后墙水冷壁上部的部分管子分叉弯制，则形成折焰角，如图6－11所

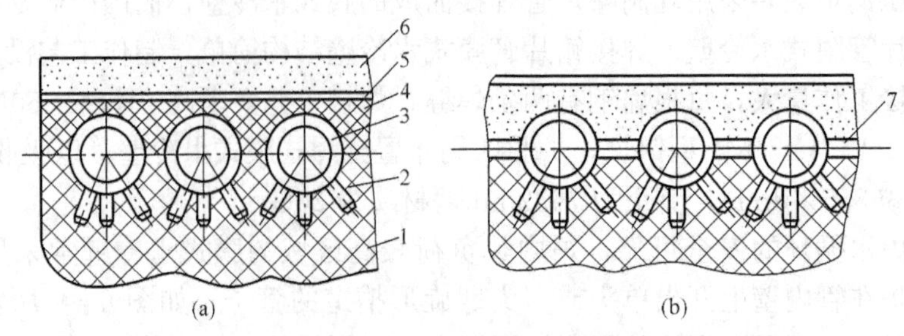


图 6-10　销钉水冷壁

(a) 带销钉的光管水冷壁；(b) 带销钉的膜式水冷壁

1—耐火材料；2—销钉；3—水冷壁管；4—铬矿砂材料；5—护板；6—绝热材料；7—扁钢

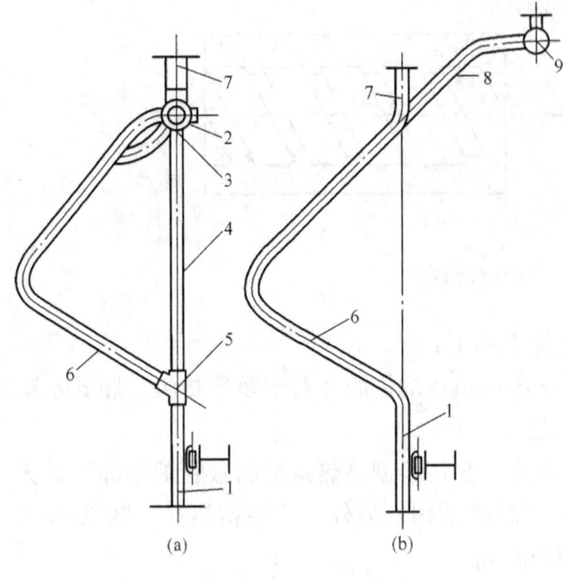


图 6-11　折焰角

1—后墙水冷壁；2—中间联箱；3—节流孔板；4—垂直短管；5—分叉管；6—折焰角；7—悬吊管；8—水平烟道底部包墙管；9—水平烟道底部包墙管联箱

示。折焰角能够提高火焰在炉膛内的充满程度，改善炉内的燃烧工况；改善屏式过热器的空气动力特性，增加烟气的横向冲刷作用；延长水平烟道的长度，便于布置对流过热器和再热器，从而使锅炉的整体结构紧凑。图 6-11（a）为早期的折焰角结构，在上部分叉管处，后墙水冷壁分为两路：一路是弯管构成折焰角，另一路是管子垂直向上，之后在中间联箱处汇合。在垂直短管上装有节流孔板，以使大部分汽水混合物能通过受热较强的折焰角。图 6-11（b)为新型锅炉的折焰角结构，后墙水冷壁自折焰角后分开，每三根水冷壁管中有一根作为后墙水冷壁的悬吊管，另外两根向后延伸形成水平烟道斜底，以简化水平烟道底部的炉墙结构。图 6-11（b）取消了中间联箱结构。

（四）水冷壁的悬吊结构

大型电站锅炉的水冷壁与上、下联箱直接焊接，利用吊杆将水冷壁的上联箱悬吊在炉顶钢梁上，下联箱则由水冷壁吊挂。运行中，水冷壁受热可向下自由膨胀。于是，水冷壁的热膨胀问题就可以通过上部固定、下部能够自由膨胀的方法来解决。

（五）刚性梁

采用敷管炉墙的水冷壁，由于炉墙外没有护板和框架梁，因此刚性差。为使水冷壁有足够的刚性，能够承受炉膛爆燃产生的压力及炉内气压的波动，避免受热产生结构变形或损坏，在水冷壁的外侧，沿炉膛高度方向每隔 2.5～3m 就设置一层环绕炉膛周界的腰带横梁，即水平刚性梁，如图 6-12 所示。刚性梁固定在水冷壁上，当水冷壁受热向下膨胀时，刚性梁随同水冷壁一起位移。现代大容量锅炉都采用刚性梁来加固水冷壁和炉墙。

刚性梁设置在炉外，不受热，而水冷壁却置在炉内受热，于是两者之间存在较大的温差，因此，刚性梁与水冷壁之间的连接要考虑相对滑动的自由。图 6－13 是一种常用的刚性梁结构。炉膛四角处的水冷壁与刚性梁之间用铰链板连接，沿水冷壁宽度方向每隔一定距离，水冷壁与刚性梁之间用销子与椭圆孔连接，这样可允许刚性梁与水冷壁间相对移动，又能承受水冷壁的侧向推力。

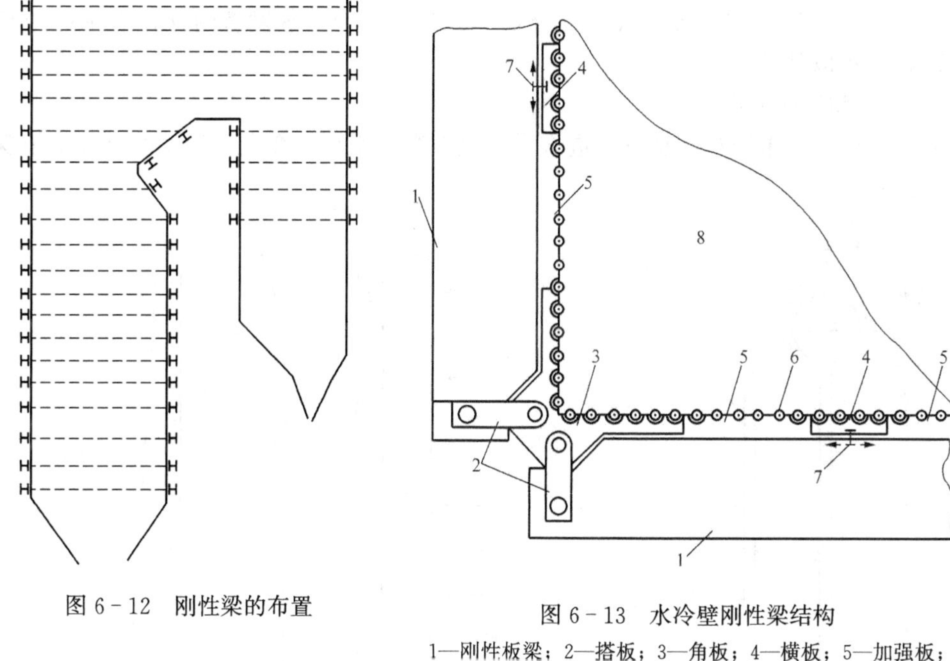


图 6－12　刚性梁的布置

图 6－13　水冷壁刚性梁结构

1—刚性板梁；2—搭板；3—角板；4—横板；5—加强板；6—水冷壁管；7—销子与板梁上的椭圆孔；8—炉膛

## 第二节　自然循环特性及常见故障

### 一、自然循环的形成

在自然循环回路（原理见图 6－14）中，下降管内的工质是水，而水通过下联箱进入水冷壁上升管后，不断吸收炉膛辐射热而达到饱和温度并产生部分蒸汽，成为汽水混合物。由于下降管中水的密度大于水冷壁中汽水混合物的密度，于是在这个密度差的作用下产生了循环回路的推动力，即运动压头 $S_{yd}$

$$S_{yd}=H\ (\bar{\rho}_{xj}-\bar{\rho}_{s})\ g \tag{6-1}$$

式中　$S_{yd}$——运动压头，Pa；

$H$——循环回路高度，m；

$\bar{\rho}_{xj}$——下降管中工质的平均密度，$kg/m^3$；

$\bar{\rho}_{s}$——水冷壁中工质的平均密度，$kg/m^3$；

$g$——重力加速度，$9.8m/s^2$。

在稳定的自然循环运动中，运动压头用来克服循环回路的流动阻力，推动工质在水冷壁中向上流动，在下降管中向下流动，形成自然循环。

在自然循环回路中，回路越高，工质密度差越大，运动压头越大，越有利于水循环的进行。然而随着电站锅炉工作压力的提高，汽水密度差减小，运动压头降低。当运动压头低到一定程度时，自然循环将难以维持。因此，自然循环用于亚临界压力及以下的电站锅炉。

## 二、自然循环蒸发管内的流型与传热

在自然循环中，水进入水冷壁后，通过水冷壁吸收炉膛的热量，边向上流动边升温，达到饱和温度后开始产生蒸汽，形成汽水混合物。因此，水冷壁蒸发管内存在着水的单相流动、汽水两相流动以及沸腾传热。

### （一）汽水两相流的流型

如图 6－15 所示，未饱和水从下部进入垂直蒸发管中受热，在向上流动的过程中依次经历了以下流型：

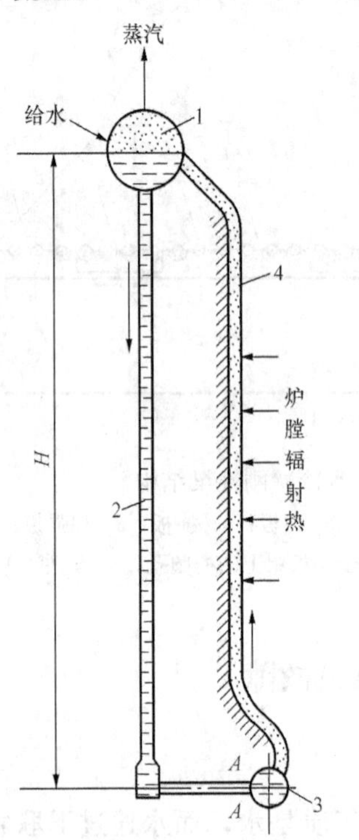


图 6－14　自然循环原理示意图

1—汽包；2—下降管；3—下联箱；4—水冷壁

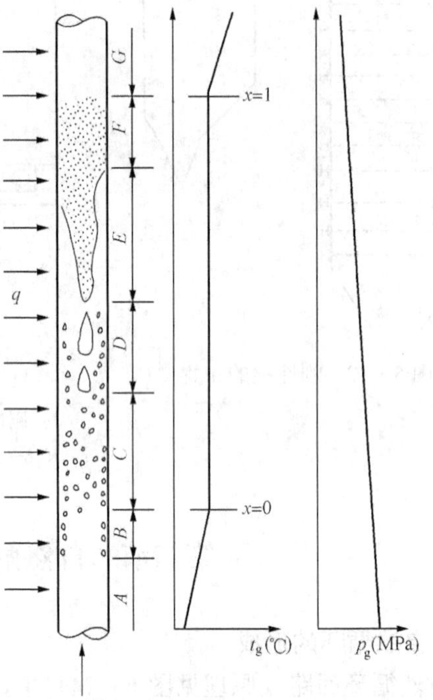

图 6－15　垂直受热蒸发管中的汽水两相流型

#### 1. 单相水的流动（$A$ 段）

水温逐渐升高，但未达到饱和温度。

#### 2. 过冷汽泡状流动（$B$ 段）

管内壁面上的水达到饱和温度并产生汽泡，但遇到管内未达到饱和温度的过冷水后又凝结成水。

#### 3. 饱和汽泡状流动（$C$ 段）

管内的水达到饱和温度，汽泡不再凝结并不断增加，工质的质量含汽率 $x$ 由零开始增大。

#### 4. 弹状流动（$D$ 段）

工质维持饱和温度，$x$ 增大，汽泡在管子中心聚合成弹状并逐渐增大。

5. 环状流动（$E$ 段）

工质维持饱和温度，$x$ 进一步增大，汽弹连接成汽柱，汽柱周围有一环形水膜，形成环状流动。

6. 雾状流动（$F$ 段）

工质继续维持饱和温度，$x$ 很大，管内壁面环状水膜蒸干，形成蒸汽携带水滴的雾状流动。

7. 单相汽的流动（$G$ 段）

水滴全部蒸干，$x=1$，蒸汽进入过热状态，工质温度不断升高。

（二）蒸发管内的传热

在垂直蒸发管内，工质流型不同，管内传热情况也不同，质量含汽率、压力、放热系数以及管壁温度也相应发生变化，如图 6－16 所示。根据不同的流型，管内传热过程可以划分为单相水的对流传热区段Ⅰ、欠热核态沸腾区段Ⅱ、饱和核态沸腾区段Ⅲ、两相强迫对流区段Ⅳ、液体欠缺对流区段Ⅴ、单相过热蒸汽对流区段Ⅵ等 6 个区段。

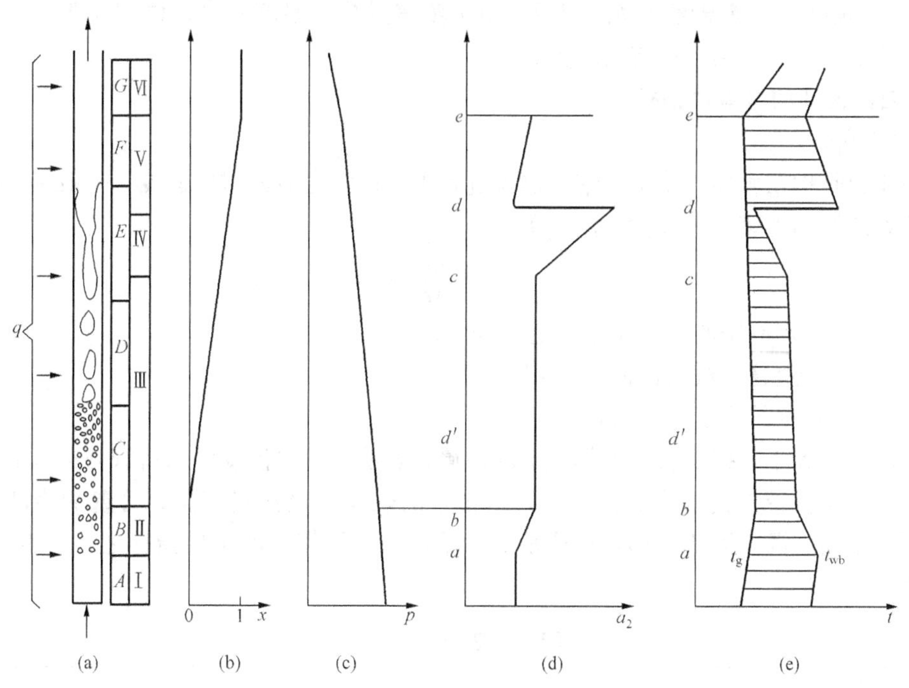


图 6－16　蒸发管内的传热

(a) 管内汽水两相流的流型；(b) 工质质量含汽率；(c) 工质压力；(d) 传热系数变化；(e) 温度变化

1. 单相水的对流传热区段Ⅰ

在这个区段内，水为未饱和水，管壁温度低于饱和温度，传热方式为单相水的对流传热，水温升高，放热系数基本不变。

2. 欠热核态沸腾区段Ⅱ

该区段对应过冷汽泡状流动，管壁面温度达到饱和温度，管中心流动的水未达到饱和温度，管壁面产生的汽泡遇到管中心未饱和的过冷水而迅速凝结消失，属于过冷沸腾，放热系数增大。

3. 饱和核态沸腾区段Ⅲ

管内的水达到饱和温度，管壁面产生的汽泡不断地分散到水流中而不再凝结，饱和核态沸腾开始并一直延续到部分环状流动为止，放热系数达到核态沸腾最大值并处于稳定状态。

4. 两相强迫对流区段Ⅳ

在部分环状流动区域，水膜厚度逐渐变薄，质量含汽率增大，水膜的导热性增强，管内壁面上的热量很快通过水膜传递到水膜表面，管内壁面上不再产生汽泡，蒸发过程转移到水膜表面进行。放热系数增大，管壁温度接近流体温度。

5. 液体欠缺对流区段Ⅴ

此区段内，水膜变薄，质量含汽率增大并达到某一数值时，水膜蒸干，形成雾状流动，放热系数急剧减小，管壁温度急剧升高。之后随着蒸汽流速的增大，放热系数逐渐增大，管壁温度逐渐降低。

6. 单相过热蒸汽对流区段Ⅵ

此区段内，雾状蒸汽流中的水滴全部被蒸干，工质变成单相的过热蒸汽，质量含汽率为1，放热系数减小，管壁温度升高。随后，由于蒸汽过热，温度升高，体积膨胀，容积流量增大，流速增加，放热系数也有所增大。

## 三、自然循环的可靠性指标

1. 循环流速

循环流速是指在循环回路中，饱和水流过管子单位流通截面时的速度，一般指水冷壁管开始沸腾处的饱和水速，用 $w_0$ 表示，即

$$w_0=\frac{G}{A\rho} \tag{6-2}$$

式中 $G$——进入水冷壁的工质质量流量，kg/s；

$A$——水冷壁管的流通截面积，$m^2$；

$\rho$——饱和水的密度，$kg/m^3$。

循环流速的大小直接反映了流体流动的快慢，表明了管内流动的水将管外传入的热量和管内所产生的蒸汽带走的能力。流速大，水带走的热量及蒸汽量就多，管壁的冷却条件就好，金属就不易超温。因此，循环流速是自然循环工作可靠性的重要指标之一。表6-3为循环流速的推荐值。

**表6-3 循环流速的推荐值**

| 汽包压力（MPa） | | 4～6 | 10～12 | 14～16 | 17～19 |
|---|---|---|---|---|---|
| 锅炉容量（t/h） | | 35～240 | 160～420 | 400～670 | ≥800 |
| 循环流速 $w_0$（m/s） | 直接引入汽包的水冷壁 | 0.5～1.0 | 1.0～1.5 | 1.0～1.5 | 1.5～2.5 |
| | 有上联箱的水冷壁 | 0.4～0.8 | 0.7～1.2 | 1.0～1.5 | 1.5～2.5 |
| | 双面曝光水冷壁 | — | 1.0～1.5 | 1.5～2.0 | 2.5～3.5 |

2. 循环倍率

在循环回路中，进入水冷壁管的水流量 $G$ 与水冷壁管出口的蒸汽流量 $D$ 之比称为循环倍率，用 $K$ 表示，即

$$K=\frac{G}{D} \tag{6-3}$$

式中　$D$——水冷壁管出口的蒸汽质量流量，kg/s。

循环倍率说明了进入水冷壁管的循环水量需要循环多少次才能全部变成蒸汽。循环倍率越大，水冷壁管出口处的汽水混合物中水的份额越大，水循环就越安全。然而循环倍率也不能过大，否则会导致锅炉蒸发量不足，运动压头减小，正常的循环流动受到影响。同理，循环倍率也不能过小，否则水冷壁管出口汽水混合物中水的份额减小，容易造成传热恶化。因此，为使自然循环安全可靠，必须保证足够的循环流速和一定的循环倍率。

3. 质量含汽率

质量含汽率是指水冷壁管出口汽水混合物中的蒸汽流量 $D$ 与进入水冷壁管的水流量 $G$ 之比，也称为干度，用 $x$ 表示，即

$$x=\frac{D}{G}=\frac{1}{K} \tag{6-4}$$

4. 自补偿能力

如图 6－17 所示，$w_0^{max}$ 为最大循环流速，$x_{jx}$ 为界限质量含汽率，在自然循环回路中，当 $x<x_{jx}$（即 $K>K_{jx}$，$K_{jx}$ 为与 $x_{jx}$ 相对应的界限循环倍率）时，热负荷增大，水冷壁管的吸热量增加，产汽量增加，循环流速与循环水量也相应增加以进行补偿；反之，热负荷减小时，循环流速与循环水量也相应减小。这种自然循环特性称为自然循环的自补偿能力。

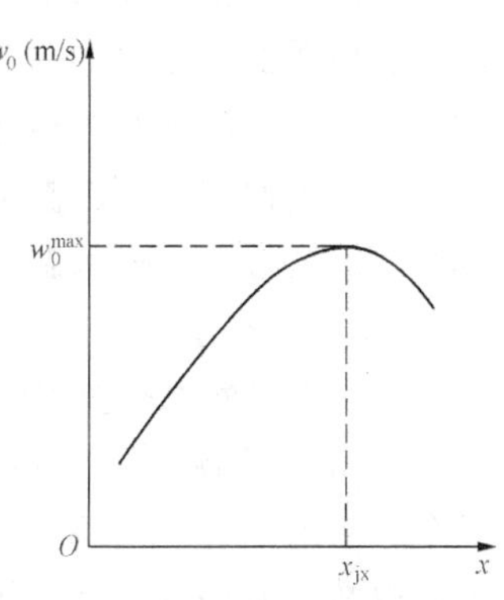


图 6－17　自然循环的自补偿特性

自补偿能力有利于自然循环锅炉的安全运行，但必须注意循环倍率要大于界限循环倍率。界限循环倍率是保证水循环能正常工作时所允许的最小循环倍率。

为了保证自然水循环的安全，循环倍率不应太小，一般应比界限循环倍率大一定数值。表 6－4 给出了界限循环倍率与推荐循环倍率值。

**表 6－4　　界限循环倍率与推荐循环倍率**

| 汽包压力（MPa） | | 4～6 | 10～12 | 14～16 | 17～19 |
|---|---|---|---|---|---|
| 锅炉容量（t/h） | | 35～240 | 160～420 | 185～670 | ≥800 |
| 界限循环倍率 $K_{jx}$ | | 8～10 | 5 | 3 | ≥2.5 |
| 推荐循环倍率 $K$ | 燃煤锅炉 | 15～25 | 8～15 | 5～8 | 4～6 |
| | 燃油锅炉 | 12～20 | 7～12 | 4～6 | 3.5～5 |

## 四、自然循环常见故障

自然循环常见故障有循环停滞和倒流、汽水分层、下降管带汽、沸腾传热恶化等。

（一）循环停滞和倒流

1. 循环停滞

在自然循环回路中，水冷壁是由多根并列管子组成的，并沿炉膛四周设置。在锅炉运行中，炉膛内的温度场是不均匀的，水冷壁管与管之间的受热程度也存在差别，边上管子受热弱，中间管子受热强。当燃料、燃烧工况以及锅炉负荷等发生变化时，炉膛内的温度场也会不均匀，不同水冷壁管的受热程度也会存在偏差。根据自然循环特性，受热强的管子产汽量大，汽水混合物

的密度小，下降管与该水冷壁管内工质的密度差大，运动压头大，水循环推动力大，因而循环流速高，进入的循环水量多；受热弱的管子产汽量少，循环流速低，进入的循环水量就少。当某根管子受热弱到循环流速很低时，工质的循环流量等于蒸发量，这种现象称为循环停滞。

循环停滞发生时，停滞管内的工质流速很低，几乎不流动，所产生的少量汽泡几乎是穿过静止的水层缓慢向上浮动，热量的传递主要依靠导热，虽然停滞管的热负荷较低，但因热量不能及时被带走，管壁仍有可能超温。而且长期停滞会导致锅水的含盐浓度增大，造成管壁结垢与腐蚀。

在形成自由水面的管子里，由于水面以上的管段只有蒸汽缓慢流动，冷却状况不良，管壁极易过热烧坏；同时，自由水面波动引起附近管壁与汽、水交替接触，使管壁因产生交变热应力而疲劳损坏。

因此，循环停滞导致的是水冷壁管的传热恶化，而且停滞现象主要发生在受热弱的管子上。

2. 循环倒流

循环倒流是指在并列水冷壁管中，由于受热不均匀，水冷壁管之间形成了自然循环回路，受热较弱的水冷壁管的工质由上向下流动，循环流速为负值。当管内工质倒流速度较大时，管子仍能得到良好的冷却，不会出现超温。如果倒流管内蒸汽向上的流速与倒流水速相差很小，管内汽泡就不能被带走，当停滞或流动很缓慢的汽泡聚集变大时，会形成接触管壁的汽塞，最终导致管壁超温或疲劳损坏，而这种情况很少发生。

3. 防止发生循环停滞和倒流的措施

(1) 减小并列水冷壁管的受热不均。

1) 按受热情况划分循环回路。按照水冷壁管的受热情况，将每面墙上的水冷壁管划分为多个（一般 3～8 个）循环回路，使每个回路的水冷壁管在结构和受热情况等方面尽可能接近，以减小并列水冷壁管的受热不均。

如图 6-18 所示，一台 DG-1025/18.2-Ⅱ4 型亚临界压力自然循环锅炉共划分了 24 个循环回路，每面墙各有 6 个回路，来自 6 根大直径下降管的水经过 74 根分配支管进入各自的水冷壁下联箱。

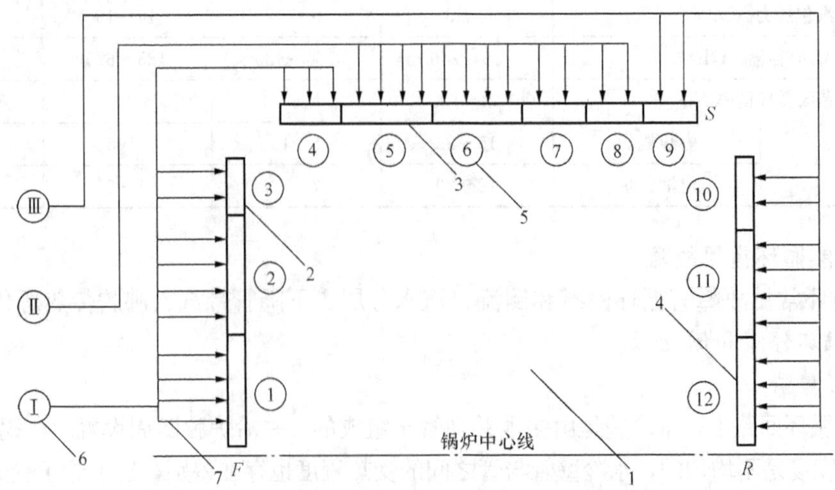


图 6-18 亚临界压力 1025t/h 自然循环锅炉的循环回路划分简图

1—炉膛；2、3、4—前、侧、后墙水冷壁下联箱；5—循环回路标号；6—下降管；7—下降管分配支管

2）改善炉角边管的受热情况。在横截面为矩形的炉膛中，炉膛四角布置的管子受热最弱，为减小并列水冷壁管的受热不均，可取消四角的管子布置，或将炉膛截面切角以形成八角炉膛，从而改善四角管子的受热情况，如图 6－19 所示。

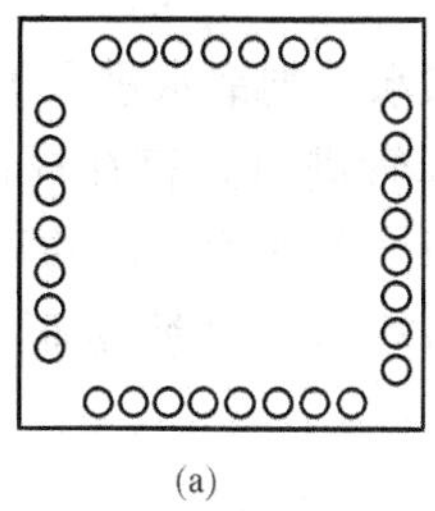
(a)

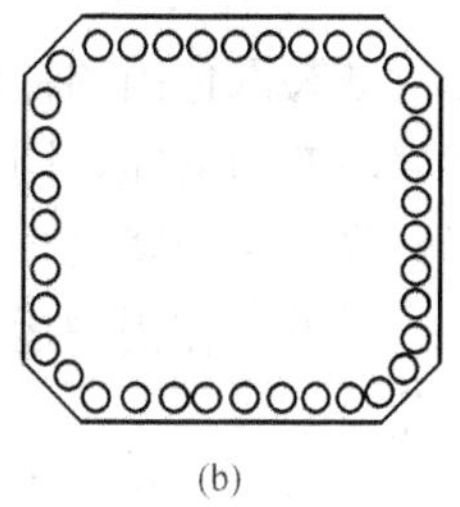
(b)

图 6－19　炉角边管的布置

(a) 取消炉角边管；(b) 八角炉膛

3）采用平炉顶结构。采用平炉顶结构可以使两侧墙水冷壁受热区段的高度尽量相等，有利于减小并列水冷壁管的受热不均。

4）燃烧器布置均匀合理，使炉膛温度场分布均匀。看火孔、燃烧器孔在结构上要均匀设置。

5）运行方面进行调控。在运行方面，为减小并列水冷壁管的受热不均，应合理组织炉内的燃烧工况，防止火焰偏斜，保持燃烧稳定，提高火焰在炉膛的充满程度，避免积灰、结渣，维持汽压与汽温的稳定等。

（2）降低水循环回路的流动阻力。

1）采用大直径集中下降管。在保证下降管流量不变的情况下，采用大直径集中下降管可以减小下降管的流动阻力，防止循环不良。

2）增大下降管截面比 $A_{xj}/A_s$ 或汽水引出管截面比 $A_{yc}/A_s$。截面比是指下降管或汽水引出管的总截面积与水冷壁的总截面积之比。增大截面比可以使下降管或汽水引出管的截面相对增大，管内工质的流速降低，流动阻力减小，从而使水循环工作正常。

3）防止下降管带汽。下降管带汽会增大流动阻力，不利于正常的水循环。

（二）汽水分层

当流速较低的汽水混合物在水平或微倾斜的蒸发管中流动时，由于汽、水密度不同，水将会在管子下部流动，汽则在管子上部流动，形成汽水分层，如图 6－20 所示。汽水分层管的上部壁温高于下部，导致温差热应力；汽水分层管内的水面波动导致管壁在汽、水交界面处产生温差交变应力；汽水分层管上部与蒸汽接触，冷却条件差，导致壁温升高、沉积盐垢。

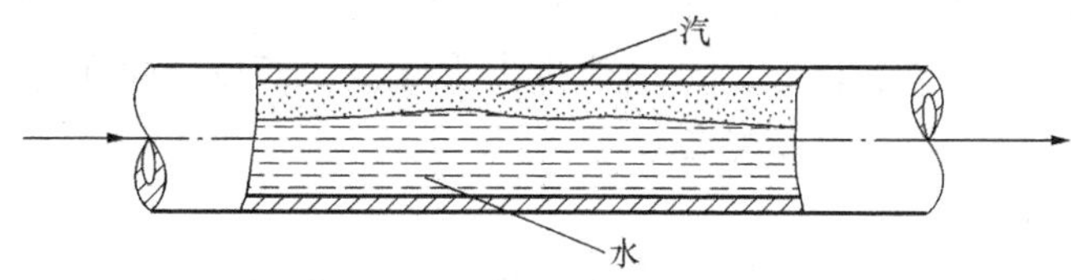


图 6－20　水平蒸发管中的汽水分层

防止汽水分层的措施是尽可能避免设置水平或倾斜度小于 15°的蒸发管。如果在结构上必须采用时，管内汽水混合物的流速必须大于最小允许流速。

（三）下降管带汽和自汽化

当下降管内的工质含汽时，工质的平均密度将会减小，流动阻力增大，循环回路的有效压头下降，循环推动力减小，从而使循环流速减小，循环回路易出现停滞、倒流。因此，应减少或尽量避免下降管带汽。下降管带汽有以下几种情况。

1. 下降管入口自汽化

如果汽包内的锅水为饱和水，则锅水进入下降管时，由于水流速度突然增大，部分静压能将转变为动能，同时在下降管进口处存在局部阻力，从而使下降管入口处产生水的压力降，当此压力降大于汽包水面至下降管入口的重位压差时，锅水产生自身汽化。

另外，在锅炉运行中，当汽压急剧波动而导致汽压降低时，下降管入口处也会出现自汽化。

防止自汽化产生的措施如下：给水直接送至下降管入口处，以提高锅水欠焓；大直径集中下降管沿长度均匀设置在汽包最低处，以降低下降管入口处的水速，提高下降管入口处的静压力；运行中严格监视汽包水位以防水位过低，组织合理燃烧工况并维持汽压稳定。

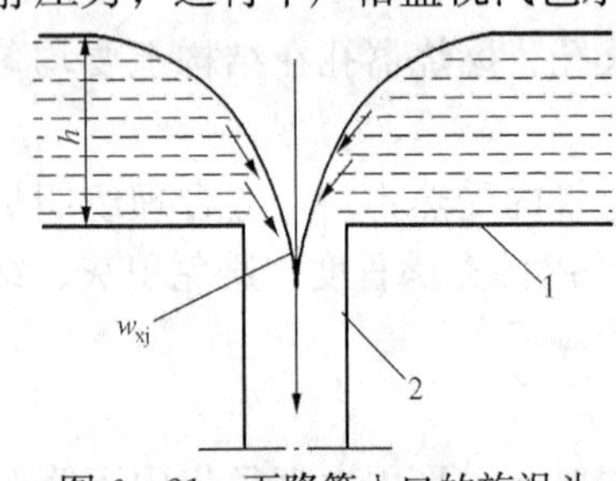


图 6-21 下降管入口的旋涡斗
1—汽包；2—下降管

2. 下降管入口形成旋涡斗并带汽

当下降管入口以上的水位不高时，水在进入下降管的过程中可能形成旋涡漏斗，蒸汽从旋涡中心进入下降管，影响水循环安全，如图 6-21 所示。旋涡斗的形成与下降管入口以上的水位高度、下降管管径、水在汽包内的水平流速和下降管内水的流速等有关。因此，大直径集中下降管入口更容易形成旋涡斗。

为防止旋涡斗出现，下降管入口需加装栅格或十字板，用以分割下降管入口截面，破坏旋转涡流的形成。

3. 汽包内锅水含汽

一般情况下，汽包内的锅水会含有一些蒸汽，当水的下降速度大于水中蒸汽的上浮速度时，水就会将蒸汽带入下降管。锅水含汽量与汽包压力、锅水欠焓、锅水含盐量、汽水分离装置的结构与运行状况、汽包水位高度、汽包内的水速、下降管直径及管内流速等有关。

因此，为减少锅水含汽，应采用结构合理、分离效率高的汽水分离装置，维持正常的汽包水位，降低锅水含盐量，控制汽压稳定等。但大型锅炉的大直径集中下降管带汽是很难避免的，因为蒸汽在水中的上浮速度较小，而下降管入口水速又较大。

（四）沸腾传热恶化

在炉膛水冷壁的高热负荷区域，可能会发生沸腾传热恶化。沸腾传热恶化出现时，管壁与沸腾工质之间的换热系数突然下降，换热量大大减少，管壁温度迅速升高。按照传热机理，沸腾传热恶化有第一类和第二类之分。

1. 第一类传热恶化

当蒸发受热面管的热负荷很高时，管内壁汽化核心数剧增，汽泡生成速度超过脱离速度，使管内壁面形成一层连续的蒸汽膜并将水挤向管子中部，换热系数急剧下降，管壁得不到水的冷却而使壁温迅速上升。这种现象称为第一类沸腾传热恶化，也叫膜态沸腾，发生在欠热区或低质量含汽率区，可能会使管子超温损坏。

第一类沸腾传热恶化发生的特性参数是临界热负荷，因此防止这类传热恶化发生的条件是：受热最强管的热负荷 $q$ 小于临界热负荷 $q_c$，即

$$q < q_c \tag{6-5}$$

由于锅炉的热负荷一般都远远低于临界热负荷，因此一般不会发生第一类传热恶化。

2. 第二类沸腾传热恶化

在液体欠缺对流传热区，质量含汽率很高，当管内壁面上连续的水膜因撕破或蒸发而部分或完全消失时，壁面就直接同蒸汽接触而得不到水的冷却，对流换热系数明显下降，管壁温度大大升高。这种现象称为第二类沸腾传热恶化，也叫蒸干。

第二类沸腾传热恶化的特性参数是临界含汽率，因此不发生这类传热恶化的条件是：管内的含汽率小于临界含汽率，即

$$x < x_c \tag{6-6}$$

临界含汽率的数值与管径、热负荷、工作压力、质量流速等因素有关。

3. 沸腾传热恶化的处理

对于电站锅炉，处理沸腾传热恶化有两种方式，一是尽量避免，二是推迟和抑制。通常采取以下措施：

(1) 采用优质材料。在传热恶化发生的区域采用优质材料，以使管壁温度小于材料的允许使用温度。

(2) 提高质量流速。提高质量流速，可以增大对流换热系数，降低管壁温度，有利于推迟和防止传热恶化。

(3) 减小受热面的局部热负荷。减小受热面的局部热负荷可以削弱蒸发管的受热强度，使管壁温度下降，改善传热恶化发生时的壁温异常。

(4) 采用内螺纹管、扰流子等管内结构。在炉膛高热负荷区，为了防止传热恶化和降低壁温，常采用内螺纹管水冷壁或在管内装设扰流子。

内螺纹管就是在管内壁上开出单头或多头螺纹槽道，如图6-9所示。

扰流子就是在管子里放置的扭成螺旋状的金属薄片，如图6-22所示。扰流子两端固定在管壁上，而且每隔一定长度留有顶住管壁的定位小凸缘，以保证扰动流体的效果。装设扰流子后，管壁流体与管中心流体能够因扰动而混合充分，但流动阻力有所增加。

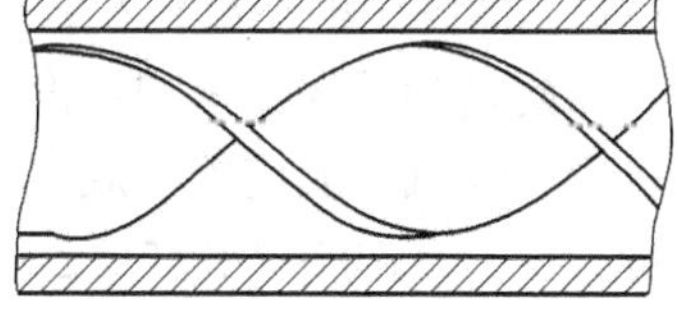

图6-22　扰流子

采用内螺纹管、扰流子等管内结构可以使紧贴壁面的流体产生旋转，从而使壁面上难以形成连续的蒸汽膜，即使形成，由于受到扰动，蒸汽膜的传热性能也会增强。另外，这样的结构可以使管中心汽流产生旋转，从而使更多的水滴被甩到壁面上，防止壁面上的水滴蒸干。

对超临界压力下的传热恶化现象，内螺纹管和扰流子也有减轻其后果的作用。

**五、蒸发受热面安全工作的条件**

在锅炉运行中，蒸发受热面的安全工作受到很多因素的影响，除了管内的循环停滞或倒流、沸腾传热恶化、循环流速过低、汽水分层、管内壁结垢与腐蚀、下降管带汽等，还有管外的燃烧工况组织、高温腐蚀、积灰结渣、磨损等。这些因素不仅会导致管内壁上的连续水膜被破坏，管子冷却不良，管壁温度超过管子金属材料的允许使用温度，而且腐蚀、磨损、结垢、积灰结渣等会直接导致管壁金属变薄或金属超温，最终会造成管子的承压能力下降，甚至爆管。

因此蒸发受热面安全工作的条件是管壁温度小于管子金属材料的允许使用温度，而且管壁不能存在腐蚀、磨损、结垢、积灰结渣等。自然循环锅炉在运行中，所有水冷壁管内都要

有连续的水膜来冷却管壁。

## 第三节 蒸 汽 净 化

### 一、蒸汽净化的必要性及质量标准

电站锅炉所生产的蒸汽是用于汽轮机做功的，因此必须符合压力、温度与杂质含量的要求。这里的蒸汽杂质含量就是通常所说的蒸汽品质，即蒸汽的清洁程度，指单位质量的蒸汽中含有的杂质数量，单位为μg/kg或mg/kg。蒸汽中有$O_2$、$N_2$、$CO_2$、$NH_3$等气体杂质和各种非气体杂质，其中绝大部分是盐类。因此蒸汽携带杂质也称为蒸汽带盐，蒸汽品质也常用蒸汽含盐量来表示。

在电站中，良好的蒸汽品质是保证锅炉和汽轮机安全经济运行的重要条件。如果蒸汽含盐过多，则可能出现以下问题：

(1) 蒸汽中的盐沉积在过热器管及其他受热蒸汽管内壁上，将会形成盐垢，使管壁温度升高，钢材蠕变加速，严重时金属产生裂纹而爆管。

(2) 蒸汽进入汽轮机膨胀做功时，由于压力降低，将有部分盐分从蒸汽中析出并沉积在汽轮机的通流部分，导致叶片粗糙度增大，线型改变，蒸汽流通截面减小，从而使流动阻力增大，汽轮机出力与效率下降。

(3) 蒸汽中的盐沉积在影响汽轮机调速功能的部件上，会导致调速结构卡涩。叶片积盐严重时，轴向推力增加，甚至损坏转子两端的止推轴承，还会影响转子的平衡，甚至导致机组振动，造成重大事故。

(4) 蒸汽中的盐沉积在管道阀门处会引起阀门动作失灵、卡涩、漏汽等。

因此，为了保证锅炉和汽轮机等热力设备的安全运行，防止金属氧化物积结在管道与汽轮机中，蒸汽品质应符合规定的质量标准。表6-5为《火力发电机组及蒸汽动力设备水汽质量标准》(GB/T 12145—2008)的蒸汽质量标准，汽包炉的饱和蒸汽和过热蒸汽质量以及直流炉的主蒸汽质量必须符合表6-5的规定。

**表6-5 蒸 汽 质 量 标 准**

| 过热蒸汽压力 (MPa) | 钠 (μg/kg) | | 氢电导率 (25℃) (μS/cm) | | 二氧化硅 (μg/kg) | | 铁 (μg/kg) | | 铜 (μg/kg) | |
|---|---|---|---|---|---|---|---|---|---|---|
| | 标准值 | 期望值 | 标准值 | 期望值 | 标准值 | 期望值 | 标准值 | 期望值 | 标准值 | 期望值 |
| 3.8～5.8 | ≤15 | — | ≤0.30 | — | ≤20 | — | ≤20 | — | ≤5 | — |
| 5.9～15.6 | ≤5 | ≤2 | ≤0.15* | ≤0.10* | ≤20 | ≤10 | ≤15 | ≤10 | ≤3 | ≤2 |
| 15.7～18.3 | ≤5 | ≤2 | ≤0.15* | ≤0.10* | ≤20 | ≤10 | ≤10 | ≤5 | ≤3 | ≤2 |
| >18.3 | ≤3 | ≤2 | ≤0.15 | ≤0.10 | ≤10 | ≤5 | ≤5 | ≤3 | ≤2 | ≤1 |

* 没有凝结水精处理除盐装置的机组，蒸汽的氢电导率标准值不大于0.30μS/cm，期望值不大于0.15μS/cm。

### 二、蒸汽被污染的原因

蒸汽被污染就是蒸汽携带了盐分。蒸汽携带盐分有两种途径：一是蒸汽的机械性携带；二是蒸汽的溶解性携带。

#### (一) 蒸汽的机械性携带

汽包锅炉中，汽水混合物的分离过程是在汽包内进行的。当分离出来的饱和蒸汽从汽包中引出来时，蒸汽直接携带一些含盐水滴而导致蒸汽带盐，称为蒸汽的机械性携带。机械性携带引起的蒸汽含盐量取决于蒸汽湿度和锅水含盐量，关系式如下

$$S_q^{jx}=\frac{\omega}{100}S_{ls} \tag{6-7}$$

式中　$S_q^{jx}$——机械性携带引起的蒸汽含盐量，mg/kg；

$\omega$——蒸汽携带的水分含量，即蒸汽湿度，%；

$S_{ls}$——炉水（即锅水）含盐量，mg/kg。

影响蒸汽机械性携带的主要因素如下：

1. 锅炉负荷 $D$

在蒸汽压力、汽包结构尺寸和锅水含盐量一定的条件下，锅炉负荷增加时，水冷壁的产汽量增大，汽水混合物进入汽包时的动能增加，引起的锅水飞溅量增大，而且汽包汽空间的蒸汽流速也随之增大，从而致使蒸汽带水能力增强。另外，由于汽包水空间的汽泡增多，水位膨胀，导致实际的蒸汽空间高度减小而不利于汽水自然分离。因此，随着锅炉负荷增加，蒸汽湿度增大，机械携带盐量增多，蒸汽品质变差。

在蒸汽压力和锅水含盐量一定时，蒸汽湿度与锅炉负荷 $D$ 的关系式如下

$$\omega = AD^n \tag{6-8}$$

式中　$A$——与压力和汽水分离装置有关的系数；

$n$——与锅炉负荷有关的指数。

蒸汽湿度与锅炉负荷的关系可用图 6－23 来表示，从图上可知，随着锅炉负荷的增加，存在着三个蒸汽湿度增大的区域。第一负荷区在 $A$ 点以前，$D<D_1$，随锅炉负荷的增加，蒸汽湿度增大较慢，此时蒸汽湿度 $\omega\leqslant 0.03\%$，指数 $n=0.5\sim1.5$，蒸汽带水较少；第二负荷区在 $A$ 与 $B$ 之间，$D_1<D<D_2$，随锅炉负荷的增加，蒸汽湿度增大较快，此时蒸汽湿度 $\omega=0.03\%\sim0.2\%$，指数 $n=3\sim4$；第三负荷区在 $B$ 点以后，$D>D_2$，随锅炉负荷的增加，蒸汽湿度急剧增大，此时蒸汽湿度 $\omega>0.2\%$，指数 $n=7\sim20$。$B$ 点称为临界负荷点，与其对应的锅炉负荷称为临界负荷，用 $D_{lj}$ 表示。在运行中，如果锅炉负荷超过了临界负荷，则蒸汽湿度将剧增，蒸汽品质无法保证。因此，在一般情况下，锅炉的负荷运行范围应该在第二负荷区，即锅炉运行时的实际最大负荷应小于临界负荷。

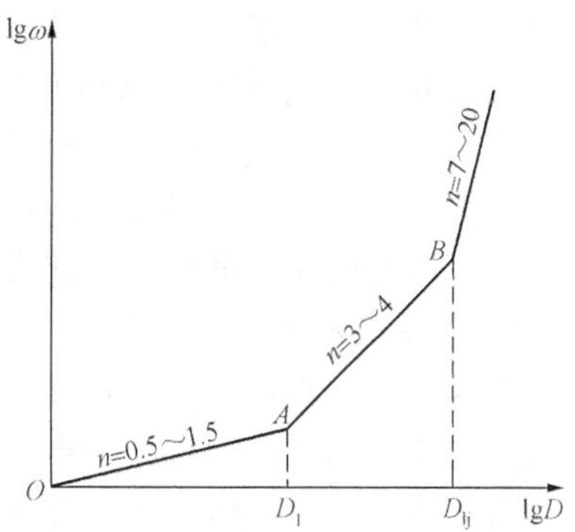


图 6－23　蒸汽湿度与锅炉负荷的关系

2. 蒸汽空间高度 $H$

蒸汽空间高度是指汽包实际水位表面与饱和蒸汽引出管之间的距离，由此可知汽包水位也对蒸汽带水量有影响。蒸汽湿度与蒸汽空间高度的关系表示在图 6　24 中。当蒸汽空间高度较小时，汽包水位较高，大量飞溅的水滴会被汽流带走，因而蒸汽湿度很大。随着蒸汽空间高度的增加，汽包水位下降，蒸汽带水量减少，蒸汽湿度迅速降低。当蒸汽空间高度达到 0.6m 左右时，蒸汽湿度变化就很平缓了，这表明采用过大的汽包尺寸来进行汽水分离和降低蒸汽湿度是不必要的。

3. 锅水含盐量 $S_{ls}$

蒸汽湿度与锅水含盐量的关系如图 6－25 所示。当锅水含盐量在较小的范围内增加时，蒸汽湿度基本不变，饱和蒸汽的含盐量却相应增大。当锅水含盐量增加到某一数值时，蒸汽湿度急剧增大，导致蒸汽含盐量也迅速升高，此时的锅水含盐量叫做临界锅水含盐量。不同负荷工况下的临界锅水含盐量是不同的，负荷越大，临界锅水含盐量越小。

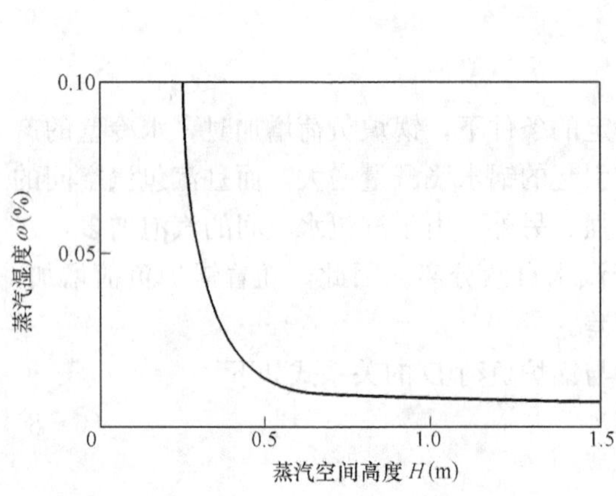


图 6－24　蒸汽湿度与蒸汽空间高度的关系

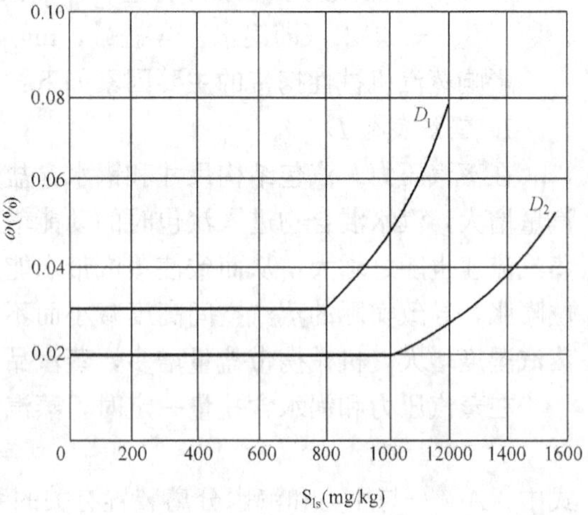

图 6－25　蒸汽湿度与锅水含盐量的关系（$D_1>D_2$）

4. 蒸汽压力 $p$

当蒸汽压力升高时，汽与水的密度差减小，汽水分离更不容易。另外，压力升高引起饱和温度升高，饱和水的表面张力减小，于是水膜破碎形成的水滴就更加细小。这些情况表明，压力升高可能导致蒸汽湿度增大。实际上，压力升高导致蒸汽密度增大，上升速度减小，带水能力下降，从而使蒸汽湿度有所减小。只有当蒸汽压力高于 15MPa 时，随着压力升高，蒸汽湿度才有明显增大的趋势。

蒸汽压力骤然降低将会引起汽水共腾，导致蒸汽大量带水，湿度增大，品质恶化。

（二）蒸汽的溶解性携带

在锅炉中，蒸汽直接溶解某些盐分，称为蒸汽的溶解性携带。随着压力的升高，蒸汽溶解盐分的能力增强。而且在一定压力下，蒸汽溶解不同盐分的能力是不同的，即蒸汽溶解盐分具有选择性，于是溶解性携带也称为选择性携带。能够直接选择性地溶解盐分是蒸汽本身的性质，高压及其以上压力的饱和蒸汽和过热蒸汽都具有这种能力。

饱和蒸汽溶解携带的盐量与分配系数和锅水含盐量有关，表达式为

$$S_q^{rj}=\frac{\alpha}{100}S'_{ls} \tag{6-9}$$

式中　$S_q^{rj}$——某种盐分在蒸汽中的溶解量，mg/kg；

$\alpha$——某种盐分的分配系数，%；

$S'_{ls}$——某种盐分在锅水中的含量，mg/kg。

$\alpha$ 表示某种盐分在蒸汽中的溶解含量与此盐分在与蒸汽相接触的锅水中的含量之比，说明了蒸汽溶解该盐分的能力。$\alpha$ 与蒸汽压力和盐分种类有关，表达式如下

$$\alpha=\left(\frac{\rho''}{\rho'}\right)^n \tag{6-10}$$

式中　$\rho''$——饱和蒸汽的密度，kg/m$^3$；

$\rho'$——饱和水的密度，kg/m$^3$；

$n$——溶解指数，取决于盐分种类，见表 6－6。

表 6－6　　盐分溶解指数

| 盐分种类 | $SiO_2$ | NaOH | NaCl | $CaCl_2$ | $Na_2SO_4$ |
|---|---|---|---|---|---|
| $n$ | 1.9 | 4.1 | 4.4 | 5.5 | 8.4 |

1. 蒸汽溶盐的原因

随着压力的升高，蒸汽密度不断增大，饱和水的密度却相应减小，于是汽水密度差减小，蒸汽的性质逐渐靠近水的性质，从而使蒸汽溶解盐的能力接近于水，同时盐的分配系数相应增大，当达到临界压力时，$\alpha=1$。

2. 蒸汽溶盐的选择性

在相同条件下，蒸汽对不同盐类的溶解能力有所不同，具有选择性，据此，可将锅水中常见的盐分为三类。第一类盐为硅酸（$SiO_2$、$H_2SiO_3$ 等），其分配系数最大，最易溶解于蒸汽中，而且高压及其以上蒸汽携带硅酸是蒸汽污染的重要根源。例如，在压力为 8MPa 时，其分配系数 $\alpha=0.5\%\sim0.6\%$；11MPa 时，$\alpha=1\%$；18MPa 时，$\alpha=8\%$。第二类盐为 NaOH、NaCl、$CaCl_2$ 等，其分配系数比硅酸低得多，但随着压力的升高，该类盐在蒸汽中的溶解性增强。如 NaCl，压力为 11MPa 时，$\alpha=0.0006\%$；15MPa 时，$\alpha=0.06\%$；18MPa 时，$\alpha=0.3\%$。由此可见，当压力超过 14MPa 时，就应该考虑 NaCl、$CaCl_2$ 等的溶解性携带。第三类盐为 $Na_2SO_4$、$CaSO_4$、$MgSO_4$、$Na_2SiO_3$、$Na_3PO_4$、$Ca_3(PO_4)_2$ 等一些难溶于蒸汽中的盐，其分配系数很低，即使压力高达 20MPa 时，$\alpha$ 仅为 0.02%。因此，只有当压力达到 20MPa 以上时，才考虑第三类盐的溶解性携带。

对于中、低压锅炉，各盐分的分配系数小，蒸汽溶盐能力低，而允许的蒸汽湿度较大，所以饱和蒸汽主要是机械性携带盐类，蒸汽溶盐可忽略。

3. 硅酸的溶解与沉积

硅酸易溶于蒸汽中，其在蒸汽中的溶解具有两个重要特性，一是硅酸在蒸汽中的溶解度最大，二是硅酸以分子形式溶解在蒸汽中。据此，如果通过增大锅水 pH 值（锅水碱度），使硅酸在锅水中转变为难溶于蒸汽的硅酸盐，就可以减少蒸汽中的硅酸含量，提高蒸汽品质。表 6－7 为指数 $n$ 与 pH 值之间的关系。当 pH>9 时，影响较大；而 pH>12 之后，影响逐渐降低。因此 pH 值不宜过大，否则锅水泡沫增多，蒸汽空间高度减小，蒸汽带水量剧增，致使蒸汽品质恶化，碱性金属腐蚀加剧。

表 6－7　　指数 $n$ 与 pH 值之间的关系

| pH | $n$ | pH | $n$ |
|---|---|---|---|
| 7.8～9 | 1.8 | 11.3 | 2.1 |
| 10.3 | 1.95 | 12.1 | 2.4 |

硅酸易溶解于高压蒸汽，一般不会在过热器中沉积。当硅酸随蒸汽进入汽轮机后，由于压力降低而溶解度下降，硅酸就逐渐析出并沉积在汽轮机的通流部分，很难用水和湿蒸汽清洗干净，严重时将被迫停止汽轮机运行并进行机械清理。因此，必须对高压以上蒸汽中的硅酸含量进行严格控制。

（三）蒸汽携带的总盐量

饱和蒸汽携带应为机械性携带与溶解性携带盐量之和，即

$$S_q = S_q^{jx} + \sum S_q^{rj} = \frac{\omega}{100} S_{ls} + \sum\left(\frac{\alpha'}{100} S'_{ls}\right) \tag{6-11}$$

式中　$\alpha'$——某种盐分的分配系数，%。

蒸汽带盐还可以用携带系数 $k$ 来表示，指蒸汽含盐量占锅水含盐量的百分比，即

$$k = \frac{S_q}{S_{ls}} \times 100 \tag{6-12}$$

式中　$k$——携带系数，%。

## 三、提高蒸汽品质的途径

要提高蒸汽品质，就必须提高给水品质，降低锅水含盐量，减少饱和蒸汽带水和蒸汽溶盐。

饱和蒸汽带盐来源于锅水，因此可采用锅炉排污来降低锅水含盐量；而锅水含盐量主要是给水带入的，所以在排污量一定时，提高给水品质可使锅水含盐量减少，蒸汽品质提高；减少饱和蒸汽带水，应建立良好的汽水分离条件，并采用高效的汽水分离设备；减少蒸汽溶盐，可适当控制锅水 pH 值和采用蒸汽清洗装置。大型汽包锅炉很少采用蒸汽清洗装置，因此，提高蒸汽品质的根本途径应该是提高给水品质。

（一）提高给水品质

锅炉给水就是通过给水泵经高压加热器送入锅炉省煤器的水。对于凝汽式机组，锅炉给水是由汽轮机排汽的凝结水和补给水组成的；对于供热式机组，锅炉给水是由汽轮机排汽的凝结水、补给水以及供热用汽返回水组成的。因此，提高给水品质可以从给水来源上来考虑。

1. 补给水合格

一般情况下，由于除盐水的硬度和硅含量已经很低，含盐量也降至最低值，因此超高压及其以上锅炉均采用除盐水作为补给水。

2. 防止凝汽器泄漏

凝结水中的杂质含量主要取决于由凝汽器漏入凝结水的循环冷却水量及其杂质含量，因此应防止凝汽器泄漏。

3. 供热用汽返回水合格

当供热用汽返回水受到污染时，其硬度和铁含量较高，需经过适当处理并且水质合格时，才能用作锅炉给水。

4. 控制给水中的金属腐蚀产物

当凝结水、补给水以及供热用汽返回水流经热力设备及管道时，水中溶解的氧将会引起热力设备及管道腐蚀，而且溶解的二氧化碳会加剧氧腐蚀，从而导致水中含有一定量的铁、铜氧化物，因此应采取措施控制给水中的金属腐蚀产物。

（二）汽水分离

汽水分离过程是在汽包内进行的，它是利用以下分离原理，通过汽水分离设备来使汽水混合物中的汽与水进行分离：

（1）重力分离。利用汽水密度差，在重力作用下来使汽水得到自然分离。

（2）惯性力分离。利用汽水两相流体改变方向时产生的惯性力进行汽水分离。

（3）离心力分离。利用汽水两相流体在作旋转运动时产生的离心力进行汽水分离。

（4）水膜分离。利用蒸汽携带的水滴黏附在金属壁面上，形成向下流动的水膜而进行汽

水分离。

实际上，汽包内的汽水分离过程是综合以上几种原理进行的，一般包括一次分离和二次分离两个阶段。一次分离也称为粗分离，目的是消除汽水混合物的动能，并初步进行汽水分离；二次分离也称为细分离，目的是进一步将蒸汽携带的细小水滴分离出来，提高蒸汽干度。

常用的一次分离元件有进口挡板、立式旋风分离器、卧式旋风分离器、螺旋臂式分离器以及涡流分离器等，常用的二次分离元件有波形板分离器、顶部多孔板等。

1. 进口挡板

进口挡板常用3～5mm的钢板制成，安装在汽包汽水混合物引入管的进口处，如图6－26所示，用于消除汽水混合物进入汽包时的动能，同时借助流体方向的改变来对汽水进行惯性分离。为避免冲破挡板上的水膜，挡板与汽水混合物流动方向间的夹角应小于45°。同时，为避免猛烈撞击时形成细小水滴，汽水混合物引入管管口到挡板间的距离应大于两倍的引入管内径。另外，每排引入管都应设有单独的挡板，而且挡板两端用端板或拉条加固，挡板上部与汽包壁对严后点焊固牢，不能留有间隙。引入管出口的汽水混合物流速 $w_2$ 和相邻挡板下端最窄截面处的汽流速度 $w_3$ 应比较低，以免将汽水混合物中的水滴碰撞得太细而使蒸汽二次带水。

2. 旋风分离器

旋风分离器是综合利用离心分离、重力分离和水膜分离原理来进行汽水分离的，一般由筒体、筒底和波形板顶帽等部件构成，广泛用于大、中型锅炉上。设置于汽包内的旋风分离器称为内置式旋风分离器，设置汽包外的旋风分离器称为外置式旋风分离器，其中内置式旋风分离器最为常见。

(1) 立式旋风分离器。立式旋风分离器如图6－27所示，由筒体、底板、波形板顶帽、溢流环、导向叶片等组成。国产锅炉的分离器筒体有柱形和导流式两种结构，由2～3mm厚的薄钢板卷制而成，直径一般为 $\phi$260～350，大型锅炉多采用 $\phi$315与 $\phi$350。

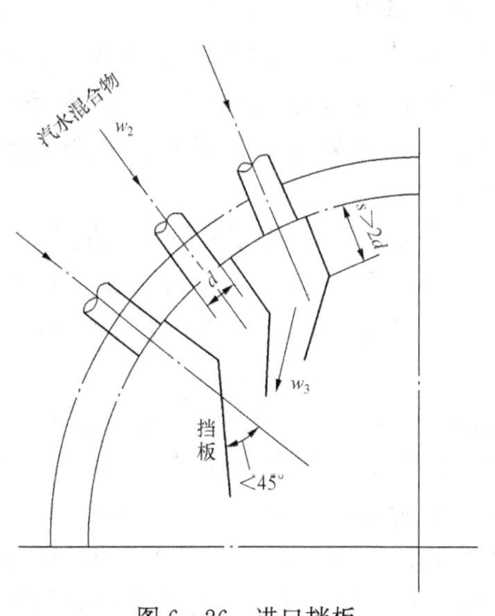


图6－26　进口挡板

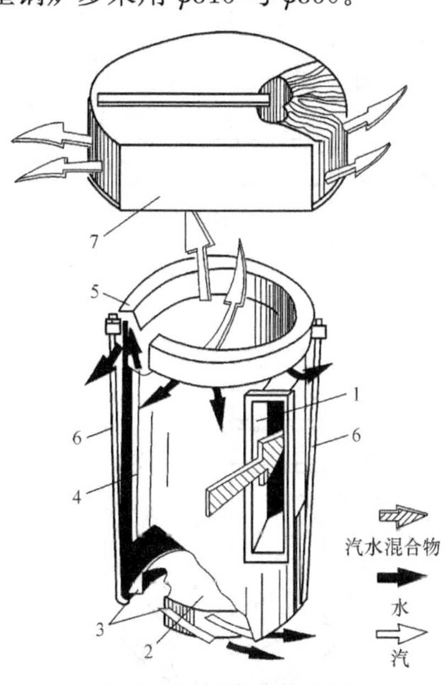


图6－27　旋风分离器

1—连接罩；2—底板；3—导向叶片；4—筒体；5—溢流环；6—拉杆；7—波形板顶帽

图 6－27 所示为旋风分离器柱形筒体结构。汽水混合物通过连接罩切向进入分离器筒体后，产生旋转运动，在离心力的作用下进行汽水分离。分离出来的水被甩向筒壁并沿筒壁流下，经筒底导向叶片进入汽包水空间。分离出来的蒸汽在旋风筒中旋转上升，由于重力作用使一部分水从蒸汽中分离出来并由筒体下部进入水空间，蒸汽则经顶部的波形板顶帽进入汽包的汽空间。

在旋风分离器中，由于汽水混合物的旋转，筒内水面将呈漏斗形状，筒壁上部紧贴的是一薄层水膜。为了防止上升汽流撕破这层水膜而使其带水量增大，在分离器顶部设置了溢流环。溢流环与筒体之间的间隙既要保证水膜顺利溢出，又要防止蒸汽由此窜出。

筒底由底板和导向叶片构成，用于防止筒内的水向下流入水空间时带汽。导向叶片沿底板四周倾斜布置，倾斜方向与水流旋转方向一致，这能够使水平稳地流入汽包水空间，但不能消除水的旋转运动，有可能造成汽包水位倾斜。为了消除旋转动能，汽包内的旋风分离器常采用左旋与右旋交错布置，以使汽包水位稳定。在筒底下部一般还装有托斗，用于防止底部排水中的蒸汽进入下降管。

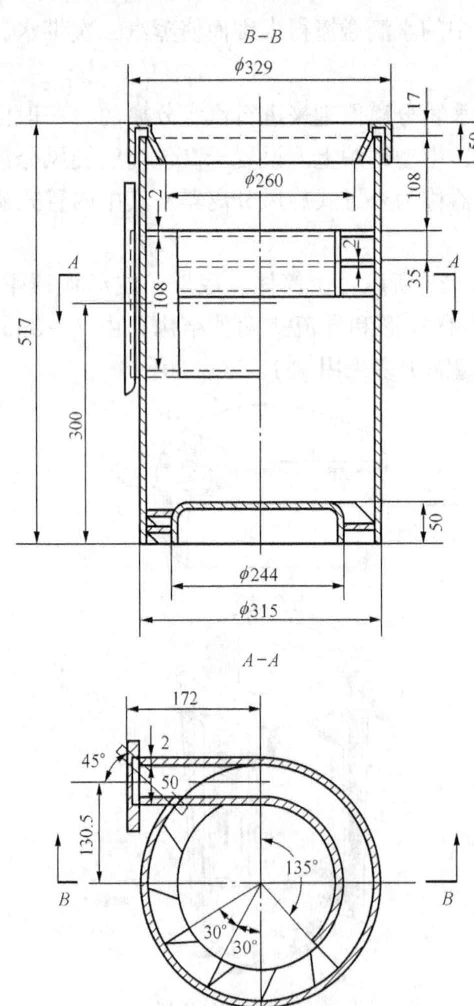


图 6－28　导流式旋风分离器

圆形顶帽由立式波形板组成，蒸汽流动方向与水膜流动方向垂直，既能够使汽流出口速度均匀，又能利用水膜附着力进一步将蒸汽中的水滴分离出来。

汽水混合物进入旋风分离器的流速越高，分离器的筒体直径越小，汽水分离效果越好，但过高的汽水混合物流速将会导致分离器阻力增大，不利于水循环。过小的筒体直径会导致安装、检修不便。

图 6－28 所示为导流式旋风分离器。导流板加装在筒体内汽水混合物入口上半部，并向筒内延伸 135°，形成导流式筒体。导流板能够延长汽水混合物的流程和筒内停留时间，增强了分离效果，而且使分离器的允许负荷增大。

汽水混合物引入旋风分离器的方式有单位式、总联箱式和分联箱式，如图 6－29 所示。单位式是一根或几根汽水混合物引入管与一个分离器相连的方式，优点是阻力较小，缺点是由于水冷壁受热不均而导致各分离器的负荷差别较大。总联箱式是将汽包一侧汽水混合物引入管的汽水混合物汇集在一个总联箱内，然后引入各分离器的方式，优点是各旋风分离器的负荷均匀，缺点是阻力大，总联箱的焊缝很长，并且联箱壁厚与汽包壁厚相差很大，故焊缝容易裂开。分联箱式是将上述两种方式折衷，按循环回路分为几组分联箱，每组分联箱再与几个并联的分离器相连的方式。

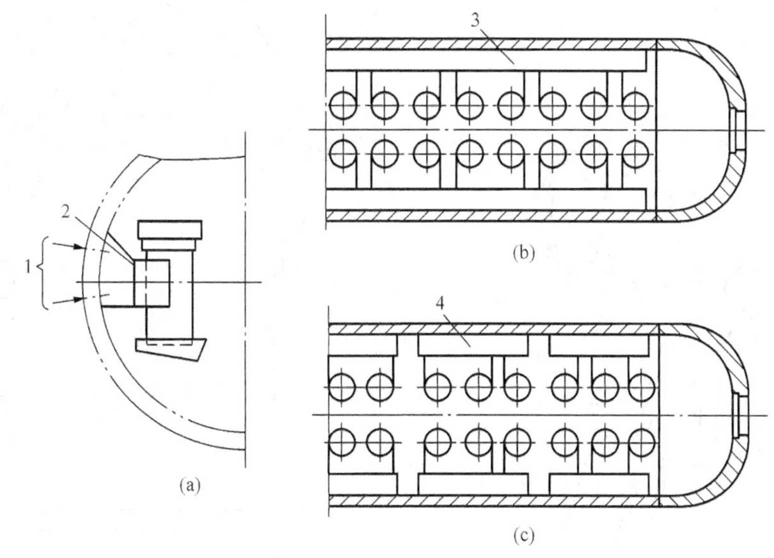


图 6-29 旋风分离器的连接方式

(a) 单位式；(b) 总联箱式；(c) 分联箱式

1—汽水混合物引入管；2—旋风分离器入口连接罩；3—总汇集联箱；4—分组汇集联箱

旋风分离器的安装标高是其入口下缘高于汽包的正常水位或至少与正常水位平齐，旋风分离器的筒体下缘应在正常水位下 200mm（最少为 180mm）处，用以防止蒸汽从筒体底部窜出。左旋与右旋旋风分离器交错布置，以防汽包水位偏斜。为使蒸汽均匀流出，相邻两个立式波形板顶帽之间的最小间距应大于 50mm。

旋风分离器能够消除汽水混合物的动能并利用动能进行汽水分离，能够避免锅水形成表面泡沫，保持水空间平稳并减少水空间含汽量，因而是一种有效的分离元件。

(2) 卧式旋风分离器。卧式旋风分离器由水平放置的圆柱形筒体、汽水混合物入口通道、排水孔板和排水导向板等组成，如图 6-30 所示。汽水混合物沿切向进入筒体，水在离心力的作用下被甩向筒壁，并经排水导向板和排水通道流入汽包水空间；分离出来的蒸汽被推挤到筒体中间，并经筒体两端的圆孔排出，因此蒸汽的轴向速度较低，这有利于提高蒸汽负荷。但是卧式分离器的蒸汽空间小，不利于重力分离，而且在汽包水位波动时的汽水分离工况不稳定。另外，其排水有可能因撞击汽包内其他设备或扰动锅水而造成水滴飞溅。

(3) 涡轮式旋风分离器。涡轮式旋风分离器是由外筒、内筒、与内筒相连的集汽短管、螺旋导叶装置以及百叶窗顶帽等构成，如图 6-31 所示。汽水混合物从涡轮式分离器底部轴向进入，在向上流经固定式导向叶片时产生离心力，从而使汽水混合物强烈旋转，水被挤压到内筒壁上并依靠汽水混合物的冲力向上作螺旋运动，到达顶部后经集汽短管与内筒之间的环形截面进入内、外筒间的疏水夹层并向下流入汽包水空间；蒸汽则由筒体中心向上流动，经集汽短管、百叶窗组成的梯形顶帽进入汽空间。这种分离器的分离效率很高，但流动阻力较大，因此常用于控制循环锅炉。

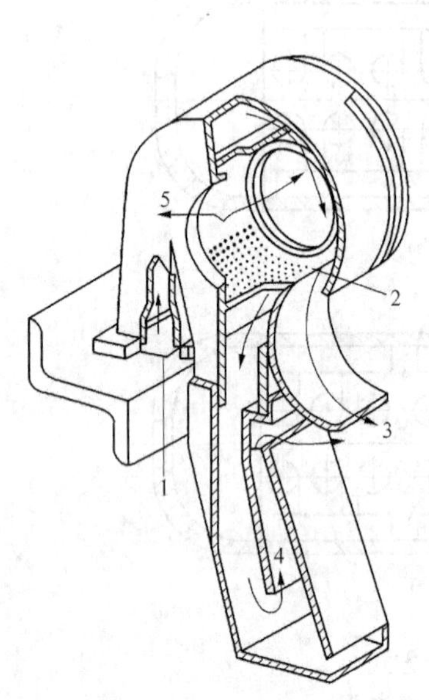

图 6－30 卧式旋风分离器
1—汽水混合物入口；2—排水孔板；3—排水导向板；4—排水通道；5—蒸汽出口

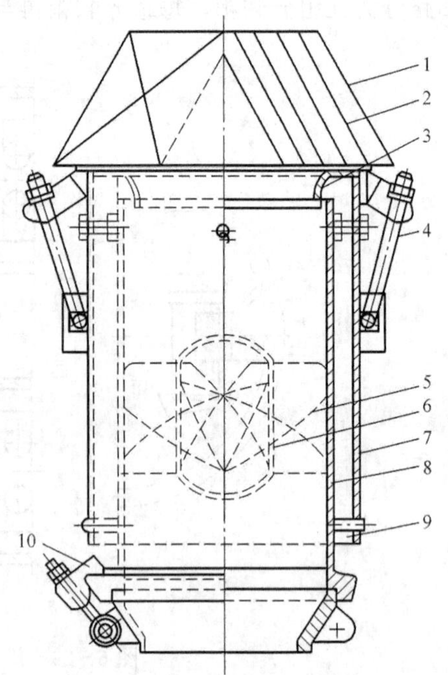

图 6－31 涡轮式旋风分离器
1—梯形顶帽；2—百叶窗板；3—集汽短管；4—钩头螺栓；5—固定式导向叶片；6—涡轮芯子；7—外筒；8—内筒；9—疏水夹层；10—支撑螺栓

在汽包中安装涡轮式分离器时，导向叶片下缘应高于正常水位 30mm 左右。

(4) 螺旋臂式分离器。螺旋臂式分离器主要由两同心圆结构的筒体、旋转挡板、螺旋臂、防涡流板、扩流器和人字形波形板顶帽等构成，如图 6－32 所示。汽水混合物从下部沿轴向进入螺旋臂式分离器，由预旋挡板进行混合物分配，并进入分离器螺旋臂产生旋转，在离心力的作用下，大部分的水和汽得到分离。密度较大的水沿螺旋臂外表面流动，而密度较小的蒸汽沿螺旋臂的内表面向上流动。分离出来的水沿内、外筒体间向下流动，其旋转运动由防涡板消除，并通过扩流器进行水流分配后进入汽包水空间。防涡流板的支架和水流扩散器是由装设在外缸底部的多孔板制成的。分离出来的蒸汽则经顶部人字形波形板顶帽进一步分离后进入汽包汽空间。

3. 波形板分离器

波形板分离器又称百叶窗分离器，如图 6－33 所示，是由许多平行的波形薄钢板组成的，每块波形板的厚度为 1～3mm，相邻板间距离约为 10mm，边框用厚度为 3mm 的钢板制成，用以固定波形板。组装时应保证波形板间距均匀，相邻两组百叶窗之间形成的蒸汽通道也应与波形板的间距相同。

波形板分离器布置在汽包顶部，当蒸汽从一次分离元件出来后，低速经过波形板间的弯曲通道时，由于转向而产生的离心力将蒸汽中细小水滴甩出来，水滴黏附在波形板表面上形成水膜，水膜靠自身重力缓慢向下流动，并在波形板的下边沿聚集成较大的水滴落下，返回汽包水空间。

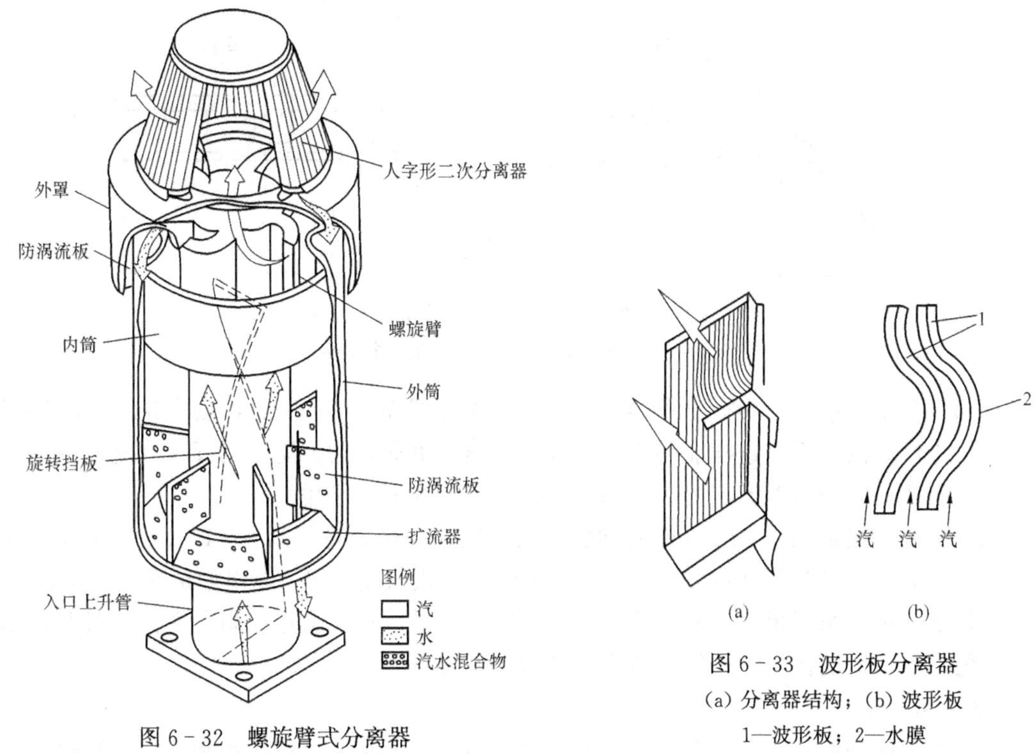


图 6-32 螺旋臂式分离器

图 6-33 波形板分离器

(a) 分离器结构；(b) 波形板

1—波形板；2—水膜

波形板分离器的布置方式有水平布置和立式布置两种。在水平布置的波形板分离器中，蒸汽和水膜平行相对流动；在立式布置的波形板分离器中，蒸汽和水膜垂直交叉流动。水平布置的波形板分离器的总长度应超过汽包直段长度的 2/3。为了便于疏水并防止波形板上的水滴落到汽包水面而引起水滴飞溅，在立式波形板分离器底部装有疏水盘和疏水管，波形板上的水膜流下来集中于疏水盘里，再通过疏水管流入清洗水溢水斗或汽包水空间（疏水管一直延伸到汽包最低水位以下），如图 6-34 所示。

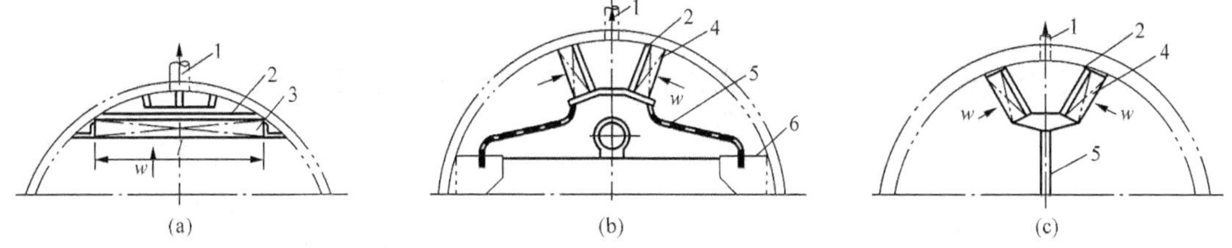


图 6-34 波形板分离器的布置方式

(a) 水平式；(b) 立式（疏水引入清洗水溢水斗）；(c) 立式（疏水引入汽包水空间）

1—饱和蒸汽引出管；2—均汽孔板；3—水平式分离器；4—立式分离器；5—疏水管；6—清洗水溢水斗

波形板分离器内的蒸汽流速不宜过高，以防蒸汽撕破水膜而造成二次带水，降低分离效果。波形板分离器是一种有效的二次分离元件，广泛用于各种压力和容量的汽包锅炉。

4. 顶部多孔板

顶部多孔板也称作均汽孔板，布置在汽包顶部蒸汽出口处，如图 6-35 所示。它是利用孔板的节流作用，使饱和蒸汽沿汽包长度和宽度均匀引出。

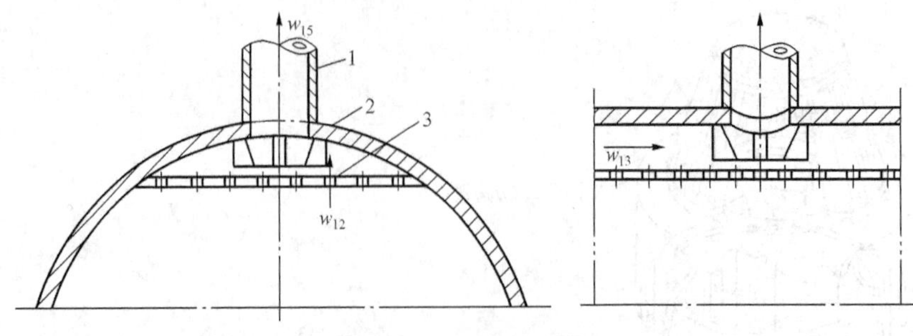


图 6－35 顶部多孔板

1—蒸汽引出管；2—汽包；3—顶部多孔板

顶部多孔板一般与波形板分离器配合使用，两者相隔 30～40mm，蒸汽先流过波形板分离器，再流过均汽孔板，这样能够使波形板前的蒸汽负荷均匀，防止局部蒸汽流速过高，另外还能阻挡住一些随蒸汽流走的小水滴，起到一定的细分离作用。

均汽孔板一般是用 3～4mm 厚的钢板制成，板上均布着直径为 6～10mm 的小孔，孔间距不超过 60mm。均汽孔板的总长度应不小于汽包直段长度的 2/3，以增加蒸汽空间的利用率，另外要尽可能布置得高一些。蒸汽穿孔速度要合适，过高会造成阻力太大，过低则不能起到均匀蒸汽负荷的作用，一般超高压锅炉为 4～6m/s。

（三）蒸汽清洗

蒸汽清洗就是使蒸汽穿过含盐量较低的清洗给水层或水雾，在给水和蒸汽的溶盐浓度差的作用下，蒸汽中溶解的盐分就会转移到清洗给水中，从而降低蒸汽溶解携带的盐量，提高蒸汽品质。虽然蒸汽在清洗后的湿度有所增大，但由于给水含盐量较低，因此蒸汽机械携带的盐量减少，蒸汽总的带盐量明显下降。

蒸汽清洗不仅能够降低蒸汽溶解携带的盐量，还能使蒸汽机械携带锅水中的盐分转移到清洗的给水中，从而降低蒸汽的机械携带含盐量，使蒸汽的品质得到改善，因此广泛用于高压和超高压以上锅炉。

在多种蒸汽清洗装置形式中，起泡穿层式较为常用，这是因为它具有结构简单、清洗效果好等特点。

起泡穿层式清洗装置主要有钟罩式和平孔板式两种形式，如图 6－36 所示。

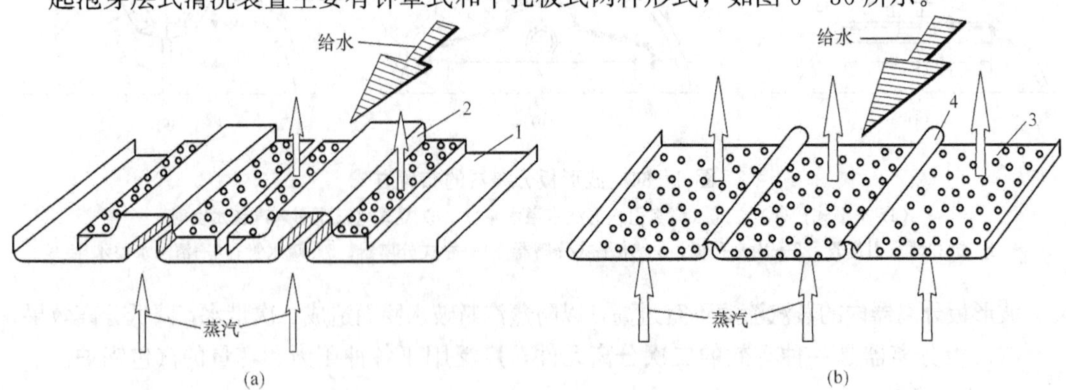


图 6－36 起泡穿层式清洗装置

（a）钟罩式；（b）平孔板式

1—底盘；2—孔板顶罩；3—平孔板；4—U 形卡

钟罩式清洗装置如图 6－36（a）所示，因其结构复杂，阻力大，一般已不采用。

平孔板式清洗装置是由多个平孔板槽组成，相邻平孔板之间用 U 形卡连接，如图 6－36（b）所示。平孔板厚度一般为 2～3mm，由薄钢板制成，板上均匀开有孔径为 5～6mm 的小孔，板四周焊有溢流挡板，以形成一定厚度的水层。清洗给水由配水装置均匀地分配到孔板上形成水层，之后通过挡板溢流到汽包水空间；蒸汽自下而上穿过孔板及其上的清洗水层，进行起泡清洗。孔板上的清洗水层是靠蒸汽穿孔阻力所形成的孔板上、下压差来托住。

在运用平孔板式清洗装置进行蒸汽清洗时，良好的清洗效果取决于以下几个方面：

（1）孔板上应该有连续的清洗水层，不出现干孔板区。因此蒸汽穿孔速度不仅要保证在额定工况下水能够形成连续的清洗水层，还要保证在 50％额定负荷（在特殊情况下为 30％额定负荷）下不出现干孔板区。国产锅炉常用的设计蒸汽穿孔速度为 1.3～1.6m/s，一般不超过 1.8m/s。

（2）保证必要的清洗水层厚度。清洗水层厚度一般为 30～50mm。

（3）清洗水量应适当，给水分配方式应合理。清洗水量不宜过大，一般占给水量的 40％～50％为宜，以防穿层时产生大量的蒸汽凝结。一般情况下，省煤器出口的一部分水直接进入清洗水配水联箱，作为清洗水；另一部分则直接送入汽包水空间。

（4）保证清洗板上的水层均匀、溢流通畅。清洗水由单侧和双侧两种配水方式。清洗给水从孔板的一端引入，通过另一端溢流入汽包水空间，称为单侧配水；清洗给水从孔板中间引入并向两侧流动，然后由两端溢流入汽包水空间，称为双侧配水。平孔板清洗装置一般均采用双侧配水与双侧溢流方式。

（5）清洗水配水装置要合理。清洗水配水装置设在清洗板上方的汽空间，因此，为防止汽空间水滴飞溅或激起清洗水，配水必须均匀，并且能够消除水的动能以使其溢流均匀。

总之，对于高压和超高压汽包锅炉而言，平孔板式清洗装置结构简单，流动阻力小，清洗面积大，清洗效果好，因此得到了广泛应用。而对于亚临界压力汽包锅炉，因为蒸汽所溶解的硅酸的分配系数增大，蒸汽清洗效果降低，所以一般不用蒸汽清洗装置，而主要采用提高给水品质来保证蒸汽品质。

（四）锅炉排污

给水进入汽包锅炉后，由于不断进行循环蒸发，锅水中的含盐量和水渣等逐渐增加，当锅水含盐量超过允许值时，蒸汽品质就会恶化，还可能引起汽水共腾，而且杂质还会在受热面上结垢，影响传热及腐蚀受热面。因此，锅水含盐量必须加以控制。

除了提高给水品质以外，控制锅水含盐量和提高蒸汽品质的重要途径之一是锅炉排污。锅炉排污就是将一部分含盐比较多的锅水排出，并补充比较干净的给水。

锅炉排污分为连续排污和定期排污。

连续排污是指在运行中连续不断地从汽包内排放一些锅水、悬浮物及油脂，以控制锅水含盐量和碱度，如图 6－37 所示。连续排污主管应设置在锅水含盐浓度最大的部位，一般设置在正常水位以下 200～300mm 处，并远离给水管和加药管，而且能够沿汽包长度均匀排水，以保持锅水浓度的均匀性，提高排污效率并减少排污水量。排污主管管径一般为 $\phi28$～$\phi60$，并沿管段长度均匀开有一些小孔或槽口。如果采用旋风分离器作为一次分离元件，则排污管应设置于筒底托斗附近，以便吸入尚未与给水混合的锅水，提高排污效率。

定期排污是指在运行中定期地从锅炉水冷壁下联箱底部排放部分含水渣和沉淀物等的锅

水，如图 6-38 所示，以免这些物质沉积在锅炉受热面上，影响锅炉工作。定期排污量和排污时间应该根据汽水品质要求由电厂化学运行人员来定。给水品质好，排污的间隔时间就可以延长。

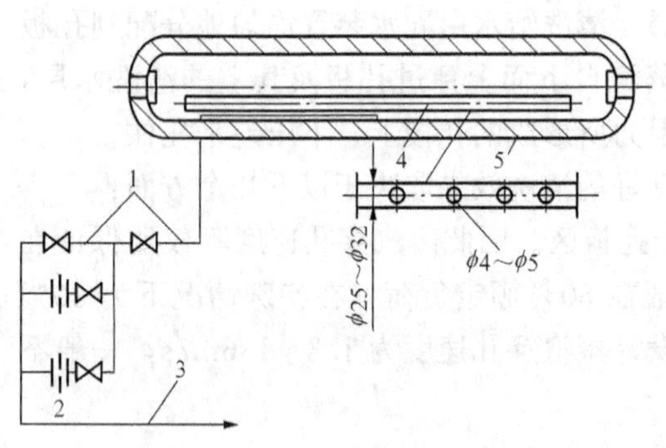


图 6-37 连续排污

1—连续排污管；2—节流孔板；3—排污引出管；4—连续排污主管；5—汽包

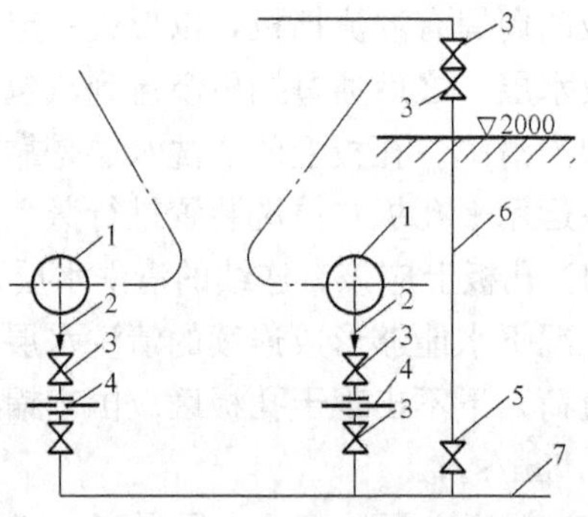


图 6-38 定期排污

1—水冷壁下联箱；2—排污管；3—排污阀；4—节流孔板；5—止回阀；6—汽包事故放水管；7—排污母管

锅炉排污量的大小可以用排污率 $p$ 来表示，指排污量与锅炉蒸发量之比，即

$$p=\frac{D_{pw}}{D}\times 100\% \tag{6-13}$$

式中 $D_{pw}$——锅炉排污量，kg/h；

$D$——锅炉蒸发量，kg/h。

锅炉排污率的大小主要取决于给水含盐量和锅水含盐量。根据《火力发电厂设计技术规程》的规定，以化学除盐水为补给水的凝汽式发电厂，锅炉正常排污率不宜超过 1%；以化学除盐水或蒸馏水为补给水的供热式发电厂，锅炉正常排污率不宜超过 2%；以化学软化水为补给水的供热式发电厂，锅炉正常排污率不宜超过 5%。

## 复习思考题

6-1 自然循环蒸发系统主要包括哪些设备？它们的作用是什么？画出自然循环蒸发系统简图。

6-2 下降管有几种形式？现代大型电站锅炉广泛采用哪种形式？为什么？

6-3 水冷壁有几种结构形式？各有何应用？

6-4 自然循环是怎样形成的？何谓运动压头？

6-5 何谓循环流速、循环倍率、质量含汽率、自补偿能力？它们对水循环工作有何影响？

6-6 循环停滞和倒流是怎样产生的？它们对锅炉有什么危害？如何防止？

6-7 什么是汽水分层、下降管带汽和自汽化？怎样防止其发生？

6-8 沸腾传热恶化有哪两种形式？它们是如何形成的？处理沸腾传热恶化的措施有哪些？

6-9 蒸发受热面安全工作的条件是什么？

6-10 蒸汽品质不良对热力设备的安全经济运行有何影响？

6－11　蒸汽被污染的原因有哪些？什么是蒸汽的机械携带和溶解性携带？

6－12　蒸汽机械携带受哪些因素的影响？蒸汽溶解性携带有什么特点？为什么要对蒸汽中的硅酸含量进行严格控制？

6－13　提高蒸汽品质的途径有哪些？其中的根本性途径是什么？怎样提高给水品质？

6－14　汽水分离的原理有哪些？汽水分离过程一般包括哪两个阶段？常用的汽水分离元件有哪些？分别说明它们的工作原理和结构特点。

6－15　什么是蒸汽清洗？蒸汽穿层清洗装置的结构和工作原理如何？怎样提高蒸汽清洗效果？

6－16　为什么亚临界压力汽包锅炉一般不采用蒸汽清洗方式？

6－17　何谓锅炉排污？说明锅炉连续排污与定期排污的目的和位置。

6－18　什么是锅炉排污率？其大小与哪些因素有关？

# 第七章 过热器与再热器

过热器与再热器是电站锅炉的两个重要受热面，也是热力发电厂用来提高蒸汽动力循环热效率的部件。过热器可以提高蒸汽初温，但是蒸汽温度的进一步提高受到金属材料强度的限制，因此过热器受热面管壁温度必须低于管子金属材料的允许使用温度。再热器可提高汽轮机中压缸入口的蒸汽温度，而再热蒸汽温度的提高不仅有益于进一步提高循环热效率，还可以将汽轮机末级叶片的蒸汽湿度控制在允许范围内，有利于汽轮机的安全工作。

## 第一节 过热器与再热器的型式和结构

### 一、概述

在锅炉中，过热器用于将饱和蒸汽加热成为具有一定温度的过热蒸汽，并通过运行调节保证过热器出口的蒸汽温度在允许范围内；再热器用于将汽轮机高压缸排汽加热成为具有一定温度的再热蒸汽，并通过运行调节保证再热器出口的蒸汽温度在允许范围内。

过热器与再热器布置在炉膛上部以及尾部竖井烟道内，其高温段是锅炉中工质温度最高的受热面，金属壁温也最高，而且过热蒸汽与再热蒸汽对管壁的冷却能力比较差，管外的烟气温度又较高，因此工作条件很差，同时对管子金属材料的选用也提出了更高要求。过热器与再热器的许多部分，尤其是它们的高温段需要采用价格较高的合金钢，甚至是不锈钢。但为了降低锅炉成本，尽量避免使用更高级别的合金钢，设计过热器与再热器时，选用的管子金属工作温度接近其温度极限。过热器与再热器的常用钢材及其允许温度见表 7－1。高压及以上发电机组的蒸汽温度一般选取 500～565℃，而绝大多数电站锅炉的蒸汽温度被限制在 540～555℃的水平。部分机组为提高循环热效率和降低燃料消耗量，采用了较好的合金钢材，于是其过热蒸汽与再热蒸汽温度可提高到 568℃以上。

表 7－1　　过热器与再热器的常用钢材及其允许温度

| 钢号 | 允许温度（℃） | 钢号 | 允许温度（℃） |
|---|---|---|---|
| 20 | ≤450（导管、联箱）<br>≤500（受热面管） | 10CrMo910 | ≤540<br>（过热器管、主蒸汽管） |
| 12CrMo，15MnV | ≤510（导管、联箱）<br>≤540（受热面管） | X12CrMo91（HT7） | ≤560（受热面管） |
| 15CrMo，12MnMoV | ≤510（导管、联箱）<br>≤550（受热面管） | X20CrMoWV121<br>（F11） | ≤650（过热器管）<br>≤600（主蒸汽管） |
| 12Cr1MoV | ≤540（导管、联箱）<br>≤580（过热器管、再热器管） | X20CrMoV121<br>（F12） | ≤650（过热器管）<br>≤600（主蒸汽管） |
| 12MoVWBSiRe<br>（无铬 8 号） | ≤580<br>（过热器管、再热器管） | Cr5Mo | ≤650（吊挂、定距元件） |
| 12Cr2MoWVB<br>（钢 102） | ≤600～620<br>（过热器管、导管） | Cr6SiMo，4Cr9Si2<br>25Mn18A15SiMoTi | ≤800（吊挂、定距元件） |
| 12Cr3MoVSiTiB<br>（П11） | ≤600～620<br>（过热器管、导管、联箱） | Cr18Mn11SiN | ≤900（吊挂、定距元件） |
| Mn17Cr7MoVNbBZr | ≤620～680（过热器管、<br>再热器管、导管、联箱） | Cr20Ni14Si2<br>Cr20Mn9Ni2Si2N | ≤1100（吊挂、定距元件） |

在过热器与再热器的设计、运行中，应注意以下几个方面：

(1) 在锅炉运行中，应保持汽温的稳定性，汽温波动不超过允许范围。

(2) 过热器与再热器要具有良好的汽温特性和可靠的温度调节手段，保证锅炉变工况运行时的汽温稳定。

(3) 尽量防止或减小过热器、再热器受热面管子之间的热偏差。

## 二、过热器的型式与结构

按照传热方式的不同，过热器可分为对流式过热器、辐射式过热器、半辐射式过热器三种型式。

### (一) 对流过热器

对流过热器一般布置在锅炉水平烟道与尾部烟道内，主要以对流方式吸收烟气热量，由许多无缝钢管弯制成的并列蛇形管和进、出口联箱组成。蛇形管外径一般为 32～63.5mm，弯曲半径一般为 1.5$d$～2.5$d$，管子壁厚主要与管内蒸汽压力和管子金属材料有关，由强度计算决定，一般为 3～10mm，而管子所用钢材取决于管壁温度。联箱一般布置在炉外，不受热。管子与联箱之间采用焊接方式连接。在图 1－1 中，布置在尾部竖井烟道内的低温过热器和水平烟道内的高温过热器都属于对流式过热器。

按照不同的分类方式，对流过热器的型式也有所不同。

(1) 按蛇形管的放置方式，对流过热器可分为立式与卧式。

立式对流过热器的蛇形管垂直放置，如图 7－1 所示，通常设在烟温较高的水平烟道中，如末级高温过热器。当烟气流过时，立式对流过热器不易积灰，而且支吊结构简单，只需用多个吊钩将蛇形管的上弯头吊起并将重量传递到炉顶构架钢梁上，吊挂方便，能够自由膨胀；缺点是疏水排气不便，停炉后管内积水不易排除，长期停炉将造成腐蚀，而且启动时易积空气，容易使管子烧坏。

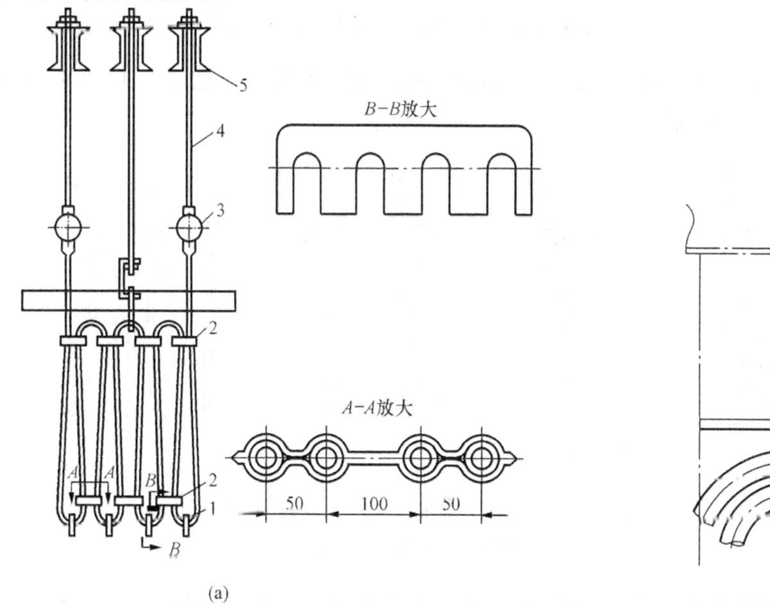


图 7－1　立式对流过热器的布置与支吊方式

(a) 立式对流过热器的布置方式；(b) 立式对流过热器的支吊方式

1—梳形板；2—管夹；3—过热器联箱；4—吊钩；5—构架钢梁；6—过热器蛇形管弯头

卧式对流过热器的蛇形管水平放置，如图 7-2 所示，通常设在尾部竖井烟道内，如低温对流过热器。塔式锅炉和箱式锅炉的过热器大多采用水平布置方式。卧式对流过热器易于疏水排气；缺点是容易积灰，而且支吊结构比较复杂，蛇形管由定位板支撑，定位顶板与定位底板固定在有蒸汽或水冷却的悬吊管上，悬吊管向上垂直穿过炉顶墙并经吊杆悬吊在炉顶构架钢梁上，从而将重量传递到炉顶钢梁上。

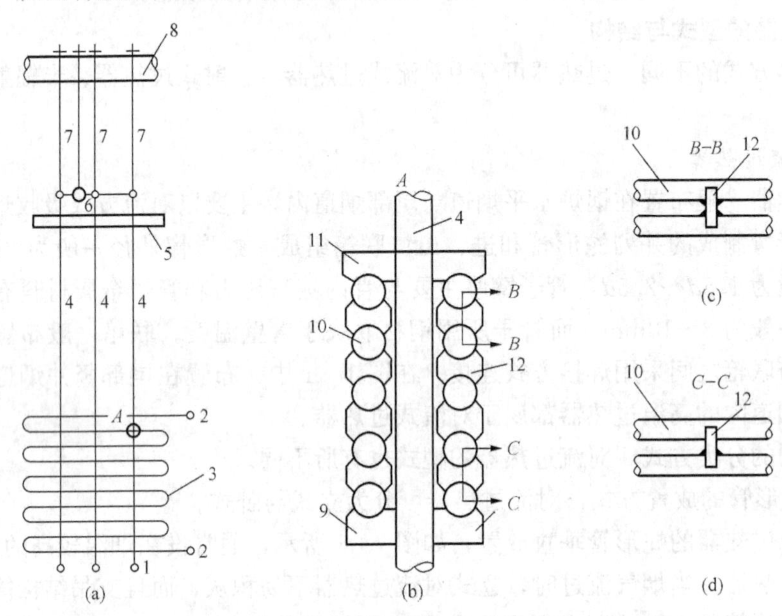


图 7-2 卧式对流过热器的布置与支吊方式

(a) 卧式对流过热器布置与支吊方式；(b) 定位板支撑结构；(c) 固定定位板结构；(d) 活动定位板结构

1—省煤器出口联箱；2—过热器进、出口联箱；3—过热器管；4—省煤器悬吊管；5—炉顶；6—悬吊管汇集联箱；7—吊杆；8—构架钢梁；9—定位底板；10—过热器蛇形管；11—定位顶板；12—定位板

（2）按烟气与蒸汽的相对流动方向，对流过热器可分为顺流、逆流、双逆流与混合流等 4 种布置方式，如图 7-3 所示。

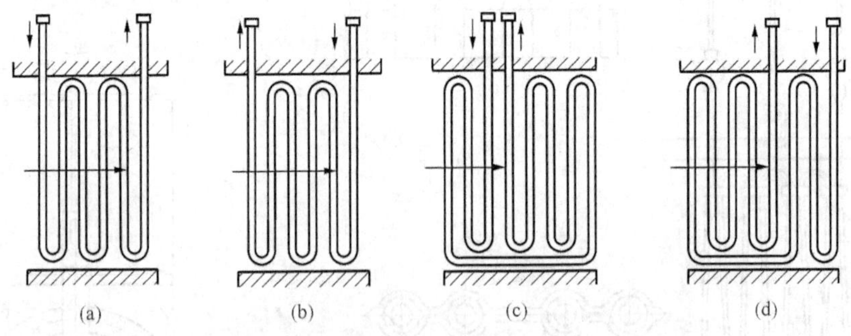


图 7-3 按烟气与蒸汽相对流向的对流过热器布置方式

(a) 顺流；(b) 逆流；(c) 双逆流；(d) 混合流

顺流布置的对流过热器的管内蒸汽与管外烟气的总体流动方向相同，蒸汽的高温段处于烟气的低温区，管壁金属温度低，管子工作条件好。但是顺流布置的烟气与蒸汽的平均传热温差最小，传热性能较差，吸收同样热量时需用的受热面最大，耗用金属量大，因此经济性

差。位于水平烟道的末级高温过热器常采用顺流布置方式，主要是从安全角度考虑。

逆流布置的对流过热器的管内蒸汽与管外烟气的总体流动方向相反，蒸汽的高温段处于烟气的高温区，管壁金属温度高，管子工作条件差。但是逆流方式的平均传热温差最大，传热性能最好，受热面金属消耗量最小，经济性好。位于烟温较低区域的低温过热器一般采用逆流布置方式。

双逆流布置的对流过热器的管壁金属温度与受热面大小介于逆流与顺流布置的过热器之间，既利用了逆流布置方式传热性能好的优点，蒸汽的高温段又避开了烟气的高温区，管子的工作条件得以改善。

混合流布置的对流过热器综合了逆流布置与顺流布置的优点，避免了两者的缺陷，蒸汽的低温段采用逆流布置方式，蒸汽的高温段采用顺流布置方式，这样既能得到较好的传热性能，又能使管子工作比较安全，而且吸收同样热量所需的受热面居逆流与顺流之间，因此应用较广。

(3) 按从联箱引出的并列蛇形管重叠管圈数，对流过热器可分为单管圈、双管圈和多管圈等蛇形管束结构，如图 7-4 所示。

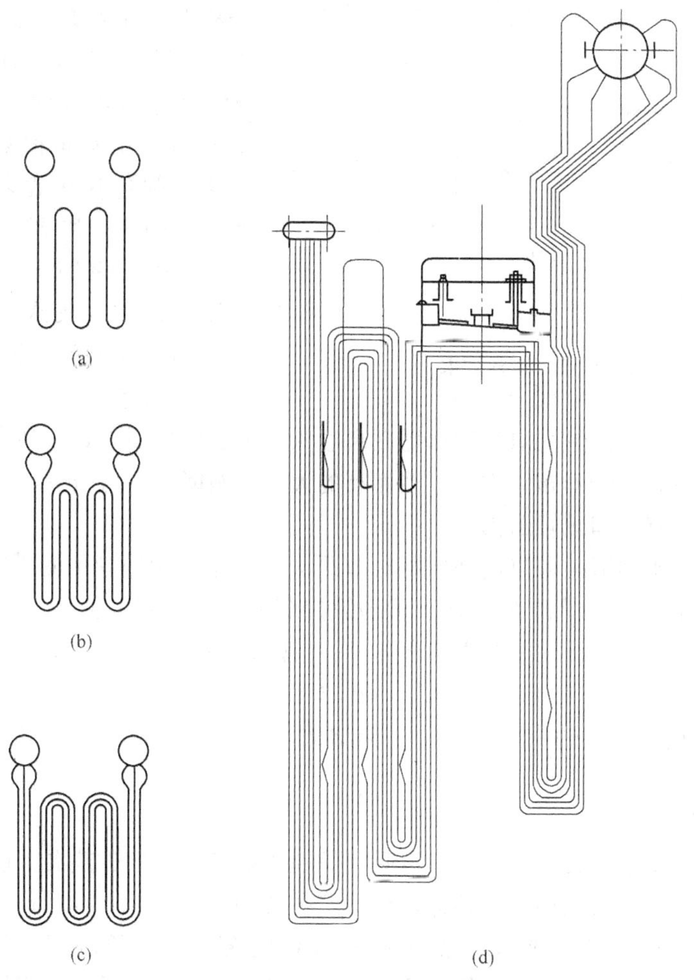


图 7-4　对流过热器蛇形管的管圈结构

(a) 单管圈；(b) 双管圈；(c) 三管圈；(d) 七管圈

对流过热器联箱上引出的并列蛇形管数与管内的蒸汽密度 $\rho$ 和流速 $w$，即蒸汽质量流速 $\rho w$ 有关。$\rho w$ 能够直接体现蒸汽对管壁金属冷却能力的大小。蒸汽质量流速大，传热效果好，管壁金属就可得到较好的冷却，但工质的流动阻力和压降也随之增大。而一般情况下，整个过热器系统的压降应不超过其工作压力的10%。因此，蒸汽质量流速应满足蒸汽对管壁的冷却能力和流动压降两方面的要求。通常对流过热器高温段受热面的工作条件较差，工质温度、烟气温度以及受热面热负荷均较高，应采用较高的质量流速，一般取 $\rho w=800\sim1000\text{kg}/(\text{m}^2\cdot\text{s})$；对流过热器低温段的烟气温度低，受热面热负荷也较低，一般取 $\rho w=400\sim800\text{kg}/(\text{m}^2\cdot\text{s})$。

当烟道宽度一定，且按烟气流速要求选定过热器管排横向节距时，过热器并列蛇形管数就可基本确定，这时，蒸汽流速主要取决于管圈的重叠数。增加管圈重叠数，就可增大蒸汽的流通截面积，降低蒸汽流速。因此，随着锅炉容量的增大，对流过热器可做成单管圈、双管圈，甚至多管圈结构，以保证对流过热器内拥有合适的蒸汽流速。

(4) 按蛇形管的排列方式，对流过热器可分为顺列与错列两种形式，如图7-5所示。

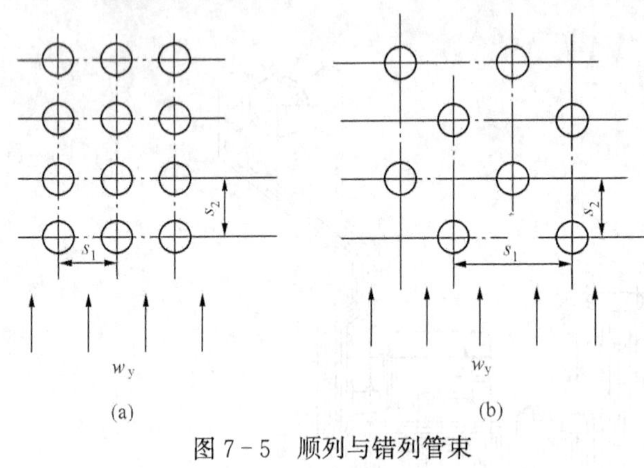


图7-5　顺列与错列管束

(a) 顺列；(b) 错列

在其他条件相同的情况下，当气流横向冲刷受热面时，错列管束的传热系数大于顺列，但其烟气流动阻力大，支吊也不方便，而且吹灰通道截面较小，外表面积灰不易吹扫干净，如果为强化吹灰效果而增加节距以增大吹灰通道，则烟道的利用率将会下降；顺列管束烟气流动阻力小，外表面积灰易被吹灰器清除，有利于防止结渣和减轻磨损，而且易于支吊，但传热性能差。

一般情况下，国产锅炉的对流过热器在高温水平烟道中采用立式顺列布置方式，而在尾部竖井烟道中采用卧式错列布置方式。然而有的大型电站锅炉的对流过热器均以顺列方式设置，以便于吹灰、支吊和减轻磨损。

过热器管束的排列情况可以用横向相对节距 $s_1/d$（$s_1$ 为相邻管子的横向节距，$d$ 为管外径）和纵向相对节距 $s_2/d$（$s_2$ 为相邻管子的纵向节距）来说明。横向相对节距与烟气流速有关，纵向相对节距与管子的弯曲半径有关。管束横向相对节距，顺列布置时 $s_1/d=2.0\sim3.5$，错列布置时 $s_1/d=3.0\sim3.5$；纵向相对节距 $s_2/d=2.5\sim4$。另外，靠近炉膛出口的前几排过热器管束的相对节距应适当增大，即 $s_1/d\geqslant4.5$，$s_2/d\geqslant3.5$，以防止受热面结渣。

(二) 辐射式过热器

辐射式过热器是指布置在炉膛内，以吸收炉膛辐射热为主的过热器。按照布置位置的不同，辐射式过热器有屏式、墙式、顶棚过热器三种类型。

屏式过热器一般由U形或W形管屏和进、出口联箱组成，管屏相互平行地沿炉膛宽度方向悬挂在炉膛上部，进、出口联箱布置在炉顶外部，整个管屏通过联箱悬挂在炉顶构架钢梁上，以便于受热时能够向下自由膨胀，如图7-6所示。现代锅炉的屏式过热器一般分为两部分，布置在炉膛上部靠近前墙的一部分称为前屏过热器，靠近炉膛出口的一部分称为后屏过热器。这里所指的前屏过热器，也称为分隔屏过热器（因其能分隔并均匀炉膛出口烟气）或大屏（屏宽尺寸较大）。前屏或大屏过热器主要吸收炉膛内的辐射传热量，屏间横向节距较大，而管屏数较少。

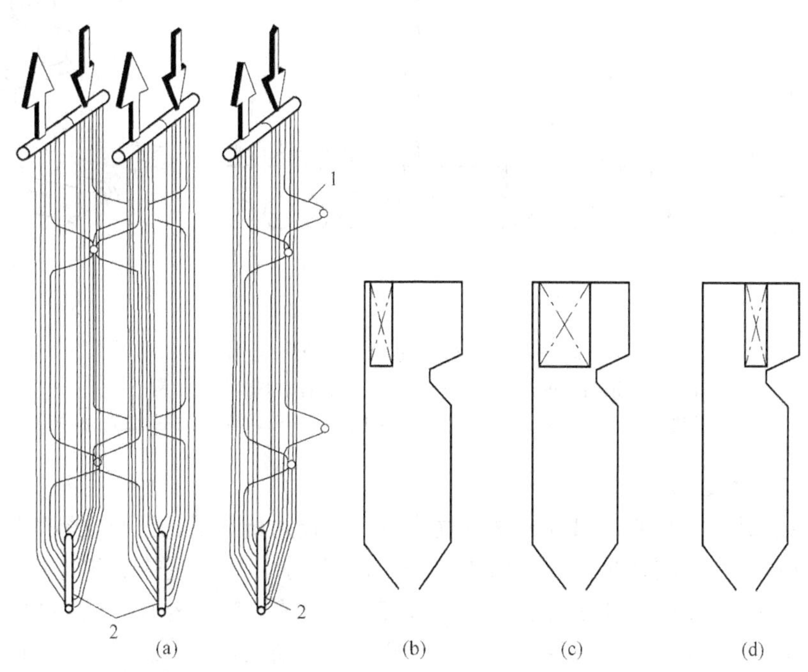


图 7-6　屏式过热器结构

(a) 立式屏式过热器结构；(b) 前屏；(c) 大屏，(d) 后屏

1—定位连接管；2—包扎管

墙式过热器也称为壁式过热器，通常垂直布置在炉膛上部的墙上，可以集中布置在某一区域，也可以与水冷壁管间隔布置，如图 7-7 所示。

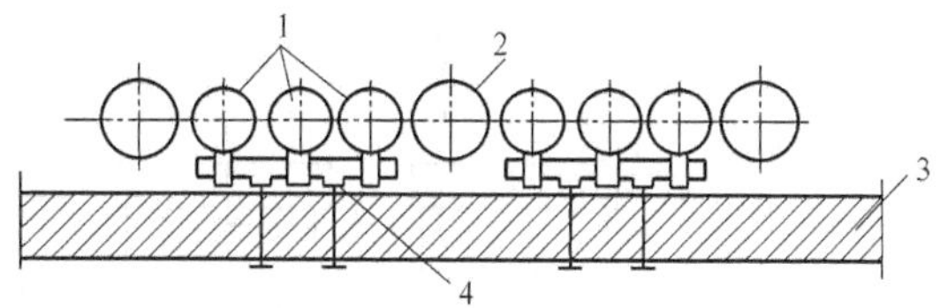


图 7-7　墙式过热器管与水冷壁管的间隔布置方式

1—墙式辐射式过热器管；2—水冷壁管；

3—炉墙；4—固定支架

顶棚过热器布置在炉膛及水平烟道顶部，吸收炉膛火焰辐射热及烟气流中的一小部分辐射热，同时也吸收烟气中的部分对流热量。顶棚过热器一般采用膜式受热面结构，悬吊在炉顶构架梁上，热负荷较小，用于构成轻型平炉顶结构，如图 7-8 所示。轻型平炉顶即在顶棚过热器管上部直接敷设保温材料等，以简化炉顶结构。

辐射式过热器虽然布置在炉膛上部并远离热负荷最高的火焰中心区，但因为所处区域的烟温较高，故用作低温受热面，而且应选取较高的管内蒸汽质量流速，以增大管内对流放热系数，如 SG-1000/16.7 直流锅炉辐射式过热器的质量流速 $\rho w=1400\text{kg}/(\text{m}^2\cdot\text{s})$。在锅炉启动时，工质流量很小，火焰温度却与满负荷时接近，管子容易被烧坏，因此，必须采用适当的冷却措施，使过热器管内有足够的蒸汽流量来冷却管壁。

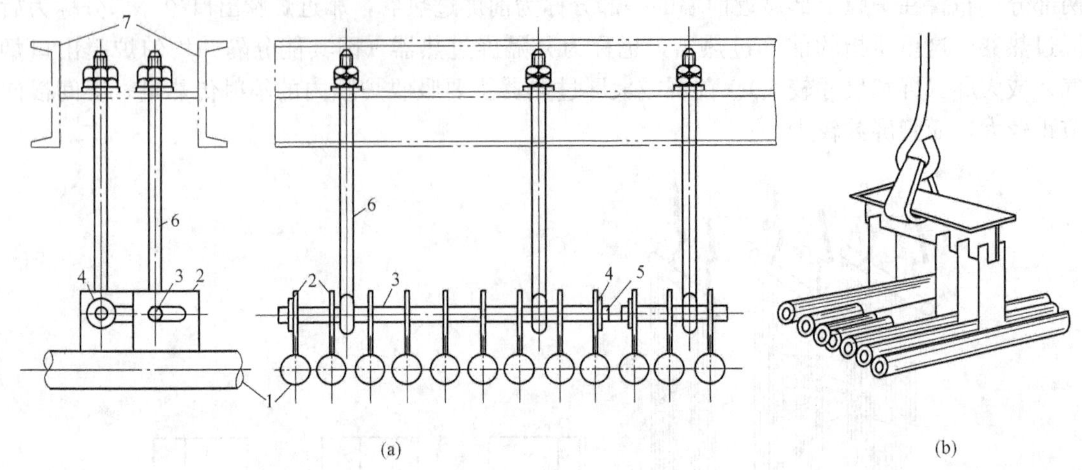

图 7-8　顶棚过热器及其支吊结构

(a) 顶棚过热器及其支吊结构；(b) 顶棚过热器管及吊钩

1—顶棚过热器管；2—吊耳；3—插销；4—垫圈；5—开口销；6—吊钩；7—构架梁

（三）半辐射式过热器

后屏过热器悬挂在炉膛出口处，既吸收炉膛内的辐射传热量，又吸收烟气冲刷时的对流传热量，故又称为半辐射式过热器，如图 7-6（d）所示。后屏过热器的每片管屏由联箱及并联的 15～30 根 U 形或 W 形管子组成，如图 7-9 所示。管子外径一般为 32～57mm，管屏间横向节距大（一般 $s_1$＝600～1500mm），而纵向节距小（一般 $s_2/d$＝1.1～1.25），以便于烟气流过和避免结渣。为了使管屏的并列管子在同一平面内，每片管屏抽出一根管子作为包扎管，将其余的管子扎紧。相邻管屏各抽出一根管子作为定位连接管，用以保持屏间距离，如图 7-6（a）所示。根据折焰角的形状，管屏下部可做成三角形，也可做成方形。

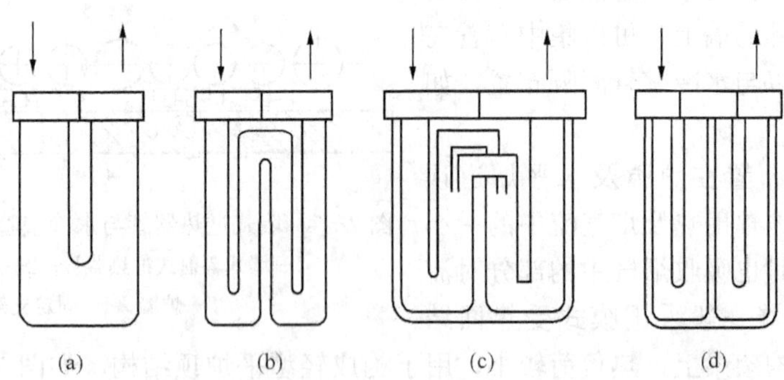

图 7-9　屏式过热器的结构

(a) U 形；(b) W 形；(c) 双 U 形（并联）；(d) 双 U 形（串联）

半辐射式过热器的热负荷很高，而且并列各根管子的结构尺寸和受热条件相差较大，导致管间壁温可能相差 80～90℃。因此，除了采取与辐射式过热器相类似的安全措施外，蒸汽质量流速 $\rho w$ 应控制在 800～1200kg/(m$^2$·s)，同时烟气流速 $w_y$ 应控制在 5～6m/s。

采用布置于炉膛上部或炉膛出口高烟温区的屏式过热器，既可以减少过热受热面的金属消耗量，又可以降低炉膛出口的烟气温度，有利于防止炉膛出口及其后的受热面结渣。当锅炉采用四角布置燃烧器切圆燃烧方式时，炉内旋转上升的气流会造成炉膛出口处气流偏转、速度分布不均匀以及烟气温度左右存在偏差，采用屏式过热器能够对气流偏转起到阻尼和导流作用，减轻旋转气流的影响。另外，屏式过热器的横向节距大，减少了高温烟气中的飞灰黏结在管子上的机会，而且屏式过热器能够吸收烟气的热量，使烟气温度降低，有利于防止结渣。因此，屏式过热器在现代大型锅炉中得到了广泛应用。

(四) 包覆壁过热器

在大型锅炉中，水平烟道内壁、尾部竖井烟道内壁及其顶部布置有类似水冷壁的过热器管，称为包覆壁过热器，也叫包覆墙过热器，用以简化炉墙结构，以便采用悬吊敷管炉墙。当包覆壁过热器由光管组成时，相对节距 $s/d=1.1\sim1.2$；采用膜式壁结构时，$s/d=2\sim3$。现代大型锅炉均采用膜式包覆壁过热器结构，以保证锅炉烟道的气密性和减少金属消耗量。

在尾部烟道中，烟气温度较低，受热面管布置较紧密，靠近炉墙的烟气流速也较低，因此包覆壁过热器吸收的辐射与对流热量也较少。而且包覆壁过热器内流经的是来自顶棚过热器的低温蒸汽，因此其管壁温度较低，有利于减少锅炉的散热损失。

包覆壁过热器能够将顶棚过热器来的蒸汽送入低温过热器入口，如图 7-10 和图 7-11 所示。图 7-10 为 FW-2020t/h 自然循环锅炉的顶棚过热器和包覆壁过热器及其流程，图 7-11为加拿大 Babcock & Wilcox 公司设计制造的 2027t/h 自然循环锅炉尾部竖井烟道包覆壁过热器及其流程。

在图 7-10 中，饱和蒸汽从汽包顶部饱和蒸汽引出管 1 进入顶棚过热器入口联箱 2，经炉膛及水平烟道顶棚管 3 进入分隔烟道隔墙上部的分配联箱 4，之后再分流到各包覆壁过热器。

(1) 部分蒸汽自分配联箱 4 引出后，经分隔烟道后部顶棚和后部烟道的后壁包覆过热器管 10 进入后壁包覆过热器出口联箱 11，再经连接管 22 进入后部烟道下方的包覆壁过热器出口汇集联箱（即低温过热器入口联箱）23。

(2) 分配联箱 4 引出的部分蒸汽经分隔烟道隔墙过热器管 12 吸热后，进入后部烟道下方的包覆壁过热器出口汇集联箱 23。

(3) 部分蒸汽经引出连接管 5 进入水平烟道两侧包覆壁过热器上联箱 16（各侧 2 个）及后部烟道两侧包覆壁过热器上联箱 7（各侧 4 个）。蒸汽自 16 出来后，经水平烟道两侧包覆壁过热器管 17，进入水平烟道侧包覆过热器出口联箱 18，再由连接管 19 引入包覆

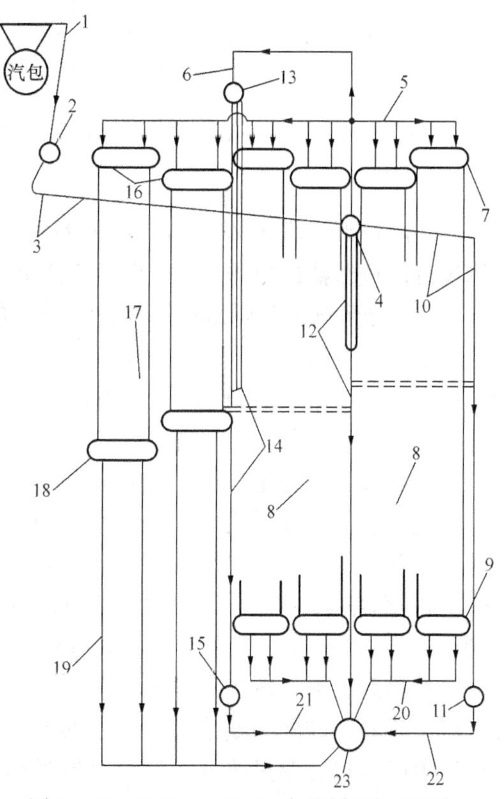

图 7-10 FW-2020t/h 自然循环锅炉顶棚过热器和包覆壁过热器及其流程

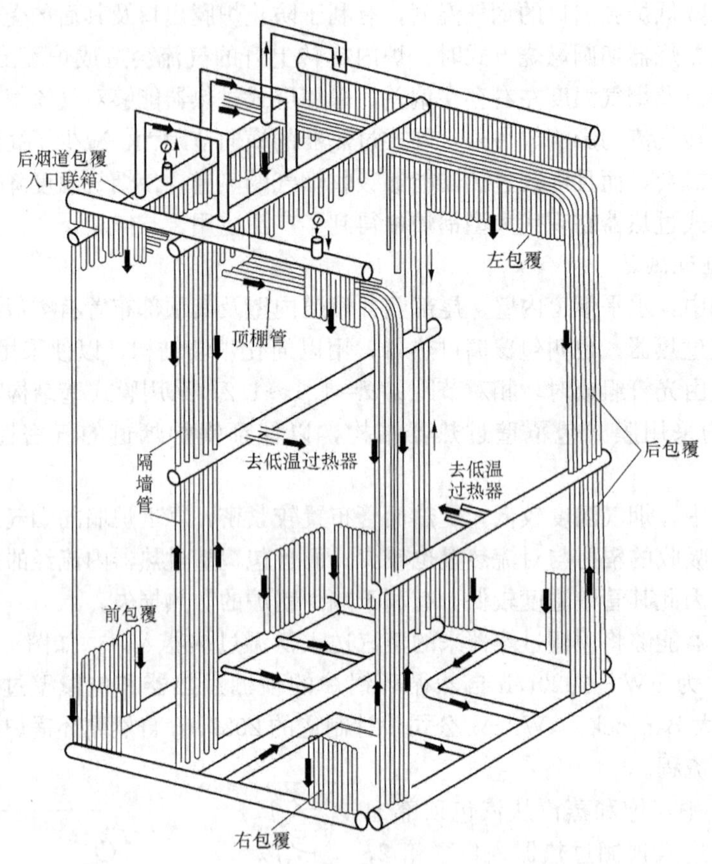


图 7-11 2027t/h 亚临界压力自然循环锅炉尾部竖井烟道包覆壁过热器及其流程

壁过热器出口汇集联箱 23。由 7 出来的蒸汽经后部烟道两侧包覆壁过热器管 8，进入后部烟道侧包覆壁过热器出口联箱 9，再经连接管 20 引入包覆壁过热器出口汇集联箱 23。

(4) 部分蒸汽自分隔烟道隔墙上部的分配联箱 4 出来后，经连接管 6 进入后部烟道前墙包覆壁过热器入口联箱 13，再经后部烟道前墙包覆壁过热器管 14，进入前墙包覆壁过热器管出口联箱 15，最后由连接管 21 引入包覆壁过热器出口汇集联箱 23。

(五) 过热器系统

在高参数、大容量电站锅炉中，过热器系统实际上是由辐射式过热器、半辐射式过热器、对流过热器三种形式串联组合而成的，目的是为得到平稳的汽温特性，减少过热器金属消耗量以及降低炉膛出口烟气温度，如图 7-12 和图 7-13 所示。图 7-12 为亚临界压力 2008t/h 汽包锅炉的过热器与再热器系统设置，图 7-13 为 660MW 超超临界机组 DG-2030/26.15-605/603 型直流锅炉的过热器与再热器系统设置。

在过热系统中，按布置位置和蒸汽流向，过热器可分为顶棚过热器、包覆壁过热器、低温对流过热器、前屏（或分隔屏）过热器、后屏过热器和高温对流过热器。相应地，过热器也分为顶棚与包覆壁过热器、低温对流过热器、前屏（或分隔屏）过热器、后屏过热器和高温对流过热器五级。通常，过热器系统要设置两级或三级喷水减温装置，以保证蒸汽不超温。一般常用两级喷水减温装置，第一级设在后屏过热器的入口，粗调蒸汽温度，保证后屏

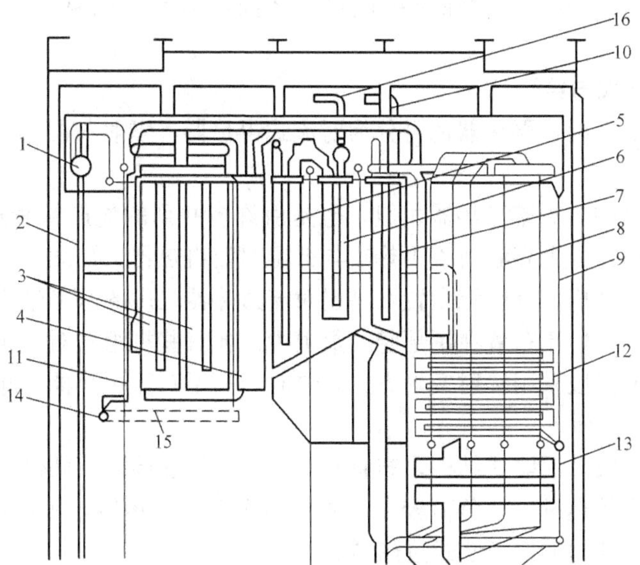


图 7-12 亚临界压力 2008t/h 汽包锅炉的过热器与再热器系统设置

1—汽包；2—下降管；3—分隔屏过热器；4—后屏过热器；5—中温再热器；6—高温再热器；7—高温过热器；8—悬吊管；9—包覆管；10—过热蒸汽出口；11—墙式辐射再热器；12—低温过热器；13—省煤器；14—再热蒸汽入口；15—侧墙辐射再热器；16—再热蒸汽出口

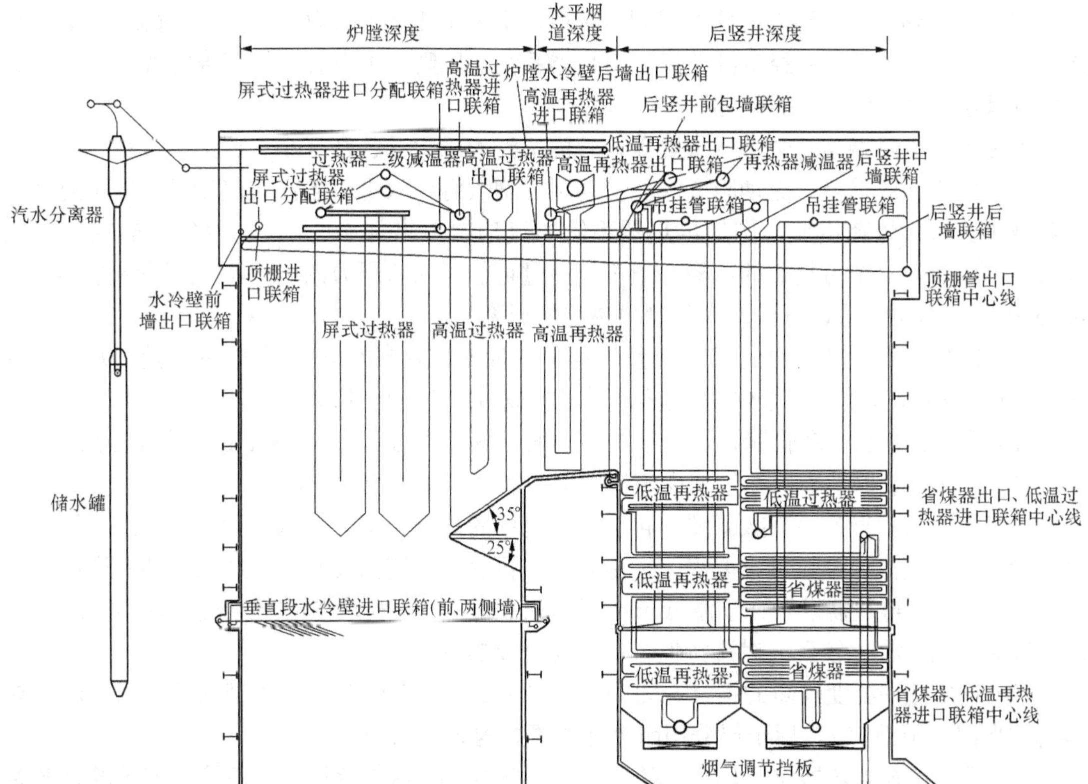


图 7-13 DG-2030/26.15-605/603 型直流锅炉的过热器与再热器系统设置

过热器管的工作安全；第二级设在末级过热器之前，细调蒸汽温度，保证过热蒸汽出口温度。

**三、再热器的型式与结构**

按照传热方式的不同，再热器也可分为对流式再热器、辐射式再热器、半辐射式再热器三种型式。

对流再热器的结构与对流过热器相似，也是由许多并列的蛇形管和进、出口联箱构成。有些机组的对流再热器分为高温对流再热器与低温对流再热器，如图 7－13 所示，高温对流再热器一般采用立式结构，且顺流布置在高温对流过热器之后的水平烟道中；低温对流再热器一般采用卧式结构，逆流布置在尾部竖井烟道中。而有些机组的对流再热器只有高温对流再热器，再热器的低温段采用辐射换热方式，这时，高温对流再热器可布置在高温对流过热器之前，如图 7－12 所示。

辐射式再热器一般采用墙式结构，布置在炉膛上方的前墙以及两侧墙的前半部分，主要以辐射方式吸收炉内的热量，热负荷较高，通常用作低温再热器，也叫墙式或壁式再热器，如图 7－12 所示，其结构类似于墙式过热器。

半辐射式再热器也是采用屏式结构，一般布置在后屏过热器之后，用作再热器的中温段，如图 7－12 所示。

电站锅炉的再热器系统一般分两种情况，一种是再热器系统只采用高温与低温对流再热器，常见于超高压机组的锅炉上，但有的大容量机组的锅炉也采用这种方式，如图 7－13 所示；另一种是再热器系统采用墙式辐射式再热器—屏式半辐射式再热器—对流再热器组成的串联组合式再热器，有利于改善汽温调节特性，常见于亚临界及以上压力机组的锅炉上，如图 7－12 所示。另外，从经济性考虑，再热器系统在原则上不设置喷水调温方式，只设置事故喷水减温，在汽温过高时使用。

实际上，再热器是一个中压过热器，管内蒸汽的压力低、密度小、放热系数小、比体积大，管壁的冷却效果差，流动阻力大。流动阻力增大将导致再热蒸汽在汽轮机内做功的有效压降减小，机组热耗增加，例如再热器系统的流动阻力增加 0.1MPa，汽轮机热耗则增加 0.28％，因此，整个再热器的压降一般不应超过再热器入口压力的 10％，通常限制在 0.2～0.3MPa。通常可采取以下措施来限制再热器的压降：

(1) 适当降低再热器中的蒸汽质量流速。一般对流再热器的蒸汽质量流速可取 250～400kg/($m^2$·s)，辐射式再热器中的蒸汽质量流速可取 1000～1200kg/($m^2$·s)。

(2) 采用大直径、多管圈再热器结构。一般可取管径为 42～63.5mm，管圈数为 5～9。

(3) 简化再热器系统，尽量减少蒸汽的中间混合与交叉流动次数。

由于再热器管壁的冷却效果差，再热器系统中的混合、交叉结构较少采用，因而热偏差大，管壁容易超温。一般可采取以下措施来防止再热器管壁温度超过金属材料的允许温度：

(1) 将对流再热器设置在烟温低于 850℃的区域内，一般设在高温对流过热器后的烟道内，这时再热器有比较强的对流特性，低负荷时吸热少。

(2) 选用允许温度较高的钢材，如 DG－1025/18.2－540/540－Ⅱ4 型锅炉高温对流再热器的前半部分用钢 102，后半部分用耐热性能更好的 SA－213T91。

(3) 采用墙式再热器作再热系统的低温段，虽然管壁热负荷较高，但管内流动的是低温再热蒸汽，冷却效果较好；也可采用屏式再热器，将其设置于后屏过热器之后。

## 第二节 热 偏 差

### 一、热偏差的概念

过热器、再热器、水冷壁、省煤器等都是由许多并联在进口联箱和出口联箱之间的并列工作的管子组成的，各根管子的结构尺寸、热负荷和工质流量可能有所不同，因此管内工质的焓增也会存在差异，管壁温度也会高低不一，有可能个别管的管壁温度超过允许温度极限而导致过热爆管。这种在并列工作的管子中，个别管内工质的焓增偏离整个管组平均焓增的现象称为热偏差。其中，工质焓增最大、壁温最高的管子对锅炉安全运行的威胁最大，称为偏差管。

偏差管中工质的焓增 $\Delta h_p$ 与整个管组中工质的平均焓增 $\Delta h_{pj}$ 之比称为热偏差系数 $\varphi$，即

$$\varphi = \frac{\Delta h_p}{\Delta h_{pj}} \tag{7-1}$$

式中 $\Delta h_p$——偏差管中工质的焓增，kJ/kg；

$\Delta h_{pj}$——整个管组中工质的平均焓增，kJ/kg。

工质焓增取决于管外壁热负荷 $q$、受热面积 $A$ 和管内工质流量 $G$，于是偏差管焓增与整个管组平均焓增为

$$\Delta h_p = \frac{q_p A_p}{G_P} \tag{7-2}$$

$$\Delta h_{pj} = \frac{q_{pj} A_{pj}}{G_{Pj}} \tag{7-3}$$

则

$$\varphi = \frac{\Delta h_p}{\Delta h_{pj}} = \frac{q_p A_p G_{pj}}{q_{pj} A_{pj} G_p} = \frac{\eta_q \eta_A}{\eta_G} \tag{7-4}$$

式中 $q_p$、$q_{pj}$——偏差管、整个管组的单位面积热负荷，kJ/(m$^2$ · s)；

$A_p$、$A_{pj}$——偏差管、整个管组的受热面积，m$^2$；

$G_p$、$G_{pj}$——偏差管、整个管组的工质流量，kg/s；

$\eta_q$——热负荷不均匀系数，$\eta_q = q_p / q_{pj}$；

$\eta_A$——结构不均匀系数，$\eta_A = A_p / A_{pj}$；

$\eta_G$——流量不均匀系数，$\eta_G = G_p / G_{pj}$。

热偏差系数与热负荷不均匀系数、结构不均匀系数成正比，与流量不均匀系数成反比。并列工作的管子中，$\eta_q$ 和 $\eta_A$ 越大、$\eta_G$ 越小的管子热偏差越大，管壁温度越高。通常，管壁金属温度达到该金属材料最高允许温度时的热偏差称为允许热偏差 $\varphi_r$，即

$$\varphi_r = \frac{\Delta h_r}{\Delta h_{pj}} \tag{7-5}$$

式中 $\Delta h_r$——管壁金属温度达到该金属材料最高允许温度时的管内工质的焓增，kJ/kg。

于是，并列管组中各管安全工作的条件是

$$\varphi_p \leqslant \varphi_r \tag{7-6}$$

式中 $\varphi_p$——偏差管的热偏差。

热偏差系数可以用来表示热偏差程度的大小。$\varphi$ 越大，热偏差程度越大，偏差管内工质温度和管壁温度越高，锅炉运行的安全性越差，因此，应防止热偏差过大。

## 二、热偏差产生的原因

热偏差产生的原因是并列工作的管子受热不均匀、结构不均匀和流量不均匀。一般情况下，除了屏式过热器外，并列管子的结构差异很小，而屏式过热器也可通过结构改进来尽可能消除不均匀，因此结构不均匀造成的热偏差影响很小。于是造成热偏差的主要原因就是并列管受热不均匀（即烟气侧的热负荷不均匀）和工质流量不均匀。对于过热器与再热器来说，热负荷大而蒸汽流量小的管子的热偏差程度严重。

### （一）热负荷不均匀

管外壁热负荷不均匀可直接导致并列工作的管子之间的吸热不均匀。由于管外壁热负荷主要取决于高温烟气与管壁间的温差和传热系数，其中，烟气温度直接影响温差，烟气流速影响传热系数，因此管外壁热负荷不均匀主要是由受热面管子所在区域的不均匀的烟气温度场与速度场所造成的，而锅炉结构和运行中的各种因素都有可能导致这种不均匀的烟气温度场与速度场出现。

在炉膛中，由于水冷壁吸热，靠近壁面的烟气温度必然低于炉膛中间的烟气温度。同时，由于边界层的影响，靠近壁面的烟气流速也明显低于炉膛中间的烟气流速。因此，炉膛热负荷分布呈现不均匀，这将不同程度地影响对流受热面，致使沿对流烟道宽度方向的中间热负荷高于两侧，如图 7-14 所示。于是，烟道中间受热面的吸热量也必然大于两侧，而且沿宽度方向的热负荷不均匀系数可达 $\eta_q$=1.2～1.3。

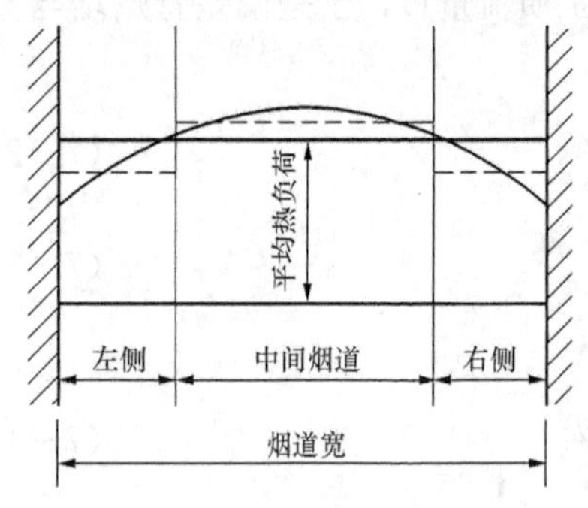

图 7-14　沿烟道宽度热负荷的分布

当锅炉采用燃烧器四角布置切圆燃烧方式时，炉膛内会形成旋转上升的烟气流。如果在炉膛出口处，烟气还存在旋转，两侧的烟温与流速就会存在较大差异，烟温差异可达 100℃以上，这就是扭转残余，它将导致热负荷分布不均匀。

由于结构上的原因，屏式过热器受热不均匀性尤其突出。沿炉膛宽度方向，设置在中间部分的屏式过热器受热较强，而设置在两侧部分的屏式过热器受热较弱。对于同一片屏式过热器，最外缘管圈受热最强，而里侧管圈受热较弱。

对流受热面管排间的横向节距不均匀时，节距较大部位处（常为靠近壁面处）的烟气流通截面增大，阻力减小，致使较多烟气流经该处，形成烟气走廊。在烟气走廊处，不仅对流传热增强，而且烟气辐射层厚度增大，辐射传热增强，从而导致了并列工作管子的热负荷不均匀。

另外，运行中炉膛火焰中心偏斜，各燃烧器负荷不对称，煤粉与空气流量不均匀，水冷壁、过热器或再热器等受热面局部结渣或积灰，燃烧组织不良导致部分可燃物在炉膛上部或对流受热面上积存并再次燃烧等，均会导致并列工作管子的热负荷分布不均匀，引起热偏差。

### （二）流量不均匀

在相同的热负荷条件下，并列工作管内的蒸汽流量不均匀也会引起热偏差，这是因为流量大的管子管壁温度低，蒸汽焓增小，而流量小的管子管壁温度高，蒸汽焓增大。影响并列管子间流量不均匀的因素很多，如联箱连接方式不同，并列管圈的重位压头不同，管径及长度存在差异，吸热不均匀等。

当蒸汽流过由许多并列管圈组成的过热器管组时，任一管圈的进出口压差一般用于克服

管内工质的流动阻力和重位压头，即

$$\Delta p = p_1 - p_2 = \Delta p_{ld} + \Delta p_{zw} \tag{7-7}$$

式中 $\Delta p$——管子进出口压差，Pa；

$p_1$——管子进口压力，Pa；

$p_2$——管子出口压力，Pa；

$\Delta p_{ld}$——管内流动阻力，Pa；

$\Delta p_{zw}$——重位压头，Pa。

对于立式布置的管组，因进出口联箱位置高度相差不大，重位压头很小，可忽略；对于水平布置的管组，因管圈长度比管组高度大得多，重位压头相对流动阻力很小，也可忽略不计，故过热器管圈的进、出口压差就近似等于流动阻力，即

$$\Delta p = p_1 - p_2 \approx \Delta p_{ld} = R\frac{G^2}{\rho} \tag{7-8}$$

式中 $G$——管内工质流量，kg/s；

$R$——阻力特性系数；

$\rho$——工质密度，kg/m³。

因此可得管内工质流量为

$$G = \sqrt{\frac{\Delta p \rho}{R}} \tag{7-9}$$

由式（7-9）可知，并列工作管圈中的工质流量与管圈进出口压差、阻力特性及工质密度有关。

1. 管圈进出口压差

管圈进出口压差受到过热器或再热器进出口联箱的蒸汽引入、引出方式的影响。蒸汽引入、引出方式不同，各并列管圈的进出口压差就存在差异，如图 7-15 所示。压差大的管圈，蒸汽流量大；而压差小的管圈，蒸汽流量小，从而导致流量不均。

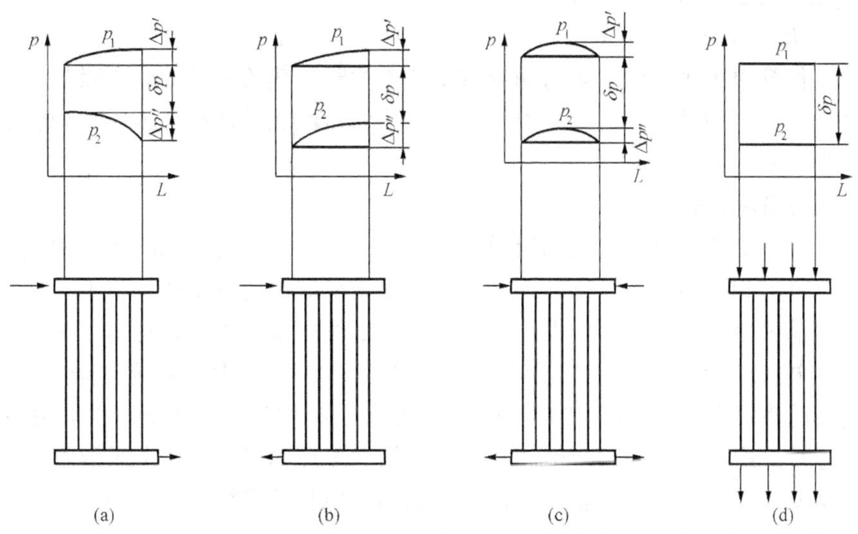


图 7-15 不同连接方式联箱的压力分布

(a) Z形；(b) Π形或U形；(c) 双Π形；(d) 多点引入引出型

$\delta p$—管圈阻力；$\Delta p'$—进口联箱中压降；$\Delta p''$—出口联箱中压降

图 7-15（a）所示为Z型连接方式，蒸汽自进口联箱左端引入，从出口联箱右端引出。在进口联箱中，由于蒸汽沿联箱长度方向不断进入并列管圈，因此自左至右，蒸汽流量逐渐减小，流速逐渐降低，部分动压转变为静压，于是静压逐渐增大，即压力逐渐升高，如图 7-15（a）中的 $p_1$ 曲线，至联箱右端静压增加了 $\Delta p'$。在出口联箱中，沿蒸汽流动方向，流速逐渐升高，部分静压转变为动压，静压逐渐降低，即压力逐渐减小，如图 7-15（a）中的 $p_2$ 曲线，至联箱右端，静压降低了 $\Delta p''$。因此，在Z型连接方式中，各并列管圈的进出口压差 $\Delta p$ 差异很大，左端管圈压差最小，蒸汽流量最小；右端管圈压差最大，蒸汽流量最大。由此可见，Z型连接方式中各并列管圈的蒸汽流量偏差最大。

图 7-15（b）所示为Π型或U型连接方式，蒸汽自进口联箱的左端引入，又从出口联箱的左端引出，进、出口联箱内静压的变化方向相同，因此各并列管圈的进出口压差 $\Delta p$ 相差较小，流量分配也比Z型连接方式均匀得多。

图 7-15（c）所示为双Π型连接方式，蒸汽自进口联箱的两端引入，从出口联箱的两端引出。这种连接方式比Π型或U型更好，其流量不均性更小。

图 7-15（d）所示为多点引入引出型连接方式，蒸汽沿联箱长度方向上的压力变化很小，各并列管圈的进出口压差 $\Delta p$ 基本相同，各管的流量分配最均匀，但这种连接方式较耗钢材。

因此，Z型连接方式中各并列管圈的蒸汽流量不均匀性最大，而多点引入引出型连接方式的各并列管流量不均匀程度最低。

2. 管圈的阻力特性

管圈的阻力特性系数为 $R=\left(\Sigma\xi+\frac{\lambda}{d}L\right)\frac{1}{2A^2}$，它与管子的结构特性、粗糙度等有关。管圈阻力越大，阻力特性系数越大，工质流量越小。阻力特性的差异在屏式过热器上表现比较突出。屏式过热器的最外圈管子最长，阻力最大，流量最小。然而该管受热最强，因此，屏式过热器的最外圈管子的热偏差最大。

3. 工质密度

当并列工作管由于热负荷不均匀而导致受热不均时，热负荷高的管子吸热量多，蒸汽温度高、密度减小、容积增大、流动阻力增加，从而使蒸汽流量减小。因此并列管受热不均将导致流量不均，使热偏差增大。

## 三、减小热偏差的措施

热偏差主要是由热负荷不均匀和流量不均匀所引起的，因此，在减小热偏差方面，除了在设计时要尽可能确保各并列管的结构一致外，还要采取措施减小热负荷不均匀和流量不均匀。现代大型锅炉由于几何尺寸较大，烟气温度、烟气速度很难分布均匀，炉膛出口烟温偏差可达 200～300℃。而过热器、再热器的并列管圈多、面积大、系统复杂，蒸汽焓增大，致使个别管圈的汽温偏差达 50～70℃，严重时可达 100～150℃。因此，为使过热器、再热器能够安全运行，应针对热偏差产生的原因，从结构设计和运行操作上采取相应的措施，以有效减小热偏差，将金属壁温控制在允许的范围内，但是要完全消除热偏差是不可能的。

### （一）在结构设计方面减小热偏差

1. 受热面分级布置、级间采用大直径中间混合联箱

将整个过热器或再热器设计成串联的几级，使每一级的蒸汽焓增减小，并列管焓增的偏

差就会减小，于是热偏差减小。同时，级间采用大直径中间混合联箱，以使每一级并列管出来的蒸汽在出口汇集联箱中充分混合，蒸汽参数趋于一致后再进入下一级的进口联箱，从而有效防止了上一级的热偏差延续到下一级去，有利于减小总的热偏差。

现代电站锅炉的过热器与再热器均设计成多级串联的结构，不同级的过热器与再热器设置在炉膛或烟道的不同位置，一般每一级都设有进、出口联箱。通常再热器设置 2～3 级，过热器设置 4～5 级或更多。每一级的蒸汽焓增为 250～400kJ/kg。对于末级过热器来说，由于蒸汽温度高，比热容小，对热偏差敏感，因此蒸汽焓增一般不超过 160～300kJ/kg。

2. 受热面沿烟道宽度分组布置与蒸汽交叉流动

由于沿烟道宽度热负荷分布不均匀，因此沿烟道宽度方向按受热面热负荷分布情况划分管组，将受热面分组布置，并利用交叉连接管和中间联箱使蒸汽交叉流动，以减小沿烟道宽度热负荷不均匀的影响，从而减小热偏差。在图 7－16 中，受热面被分成串联的两组，蒸汽先通过两侧的管组，再进入中间的管组，进行两侧与中间的交叉流动，以减小因烟道内中间热负荷高于两侧热负荷而引起的热偏差。在图 7－17 中，利用蒸汽连接管或中间联箱使烟道两侧的蒸汽进行左右交叉流动，以减小沿烟道宽度热负荷不均匀而导致的热偏差。

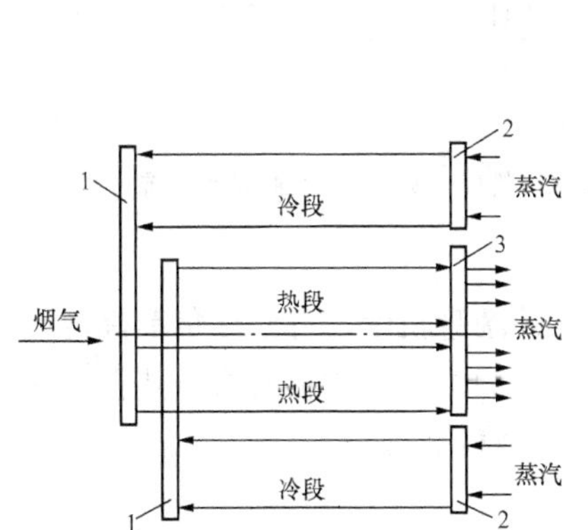


图 7－16 蒸汽两侧与中间交叉流动的连接系统

1—中间联箱；2—进口联箱；3—出口联箱

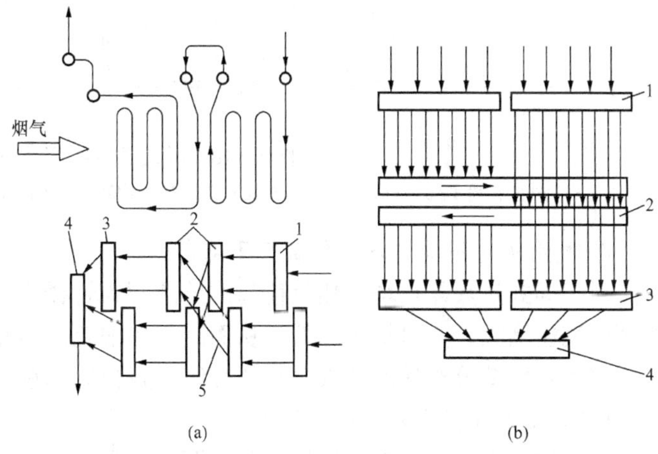


图 7－17 蒸汽左右交叉流动的连接系统

(a) 利用蒸汽连接管进行交换；(b) 利用中间联箱进行交换

1—进口联箱；2—中间联箱；3—出口联箱；4—集汽联箱；5—蒸汽连接管

3. 选用较好的联箱结构及联箱连接方式

在进、出口联箱的连接方式中，应避免采用流量偏差大的 Z 型连接方式，而尽量采用流量分配较均匀的 Π 型、双 Π 型和多点引入引出型，其中多点引入引出型的联箱连接方式可使静压变化达到最小。另外，增大联箱内直径可以减小联箱内静压变化，从而减小并列管的流量不均匀。

4. 避免在管束中形成烟气走廊

在管束中，各排管子的横向节距与纵向节距都要设置均匀，以避免因个别管排的横向节距过大而形成烟气走廊。

5. 减小屏式过热器的热偏差

屏式过热器外圈管热负荷较高，受热面积较多，流动阻力较大，因此，为了改善屏式过热器外圈管的工作条件，减小热偏差，可以从屏本身结构上采用以下方法：

(1) 最外两圈管截短或外圈管短路。最外两圈管截短如图 7－18 (a) 所示，外圈管短路如图7-18（b）、（e）所示，其目的都是缩短外圈管长度，减小流动阻力，从而使管内通过的蒸汽量增加。

（2）内外圈管子交叉或内外管屏交换。内外圈管子交叉如图7-18（c）所示，内外管屏交换如图7-18（d）所示，其目的是使管屏各并列管的受热情况和流量分配趋于均匀，从而减小热偏差。

（3）双U形管屏取代W形管屏。双U形管屏如图7-18（b）所示，W形管屏如图7-18（e）所示。与W形管屏相比，双U形管屏的管子分为两段，并增加一次中间混合，因此其热偏差比管子长、弯曲多的W形管屏小。

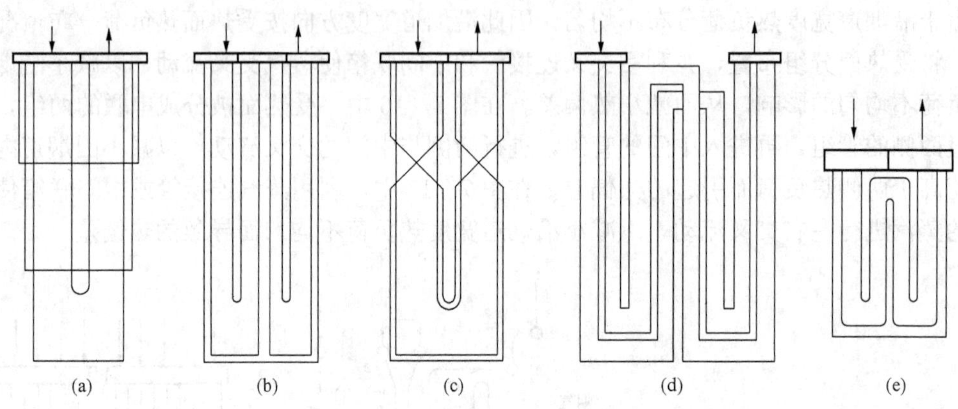


图7-18 屏式过热器管屏的形式

（a）外圈两管截短；（b）外圈管子短路；（c）内外圈管子交叉；（d）内外管屏交换；（e）普通W形管屏

6. 利用流量不均匀均衡热负荷不均匀

对于屏式过热器，增大热负荷高的外圈管的管径或缩短外圈管长度，可使热负荷高的管内蒸汽流速增大，蒸汽焓增降低，从而减小热偏差。对布置在炉膛上部的辐射式过热器，可根据壁面热负荷分布情况分成并行的几组，并控制每组中的蒸汽流量。

（二）在运行调节方面减小热偏差

在锅炉运行中，还应该进行正确的调节操作，使烟气侧的热负荷尽可能均匀，从而减小热偏差。

（1）正确进行燃烧调节，以使燃烧器负荷均匀、切换合理，炉内燃烧稳定、火焰中心位置正常，炉内空气动力工况良好。

（2）建立、健全吹灰制度，及时吹灰、打渣，防止因受热面局部积灰、结渣而引起热负荷不均匀。

## 第三节 汽温调节

汽温调节就是在规定的锅炉负荷范围内，维持过热蒸汽温度与再热蒸汽温度的稳定。在锅炉运行中，蒸汽温度偏离规定值或频繁大幅度波动，都将直接影响机组的安全性与经济性。蒸汽温度过高时，过热器与再热器管壁将会超温，汽轮机的汽缸、转子、汽门等金属的强度将会下降，严重时将导致设备损坏、使用寿命缩短，如过热器与再热器长期在超温10～20℃下运行时，其寿命会缩短一半，而且汽轮机的寿命也会受到影响。蒸汽温度过低时，机组循环热效率下降，如蒸汽压力在12～25MPa范围内，过热器出口蒸汽温度每降低10℃，循环热效率会降低0.5%。再热蒸汽温度下降还会引起汽轮机末几级叶片的蒸汽湿度增大，导致叶片冲蚀。另外，汽温的大幅度波动还会造成金属部件的疲劳损伤和汽轮机汽缸与转子的胀差变化，甚至引起汽轮机的剧烈振动。综上所述，汽温过高或过低都会对机组运行的安全性、经济性产生不利影响，因此必须掌握汽温的变化特性，采取可靠的调节手段并在运行时及时调节，维持汽温在允许的范围内。通常规定汽温偏离额定值的范围为－10～＋5℃。

## 一、汽温特性

当锅炉负荷变化时，过热器或再热器出口的蒸汽温度也随之变化。过热器或再热器出口的蒸汽温度与锅炉负荷之间的关系，即$t=f(D)$，称为汽温特性。过热器与再热器的传热方式不同，其汽温特性也有所不同。

辐射式过热器的汽温特性表现为其出口汽温随着锅炉负荷的升高而降低，如图7-19中的曲线1所示。这是因为当锅炉负荷增大时，燃料消耗量相应增大，辐射式过热器中的蒸汽流量也相应增大，但炉膛内火焰的平均温度变化不大，于是辐射式过热器吸收的炉膛辐射传热量增加不多，即辐射传热量的增加小于蒸汽流量的增加，因此辐射式过热器中每千克蒸汽获得的热量减小，蒸汽的焓增降低，出口汽温下降。

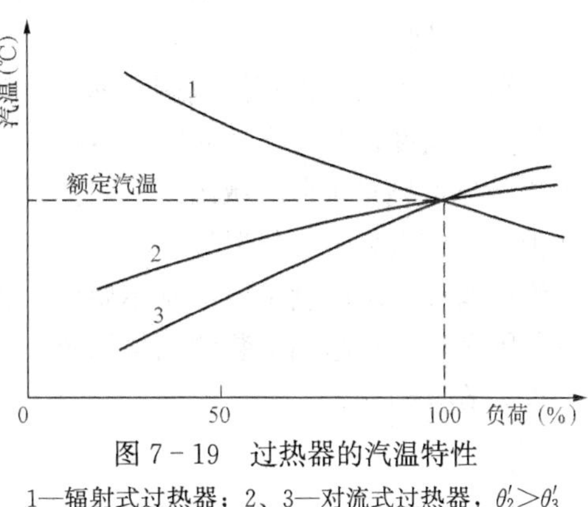


图7-19　过热器的汽温特性

1—辐射式过热器；2、3—对流式过热器，$\theta_2'>\theta_3'$

对流式过热器的汽温特性表现为其出口汽温随着锅炉负荷的升高而升高，如图7-19中的曲线2、3所示。当锅炉负荷增大时，燃料消耗量相应增大，空气量增加，燃烧产生的烟气量增多，炉膛出口的烟气温度升高，因此烟气流经对流过热器的速度增大，对流传热系数增加，烟气与蒸汽间的传热温差增大，对流传热量增加，而且对流传热量的增加大于蒸汽流量的增加，蒸汽焓增增大，出口汽温升高。对流过热器离炉膛出口越远，其进口烟温越低，吸收的辐射传热量越小，于是出口汽温随锅炉负荷增大而升高的趋势更明显，如图7-19中的曲线3所示。

半辐射式过热器介于辐射式与对流式过热器之间，具有辐射和对流两种传热方式，其汽温特性比较平稳，但在一般情况下，对流吸热的份额稍大些，因此其汽温特性仍具有一定的对流特征。

再热器的汽温特性与过热器基本相同，但是对于对流式再热器，由于锅炉负荷降低时，汽轮机高压缸的排汽温度下降，再热器的入口蒸汽温度降低，因此其出口汽温随锅炉负荷降低而降低的程度要比对流式过热器严重些。相反，对于辐射式再热器，其出口汽温随锅炉负荷降低而升高的程度要平缓些。

由于辐射式和对流式过热器与再热器的汽温特性正好相反，因此除中、低压锅炉采用纯对流式过热器外，现代高参数大容量锅炉的过热器都是由辐射、半辐射、对流三种形式过热器组合而成的，目的是得到比较平稳的汽温特性，又因辐射吸热的份额不够大，整个过热器的汽温特性仍具有对流特征。有些高参数大容量锅炉的再热器也采用辐射式、半辐射式、对流式再热器的组合形式，同样能够得到比较平稳的汽温特性。如300MW机组亚临界压力锅炉采用的墙式辐射式再热器、屏式半辐射式再热器、高温对流式再热器构成的组合式再热器系统，当锅炉负荷在50%至额定负荷范围内变化时，再热蒸汽温度都能维持额定值。

上述为机组在常规定压运行时的汽温特性，此时，汽轮机各级压力和温度均随蒸汽流量成比例地变化，一般当锅炉负荷从额定值下降到70%时，再热器进口蒸汽温度下降约30～50℃。当机组采用变压运行方式时，随着负荷的降低，过热与再热蒸汽压力降低，蒸汽比热容减小，因此与定压运行相比，过热和再热蒸汽温度更易于保持稳定。

在锅炉运行中，由于受蒸汽侧和烟气侧两方面因素的影响，蒸汽温度不可避免地会发生变化。蒸汽侧的影响因素主要有锅炉负荷、给水温度、减温水温或水量、蒸汽用汽量等，烟气侧的影响因素主要有炉内过量空气系数、燃料性质、燃料量、锅炉各处漏风系数、受热面沾污程度、燃烧器运行方式及其配风、火焰中心位置等。因此，为了维持过热汽温与再热汽温稳定在规定的数值范围内，确保机组热力设备能够安全经济运行，必须进行合理的汽温调节。

## 二、汽温调节

汽温调节可以分为蒸汽侧调节和烟气侧调节两大类。蒸汽侧调节是通过改变蒸汽的焓值来调节蒸汽温度，调节方法有喷水减温、汽—汽热交换、蒸汽旁通等。烟气侧调节是通过改变过热器与再热器所在区域的烟气放热量来调节蒸汽温度，调节方法有烟气再循环、分隔烟道挡板、改变火焰中心位置等。

汽温调节方法应满足以下基本要求：①汽温调节灵敏，调节惯性或延迟时间小；②汽温调节范围大；③汽温调节装置结构简单，运行可靠；④对电厂循环热效率的影响小；⑤附加设备少，节省钢材。

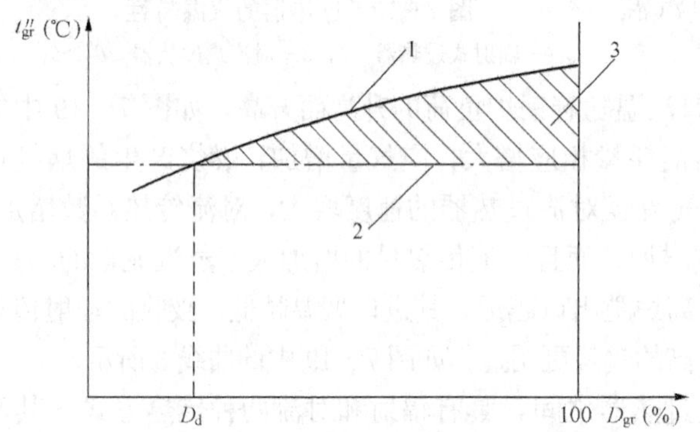


图 7-20 喷水减温器调节汽温原理

1—汽温特性；2—额定汽温；3—减温器减温部分

### (一) 喷水减温器

喷水减温是指将减温水直接喷入蒸汽中，水因吸收蒸汽的热量而被加热、汽化和过热，从而改变蒸汽的焓值，使蒸汽温度降低。如图7-20所示，在规定的最低负荷时，蒸汽温度就已达到额定值，之后随着负荷的升高，汽温高于额定值，此时就要投用减温器，以将蒸汽温度降至额定值。

在喷水减温器中，水与蒸汽进行直接接触式换热，汽温调节灵敏、调温范围大、易于实现自动调节，而且喷水减温器结构简单、操作方便，因此喷水减温方法作为过热蒸汽的主要调温手段而被广泛用于电站锅炉中。

在大型锅炉中，过热器常采用多级布置方式。为改善汽温调节特性，使受热面不超温，在过热器系统中一般布置2～3级喷水减温器。在两级喷水减温系统中，第一级减温器通常布置在屏式过热器之前，以保护屏式过热器的安全，喷水量大些，作为过热汽温的粗调节；第二级减温器布置在末级过热器之前，作为过热汽温的细调节，控制过热器出口汽温达到额定值，并保证高温过热器的安全，减小时滞，提高汽温调节的灵敏度。在三级喷水减温系统中，第一级减温器布置在前屏过热器之前，进行过热汽温的粗调节，控制前屏过热器的进口汽温，保证前屏过热器的工作安全；第二级减温器布置在前屏过热器与后屏过热器之间，进行汽温粗调节，保护后屏过热器；第三级减温器布置在后屏过热器与高温过热器之间，用于对过热汽温进行细调节，保证过热器出口汽温维持在规定的范围之内。在现代大型电站锅炉中，过热器减温水一般都采用锅炉给水，因给水品质已相当高，不会引起蒸汽品质降低。一般情况下，设计喷水量约为锅炉额定蒸发量的 5%～8%，可使汽温下降 50～60℃。

再热器不宜采用喷水减温作为主要汽温调节方式，因为减温水喷入再热蒸汽中，在低压下被加热、汽化和过热后，进入汽轮机的中、低压缸中做功，增加了中、低压缸的蒸汽流量和做功量，当机组负荷一定时，高压缸的蒸汽流量减小，高压蒸汽的做功量减小，机组的循环效率将会降低。对于一般超高压机组，再热蒸汽中喷入 1%MCR 的减温水，机组循环热效率就会降低 0.1%～0.2%。因此，再热器一般采用烟气侧汽温调节方式，只在其进口管道上设置事故喷水减温器，在运行中出现再热汽温过高等事故状态下用来降低再热蒸汽温度，保护再热器，使其不被超温烧坏。另外，喷水减温方法也可与其他汽温调节方法相结合，进行再热汽温的微调节。微量喷水减温器通常设置在高温再热器的连接管道内。因再热器内的蒸汽压力低，故再热器减温水一般从给水泵的中间级抽取。

过热器的喷水减温器通常装设在过热器联箱或两级过热器联箱之间的大直径连接管道中，其结构形式很多，常用的两种是旋涡式喷嘴喷水减温器和多孔喷管式喷水减温器。

1. 旋涡式喷嘴喷水减温器

如图 7-21 所示，旋涡式喷嘴喷水减温器是由喷嘴、文丘里喷管和混合管等组成。减温水经旋涡式喷嘴喷出雾化后，沿汽流方向流动，在文丘里管喉部与高速（70～120m/s）蒸汽混合，很快汽化并过热，使蒸汽温度降低。为避免温度较低的减温水直接接触到蒸汽管道或联箱壁而造成热应力冲击，并延长减温水与蒸汽的混合时间，在文丘里管后设有长约 4～5m 的混合管，可以对管道或联箱起到保护作用。混合管与蒸汽管道的间隙为 6～10mm。这种减温器的喷水雾化质量较好，减温幅度较大，适用于减温水量频繁变化的场合。

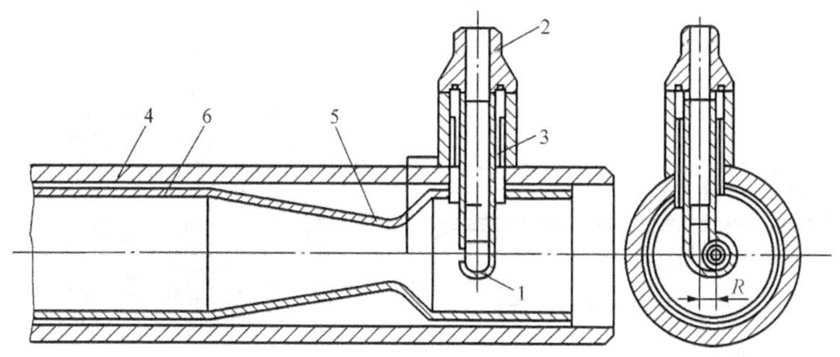


图 7-21 旋涡式喷嘴喷水减温器

1—旋涡式喷嘴；2—减温水管；3—支撑钢碗；4—减温器联箱；5—文丘里管；6—混合管

2. 多孔喷管式喷水减温器

多孔喷管式喷水减温器如图 7-22 所示，它主要由减温器外壳、多孔喷管（喷嘴）、保护套管（混合管）等组成，装设在蒸汽连接管道内。在喷管上背向汽流方向的一侧，开有许多小孔，减温水从小孔中以 3～5m/s 的速度喷出并雾化，喷水方向与汽流方向一致。喷管采用多孔型，以减少每个喷孔的喷水量，有利于喷水与蒸汽迅速混合。为避免低温减温水与蒸汽管壁直接接触而引起局部热应力，在喷管和管壁间加装了保护套管。为防止减温器喷管的悬臂振动，喷管采用上、下两端固定，故其稳定性较好。该减温器的保护套管（混合管段）宜适当长些，以使水滴能够与蒸汽充分混合并被汽化、过热。多孔喷管式喷水减温器结构简单，制造、安装方便，调温效果好，广泛用于大型锅炉上。

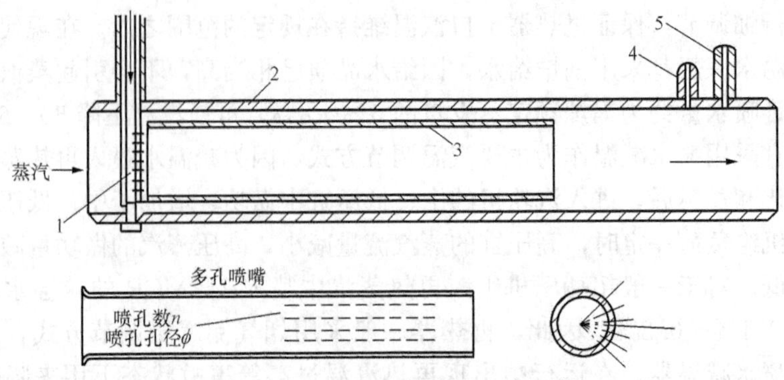


图 7-22　多孔喷管式喷水减温器

1—多孔喷嘴；2—减温器外壳；3—保护套管；4—管接头；5—热电偶管座

（二）汽—汽热交换器

汽—汽热交换器用于再热汽温的调节，它利用高温高压过热蒸汽来加热再热蒸汽，从而达到调节再热汽温的目的。

汽—汽热交换器有烟道外布置和烟道内布置两种型式。布置在烟道外的汽—汽热交换器有管式和筒式两种，如图 7-23 所示。管式汽—汽热交换器采用U形套管结构，如图 7-23（a）所示，过热蒸汽在小管内通过，再热蒸汽在管间流动。筒式汽—汽热交换器是在 $\phi$800～$\phi$1000 的圆筒内设置蛇形管，如图 7-23（b）所示，再热蒸汽在筒内多次横向迂回冲刷，传热系数更高，金属消耗量下降。例如一台 670t/h 自然循环锅炉，采用 $\phi$194×11 U形管并且内装 7 根 $\phi$42×5 小管的管式汽—汽热交换器时，共需 48 台，而采用筒式汽—汽热交换器时，只需 4 台，其金属消耗量比管式可减少 45%。

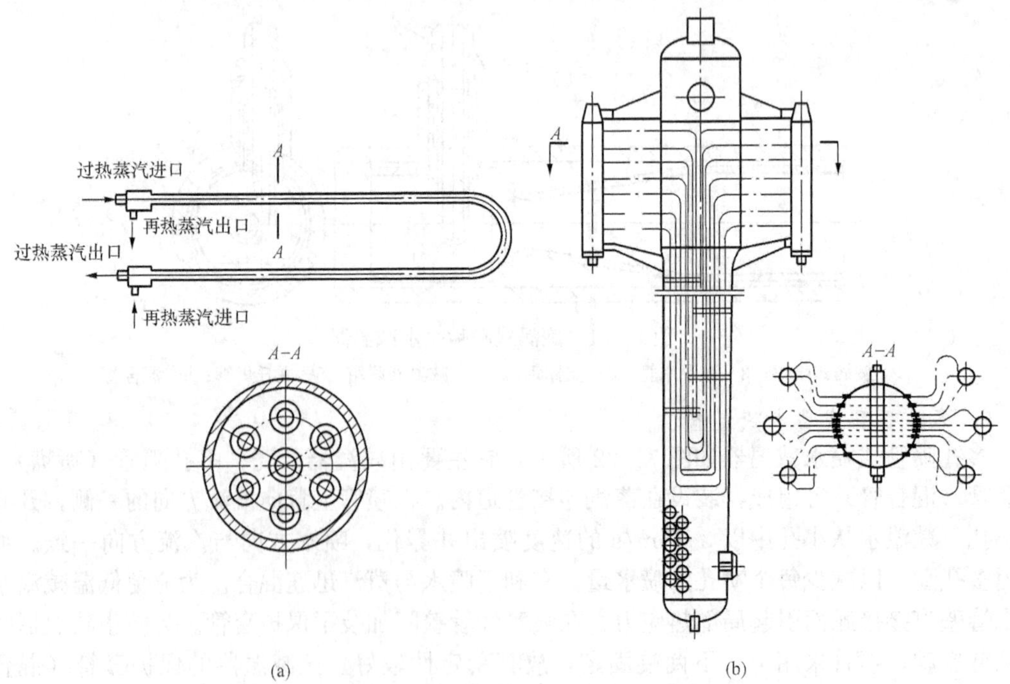


图 7-23　外置式汽—汽热交换器

(a) 管式；(b) 筒式

布置在烟道内的汽—汽热交换器采用套管结构，过热蒸汽在内管中通过，再热蒸汽在管间流动，管外接受烟气加热，改变过热蒸汽流量即可调节再热汽温，金属消耗量小。这种热交换器的制造工艺要求较高，穿墙管数量较多，锅炉的气密性下降。

（三）蒸汽旁通法

蒸汽旁通法用于调节再热蒸汽温度。当再热器分为低温级与高温级时，一般低温再热器布置在尾部烟井内，高温再热器布置在烟温较高的水平烟道内。如图 7－24 所示，在低温再热器进口联箱前设置三通调节阀，并在炉外设置一根由三通阀至低温再热器出口联箱的旁通管道。当再热汽温偏高时，调节三通阀，使旁通蒸汽流量增大，低温再热器内的蒸汽流量减小，故低温再热器出口汽温升高，烟温与低温再热器平均汽温之差降低，低温再热器吸热量减小。在低温再热器出口联箱内，来自低温再热器的蒸汽与未被加热的旁通蒸汽混合，使高温再热器的入口汽温降低。由于高温再热器区域的烟温较高，进口汽温降低对其传热温压增加的影响不大，吸热量的增加很小，因此再热器的总吸热量减小，出口汽温下降。反之，当再热汽温偏低时，减少旁通蒸汽流量，再热汽温将会升高。

蒸汽旁通法结构简单，惯性小，但是再热器的金属消耗量增大。

（四）分隔烟道挡板

分隔烟道挡板调节方法就是利用分隔墙将尾部竖井烟道分隔成前后两个并联的平行烟道，低温再热器与低温过热器分别设置在前后两个烟道内，其后可设置省煤器，如图 7－25 所示，平行烟道下方出口处装设可调节的烟气挡板。当再热汽温变化时，调节挡板的开度，就可以改变流过再热器的烟气量，从而改变再热器的吸热量，达到调节再热汽温的目的。

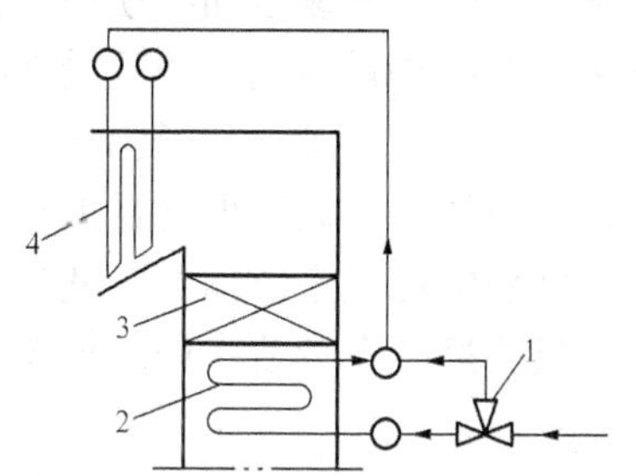


图 7－24　蒸汽旁通法调节汽温

1—三通阀；2—低温再热器；3—低温过热器；4—高温再热器

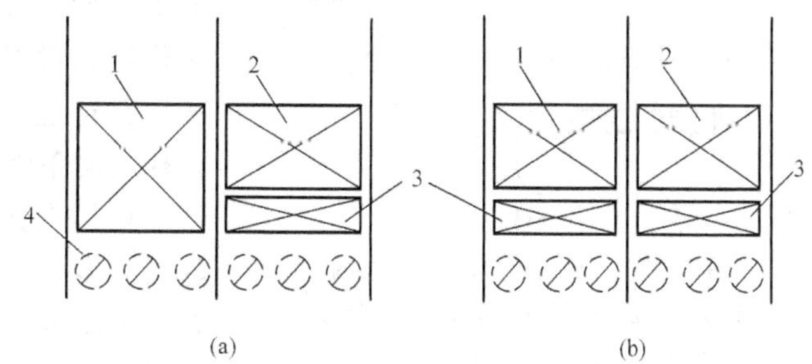


图 7－25　分隔烟道挡板调节汽温

（a）省煤器布置在过热器下方的并联烟道；（b）省煤器分别布置在再热器、过热器下方的并联烟道

1—低温再热器；2—低温过热器；3—省煤器；4—烟气挡板

分隔烟道挡板设备简单，操作方便，已用于许多大型电站锅炉。为了避免挡板因受热产生变形，应将其布置在烟气温度低于 400℃的低温区域，以保证挡板工作安全，同时应注意挡板防磨、隔墙密封等问题。

（五）改变火焰中心位置

改变炉膛内沿高度方向的火焰中心位置，即可改变炉膛出口的烟气温度，从而改变炉膛内辐射传热量与烟道中对流传热量的比例，进而改变过热器、再热器的吸热量，达到调节蒸汽温度的目的。

采用摆动式直流燃烧器可改变火焰中心位置。摆动式直流燃烧器多用于燃烧器四角布置、切圆燃烧方式的锅炉。燃烧器向上摆动，炉内火焰中心位置向上移动，炉膛出口烟气温度升高，过热器与再热器的传热温差增大、吸热量增加、汽温升高；相反，燃烧器向下摆动，炉内火焰中心位置下移，炉膛出口烟气温度降低，过热器与再热器的传热温差减小、吸热量减小、汽温降低。而且再热器距离炉膛出口越近，调温效果越明显。试验结果证明，喷嘴摆角每改变±1°，再热器出口汽温大约改变±2℃。摆动式燃烧器的摆角一般为±(20°～30°)，温度调节幅度可达40～60℃。

改变燃烧器的运行方式或配风情况也可以改变火焰中心位置。对于多层布置的燃烧器，投运不同层次的燃烧器时，炉内火焰位置就会不同；另外，改变不同层次的配风量，炉内火焰位置也将发生变化，从而改变炉膛出口烟气温度，调节汽温。

改变火焰中心位置调节汽温具有调温幅度大、时滞小、灵敏等优点，但是其在运行中要受到防止炉膛出口或冷灰斗处结渣的限制。

（六）烟气再循环

烟气再循环调节汽温的原理就是利用再循环风机将省煤器后的部分烟气（250～350℃）抽出，再从冷灰斗下部或靠近炉膛出口处送入炉膛，如图7-26所示，以改变锅炉辐射受热面与对流受热面的吸热量比例，达到调节汽温的目的。

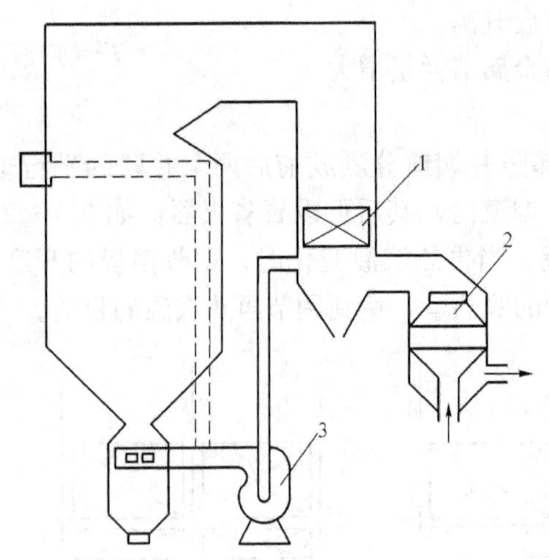

图7-26 烟气再循环调节汽温

1—省煤器；2—空气预热器；3—再循环风机

低负荷运行时，再循环风机将低温烟气送回炉膛底部，调节再热蒸汽温度。随着再循环烟气量的增加，炉膛温度降低，炉膛受热面的吸热量减少，而炉膛出口的烟气温度总体上变化不大，但由于烟气流量增大，烟气流速增加，使得对流过热器和对流再热器的吸热量增大，并且受热面离炉膛越远，传热量越多。因此，当负荷降低、再热汽温下降时，适当增大再循环烟气量就可以调节再热汽温，使之稳定在规定范围内。此时过热汽温变化不大，只要进行少量喷水即可保持过热汽温不变。

正常负荷运行时，应保持再循环率为5%的烟气再循环量，用以冷却装设在炉膛上的烟气再循环设备。

高负荷运行时，再循环风机将低温烟气送至炉膛上部，炉膛吸热量变化很小，但炉膛出口烟气温度明显下降，这将有利于防止炉膛出口处高烟温区的受热面超温、结渣和高温腐蚀。

采用烟气再循环，低温烟气可直接送入炉内，也可与一次风或二次风混合后再送入炉内。烟气再循环不但可以降低炉内燃烧温度，而且也降低了氧气浓度，进而降低了$NO_x$的排放浓度，减轻了对大气的污染。

烟气再循环调节汽温具有调温幅度大、调节灵敏、降低炉内燃烧温度、抑制$NO_x$生成等优点，但是需增加再循环风机及相应厂用电耗，而且再循环风机的工作温度高、磨损严重、可靠性较差。当低温烟气从下部送入炉膛时，炉内燃烧的稳定性将会受到影响，不完全燃烧热损失将会增大，排烟温度将会有所升高，锅炉效率将会下降。当锅炉燃用煤粉时，受热面的磨损性将会加剧。

在机组实际运行过程中，应综合采用多种方法进行过热汽温与再热汽温的调节，以使汽温调节更加灵敏、可靠，提高机组运行的经济性。

## 第四节 过热器与再热器的高温积灰和高温腐蚀

### 一、过热器与再热器的高温积灰

在高温段过热器与再热器的烟气侧表面，有时会牢固地黏附一层密实的沉积物，称为高温烧结性积灰。

高温烧结性积灰主要是由复合硫酸盐引起的。固体燃料煤灰中的碱金属钠（Na）、钾（K）等在燃烧过程中生成碱金属氧化物（$Na_2O$、$K_2O$ 等），其熔点较低，一般为 700～800℃，在炉内高温条件下升华为气态，并随烟气一起流向烟道。当钠、钾等气态碱金属氧化物遇到温度相对较低的过热器与再热器时，即凝结在管壁上，形成白色薄灰层。烟气中的三氧化硫（$SO_3$）与冷凝在管壁上的碱金属氧化物发生反应生成硫酸盐（$Na_2SO_4$、$K_2SO_4$ 等）。该硫酸盐熔点较低，在一定范围内呈液态状，因此会黏附烟气中的飞灰而形成一层积灰。硫酸盐与飞灰中的氧化铁（$Fe_2O_3$）、氧化铝（$Al_2O_3$）等发生反应，在管壁上形成白色碱金属复合硫酸盐，如 $Na_3Fe(SO_4)_3$、$K_3Fe(SO_4)_3$、$Na_3Al(SO_4)_3$、$K_3Al(SO_4)_3$ 等。复合硫酸盐的熔点较低，在 550～710℃范围内呈熔融状态，会继续黏结飞灰并使灰层迅速增厚。当燃煤的钠（Na）、钾（K）、硫（S）等成分含量较多时，高温过热器或再热器上的积灰就会越严重。在较高烟温下，管壁上的熔融灰渣层会形成具有较高机械强度的紧密结实的积灰，即烧结性积灰，而且烟温越高，烧结时间越长，灰渣层的强度就越高，清除起来就越困难。

另外，对于氧化钙含量大于 40%的灰，开始时在管外壁上聚积成松散的灰层，然而在烟气温度大于 600～700℃的高温条件下，与烟气中的三氧化硫长期作用也会烧结成坚实的灰层。

过热器或再热器管外壁上的高温积灰会影响传热，导致其出口蒸汽温度下降，烟气温度升高，锅炉排烟温度上升，机组的热经济性下降。而且管外壁上的积灰会使过热器或再热器管排间的阻力增加、烟气流速减小，与未积灰的管排相比，积灰管排的传热能力下降，管排间的吸热不均匀，以致产生较大的热偏差，严重时会导致受热面爆管。管壁上的积灰还会增大通风阻力，严重时将堵塞烟道，迫使锅炉降出力运行。另外，过热器或再热器管外壁上的积灰中含有熔点较低的硫酸盐，从而产生熔融硫酸盐型高温腐蚀，情况严重时将引起爆管。因此，应及时对过热器与再热器进行吹灰，保证锅炉的安全、经济运行。

### 二、过热器与再热器的高温腐蚀

过热器与再热器的高温腐蚀指的是在其受热面管外壁上发生的金属腐蚀。

对于燃煤锅炉来说，高温腐蚀主要是由高温下熔化的碱金属复合硫酸盐引起的，属于硫酸盐型高温腐蚀。该复合硫酸盐在 550～710℃范围内熔化成液态，具有强烈的腐蚀性，当管壁温度达到 600～700℃时，腐蚀最为严重。其腐蚀机理与水冷壁的高温腐蚀相同，只是过热器与再热器的管壁温度比水冷壁高，硫酸盐型腐蚀速度快，因此在腐蚀严重时，合金钢管壁减薄速度每年可达 1mm 左右。

对于燃油锅炉或燃煤锅炉使用油点火、掺烧油或燃用含钒煤时，过热器或再热器烟气侧管壁上将会发生钒氧化物型高温腐蚀。这是由于含钒（如 VO、$V_2O_3$、$VO_2$ 等）燃料在炉膛高温区会进一步氧化生成 $V_2O_5$，其熔点只有 675～690℃。当 $V_2O_5$ 与 $Na_2O$ 形成钠钒复合物（如 $Na_2O \cdot 6V_2O_5$、$Na_2O \cdot V_2O_4 \cdot 5V_2O_5$ 等）时，其熔点降至 600℃左右。当壁温大于 600～620℃时，此钠钒复合物会熔化成液态，易于黏结在受热面上，严重腐蚀金属。当烟气中含有三氧化硫（$SO_3$）时，三氧化硫（$SO_3$）将起到腐蚀触煤作用，进而使腐蚀更为严重。钒氧化物型腐蚀发生的壁温范围为 590～650℃，一般只发生在高温过热器和高温再热器。当积灰中的钒—钠比（$V_2O_5/Na_2O$）为 3～5 时，灰熔点会降低，高温腐蚀速度最快。

高温腐蚀将导致受热面管壁减薄、强度下降、寿命缩短，严重时将造成爆管事故，迫使锅炉停运。但是要完全避免高温腐蚀是有困难的，因为燃料中难免会含有硫、钠、钾、钒等成分。通常用来防止或减轻高温腐蚀的方法如下：

（1）控制管壁温度。由于硫酸盐型腐蚀和钒氧化物型腐蚀都是在较高温度条件下产生的，而且温度越高，腐蚀速度越快，因此防止或减轻高温腐蚀的最有效的方法就是降低过热器或再热器管壁温度，使之小于 600℃，这可以通过限制过热与再热蒸汽温度（一般在 555℃以下）加以控制，同时应依据允许管壁温度合理布置过热与再热蒸汽出口段。

（2）采用低氧燃烧技术。采用低氧燃烧方式，可降低烟气中 $SO_3$ 和 $V_2O_5$ 的含量，从而减轻高温腐蚀。试验表明，当过量空气系数小于 1.05 时，烟气中的 $V_2O_5$ 含量会迅速减小，并且烟气温度越高，降低过量空气系数对减少烟气中 $V_2O_5$ 含量的效果就越显著。

（3）采用添加剂或燃料处理。在燃油中加入 $MgCl_2$ 或 Ca、Al、Si 等盐类附加物也能提高灰熔点，减轻钒腐蚀。另外，还可进行燃料处理，除掉燃油中的钒、钠、硫等。

（4）建立良好的空气动力与燃烧工况。合理组织燃烧，建立炉内良好的空气动力及燃烧工况，防止火焰中心偏斜、水冷壁结渣等可能引起热偏差的现象发生，减轻过热器与再热器的高温积灰与腐蚀。

（5）选择合理的炉膛出口烟温。选择合理的炉膛出口烟温，避免运行过程中炉膛出口烟温过高，减少复合硫酸盐和钒钠复合物熔化的可能性，从而减轻和防止过热器与再热器的高温积灰与腐蚀。

（6）建立有效的吹灰制度。设置高效的吹灰装置，建立健全吹灰制度，定时对过热器与再热器进行吹灰，清除含有碱金属氧化物、复合硫酸盐以及钒钠复合物等的积灰层，从而保持受热面清洁，阻止高温腐蚀的发生。然而当过热器与再热器管壁上已经存在高温腐蚀时，如果再强行吹灰去清除灰渣层，就会使高温腐蚀加速进行。

## 复习思考题

7-1　过热器与再热器的作用是什么？它们的工作条件如何？

7-2　在过热器与再热器的设计、运行中，应注意哪些方面？

7-3　过热器与再热器各有哪些形式？各类型过热器的结构与布置特点如何？

7-4　为什么高参数、大容量电站锅炉采用组合式过热器？

7-5　通常采取哪些措施来限制再热器的压降？

7－6　一般采取哪些措施来防止再热器管壁超温？

7－7　什么是热偏差？热偏差产生的原因有哪些？怎样减小热偏差？热偏差、传热温差、额定汽温偏差三者有何区别？

7－8　什么是汽温调节？为什么要进行汽温调节？

7－9　什么是汽温特性？不同传热方式的过热器与再热器的汽温特性如何？

7－10　汽温调节的方法有哪些？各有什么特点？

7－11　过热蒸汽与再热蒸汽的性质有什么不同？在结构、布置、连接系统和温度调节等方面，再热器与过热器有何区别？

7－12　什么是烟气侧高温积灰与高温腐蚀？产生的原因是什么？如何防止或减轻高温积灰与高温腐蚀？

7－13　请结合所学知识，简述应如何保证过热器与再热器的安全、经济运行。

# 第八章　省煤器与空气预热器

## 第一节　省　煤　器

### 一、省煤器的作用与形式

省煤器是利用锅炉尾部烟道烟气加热锅炉给水的一种热交换设备，其主要作用包括：

(1) 吸收低温烟气的热量，降低排烟温度，减少排烟热损失，节省燃料。

(2) 由于给水进入汽包之前先在省煤器加热，因此减少了给水在受热面的吸热量，可以用省煤器来代替部分造价较高的蒸发受热面，降低锅炉造价。

(3) 提高给水温度，以减小汽包壁温差，减小相应的热应力，延长汽包使用寿命。

省煤器按照其出口的工质状态分为沸腾式与非沸腾式。

沸腾式省煤器出口工质达到饱和温度，并且当中有部分水汽化，即出口为汽水混合物。将汽化水量所占给水量的百分比称为沸腾式省煤器的沸腾率或沸腾度，一般控制在10%～20%，不宜超过20%，防止过大的体积流量引起过大的流动阻力，并且避免发生由于汽水密度差异较大而引起的汽水分层及汽塞等现象造成传热恶化，烧坏省煤器。

非沸腾式省煤器其出口水温尚未达到其压力所对应的饱和温度，其出口水温较其饱和温度低20～25℃。

中、低压锅炉多采用沸腾式省煤器。中低压锅炉将给水加热至饱和水所需热量较少，而将饱和水加热至饱和蒸汽所需热量较多，因此将部分饱和水在省煤器中蒸发，可防止饱和水在炉膛水冷壁内带走大量热量，引起炉膛温度过低，造成燃烧不稳定；炉膛出口烟气温度过低，引起过热器受热面的增大与金属使用量的增加。

随着蒸汽参数的提高，加热给水至饱和水的热量增加，而将饱和水加热至饱和蒸汽的热量减少，为了防止因炉膛及出口烟气温度过高而引起相应受热面的结渣，加热给水的受热面又由省煤器转至水冷壁。目前现代的超高压及以上参数的锅炉通常都采用非沸腾式省煤器。

按所用材料，省煤器可分为铸铁式与钢管式两类。

### 二、省煤器的结构与布置

钢管式锅炉省煤器由一系列并联的蛇形管和联箱构成。管子在尾部烟道中呈水平排列布置，联箱一般布置在炉墙外，联箱和管子在墙外焊连接。在大型锅炉中，自联箱引出的蛇形管数量很多，为避免管子穿墙时漏风过多，可采用联箱在炉墙外与少量穿墙连接管连接，连接管再在墙内和蛇形管连接的方式。省煤器管中工质一般由下向上流动，以利于排除空气，避免产生局部氧气腐蚀，在沸腾式省煤器中也可避免发生汽塞。在超临界压力锅炉中，由于水质好且不会产生汽泡，省煤器也可布置成工质为自上而下的流动方式。

铸铁式锅炉省煤器由一系列铸铁外肋管和铸铁连接弯头构成。省煤器管束呈卧式串联布置，给水由下而上流动，为了避免脆性的铸铁管因蒸汽急剧凝结发生水击而破裂损坏，省煤器出口水温应比饱和温度至少低30℃。铸铁式省煤器的安全性较差，连接弯头多，易漏，在其连接系统上要有烟气旁路和与汽包连接的给水旁路，以便在锅炉启动、停炉或低负荷运行时能将锅炉省煤器退出运行，并能在运行中抢修。铸铁式省煤器优点是管壁厚，耐腐蚀，可用于给水未经除氧的工业锅炉及烟气外部腐蚀严重的区域。但易漏、粗笨和易堵灰。应安装压缩空气吹灰器，不宜用饱和蒸汽吹灰，多用于中低参数小容量锅炉的非沸腾式省煤器。

大容量、高参数锅炉均采用钢管式省煤器。其典型结构如图 8－1 所示，可采用悬吊方式或支承结构固定。管束采用无缝钢管弯制而成，常用材料为 20G 钢。

为了强化省煤器管外的换热，在管外通常采用扩展换热面，常见的包括鳍片式（纵肋）、肋片式（环肋）、膜式，扩展换热面的结构形式如图 8－2 所示。鳍片式和膜式省煤器在相同金属用量时体积较光管式的小，且传热量增加，在相同的烟道截面下管子间的横向节距增大，从而使烟气的流通截面增大，流速减小，降低了管束的磨损。相对面言，肋片式积灰较严重，且不易清理。

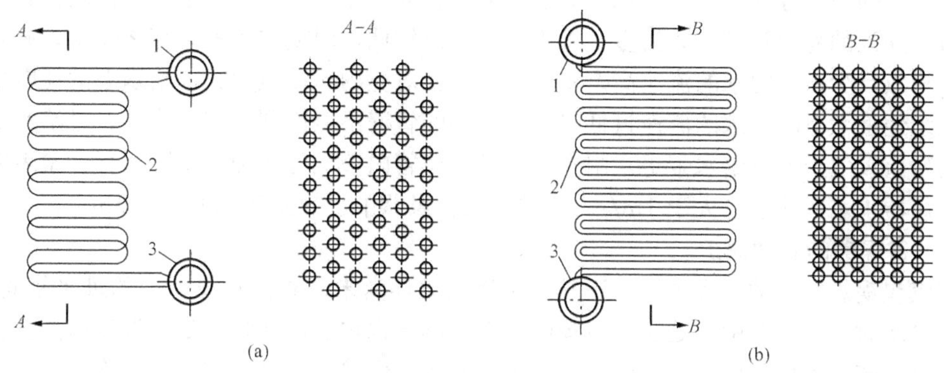


图 8－1　省煤器的结构

（a）管束错列结构；（b）管束顺列结构

1—出口联箱；2—蛇形吸热管束；3—进口联箱

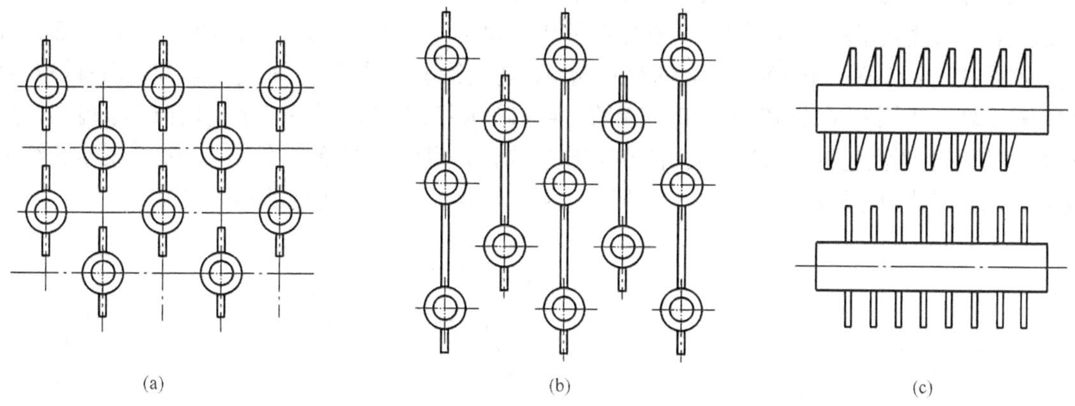


图 8－2　肋片扩展换热面的结构

（a）鳍片式扩展换热面；（b）膜式扩展换热面；（c）肋片式扩展换热面

省煤器管束平行于炉膛后墙时为横向布置，垂直于炉膛后墙为纵向布置。典型布置方式如图 8－3 所示。

烟气从水平烟道流进尾部竖直烟道时转弯 90°，受离心力作用，大部分飞灰集中于尾部烟道的后墙，当采用省煤器横向布置时，靠近后墙的管子磨损严重，方便更换，而采用省煤器纵向布

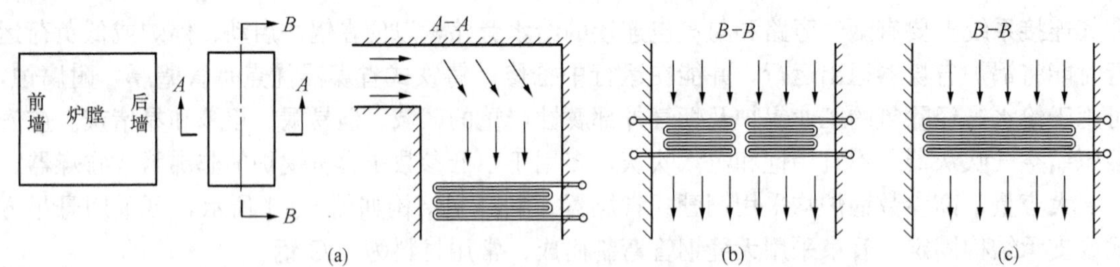


图 8-3　省煤器在烟道中的布置方式

(a) 纵向布置；(b) 横向布置双面进水；(c) 横向布置单面进水

置时，省煤器蛇形管束在后墙拐弯的弯头磨损严重，弯头的更换工作量较大，因此，从减少燃煤锅炉飞灰磨损的角度出发，采用省煤器横向布置较为有利，便于减少维护省煤器的工作量。

省煤器的布置方式对其管内水的流速影响也较大。尾部烟道的宽度大于深度，省煤器纵向布置时并列的蛇形管管排数目多，管内水的流速较低，而横向布置时与之相反，并列的蛇形管管排数目少，管内水的流速高。水的流速高，对应的流动阻力大，给水泵的耗电量也增加，系统经济性下降。水的流速过低时，省煤器的管壁不能得到良好的冷却，且给水受热后析出的残余氧气未能被给水带走，附在管内壁上使管内壁氧化腐蚀。实际运行经验表明，沸腾式省煤器中水的流速应大于 1m/s，非沸腾式省煤器中水的流速应大于 0.5m/s。

## 三、省煤器的启动保护

在汽包锅炉的启动过程中，由于其汽包汽水循环尚未建立，省煤器内的进水是间断的，当停止给水时，省煤器中水处于不流动的状态，随着锅炉燃烧加强及烟气温度提高，省煤器内的水容易产生汽化，生成的蒸汽紧贴在省煤器的管内壁上，使管内壁局部冷却不足，处于超温状态。为了避免这种情况的出现，在汽包的下部设置管道通至省煤器的入口，作为再循环管道，管道上装有再循环阀门，如图 8-4 所示。在锅炉启动期间停止上水时，开启再循环管道上的再循环阀门，在汽包、再循环管道与省煤器之间形成自然循环，使省煤器内的水处于流动状态，避免发生超温爆管的情况，对省煤器形成了保护。应注意的是，在锅炉上水和正常运行时，必须关闭省煤器再循环管道上的再循环阀门，防止给水经再循环管道进入汽包，使省煤器缺水而被烧坏。也可以在省煤器出口与除氧器或疏水箱之间设置一个回水管道与阀门，如图 8-5 所示。当汽包不进水时，关闭省煤器出口阀，开启回水管道上的阀门，使省煤器的给水通过回水管道流回除氧器或疏水箱，保证省煤器内水的流动，实现省煤器的保护。

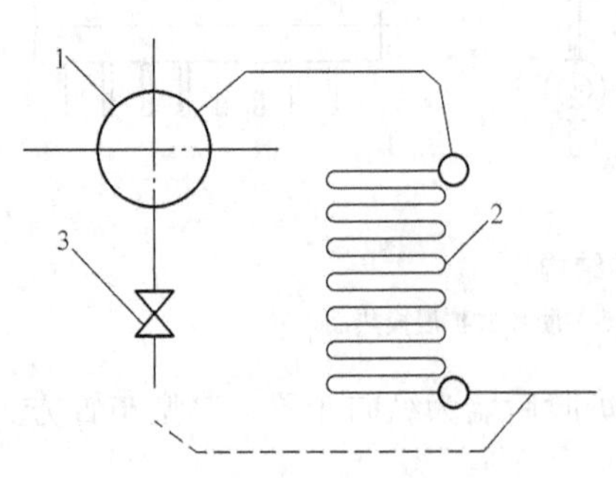


图 8-4　省煤器的再循环管道示意图

1—汽包；2—省煤器；3—再循环阀门

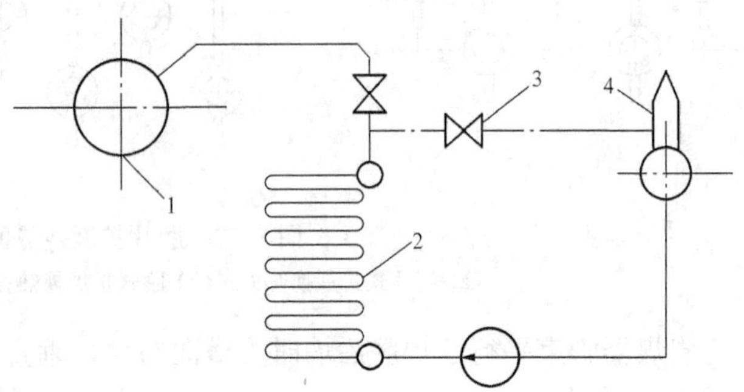


图 8-5　省煤器的回水管道示意图

1—汽包；2—省煤器；3—再循环阀门；4—除氧器

此外，大容量锅炉在启动时采用小流量连续进水，也可以实现省煤器的启动保护。

## 第二节 空 气 预 热 器

### 一、空气预热器的作用与型式

空气预热器是利用锅炉尾部烟道烟气余热加热锅炉燃烧所需空气的一种热交换设备，布置在锅炉烟道的最尾部，是锅炉烟道烟气流程的最后一级换热面，其主要作用包括：

(1) 利用空气吸收锅炉尾部烟道烟气的热量，降低锅炉的排烟温度，减少排烟热损失，提高锅炉的能量利用效率，节省燃料。

(2) 空气经预热后进入炉膛，可以提高炉膛的温度，改善燃料的着火及燃烧条件，减少不完全燃烧热损失，提高锅炉效率。

(3) 炉膛温度提高，强化了炉内的辐射换热，可以减少水冷壁布置，减少其受热面积，节省金属使用量，降低锅炉造价成本。

(4) 利用加热后的空气干燥煤粉，提高了煤粉的流动性，改善制粉系统的工作条件。

(5) 降低排烟温度，可以降低引风机的工作温度，改善引风机的工作条件，降低其耗电量，提高工作可靠性与经济性。

目前使用的空气预热器主要有管式与回转式。管式预热器属于间壁式换热器，空气与烟气分别流过换热管的管内与管外，连续换热。回转式预热器为蓄热式换热器，空气与烟气交替流过受热面，烟气流过受热面通道时，受热面金属材料受热蓄积热量，然后空气流过受热面通道吸收金属材料所蓄积的热量，完成了热量从烟气到空气的传递。

### 二、管式空气预热器

#### 1. 管式空气预热器的结构

管式空气预热器多用于中、小型锅炉。管式空气预热器由管箱、连通风罩及密封装置构成。管箱由竖直放置的钢管与上、下管板组成，管子两端分别焊接在上、下管板上，形成立体结构，竖直钢管一般为错列布置，管壁之间供空气流动，管内供烟气流动，管箱的结构如图 8-6 所示。为使整个空气预热器结构紧凑和强化传热，管子常采用小节距错列布置，管板的厚度则根据强度要求确定，下管板由于承重通常比上管板更厚。从刚性角度考虑，每个管箱的高度不易过大，同时合适的高度也有利于其管子内部的清灰。在安装时，把管箱拼好，焊接固定好，在其外部装上密封墙板及连通风罩，便构成空气预热器的整体结构。

管式空气预热器的管箱上管板与锅炉钢架之间用膨胀补偿器连接，用以补偿管箱受热膨胀时部件之间的位移变化，防止空气预热器的漏风，补偿结构装置如图 8-7 所示。管式空气预热器的进口烟气温度应低于上管板钢材的许用温度，避免管板超温运行而变成造成大量漏风。

#### 2. 管式空气预热器的布置

管式空气预热器的布置与空气流动速度、传热性能及流动阻力有很大关系。布置方式按空气的进风方式，分为单面进风和双面进风；按空气流动的流通，通道分为单道和多道。在受热面积不变时，空气流通通道越多，空气与烟气的交叉次数越多，越近似于逆流传热，则传热温差越高，有利于传热，当然，流动方向变化次数增多，流动的阻力也增大了。常见的

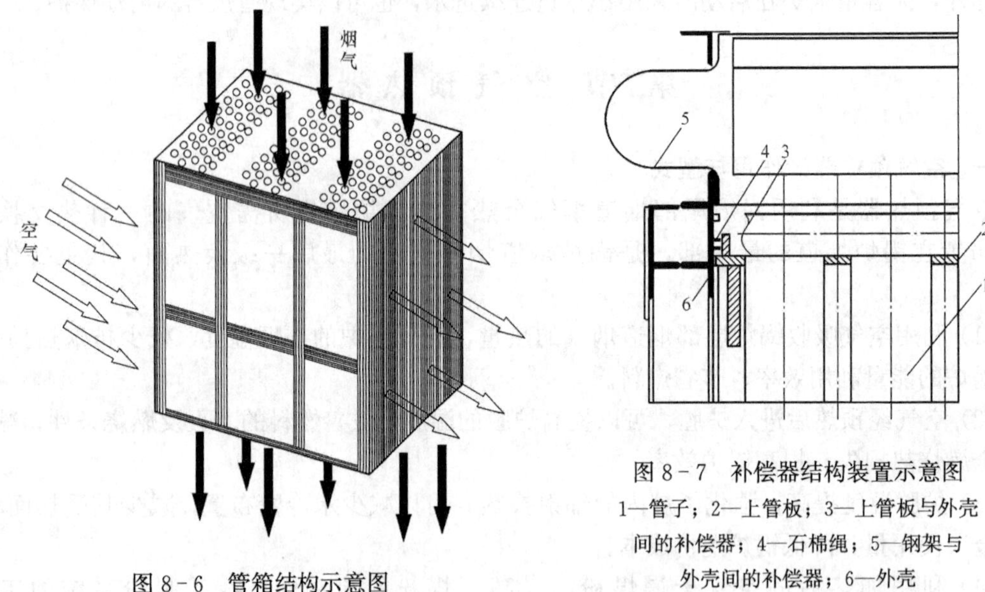


图 8-6 管箱结构示意图

图 8-7 补偿器结构装置示意图

1—管子；2—上管板；3—上管板与外壳间的补偿器；4—石棉绳；5—钢架与外壳间的补偿器；6—外壳

空气预热器的布置方式如图 8-8 所示。

管式空气预热器结构简单，制造、安装及检修方便，工作可靠性高，漏风较小；但是其结构尺寸大，金属消耗量大，给大型锅炉尾部的受热面布置带来困难。

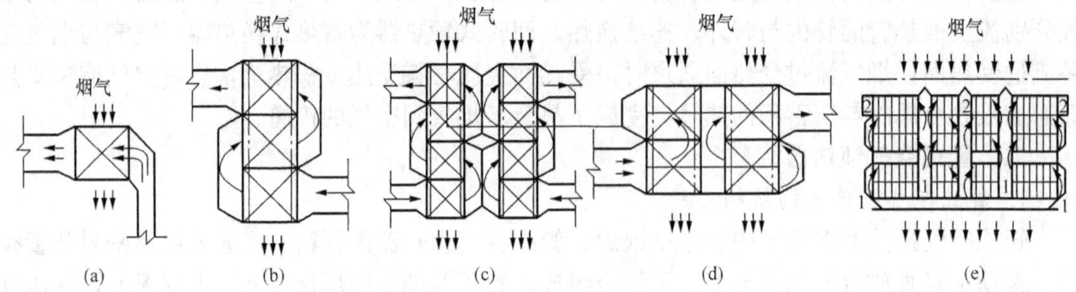


图 8-8 管式空气预热器的布置方式

(a) 单道单面进风；(b) 多道单面进风；(c) 多道双面进风；(d) 多道单面双股平行进风；(e) 多道多面进风

1—空气进口；2—空气出口

## 三、回转式空气预热器

随着锅炉容量的不断增大及参数的提高，管式空气预热器受热面也随之增大，庞大的管式空气预热器给尾部受热面安装布置带来困难。为此，大型电站锅炉需要结构更紧凑、换热性能更优越的空气预热器。回转式空气预热器应运而生。回转式空气预热器按传动部件可分为两种类型：一种为受热面回转式的，也称为容克式空气预热器；另一种是风罩回转式，也称为谬勒式空气预热器。

### （一）受热面回转式空气预热器

受热面回转式空气预热器的结构如图 8-9～图 8-11 所示，主要由圆柱受热面转子、外壳、轴与轴承、传动装置和密封装置等组成。

中心驱动装置
烟道
转子
顶部结构
二次风道
转子外壳
端柱
一次风道
底梁
钢架

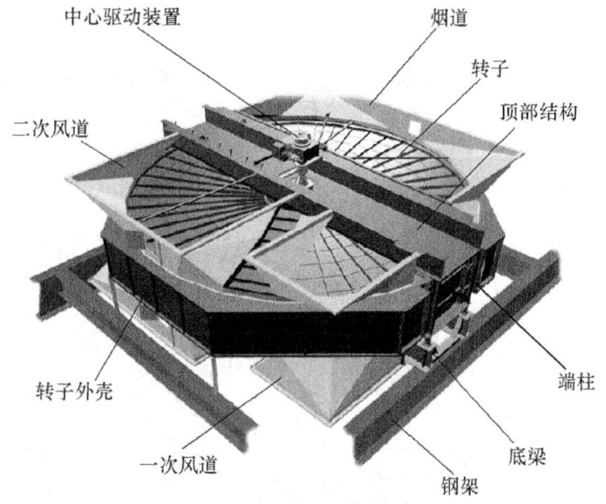

图 8-9　受热面回转式空气预热器结构示意图（一）

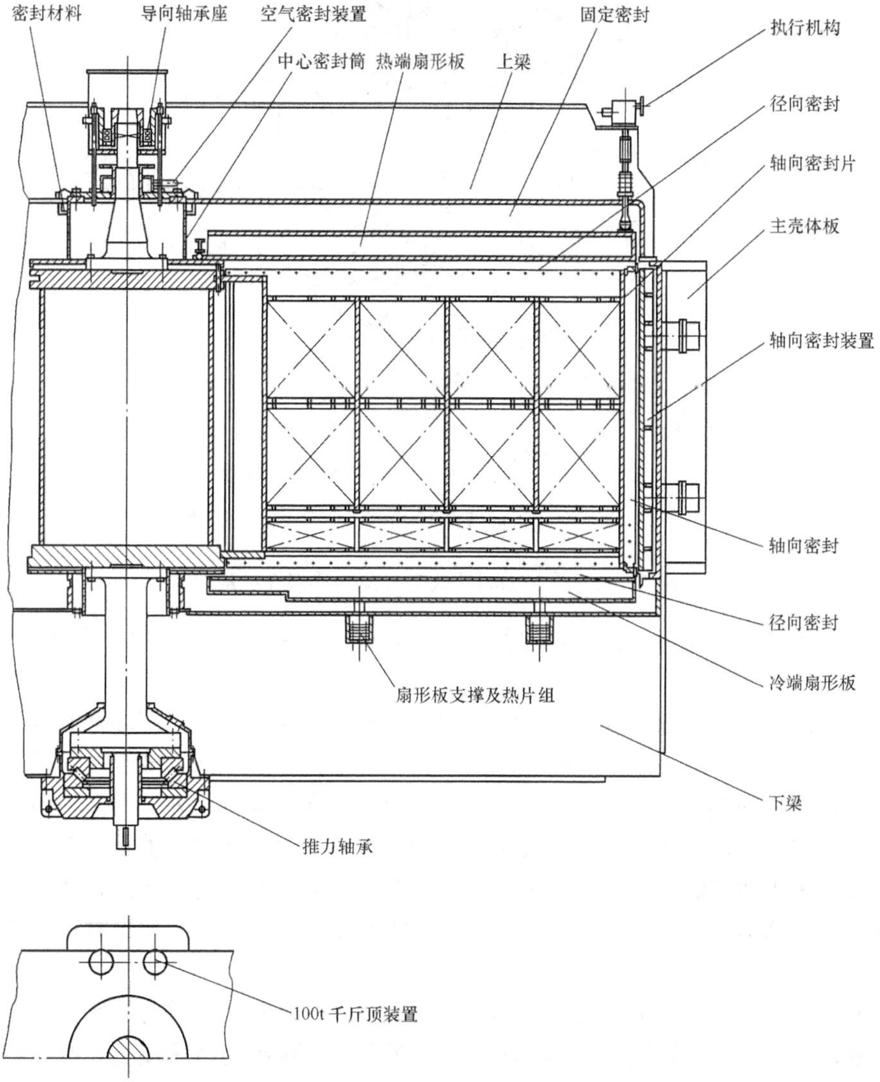

密封材料
导向轴承座
空气密封装置
固定密封
执行机构
中心密封筒
热端扇形板
上梁
径向密封
轴向密封片
主壳体板
轴向密封装置
轴向密封
径向密封
冷端扇形板
扇形板支撑及热片组
下梁
推力轴承
100t 千斤顶装置

图 8-10　受热面回转式空气预热器结构示意图（二）

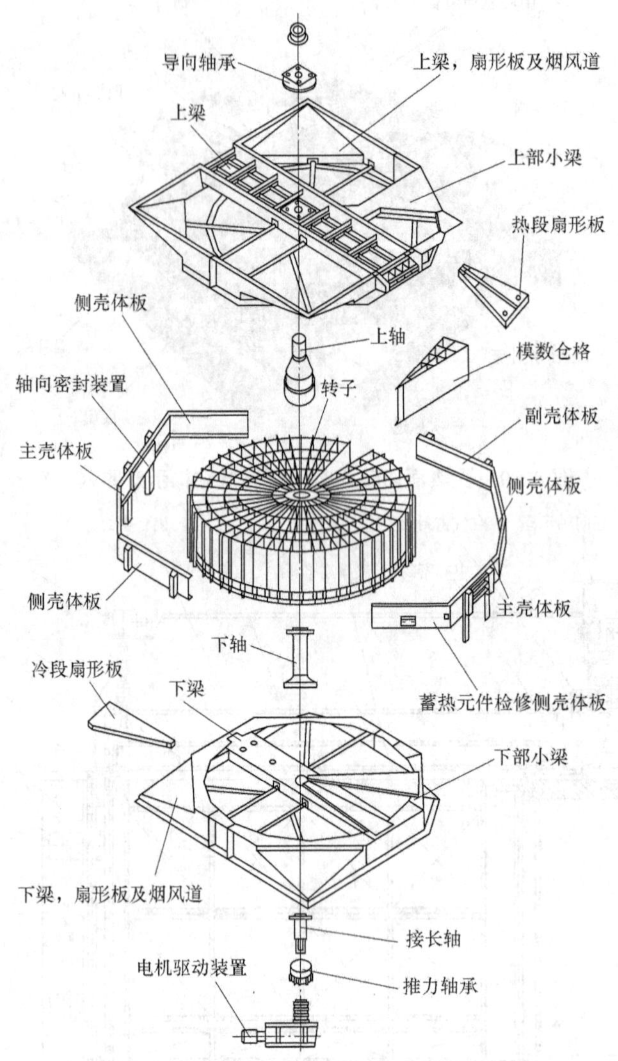


图 8-11 受热面回转式空气预热器部件示意图

转子是将传热部件固定并能旋转的圆柱形部件，主要由转动轴、中心密封筒、外圆筒、隔板和传热部件组成。

中心密封筒的上、下两端分别与导向轴承、支承端轴相连接，上部端轴通过导向轴承进行导向和定位，导向轴承采用双列向心球面滚子轴承，内圈固定在上轴套上，外圈固定在导向轴承座上，随着预热器主轴的热膨胀，导向轴承座可在导向轴承外壳内做轴向移动。导向轴承配有空气密封座，可接入密封空气对导向轴承进行密封和冷却，轴承外壳支承在上梁中心部分，轴承采用油浴润滑，导向轴承座通过吊杆螺栓与中心密封筒相连，使其与轴承座同时随主轴膨胀而移动。导向轴承上留有布置吸油管及供油管的位置，并设有放油管、热电阻的接口。

转子的重量通过下端的端轴支承于其下方的推力滚柱轴承上，推力轴承采用推力向心球面滚子轴承，内圈通过同轴定位板与下轴固定，外圈坐落在推力轴承座上，推力轴承座通过合金钢螺栓紧固在下梁底面。轴承采用油浴加循环油润滑，推力轴承座上设有进油口、出油口、放油口、通气孔、油位计以及热电阻的接口。

转子通常采用模数仓格结构，每个仓格为 15°，为布置双密封结构，每个仓格又分隔为两半，全部蓄热元件分装在 24 个模数仓格内，每个模数仓格利用一个定位销加一个固定销与中心筒相连接，如图 8 - 12 所示。

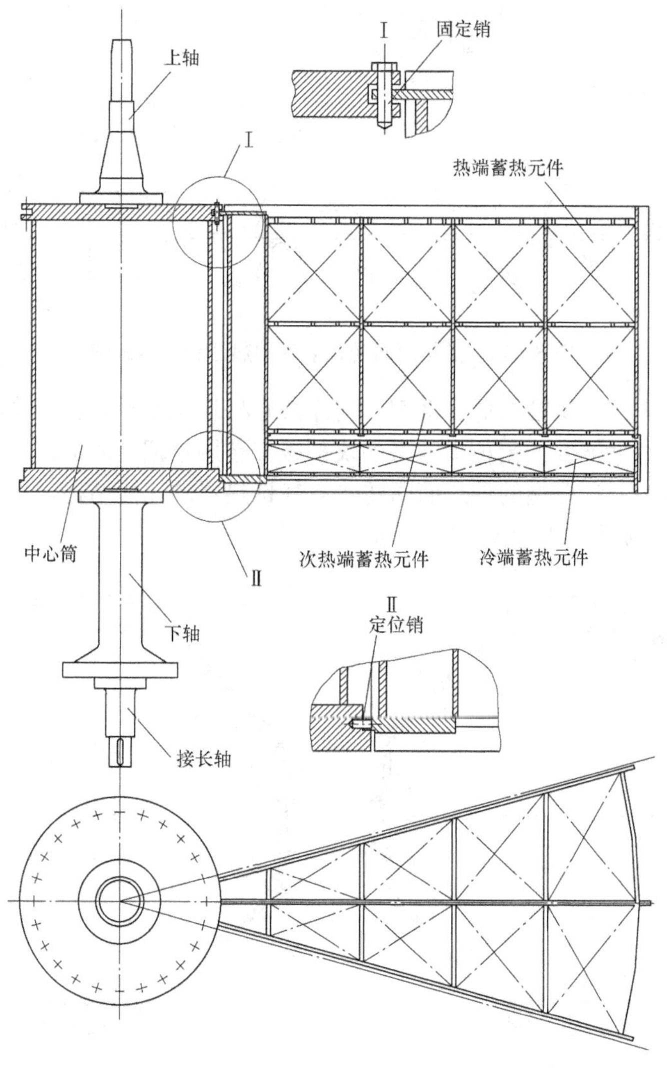


图 8 - 12　受热面回转式空气预热器仓转子结构示意图

这种结构可减少转子内焊接应力及热应力。中心筒上、下两端面与上、下轴分别用合金钢螺栓连接，下轴和接长轴用合金钢螺栓连接，整体形成预热器的旋转主轴。相邻的模数仓格之间用螺栓互相连接。热端蓄热元件由模数仓格顶部装入，冷端蓄热元件由模数仓格外周上所开设的门孔装入。

热端蓄热元件常采用普通碳钢。由压制成特殊的波形构成，按模数仓格内各小仓格的形状和尺寸，制成各种规格的组件。每一组件都是由一块具有垂直大波纹和扰动斜波的定位板与另一块具有同样斜波形状的波纹板一块接一块地交替层叠捆扎而成，如

图 8－13 所示。

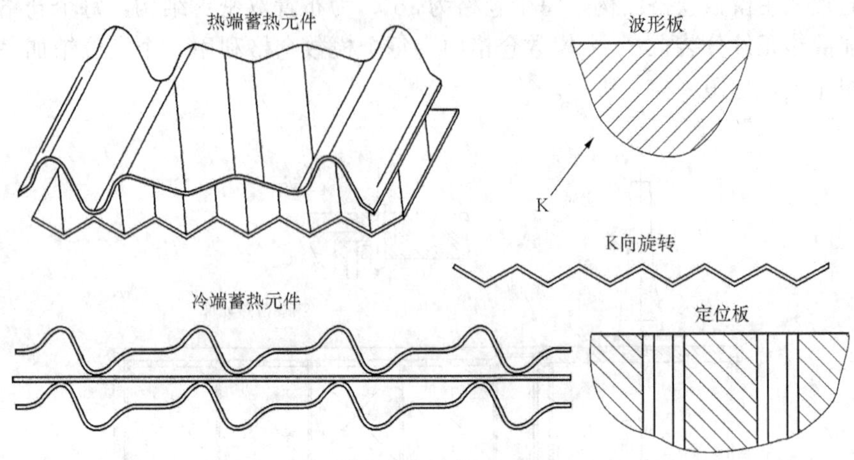


图 8－13 受热面回转式空气预热器仓格示意图

冷端蓄热元件采用耐腐蚀的低合金钢，同样按仓格形状制成各种规格的组件，每一组件都是由一块具有垂直大波纹的定位板与另一块平板交替层叠捆扎而成。

图 8－14 所示为一种典型的受热面回转式空气预热器的壳体结构，呈九边形，由 3 块主壳体板、2 块副壳体板和 4 块侧壳体板组成。

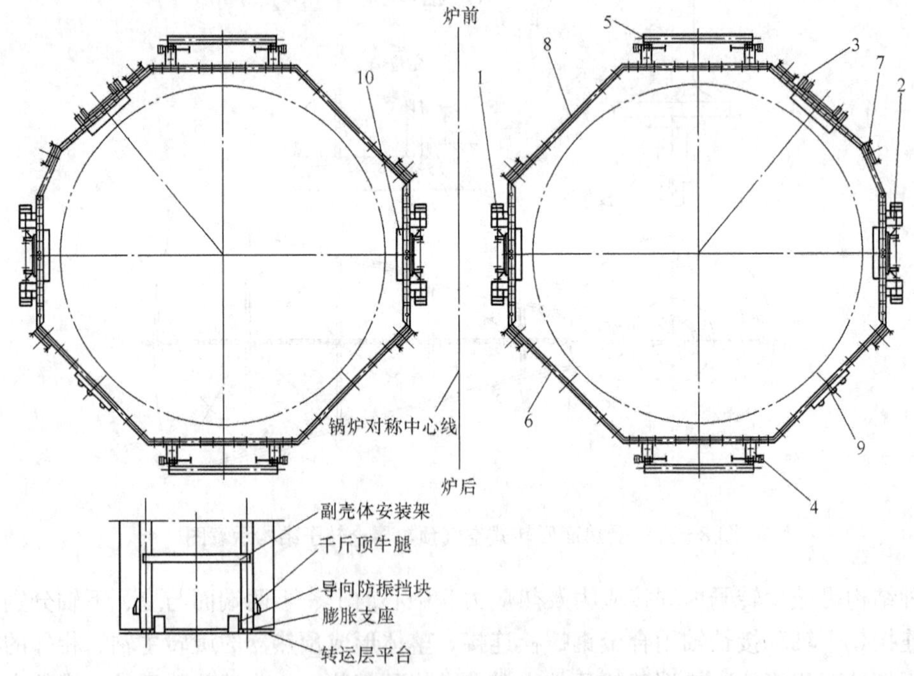


图 8－14 受热面回转式空气预热器壳体结构示意图

1—主壳体板Ⅰ；2—主壳体板Ⅱ；3—主壳体板Ⅲ；4—副壳体板Ⅰ；5—副壳体板Ⅱ；6—侧壳体板Ⅰ；7—侧壳体板Ⅱ；8—侧壳体板Ⅲ；9—检修侧壳体板；10—轴向密封装置

主壳体板Ⅰ、Ⅱ与下梁及上梁连接，通过主壳体板上的 4 个立柱，将预热器的绝大部分重量传递给锅炉构架，主壳体板内侧设有圆弧形的轴向密封装置，外侧有若干个调节点，可对轴向密封装置的位置进行调整。

副壳体板沿宽度方向分成三段，中间段可以拆去，是安装时吊入模数仓格的大门。为保证在吊装副壳体板模数仓格时的稳定性，使用副壳体安装架作为安装时的临时拉撑梁，安装完毕后拆除。副壳体板上也有 4 个立柱，可传递小部分预热器重量至锅炉构架。

侧壳体板布置在 45°和 25°方位，每台预热器有 4 块，其中一块设有安装驱动装置的机座框架，靠炉后设有一块更换冷端蓄热元件的检修门。每一块侧壳体板上都设有人孔，以便进入预热器对轴向密封及轴向密封装置进行调整和维修。

主壳体板Ⅰ、Ⅱ和副壳体板的立柱下面设有膨胀支座，以适应预热器壳体径向膨胀。膨胀支座采用三层复合自润滑材料的平面摩擦副作为膨胀滑动面。此外，在每对膨胀支座的内侧，还装有挡块，限制预热器的水平位移，并作为壳体径向膨胀的导向块。主、副壳体板立柱下部外侧均设有一个牛腿，以供安装时放置千斤顶，调整膨胀支座的垫片之用。

目前受热面回转式空气预热器上常采用径向—轴向、径向—旁路双密封系统，如图 8-15 所示。

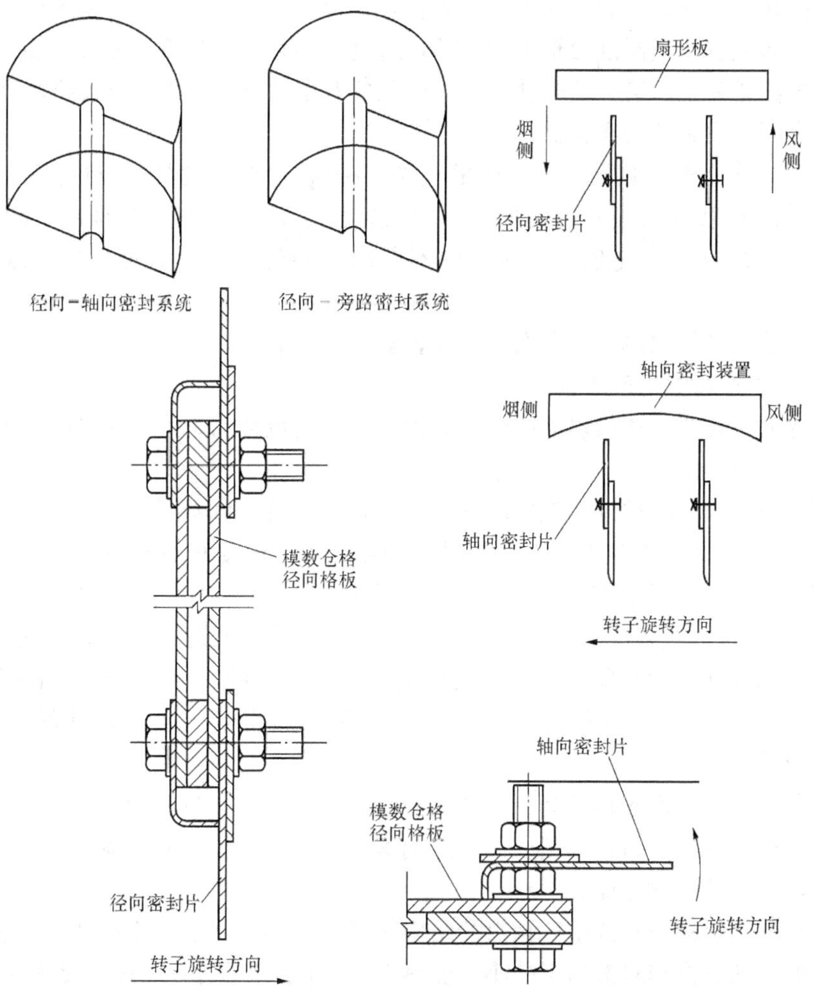


图 8-15　受热面回转式空气预热器密封结构示意图

双密封系统就是每块扇形板在转子转动的任何时候至少有两块径向和轴向密封片与它和轴向密封装置相配合，形成两道密封，以使密封处的压差减小一半，从而降低漏风。根据理论计算及实践经验表明，直接漏风可下降30%左右，这是国内外采用的较成熟技术，密封周界短、效果好。

径向密封片与扇形板构成径向密封，径向密封片用耐腐蚀钢板制成，沿长度方向分成两段，用螺栓连接在模数仓格的径向隔板上。由于密封片上的螺栓孔为腰形孔，径向密封片的高低位置可以适当调整。

轴向密封片与轴向密封装置构成轴向密封，轴向密封片也由耐腐蚀钢板制成，沿转子的高度方向布置，也用螺栓连接在模数仓格的径向隔板上，沿转子的径向可以调整。

在转子外圈上下两端还设有一圈旁路密封装置，防止烟气或空气在转子与壳体之间短路，同时它作为轴向密封的第一道防线，也起到了一定的密封作用。旁路密封片为耐腐蚀钢板，与转子外周的T型钢圈构成旁路密封，在扇形板处断开，断开处另设旁路密封件，与旁路密封装置相接成一整圈。

受热面回转式空气预热器一般采用电驱动装置带动运行。电驱动装置采用硬齿面的齿轮减速箱传动，布置在预热器推力轴承的下部，通过鼓形联轴器与接长轴相连接。每台预热器的电驱动装置配备有主、辅驱动电动机外，还配备有手动盘车装置，电动机启动采用变频方式，电动机之间还设有超越离合器。

受热面回转式空气预热器在烟气侧的热端和冷端分别设有固定式清洗管。按转子旋转方向，清洗管装在靠近烟气侧的起始边，以便清洗水从烟气侧灰斗排出，清洗管上装有一系列不同直径的喷嘴，使预热器转子内不同部位的受热面能获得均匀的水量，从而保证清洗效果。

此外，受热面空气预热器还要安装吹灰装置。

（二）风罩回转式空气预热器

大型受热面回转式空气预热器的体积庞大，为了避免转动笨重的受热面，于是出现了风罩回转式空气预热器。

风罩回转式空气预热器的结构如图8-16所示。受热面定子固定不动，外壳与上、下风道相连。中心轴将8字形上、下风罩连成一体。传动机构通过上、下风罩外圈上的环形齿条带动上、下风罩同步旋转。受热面圆形截面被分为两个烟气流通区、两个空气流通区，之间由过渡区隔开。空气自下而上由固定风道进入旋转风道，分成两股进入受热面，受热后的热风经上风罩汇集后由热风道引出。烟气同样由上而下分成两股流过风罩之外受热，即风罩每旋转一圈进行两次热交换。通常，风罩回转式空气预热器的转速较低。

旋转风罩与受热面定子端面装有可调式密封装置，结构如图8-17所示。密封装置由膨胀节、密封框架和铸铁密封板等组成。通过调整吊杆的上下位置可以调节密封板与定子端面的接触程度，以调节密封性能。

回转式空气预热器较管式空气预热器结构紧凑，外形尺寸小，节省材料，布置方便。并且传热元件的腐蚀、磨损对漏风影响小，受热面的更换周期更长。但是，回转式空气预热器的结构较复杂，制造与安装的工艺要求更高，检修与维护的工作量更大。

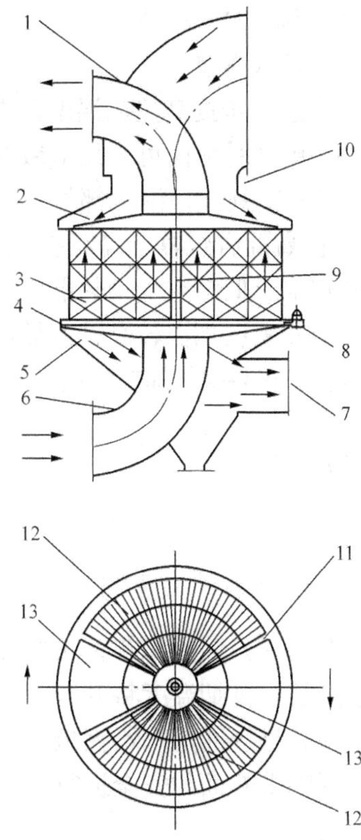


图 8－16　风罩回转式空气预热器

1—上风道；2—上回风罩；3—受热面静子；4—齿条；5—下回风罩；6—下风道；7—下烟道；8　电动机；9—中心轴；10—上烟道；11—过渡区；12—烟气流通截面；13—空气流通截面

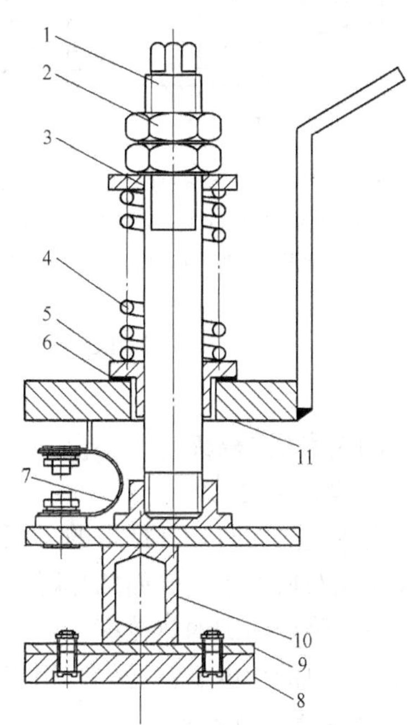


图 8－17　旋转风罩与受热面定子之间的密封装置

1—吊杆；2—调节螺母；3—弹簧压板；4—弹簧；5—密封套；6—石棉垫板；7—U 形彭胀节；8—铸铁密封板；9—钢板；10—密封框架；11—8 字形风罩端板

## 第三节　尾部受热面的布置

省煤器和空气预热器均安装在锅炉对流烟道的尾部，统称为尾部受热面或低温受热面，布置方式包括单级布置和双级布置。

### 一、单级布置

单级布置如图 8－18 所示，由一级省煤器和一级空气预热器组成。通常把空气预热器布置在省煤器之后，在超高压以上参数的锅炉中，尾部烟道中还布置再热器，有的还布置了低温对流过热器。单级布置时常使用回转式空气预热器，布置在烟道的外面。单级布置结构较简单，但热风温度通

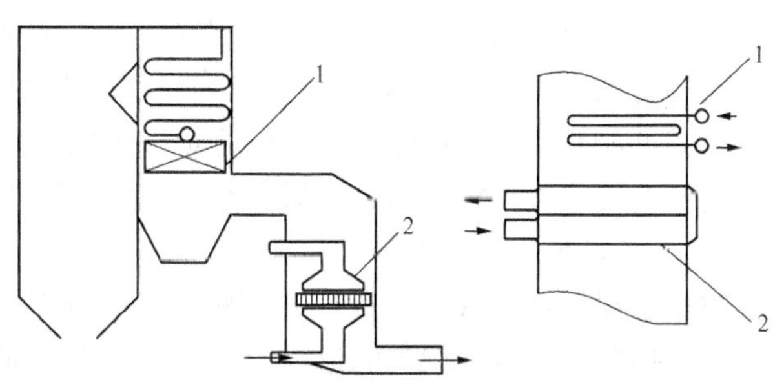


图 8－18　尾部受热面单级布置示意图

1—省煤器；2—空气预热器

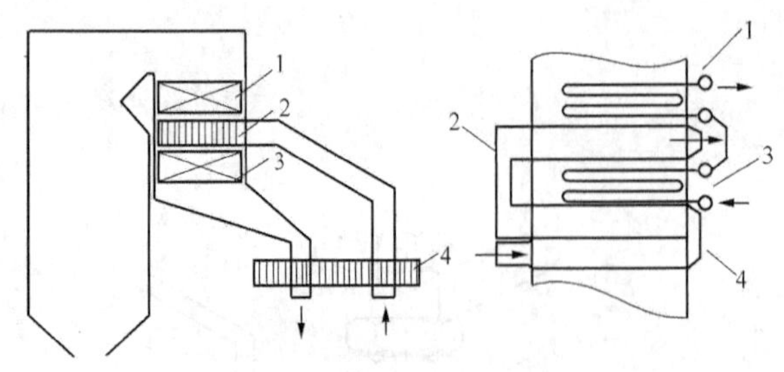


图 8－19 尾部受热面双级布置示意图
1—高温省煤器；2—高温空气预热器；
3—低温省煤器；4—低温空气预热器

常只能达到 300～350℃。

**二、双级布置**

为了进一步提高热风温度，提高锅炉经济性，尾部受热面可采用双级布置，结构如图 8－19 所示。沿尾部烟气流动方向依次布置高温省煤器、高温空气预热器、低温省煤器、低温空气预热器。将高温空气预热器布置在烟温较高的区域，增大了传热温差，可将空气加热到更高的温度。

## 第四节 尾部受热面的运行问题

### 一、尾部受热面积灰

（一）积灰及其危害

烟气流过受热面时，其携带的飞灰颗粒积聚在受热面上的现象称为积灰。灰的导热性能很差，因此积灰增大了受热面的热阻，减小了受热面的吸热量，排烟温度将升高，从而增大排烟热损失，降低锅炉的热效率。积灰严重时还可能堵塞部分烟气通道，增大烟气的流动阻力，增加引风机的耗电量，另外，积灰引起的传热恶化也影响受热面的安全运行。

（二）积灰的影响因素

影响积灰的因素主要有烟气流速、飞灰颗粒大小、管束的结构与排列方式。

1. 烟气流速的影响

烟气流速越高，灰粒的动能则更大，于是灰粒的冲击作用则越强，不容易形成积灰；反之，烟气流速较低时容易形成积灰。烟气流速大于 8m/s 以上时，迎风面一般不积灰，而背风面稍微积灰；当烟气流速小于 3m/s 时，背面很容易积灰，迎风面甚至也会积灰，严重时积灰形成局部堵塞，影响烟气流动。

2. 飞灰颗粒度的影响

当烟气粗灰多细灰少时，烟气的冲刷作用很强，不易积灰；反之，粗灰少细灰多时，烟气冲刷能力不足，容易积灰。一般来说，液态排渣煤粉炉烟气中的飞灰比固态排渣炉的飞灰更细，更容易积灰。

3. 管束结构的影响

错列布置时迎风面与背风面都有烟气流过，积灰较轻。顺列布置时从第二排管束开始，迎风面与背风面均被前面的管束挡住，难以受到烟气的直接冲刷，更容易形成积灰。另外，烟气纵向冲刷管束时冲刷作用强，相比烟气横向冲刷管束时积灰轻。另外，管子的直径越小时，管子背面形成的涡流回旋区域也小，飞灰的冲击机会增加，也有利于减轻积灰。

（三）减轻积灰的方法

根据上述影响积灰的因素，为了减轻受热面的积灰，在受热面的设计、布置及运行中可采取相关措施，以减轻积灰的形成，主要有以下方面：

(1) 选择合理的烟气流速，经验表明，烟气流速在 6～10m/s 时，较合理，流速过高时，受热面管速的磨损将加剧，严重时会造成管子局部材料失效爆管。

（2）使用小管径的管子，管束采用小节距错列布置，以增加烟气的冲刷和扰动效果。

（3）采用合理的吹灰装置，设定合理的吹灰制度，并严格定期吹灰。

## 二、尾部受热面磨损

### （一）磨损及其危害

尾部受热面除了形成积灰，受热面管束还会由于飞灰的流动与冲刷造成磨损。当携带大量固态飞灰的烟气流过受热面时，固态灰粒撞击受热面管束，受热面长期受此撞击，管壁表面金属即被磨损。

磨损会使受热面的管壁减薄，材料强度降低，当材料强度降低到一定程度时，将会发生爆管事故，影响整个锅炉正常运行。

### （二）影响磨损的因素

影响飞灰磨损的主要因素包括烟气流速、飞灰浓度、飞灰的固体颗粒特性、管束的布置结构以及飞灰流动对管束的撞击率等。

#### 1. 烟气速度

受热面金属表面的磨损与冲击管壁的飞灰固体颗粒的动能和冲击次数成正比，与烟气流速的三次方成正比。显然，高速度的烟气冲刷受热面，容易引起磨损。

#### 2. 飞灰浓度

飞灰浓度大，则对受热面的冲击次数多，将使磨损加剧。当烟气由水平烟道流入竖直烟道时，受离心力的作用，烟道外侧的烟气飞灰浓度高，因此这部分的受热面管束磨损较严重。另外，高灰分的煤燃烧之后产物的飞灰浓度高，同样也会加剧受热面管束的磨损。

#### 3. 飞灰的颗料特性

飞灰的固体颗粒越粗、越硬，则对受热面的冲击越强，磨损必然严重。沿着烟气流动方向，温度逐渐降低，颗粒变得越来越硬，因此也使磨损更加严重。当燃烧组织不好，未完全燃烧余留下来的残碳也会加剧磨损。

此外，颗粒的外形对磨损也有影响，棱角分明的外形比光滑圆润的外形更易加剧磨损。

#### 4. 管束的布置结构

烟气纵向冲刷比横向冲刷对管束的磨损要轻，此时飞灰固体颗粒的运动与管子平行，对管子的冲击小。

管束错列布置时，由于烟气流入管束，流动截面变小，速度增加，动能增大，第二排的管束磨损最严重，烟气经过第二排之后，动能被消耗，磨损又减轻。

#### 5. 飞灰流动的撞击率

飞灰流动的撞击率是指飞灰撞击受热面的几率。飞灰颗粒越大，则密度越高，以及烟气流速越高，烟气的黏性越小，飞灰的撞击率都越大。

#### 6. 管壁表面氧化皮

管壁表面通常都有一层氧化皮，像保护膜一样在管壁表面，其厚度随温度升高而增厚，这层氧化皮有利于减轻管壁的磨损。

### （三）减轻磨损的方法

针对上述影响磨损的相关因素，可采取相应的措施减轻磨损，包括以下几个方面。

#### 1. 选择合理的烟气流速

小的烟气流速有利于减轻磨损，但同时又会影响换热，加重积灰，一般建议不超过

9～10m/s。

2. 采用合理的结构和布置方式

管束顺列布置比错列布置能减轻磨损，避免管间节距不均或减小受热面与炉墙之间的间隙形成烟气走廊。

3. 加防磨装置

为防止受热面磨损严重，在易发生磨损的部位加装防磨装置，后期维护时更换防磨装置远比更换受热面管束经济、方便。

4. 在受热面管外涂上防磨涂料

在管外涂上搪瓷或防磨涂料，均可以有效地防止磨损，延长受热面管束的运行寿命。

5. 采用膜式省煤器

烟气流经膜式省煤器的管子和扁钢条形成绕流，烟气中的固体颗粒会集中在烟气流的中心，可减轻磨损与积灰。

## 三、尾部受热面低温腐蚀

### （一）低温腐蚀及其危害

烟气中含有水蒸气和硫酸蒸汽。当烟气进入低温受热面时，由于烟温降低可能有蒸汽凝结；蒸汽也可能在接触温度较低的受热面时发生凝结。酸性蒸汽的凝结液接触到金属将发生酸腐蚀。水蒸气在受热面上的凝结水也会造成氧腐蚀。

烟气中的硫酸蒸汽的凝结温度称为酸露点，烟气中 $SO_3$ 含量越多，则酸露点越高。酸露点可高达 140～160℃。当硫酸蒸汽在管壁温度低于酸露点的受热面上凝结下来时，即产生了低温腐蚀，就会对金属受热面产生腐蚀作用。

在电厂中，尤其是在高压以上电厂中，给水温度远超过烟气中的硫酸蒸汽和水蒸气的凝结温度，低温受热面烟气侧的腐蚀，主要是空气预热器的腐蚀，一般低温腐蚀易发生在低温空气预热器的冷段。但是当燃料含硫量较高，过量空气系数较大，以致烟气中 $SO_3$ 含量较多，露点较高，且给水温度较低（如高压给水加热器停用）时，省煤器管也有可能发生低温腐蚀。

低温腐蚀的主要危害是：腐蚀空气预热器，使其换热管穿孔、爆管及损坏，严重的只要3～4个月就要更换受热面，对锅炉的正常运行影响很大，也增加了金属和资金的消耗；同时空气漏入烟气，增大了引风机的功耗；再则炉内空气量下降，不利于充分燃烧，使锅炉效率降低。与腐蚀同时，液态硫酸还会黏结烟气中的飞灰，使其沉积在潮湿的受热面上，造成堵灰，从而使烟道通风阻力增加，排烟温度提高，不但会降低锅炉出力，甚至还会被迫停炉，极大地影响了锅炉的安全性和经济性。

### （二）低温腐蚀的机理

含硫的燃料燃烧后生成 $SO_2$，在一定条件下少量转化为 $SO_3$，与烟气中的水蒸气结合形成硫酸蒸汽，当硫酸蒸汽与低于其酸露点的低温受热面接触时冷凝在受热面上，对受热面造成酸腐蚀。研究认为 $SO_2$ 转化为 $SO_3$ 有两种途径：一种是燃料在炉膛内燃烧时，$SO_2$ 与氧原子结合形成 $SO_3$，且炉膛火焰温度越高，越易形成氧原子，氧原子浓度越高，生成的 $SO_3$ 越多；另一种是由于催化反应而形成的，烟气中的 $SO_2$ 流过高温对流受热面，在氧化铁和氧化钒氛围下，$SO_2$ 与氧分子结合生成 $SO_3$，试验表明，这些催化剂的催化能力和管壁温度有较大关系，在管壁温度为 425～465℃之间具有催化作用，在 550℃时达到最大，而当受热面有积灰覆盖时，能够阻挡催化剂与 $SO_2$ 接触，减弱催化剂的催化能力。

（三）影响低温腐蚀的因素

低温腐蚀速度主要与受热面上凝结的硫酸量、硫酸的浓度和管壁温度等因素有关。

凝结的硫酸量越多，腐蚀速度则越快，但凝结的硫酸量达到一定量时，腐蚀速度变化不大。

发生腐蚀处的管壁温度越高，腐蚀的化学反应速度越快，腐蚀速度则越快；反之，则慢。

硫酸浓度对低温腐蚀速度的影响如图 8－20 所示。

值得注意的是，低温腐蚀受上述因素的共同影响，变化较为复杂，此处不赘述。

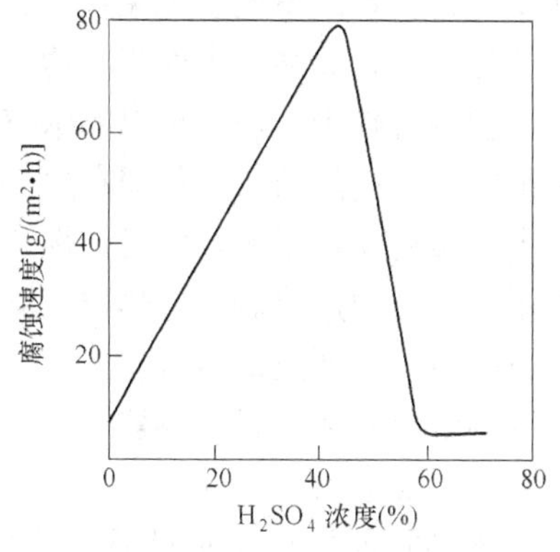


图 8－20　腐蚀速度与硫酸浓度的关系

（四）减轻低温腐蚀的措施

针对低温腐蚀产生的原因和影响因素，可以通过相关途径防止和减轻低温腐蚀：减少烟气中的 $SO_3$ 的生成量；提高空气预热器的冷端管壁温度，使之高于酸露点；采用而腐蚀的管壁材料。具体措施包括：

（1）在燃料燃烧前进行脱硫，控制过量空气系数，以减少 $SO_3$ 的生成量。

（2）在燃料燃烧中加入脱硫剂，如添加石灰石，使 $SO_3$ 与之反应生成 $CaSO_4$，从而将 $SO_3$ 转变成固体固定下来。

（3）在空气预热器和送风机之前加装暖风器作为前置式空气预热器，提高送入空气预热器的空气温度，从而提高空气预热器冷端管壁温度。或者采用旁路，将空气预热器出口一部分热风引入空气预热器的入口与冷空气混合，提高进入空气预热器的冷风温度，也可提高空气预热器冷端管壁的温度。

（4）采用回转式空气预热器。相同烟气温度和进口冷空气温度工况条件下，回转式空气预热器管壁温度比管式空气预热器的高 10～15℃。

（5）采用耐腐蚀的搪瓷、蜂窝陶瓷、玻璃管或铜钢复合管作为管式空气预热器的冷端受热面材料，提高受热管壁的耐腐蚀性。

## 第五节　锅炉本体布置与典型锅炉简介

### 一、影响锅炉本体布置的主要因素

（一）蒸汽参数

锅炉的传热介质由给水经逐级加热成为蒸汽及过热蒸汽，超高压（13.7MPa）以上的锅炉还有从汽轮机的抽汽回到锅炉重新加热的过热蒸汽，主要加热部位包括省煤器、水冷壁、过热器及再热器，由火力发电厂水/水蒸气的朗肯循环原理可知，在不同给水/水蒸气参数下，在各个加热部位的传热介质吸收的热量是不同的。随着蒸汽参数（压力）的升高，给水由过冷水加热至饱和水所吸收的热量的比例增大，水蒸发成为水蒸气吸收的热量比例减小，水蒸气加热成为过热蒸汽吸收的热量比例也增大。各加热部位的吸热量不同，则受热面积也不同，各加热位的结构形式也不同，从而影响了锅炉的布置。

（二）锅炉容量

锅炉容量与蒸汽参数有对应关系，大容量与高参数匹配，电站锅炉近几十年来一直朝大容量和高参数发展。

锅炉容量增大时，锅炉的燃料消耗量也增加，炉膛的容积热负荷与横截面热负荷也增加，炉膛的容积与炉膛的内表面积也增大，炉膛的容积与锅炉容量成正比关系，而炉膛内表面积与锅炉容量不成正比关系，锅炉容量增大，内表面积的增大幅度不大。这是由于容积与边长是三次方关系，表面积与边长是平方关系。因此，锅炉容量增大，炉膛内布置的水冷壁表面积相对减少，炉膛出口的烟气温度升高，炉膛出口受热面有可能结渣，为了防止结渣，必须把部分过热器与再热器布置到炉膛内，采用辐射式的过热器与再热器。此外，锅炉容量增大，燃料耗量增大，同时，燃烧后产生的烟气量也增多，烟道内烟气流速也增大，为此，采用多管圈的过热器与再热器以降低烟气流速，省煤器采用纵向布置或横向布置双面进水及多管圈结构保证正常给水流速，为了强化管内换热，换热管采用内螺纹管，空气预热器则采用结构紧凑的回转式预热器。

（三）燃料性质

燃料的种类与性质对锅炉的整体布置影响较大。在设计燃煤锅炉时通常要指明锅炉使用的煤种及其特性。设计时主要考虑煤的灰分、水分及硫分的含量，以及灰的性质和发热量。

1．挥发分的影响

如果煤的挥发分含量较低，则煤不容易着火和燃尽，燃烧所形成的火炬较长，燃尽所需的时间也很长。设计时，为保证煤粉的完全燃烧，炉膛容积热负荷应取小一些。为了有利于着火，炉膛断面热负荷和炉壁热负荷应取大些，使炉膛断面小、高度高，即瘦高型的炉膛。也可考虑在燃烧器区域敷设卫燃带，以减少燃烧区域水冷壁的吸热量，保证燃烧器区域维持在较高的燃烧温度。增大空气预热器的换热面积，采用较高的热风送风温度。

2．灰分

灰分含量影响煤的发热量，同时也是受热面结渣、磨损与积灰的主要来源。燃用灰分含量较高的煤，若烟气流速较快，受热面的磨损较大，若烟气流速慢，则会削弱传热，加重受热面的积灰。

另外，要根据灰分的熔融特性选择合适的出口温度，这对锅炉辐射传热量和对流传热量的比例分配又将产生影响。在灰熔点较低时，为了防止炉膛出口处结渣，炉膛出口温度可以相对较低，这样就可以增加炉膛内的辐射换热面面积，减少对流换热面面积。

3．水分

煤中水分的含量影响锅炉辐射传热量与对流传热量的比例，因此也影响炉膛烟气出口温度的选择。水分含量较高时，炉膛内的温度较低，导致炉膛内辐射传热量比例较低，而烟道对流传热量比例高，相应地，必须对辐射换热面和对流换热面面积进行合理的分配，即增加辐射换热面面积，减少对流换热面面积。

煤中水分增多时，要提高热风送风的温度，相应地要增大空气预热器的换热面积。为了减轻尾部受热面的低温腐蚀，还要选择较高的排烟温度，另外，烟气容积的增大也增加了排烟损失，进一步降低了锅炉热效率。

4．含硫量

煤中所含硫在燃烧后生成 $SO_2$ 和 $SO_3$，与水结合形成硫酸，将会造成锅炉受热面烟气侧高温腐蚀、低温腐蚀及低温黏结积灰。因此，在燃用高硫分的煤时，高温受热面温度不超过

600℃为宜，以降低高温腐蚀发生的几率。

5. 燃料的发热量

燃料的发热量同样影响锅炉辐射传热量与对流传热量的比例，从而影响了锅炉的结构和布置。例如燃料发热量较高时，炉膛温度较高，辐射换热量比例较对流换热量比例高，此时要减少辐射受热面面积而增加对流换热面面积。

在锅炉设计时，必须要综合上述因素，针对所选的蒸汽参数、锅炉容量及燃料性质进行整体结构布置。

**二、锅炉本体的典型布置方式**

主流锅炉布置方式包括Π型布置、Γ型布置、T型布置、塔型布置和箱型布置，如图8-21所示。

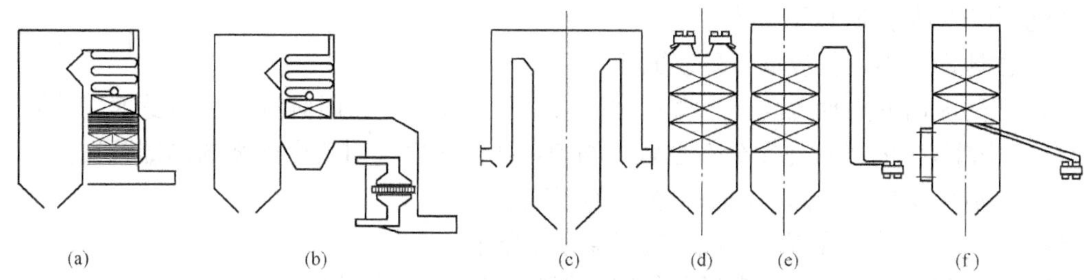


图8-21　典型锅炉整体结构布置示意图

(a) Π型布置；(b) Γ型布置；(c) T型布置；(d) 塔型布置；(e) 半塔型布置；(f) 箱型布置

(一) Π型布置

Π型布置是国内外电厂锅炉中最广泛采用的一种布置形式，如图8-21 (a) 所示，由炉膛、水平道烟和竖直烟道三部分组成。

Π型布置锅炉的主要优点为：

(1) 锅炉结构紧凑，厂房整体高度低，便于锅炉的安装与检修。

(2) 锅炉的排烟口在下部，所用的送风机、引风机与除尘设备都布置在地面上，这减轻了厂房和锅炉钢架的负重载荷。

(3) 烟气在竖直烟道中向下流动，可能使烟气形成自吹灰效果，有利于吹灰器吹扫积灰。

(4) 竖直烟道中，受热面便于布置成逆流方式，即烟气往下流，受热工质往上流，有利于强化传热。

(5) 水平烟道中受热面便于布置成悬吊方式，也容易消除其膨胀。

(6) 锅炉与汽机房之间管道行程短，节约金属耗量。

Π型布置锅炉的主要不足是：

(1) 占地面积大。

(2) 烟气从炉膛流经水平烟道与竖直烟道，流动方向改变对其流速、温度与飞灰浓度分布造成影响，从而使受热面的换热不均匀，也会加剧受热面的局部磨损。

(3) 竖直烟道的高度受限于锅炉的整体高度，对于大容量锅炉而言，可能会使尾部受热面布置困难。

(4) 锅炉构架相对复杂。

(二) Γ型布置

Γ型布置与Π型布置较为相似，但取消了水平过渡烟道，如图8-21 (b) 所示。这种布置方式可减小锅炉占地，缩短锅炉钢架纵向长度，但锅炉尾部检修不方便。

（三）T型布置

T型布置是针对Π型布置时尾部受热面布置困难的问题，将尾部烟道对称一分为二，也可降低炉膛出口烟窗高度，改善水平过渡烟道的流动工况，减少烟气沿高度方向上的热偏差。值得注意的是，炉膛与尾部烟道在高度上需要匹配好，否则两侧烟气容易出现不均匀。

T型布置如图8-21（c）所示，这种布置占地面积相当大，管道连接也更复杂，金属耗量增加，一般在燃用劣质煤的超大容量锅炉上考虑采用。

（四）塔型布置

塔型布置锅炉的对流烟道在炉膛上方形成一个塔型的整体结构，对流受热面则全部布置在炉膛上方的对流烟道当中，结构如图8-21（d）所示。

塔型布置锅炉具有以下优点：

(1) 占地面积小，相应锅炉外表面积小。

(2) 烟气流动方向垂直向上，流动时方向不发生改变，因而对流受热面受烟气冲刷较为均匀，同时烟气中的飞灰浓度分布也较为均匀，从而减轻了对流受热面的局部磨损。

(3) 烟道中受热面全部为水平布置，易于疏水。

(4) 风、烟、煤粉管道及燃烧器布置简单且紧凑。

(5) 炉膛和烟道均具有自身通风作用，烟气流动阻力相对降低。

同时塔型布置锅炉，也存在以下缺点：

(1) 空气预热器、送风机、引风机和除尘器等辅机设备都布置在炉顶，加重了炉膛构架和厂房的负载，增加了锅炉安装检修的难度。

(2) 锅炉很高，且过热器、再热器和省煤器都布置在很高的位置，增加了汽、水管道的长度。针对上述问题，出现了半塔型布置，如图8-21（e）所示。

半塔型布置锅炉结构将空气预热器、送风机、引风机、除尘器和烟囱等布置在地面，通过烟道将塔顶的省煤器和低温空气预热器与这些地面设备连通。

（五）箱型布置

箱型布置锅炉结构如图8-21（f）所示。其烟道位于炉膛上部，从中间分隔成前、后两个烟道，炉膛出口烟气先垂直向上流过前烟道，再经过180°拐弯进入后烟道垂直向下流动。

箱型布置的优点是结构紧凑、占地面积小，锅炉框架简单，密封性能好。

箱型布置的主要缺点是安装悬吊复杂，结构设计要求高，烟气流速高，烟气流动拐弯时容易产生较严重的局部磨损，因此多用于燃油和燃气锅炉，不适于煤粉炉使用。

## 三、典型锅炉简介

电站锅炉始终向高参数（温度、压力）、大容量（蒸发量）方向发展。目前国内五大发电集团主力机组也是由300MW亚临界机组向600MW和1000MW超临界、超超临界机组发展。

超临界机组在国际上已经是商业化成熟的发电技术，对于超临界机组，一般可以分为两个层次：一种是常规超临界机组（Conventional Supercritical），其主蒸汽压力一般为24MPa左右，主蒸汽温度和再热蒸汽温度为540～560℃；另一种是高效超临界机组（High Efficiency Supercritical Cycle），通常也称为超超临界机组（Ultra Supercritical）或者高参数超临界机组（Advanced Supercritical），其主蒸汽压力为28～30MPa，主蒸汽温度和再热蒸汽温度为580～600℃。

目前我国超超临界锅炉的主要设计生产厂家主要有三家：哈尔滨锅炉厂（HBC），其技术支持方为日本三菱重工业株式会社（MHI）；东方锅炉厂（DBC），其技术支持方为日本巴布科克—日立公司（BHK）；上海锅炉厂（SBWL），其技术支持方为美国阿尔斯通公司（API）。

下面介绍几种典型的电站锅炉。

（一）武汉锅炉厂 WGZ-1065/18.4-543/542 型亚临界压力自然循环煤粉锅炉

1. 锅炉概况

该锅炉为单炉膛Π型布置，高强螺栓连接，全钢架悬吊结构，匹配300MW汽轮发电机组。除空气预热器和出渣装置外，所有锅炉部件悬吊在炉顶钢架上。

锅炉采用四角切圆燃烧、摆动燃烧器调温、固态除渣、平衡通风方式。锅炉可采用定压运行，也可采用定—滑—定运行方式。锅炉结构如图 8-22 所示。

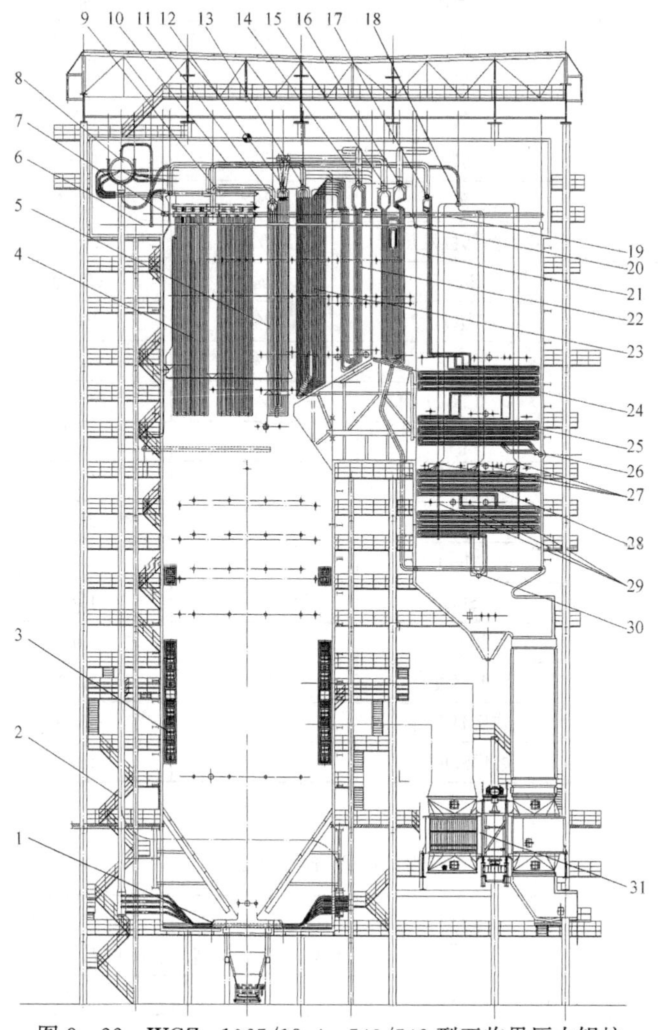

图 8-22　WGZ-1065/18.4-543/542 型亚临界压力锅炉

1—水冷壁下联箱；2—下降管；3—燃烧器；4—分隔屏过热器；5—后屏过热器；6—顶棚管；7—分隔屏过热器入口联箱；8—汽包；9—Ⅱ级喷水减温器；10—Ⅰ级喷水减温器；11—后屏过热器入口联箱；12—后屏过热器出口联箱；13—屏式再热器入口联箱；14—高温再热器出口联箱；15—高温过热器入口联箱；16—高温过热器出口联箱；17—低温再热器出口联箱；18—省煤器出口联箱；19—侧包墙上联箱；20—前包墙上联箱；21—前包墙；22—高温再热器；23—屏式再热器；24—后包墙；25—低温过热器；26—低温过热器入口联箱；27—省煤器中间联箱；28—省煤器；29—省煤器悬吊管；30—省煤器入口联箱；31—空气预热器

2. 锅炉设计参数

锅炉设计煤种见表 8-1。

**表 8-1　锅炉设计煤种**

| 项　目 | | 单位 | 设计煤种 | 校核煤种 |
|---|---|---|---|---|
| 煤源名称 | | — | 霍林河煤 | 混煤 |
| 工业分析 | 水分 | % | 18.55 | 16.73 |
| | 挥发分 | % | 32.55 | 31.75 |
| | 灰分 | % | 15.04 | 19.63 |
| | 固定碳 | % | 33.86 | 31.89 |
| 元素分析（收到基） | 碳 | % | 36.43 | 36.94 |
| | 氢 | % | 2.67 | 2.81 |
| | 氧 | % | 9.87 | 9.54 |
| | 氮 | % | 0.67 | 0.72 |
| | 硫 | % | 0.34 | 0.46 |
| | 收到基低位发热量 | MJ/kg | 13.21 | 13.05 |
| 灰成分及灰熔点 | $SiO_2$ | % | 57.70 | 55.26 |
| | $Al_2O_3$ | % | 25.59 | 27.07 |
| | $Fe_2O_3$ | % | 3.93 | 5.45 |
| | $CaO$ | % | 4.71 | 4.03 |
| | $TiO_2$ | % | 1.13 | 1.13 |
| | $K_2O$ | % | 1.63 | 1.98 |
| | $Na_2O$ | % | 0.62 | 0.54 |
| | $MgO$ | % | 2.26 | 2.31 |
| | $SO_3$ | % | 1.82 | 1.62 |
| | $MnO_2$ | % | 0.018 | 0.014 |
| | 变形温度 $t_1$ | ℃ | 1250 | 1390 |
| | 软化温度 $t_2$ | ℃ | 1330 | 1440 |
| | 熔化温度 $t_3$ | ℃ | 1350 | 1470 |

锅炉设计参数见表 8-2。

**表 8-2　锅炉设计参数**

| 参数 | 单位 | 数　值 | |
|---|---|---|---|
| | | VWO（汽轮机阀门全开工况） | TRL（汽轮机铭牌工况） |
| 过热蒸汽流量 | t/h | 1065 | 1014 |
| 过热蒸汽出口温度 | ℃ | 543 | 543 |
| 再热蒸汽流量 | t/h | 963.26 | 915.87 |
| 再热蒸汽出口压力 | MPa | 4.24 | 4.02 |
| 再热蒸汽出口温度 | ℃ | 542 | 542 |
| 再热蒸汽进口压力 | MPa | 4.47 | 4.24 |
| 再热蒸汽进口温度 | ℃ | 340.7 | 335.96 |

续表

| 参数 | 单位 | 数　　值 | |
|---|---|---|---|
| | | VWO（汽轮机阀门全开工况） | TRL（汽轮机铭牌工况） |
| 过热蒸汽出口压力 | MPa | 18.4 | 18.4 |
| 给水温度 | ℃ | 264.54 | 261.51 |
| 锅炉减温水温度 | ℃ | 185.77 | 183.38 |
| 炉膛截面热负荷 | $MW/m^2$ | 3.83 | |
| 容积热负荷 | $kW/m^3$ | 80.96 | |
| 炉膛出口烟气温度为 | ℃ | 1012.5 | |

3. 水冷壁

水冷壁按受热情况，沿炉膛高度与宽度的热负荷分布划分 28 个回路，炉膛水冷壁采用膜式结构，由 $\phi$60×7.5mm、SA210C 光管和内螺纹管与 6mm 扁钢相焊制成，节距为 76mm，折焰角处由 $\phi$70×10mm 的内螺纹管组成。在炉膛四角处的水冷壁管子形成燃烧器的水冷套以保护喷口防止烧坏。

水冷壁下联箱内装有邻炉加热装置，锅炉在点火前邻炉蒸汽进入 28 个水冷壁下联箱提前加热，以缩短启动时间。

4. 省煤器

省煤器布置在尾部烟道低温过热器下方，由水平蛇形管束和吊挂管两部分组成。水平蛇形管分为两组。从省煤器中间联箱引出 3 排 $\phi$60×11mm 的垂直吊挂管，材料为 20G，以支撑低温过热器水平段的全部重量。

省煤器采用顺列布置，为防止形成烟气走廊造成局部磨损，在靠近前、后包墙管烟气流入口处加装阻流板，在每组蛇形管的第一排烟气直接冲刷处装有防磨盖板，并且全部弯头处装防磨瓦板。

省煤器入口端装有再循环管，在锅炉启动时向省煤器供水，以保护省煤器，防止干烧。

在省煤器出口连接管最高点设有排放空气管座及阀门，在最低点处设置了 DN50 放水管座及阀门。

5. 汽包及其内部装置

汽包材料为 13MnNiMo54，壁厚为 145mm，内径为 $\phi$1743，筒体直段长度为 20 000mm，由 6 节筒身和 2 个球形封头组成。汽包内部装有 122 个 $\phi$292 锥形筒体旋风分离器（一次分离元件）、百叶窗（二次分离元件）及均汽板等，采用了环形夹层结构，以减少锅炉启停时的汽包壁温差。汽包上装有供酸洗、充氮、热工保护、加药、连排、紧急放水、炉水取样、再循环、放气和安全阀等装置连接的管座。

6. 过热器与再热器系统

过热器系统包括包墙过热器、低温过热器、屏式过热器和高温过热器包墙过热器分水平烟道包墙、尾部烟道两侧包墙、前包墙和后包墙四部分。除前包墙上段为光管散装外，其余均为膜式结构。低温过热器布置在尾部烟道中，分为水平部分和垂直部分，水平过热器由三排省煤器吊管承重支吊。分隔屏过热器共有 6 片，每片由 8 小片组成，后屏过热器共 20 片，每片由 14 根管并联制成，高温过热器布置在水平烟道后部。

再热器系统包括壁式再热器、屏式再热器、高温再热器。壁式再热器布置在炉膛上部的前墙和两侧墙前部，紧贴水冷壁管，并通过绑带固定在水冷壁上。屏式再热器与高温再热器布置在后屏过热器之后，折焰角上方。为减少再热器阻力，屏式再热器到高温再热器采用管子直接相连，取消了中间联箱。

7. 制粉与燃烧系统

制粉系统采用 MPS-HP-Ⅱ型中速磨煤机、正压直吹式制粉系统，每台锅炉配 5 台中速磨煤机，1 台备用，煤粉细度按 $R_{90}$=35%。

采用大风箱、大切角、四角切圆、直流摆动式燃烧器。燃烧器布置有 16 个喷口，其中 11 个二次风和 5 个一次风。燃烧器布置有 SOFA（Seperated Over Fire Air）燃尽风喷口，主燃烧器从上至下分为两组。一次风四周布置了周界风，背火侧周界风是向火侧的 2 倍多。

燃烧器喷口为摆动式，热态运行时一、二次风喷口均可在±30°范围内摆动，以调整汽温。每个燃烧器设两套气动摆动机构，以保证摆动灵活可靠。

燃烧器箱体用隔板将燃烧器风箱隔成 16 个风室，各风室出口布置喷嘴，入口处布置风门挡板，用来调节各风室的风量，燃烧器箱壳用螺栓连接固定在水冷壁上，与水冷壁同步膨胀。

（二）哈尔滨锅炉厂 HG-2008/18.3-540.6/540.6-M 型亚临界压力控制循环煤粉锅炉

图 8-23 所示为一台哈尔滨锅炉厂生产的亚临界压力、中间再热、燃煤粉、全悬吊、平

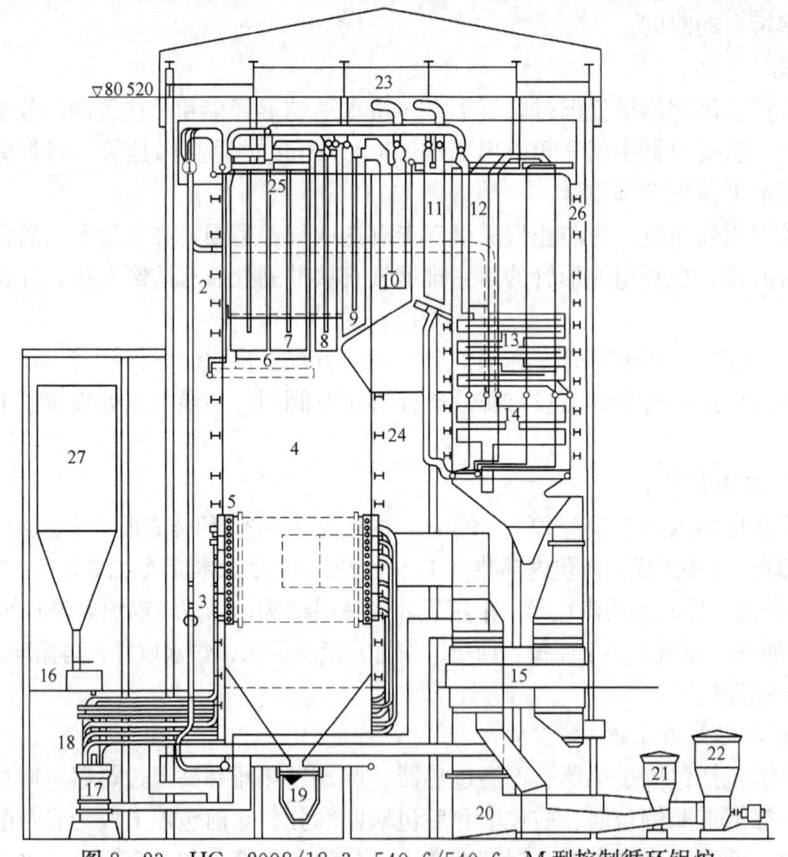


图 8-23　HG-2008/18.3-540.6/540.6-M 型控制循环锅炉

1—汽包；2—下降管；3—循环泵；4—炉膛；5—燃烧器；6—壁式再热器；7—分隔屏过热器；8—后屏过热器；9—屏式再热器；10—高温对流再热器；11—高温对流过热器；12—立式低温过热器；13—水平低温过热器；14—省煤器；15—回转式空气预热器；16—给煤机；17—磨煤机；18——次风管道；19—水封斗式除渣装置；20—风道；21——次风机；22—二次风机；23—锅炉钢架；24—刚性梁；25—顶棚管；26—包覆过热器管；27—原煤仓

衡通风、控制循环汽包锅炉，匹配600MW汽轮发电机组，采用直吹式制粉系统和四角切圆燃烧方式。

锅炉的主要设计参数为：锅炉最大连续蒸发量为2008t/h，过热蒸汽出口压力为18.27MPa，过热蒸汽出口温度为540.6℃，再热蒸汽进、出口压力分别为3.86MPa、3.64 MPa，再热蒸汽进、出口温度分别为315、540.6℃，再热蒸汽流量为1634t/h，给水温度为278.3℃，设计煤种为烟煤。

锅炉为单炉膛Π型布置，炉膛宽、深分别为18 542mm、16 432mm，炉膛与后烟道之间的净距为8865mm，锅炉为平炉顶结构。摆动式燃烧器一次风喷嘴可上、下摆动27°，二次风喷嘴可上、下摆动30°，顶部风喷嘴可以上摆30°、下摆50°，用于调节再热汽温，设置有上二次风用以减少$NO_x$的生成。

汽包布置在炉膛顶部，中心线标高为73 304mm，长为25 760mm，内径为1778mm，上壁厚为198.4mm，下壁厚为166.7mm，材料为碳钢。汽包内壁设有汽水混合物环形通道，汽包内装有汽水分离设备。汽包下部设置6根$\phi$406的大直径集中下降管，通过联箱与3台循环泵相连。通过循环泵出口排放阀、连接管，水被送至水冷壁底部的环形联箱的炉前段。在环形联箱内部，每根水冷壁管进口都装有不同孔径的节流圈，节流圈前设有滤网。

水冷壁采用膜式水冷壁结构，管外径为50.8mm，节距为63.5mm。炉膛折焰角由外径为63.5mm的管子构成，节距为76.2mm。在高热负荷区域，水冷壁管采用内螺纹管结构。水冷壁出口联箱通过导汽管与汽包上部相连。饱和蒸汽从汽包顶部引出，来自省煤器的给水接至汽包下部的下降管入口处。省煤器水平蛇形管设置于尾部竖井烟道下部，省煤器再循环管设置于省煤器进口与炉膛下部环形联箱之间。

过热器系统是由顶棚过热器、包覆过热器、水平低温过热器、立式低温过热器、分隔屏过热器、后屏过热器及末级高温对流过热器组成。再热器系统是由壁式再热器、屏式再热器、高温对流再热器组成。过热蒸汽采用两级喷水减温系统，分别布置于低温过热器到分隔屏过热器的大直径连接管上、后屏过热器与高温过热器之间，减温器为笛形管式。再热蒸汽温度调节以燃烧器摆角为主，另外两个雾化喷嘴式的事故喷水减温器设置在再热器的进口管道上。

锅炉采用正压直吹式制粉系统，设有6台中速磨煤机，5台运行，1台备用。采用动叶可调式双级轴流式一次风机2台、双速双吸离心式引风机2台、三分仓回转式空气预热器2台、除尘器4台。另外，在空气预热器的一次风道与二次风道进口处均装设暖风器。

### （三）哈尔滨锅炉厂HG－1950/25.4－543/569型超临界压力煤粉锅炉

#### 1. 锅炉概况

HG－1950/25.4－543/569超临界锅炉为一次中间再热、超临界压力变压运行、带内置式再循环泵启动系统的本生（Benson）型直流锅炉，如图8－24所示。该炉采用Π型布置、单炉膛、尾部双烟道、平衡通风、固态排渣、全钢架、全悬吊结构。燃烧器布置在前后墙，对冲燃烧。

锅炉设计煤种见表8－3。

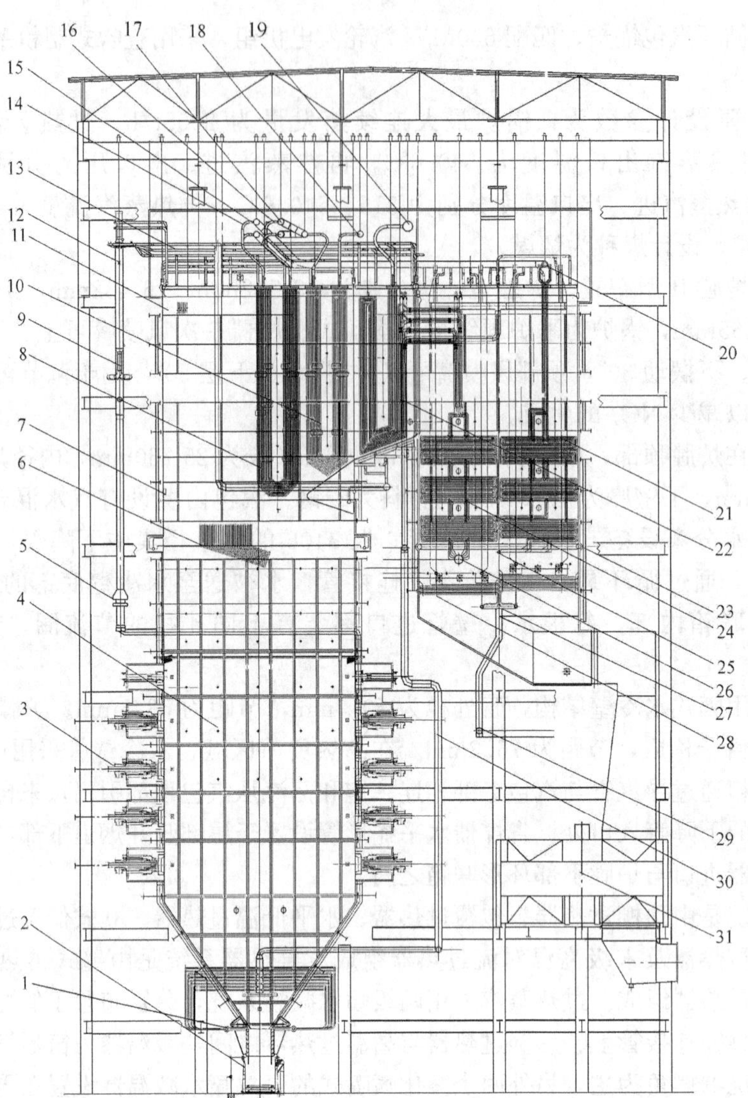


图 8-24　HG-1950/25.4-543/569 型超临界压力锅炉

1—水冷壁下联箱；2—刮板捞渣机；3—燃烧器；4—炉膛吹灰器；5—再循环泵；6—螺旋管屏到垂直管屏转换点；7—看火孔；8—屏式过热器；9—储水箱；10—末级过热器；11—每侧墙 8 个炉膛压力测点；12—启动分离器；13—顶棚过热器；14—屏式过热器入口联箱；15—Ⅰ级喷水减温器；16—末级过热器入口联箱；17—Ⅱ级喷水减温器；18—末级过热器出口联箱；19—高温再热器出口联箱；20—低温过热器出口联箱；21—低温过热器；22—高温再热器；23—省煤器尾部包墙环形联箱；24—低温再热器；25—低温过热器入口联箱；26—低温再热器入口联箱；27—省煤器入口联箱；28—省煤器；29—给水管道；30—下降管；31—空气预热器

**表 8-3**　　　　锅炉设计煤种

| 项　　目 | | 单位 | 设计煤种 | 校核煤种 |
|---|---|---|---|---|
| 工业分析 | 水分 | % | 8.00 | 1.62 |
| | 挥发分 | % | 31.46 | 29.12 |
| | 灰分 | % | 9.20 | 23.75 |
| | 固定碳 | % | 51.34 | 45.51 |

续表

| 项　　目 | | 单位 | 设计煤种 | 校核煤种 |
|---|---|---|---|---|
| 元素分析（收到基） | 碳 | % | 64.4 | 54.14 |
| | 氢 | % | 3.64 | 3.51 |
| | 氧 | % | 10.05 | 6.83 |
| | 氮 | % | 0.79 | 0.80 |
| | 硫 | % | 0.43 | 0.77 |
| | 收到基低位发热量 | MJ/kg | 23.83 | 20.87 |
| 灰成分及灰熔点 | $SiO_2$ | % | 36.02 | 54.14 |
| | $Al_2O_3$ | % | 15.06 | 26.85 |
| | $Fe_2O_3$ | % | 10.36 | 6.82 |
| | CaO | % | 26.32 | 4.23 |
| | $TiO_2$ | % | 1.22 | 1.26 |
| | $K_2O$ | % | 1.52 | 0.85 |
| | $Na_2O$ | % | 1.71 | 2.21 |
| | MgO | % | 2.62 | 2.42 |
| | $SO_3$ | % | 2.13 | 0.16 |
| | $MnO_2$ | % | 3.84 | 1.06 |
| | 变形温度 $t_1$ | ℃ | 1160 | 1360 |
| | 软化温度 $t_2$ | ℃ | 1190 | 1440 |
| | 熔化温度 $t_3$ | ℃ | 1290 | 1490 |

2. 锅炉设计参数

锅炉设计参数见表 8-4。

**表 8-4**　　**锅炉设计参数**

| 参数 | 单位 | 数　　值 | |
|---|---|---|---|
| | | BMCR<br>（锅炉连续最大蒸发量，设计工况） | BRL<br>（额定工况） |
| 过热器出口蒸汽流量 | t/h | 1952 | 1859 |
| 过热器出口压力 | MPa | 25.4 | 25.28 |
| 过热器出口温度 | ℃ | 543 | 543 |
| 过热器系统压降 | MPa | 1.83 | 1.69 |
| 过热蒸汽温度控制负荷（BMCR） | % | 35 | |
| 再热器出口蒸汽流量 | t/h | 1588 | 1509 |
| 再热器进口压力 | MPa | 4.86 | 4.61 |
| 再热器出口压力 | MPa | 4.67 | 4.43 |
| 再热器进口温度 | ℃ | 304 | 298.6 |
| 再热器出口温度 | ℃ | 569 | 569 |
| 再热器系统压降 | MPa | 0.19 | 0.18 |
| 再热蒸汽温度控制负荷（BMCR） | % | 50 | |
| 给水压力 | MPa | 28.86 | 28.48 |

续表

| 参数 | 单位 | 数值 | |
|---|---|---|---|
| | | BMCR<br>（锅炉连续最大蒸发量，设计工况） | BRL<br>（额定工况） |
| 给水温度 | ℃ | 290 | 286.3 |
| 预热器进口烟气温度 | ℃ | 370 | 363 |
| 预热器出口排烟温度（修正前） | ℃ | 134 | 126 |
| 预热器出口排烟温度（修正后） | ℃ | 130 | 122 |
| 预热器进口一/二次风温 | ℃ | 31.2/24 | 31.2/24 |
| 预热器出口一/二次风温 | ℃ | 300/330 | 292/320 |
| 省煤器出口过量空气系数 | — | 1.19 | 1.19 |
| 燃煤耗量 | t/h | 222.6 | 213 |
| 锅炉计算热效率（按低位热值） | % | 93.9 | 94.32 |

3. 省煤器

省煤器采用H型双肋片管。两组省煤器分别布置在尾部的前、后烟道内低温再热器和低温过热器下方。

低温过热器出口烟道省煤器采用顺列布置，纵向节距为100mm，排数为14排，管束高度为1300mm；横向节距为104mm，排数为212排；管束宽度为21 944mm，有效深度为6000mm。

低温再热器出口烟道省煤器同样采用顺列布置的结构形式，纵向节距为100mm，排数为10排，管束高度为900mm；横向节距为104mm，排数为212排；管束宽度为21 944mm，有效深度为6000mm。

两组省煤器均采用悬吊结构支吊省煤器，吊板悬吊在省煤器出口联箱下。省煤器连接出口联箱的管束均加装瓦形防磨罩，省煤器最上排加装梳形防磨罩。省煤器管束与烟道前后墙及两侧墙间均布置烟气阻流隔板，在吹灰器工作范围内，省煤器管束布置了防吹损的护板。

前后烟道中的4排悬吊管不仅承担省煤器管组的重量，其从下至上穿过尾部烟道，还用以吊挂低温再热器和低温过热器，并穿过后烟道顶棚管与各自的悬吊管出口集箱连接。

悬吊管出口联箱均设有放汽管，然后与分离器入口的一根引入管相连接合并成一根$\phi76\times8.5$mm的放汽总管。总管上设置有一个电动截止阀。当任何燃烧器点火时此阀门关闭，当炉膛内无火焰时此阀门立即打开，目的是在锅炉点火之前将省煤器中产生的蒸汽排出，避免蒸汽进入水冷壁管中影响水动力的安全。

4个$\phi273\times50$mm悬吊管出口联箱的两端分别连接至烟道包墙两侧的$\phi508\times70$mm过渡联箱，过渡联箱再通过$\phi406\times60$mm的连接管在标高43.65m处汇集成一根$\phi559\times80$mm的下降管。此下降管上接出两根$\phi38\times6.5$mm的管路，一根连接至省煤器再循环管，作为循环泵停运时的暖泵管路；另一根与储水箱溢流管相连，作为溢流管的暖管管路，一直将水引至大、小溢流阀的上游，保持管路的暖态，避免当储水箱突然产生水位变化而使管路受到热冲击。这两路暖管管路引入的水最后都会进入到储水箱中，之后蒸发进入过热器系统。

$\phi559\times80$mm的下降管在标高11.5m处又分成两根$\phi406\times60$mm的小下降管，并分别引至炉膛冷灰斗处的两侧与$\phi559\times75$mm分配联箱连接。每根下降管分配联箱引出16根$\phi114\times20$mm的连接管分别与水冷壁入口前、后联箱连接。

4. 水冷壁

给水经省煤器加热后进入水冷壁下联箱，经水冷壁下联箱再进入水冷壁冷灰斗。冷灰斗的角度为 55°，下部出渣口的宽度为 1427mm。灰斗部分的水冷壁由前、后水冷壁下联箱引出的 436 根直径 $\phi$38 的光管组成的管带围绕成。经过灰斗拐点后，管带以 17.893°的螺旋倾角继续盘旋上升。在炉膛的四角，螺旋管屏以 250mm 的弯曲半径进行弯制。螺旋管屏上升过程中，将绕过前后墙（各四层）的煤粉燃烧器和各一层的燃尽风喷口形成喷口管屏，燃尽风喷口布置在煤粉燃烧器上方。在燃尽风喷口的上方环绕四面水冷壁布置了 4 根 $\phi$141×25mm 的压力平衡联箱，相邻的平衡联箱间由 $\phi$114×25mm 的管子相连通。所有的 436 根螺旋水冷壁管通过 $\phi$27×5mm 的管子与压力平衡联箱相连接，在此区域平衡水冷壁内的压力，保证水冷壁中的流动稳定。

螺旋管圈水冷壁在标高 43.659m 处通过 $\phi$219×60mm 的中间联箱转换成垂直管屏。相邻的中间联箱用 3 根 $\phi$114×25mm 的压力平衡管连接。垂直管屏由 1312 根 $\phi$31.8×5.5mm 的管子组成。前、后墙垂直管屏各由 385 根管子组成，两侧墙管屏各由 271 根管子组成。前墙和两侧墙垂直管屏上升并与高于顶棚上方的出口联箱相连接，后墙垂直管屏上升与标高 48.155m 的后水吊挂管入口联箱相接，此联箱引出 95 根 $\phi$76×12.5mm 的吊挂管至标高 64.657m 的吊挂管出口联箱。在水动力分析完成后，为保证四面水冷壁的流量分配均衡，防止吊挂管在低负荷时发生流动停滞，在所有后水冷壁吊挂管入口段均加装了节流短管，用以限制流量。

在运行过程中为监控水冷壁的壁温，在螺旋水冷壁管出口装设了 146 个壁温测点，在前、侧墙垂直管屏和后水冷壁吊挂管出口共装设了 24 个壁温测点。

前、侧垂直管屏出口联箱和吊挂管出口联箱分别引出 12 根、14 根和 10 根共 36 根 $\phi$168×35mm的引出管与上炉膛两侧的各 1 根 $\phi$559 的下降管相连。下降管向下再向后在折焰角后标高 48.6m 处汇合成折焰角入口汇集联箱。从折焰角入口汇集联箱引出 32 根$\phi$141×30mm 和 6 根 $\phi$168×30mm 的连接管分别与 $\phi$273×85mm 折焰角入口联箱和 $\phi$219×52mm 水平烟道侧包墙入口联箱相接。

折焰角由 385 根 $\phi$44.5×6.1mm、节距为 57.5mm 的管子组成，其穿过后水冷壁吊挂管形成水平烟道底包墙，然后形成纵向 4 排节距为 100.5mm、横向 95 排节距为 230mm 的水平烟道管束与出口联箱相连。水平烟道侧墙由 92 根 $\phi$44.5×6.1mm、节距为 115mm 的管子组成，其 $\phi$273×85mm 的出口联箱与水平烟道管束出口联箱共引出 24 根 $\phi$168×30mm 的连接管与 4 个启动分离器相连接。

*5. 启动系统*

启动系统为内置式带再循环泵系统。锅炉负荷小于 35%BMCR 直流负荷时，分离器起汽水分离作用，分离出的蒸汽进入过热器系统，水则通过连接管进入储水箱，根据储水箱中的水位由再循环泵排到省煤器前的给水管道中或经溢流管排到疏水扩容器中。锅炉负荷在 35%BMCR 以上时，分离器呈干态运行，只作为一个蒸汽的流通元件。

启动系统由如下设备和管路组成：①启动分离器及进出口连接管；②储水箱；③溢流管及大、小溢流阀；④疏水扩容器；⑤再循环泵及再循环管路；⑥最小流量管路；⑦过冷管；⑧循环泵暖管管路；⑨溢流管暖管管路；⑩压力平衡管路。

启动分离器为立式筒体，共 4 个，布置在锅炉前部的上方，每个分离器通过两根吊杆悬吊在锅炉顶板上。从水平烟道侧包墙和管束出口联箱出来的介质经 6 根下倾 15°的切向引入管在分离器的顶端引入，在本生负荷下汽水混合物在分离器内高速旋转，并靠离心作用和重力作用进行汽水分离。在分离器内的中部偏上位置布置有脱水装置，其作用是消除介质旋转和向下的动能，使分离器及与之相连的储水箱中的水位稳定。在分离器的底端布置有水消旋

器并连接一根 $\phi$324×55mm 出口导管，将分离出来的水引至储水箱；在分离器的上端布置有蒸汽消旋装置并连接 1 根 $\phi$324×55mm 出口导管，将蒸汽引至顶棚过热器入口联箱。

储水箱数量为 1 个，也是立式筒体，悬吊于锅炉顶部框架上，下部装有导向装置，以防其晃动。储水箱下部共有 4 根来自分离器的径向连接管分两层引入分离器的疏水。

储水箱和 4 个分离器平行、并联布置，分离器和分离器出水管都提供一定的有效储水容积，使得储水箱的体积相对减小。在储水箱上部引出 4 根 $\phi$76×15mm 的压力平衡管与分离器相连来保持压力的平衡，以防止由于储水箱和分离器并联可能因相互间的压力不均衡而引起各自的水位波动。

储水箱中水被再循环泵循环排至省煤器入口管道，与给水混合以维持水冷壁中的本生流量，或当水位高出循环泵的控制区段经溢流管上大、下溢流阀排到疏水扩容器中。

6. 过热器与再热器系统

过热器系统按蒸汽流程分为顶棚包墙过热器、低温过热器、屏式过热器和末级过热器。

来自分离器的 24 根 $\phi$168×30mm 连接管将蒸汽引到 $\phi$219×52mm 的顶棚入口联箱。上炉膛和水平烟道上部的顶棚过热器一端接至 $\phi$219×52mm 尾部包墙入口联箱。尾部包墙入口联箱同时与后烟道前墙和后烟道顶棚相接，蒸汽分成两路流动。后烟道顶棚到后部转弯 90°下降形成后烟道后墙。后烟道前墙上部为两排通过烟气的管束下部为膜式包墙。后烟道前、后墙与后烟道下部环形联箱相接，环形联箱又连接后烟道两侧包墙。侧包墙出口联箱引出 24 根引出管与后烟道中间隔墙入口联箱相接。中间隔墙上方为烟气流通的管束，下方为膜式管壁。中间隔墙向下与隔墙出口联箱连接，隔墙出口联箱与低温过热器相连。

低温过热器布置于尾部双烟道中的后部烟道中，由 3 段水平管组和 1 段立式管组组成，前三段为水平管组，第四段为立式管组，之后穿过后烟道顶棚管连接至低温过热器出口联箱。

低温过热器出口联箱端部引出 2 根 $\phi$508×85mm 的连接管和一级喷水减温器进入屏式过热器入口汇集联箱。屏式过热器布置在上炉膛，屏式过热器出口联箱引出的蒸汽通过出口连接管连接屏过出口汇集联箱，并经 2 根连接管与二级喷水减温器，进入末级过热器入口汇集联箱。为均匀分配联箱内的蒸汽，在末级过热器入口汇集联箱中间位置装设有隔板。

为防止屏底部管子翘出而挂焦，屏式过热器底部尖端的 15 根管子间通过加焊方钢而形成膜式结构，并且在管屏入口和出口段沿高度方向均采用了三层环绕管。间隔管从屏式过热器入口汇集联箱引出，结束至末级过热器出口汇集联箱。为更合理地分配屏式过热器同屏管间的流量，在屏过入口联箱采用了直径不同的开孔。

末级过热器汇集联箱引出 30 根 $\phi$168×25mm 的连接管连接到末级过热器入口联箱。末级过热器位于折焰角上方，末级过热器出口联箱引出的蒸汽通过出口连接管引至末级过热器出口汇集联箱，汇集联箱两端引出的两根主蒸汽管道通往汽轮机。

7. 制粉与燃烧系统

制粉系统采用双进双出钢球磨煤机直吹系统，每炉配 4 台磨煤机，在 3 台磨煤机运行时能带额定负荷（BRL 工况）。每台磨煤机供布置于前、后墙同一层的 LNASB 燃烧器，前后墙各 4 层，每层布置 4 个。在煤粉燃烧器的上方前、后墙各布置 1 层燃尽风，每层有 7 个风口。

锅炉布置有 98 个炉膛吹灰器、54 个长伸缩式吹灰器、12 个半伸缩式吹灰器，空气预热器的冷端也配有 2 个伸缩式吹灰器，吹灰器由程序控制。炉膛出口两侧各装设一个烟气温度探针，双侧设置炉膛监视闭路电视系统的摄像头用于监视炉膛燃烧状况。锅炉除渣采用一台刮板式捞渣机，装于炉膛冷灰斗下部。

（四）东方锅炉厂 DG－3000/26.15－605/603 超超临界压力煤粉锅炉

1. 锅炉概况

东方锅炉厂 DG－3000/26.15－605/603 超超临界锅炉采用单炉膛Ⅱ型布置、一次中间再热、平衡通风、低 $NO_x$ 旋流式 HT－NR3 煤粉燃烧器前后墙对冲燃烧方式，尾部为双烟道，过热蒸汽温度采用燃料/给水比和两级减温水调节，再热蒸汽温度通过烟气挡板调节，运转层以上露天布置，固态排渣，全钢构架，全悬吊结构。锅炉结构如图 8－25 所示。

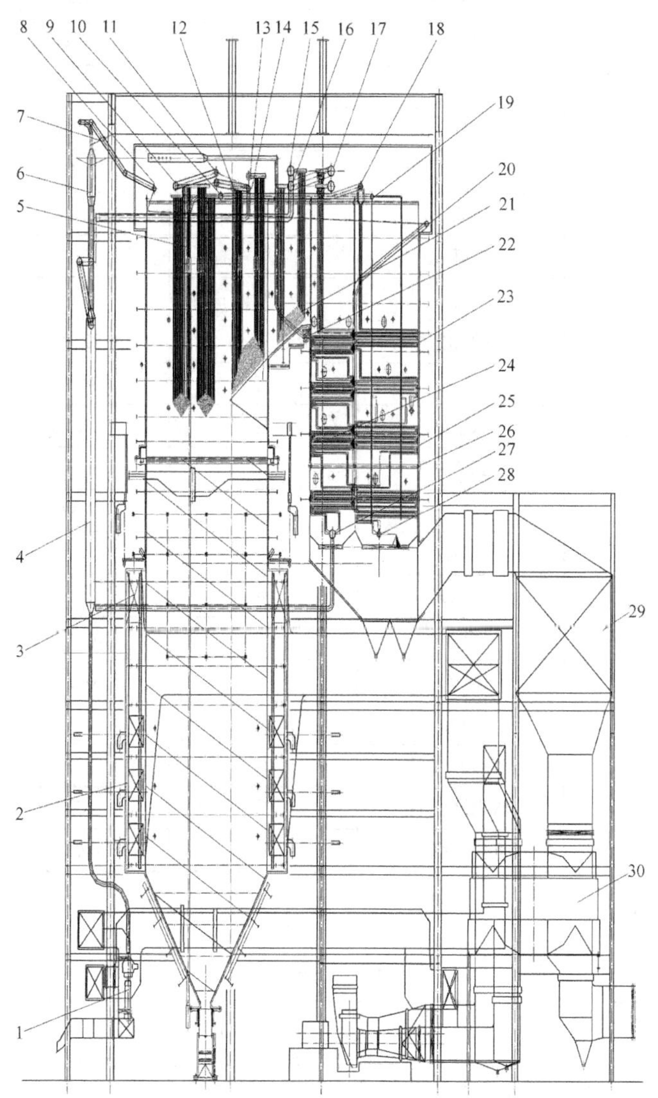


图 8－25　DG－3000/26.15－605/603 型超超临界压力锅炉

1—再循环泵；2—燃烧器；3—燃尽风；4—汽水分离器储水罐；5—屏式过热器；6—汽水分离器；7—防振装置；8—顶棚进口联箱；9—屏式过热器出口联箱；10—屏式过热器进口联箱；11—过热器二级减温器；12—末级过热器；13—末级过热器出口联箱；14—末级过热器进口联箱；15—末级再热器出口联箱；16—末级再热器进口联箱；17—低温再热器出口联箱；18—低温过热器出口联箱；19—省煤器出口联箱；20—顶棚出口联箱；21—末级再热器；22—炉膛后墙出口联箱；23—低温过热器；24—低温再热器；25—省煤器；26—后竖井包墙出口联箱；27—低温再热器进口联箱；28—省煤器进口联箱；29—脱硝装置；30—空气预热器

2. 锅炉设计参数

锅炉设计煤种见表 8－5。

**表 8－5　　锅炉设计煤种**

| 项目 | | 单位 | 设计煤 | 校核煤 |
|---|---|---|---|---|
| 产地 | | — | 兖矿 | 济北 |
| 工业分析 | 水分 | % | 2.48 | 2.51 |
| | 挥发分 | % | 39 | 37.73 |
| | 灰分 | % | 24.40 | 27.75 |
| | 固定碳 | % | 34.12 | 32.01 |
| 元素分析（收到基） | 碳 | % | 53.80 | 48.40 |
| | 氢 | % | 3.95 | 3.85 |
| | 氧 | % | 8.14 | 7.85 |
| | 氮 | % | 1.11 | 1.25 |
| | 硫 | % | 0.60 | 0.90 |
| | 收到基低位发热量 | MJ/kg | 21.27 | 19.05 |
| 灰成分及灰熔点 | $SiO_2$ | % | 58.61 | 56.03 |
| | $Al_2O_3$ | % | 23.20 | 22.79 |
| | $Fe_2O_3$ | % | 6.50 | 6.67 |
| | CaO | % | 2.90 | 6.48 |
| | MgO | % | 1.49 | 2.40 |
| | $K_2O$ | % | 2.02 | 1.79 |
| | $Na_2O$ | % | 0.71 | 0.89 |
| | MnO | % | 0.14 | 0.19 |
| | $SO_3$ | % | 1.63 | 2.28 |
| | 变形温度 $t_1$ | ℃ | 1270 | 1200 |
| | 软化温度 $t_2$ | ℃ | 1350 | 1290 |
| | 熔化温度 $t_3$ | ℃ | 1410 | 1350 |

锅炉设计参数见表 8－6。

**表 8－6　　锅炉设计参数**

| 参数 | 单位 | BMCR（锅炉连续最大蒸发量，设计工况） | BRL（额定工况） |
|---|---|---|---|
| 蒸汽流量 | t/h | 3033 | 2888.5 |
| 过热器出口蒸汽压力 | MPa | 26.25 | 26.11 |
| 过热器出口蒸汽温度 | ℃ | 605 | 605 |
| 再热蒸汽流量 | t/h | 2469.7 | 2347.1 |
| 再热器进口压力 | MPa | 5.1 | 4.841 |
| 再热器出口压力 | MPa | 4.9 | 4.641 |

续表

| 参数 | 单位 | BMCR（锅炉连续最大蒸发量，设计工况） | BRL（额定工况） |
|---|---|---|---|
| 再热器进口温度 | ℃ | 354.2 | 347.8 |
| 再热器出口温度 | ℃ | 603 | 603 |
| 省煤器进口给水温度 | ℃ | 302.4 | 298.5 |
| 锅炉保证热效率（额定工况） | % | 93.80 | |
| 炉膛出口过量空气系数 | — | 1.14 | |
| 省煤器出口过量空气系数 | — | 1.15 | |
| 炉膛容积热负荷 | $kW/m^3$ | 79 | |
| 炉膛横截面热负荷 | $MW/m^3$ | 4.5 | |
| 炉膛出口烟温 | ℃ | 1016 | |

3. 带内螺纹管的螺旋管圈水冷壁

炉膛水冷壁分为上、下两部分，下部水冷壁采用全焊接的螺旋上升膜式管屏，螺旋管圈水平倾角为25.7°，螺旋水冷壁为内螺纹管，上部水冷壁采用全焊接的垂直上升膜式管屏。螺旋管圈与上部垂直水冷壁的过渡方式，采用中间混合联箱。

4. 过热器与再热器系统

过热器由四级组成，顶棚及包墙管、水平对流低温过热器、屏式过热器和末级过热器，无分隔屏过热器。过热蒸汽温度采用燃料/给水比和两级减温水调节，减温水量为8%的BMCR锅炉负荷给水流量。再热器由位于尾部烟道的水平对流低温再热器及末级过热器后的高温再热器组成，再热器温度通过尾部双烟道平行烟气挡板调节，并在两级再热器之间设有事故喷水减温器，以备紧急事故工况、扰动工况和其他非稳态工况时投用。

5. 燃烧器设计特点

燃烧器采用前后墙对冲分级燃烧技术，并采用油枪与煤粉燃烧器一体的旋流筒体式结构。燃烧系统共有68个喷口：在炉膛前后墙各分3层布置低$NO_x$旋流式HT-NR3煤粉燃烧器，每层布置8个燃烧器，前后墙共有48个煤粉燃烧器喷口；在前后墙距最上层燃烧器喷口一定距离处布置一层燃尽风喷口，每层10个，前后墙共计20个燃尽风喷口。旋流燃烧器的喷嘴使用寿命不低于50 000h。在BMCR工况下，脱硝效率大于75%，$NO_x$排放浓度不超过$75mg/m^3$（标况，$O_2=6\%$）。HT-NR3燃烧器的旋流燃烧器能够单独地控制火焰结构，用于加速火焰内的$NO_x$还原，在含有固有氮化物的煤中，这个还原方法很有效。因为煤中固有氮化物可快速转变成气相，使得这种化学反应过程更容易。通过控制燃烧的进程，产生还原性媒介质与生成的NO反应化合，在火焰内完成了NO的还原。同时火焰被维持在一个高温下，使得它能够避免发生延迟燃烧。火焰稳燃环装在煤粉喷口的末端利用稳燃环实现快速点火和高火焰温度。油枪布置48个点火油枪，24个启动油枪，用于启动和低负荷稳燃。油枪总输入热量相当于30%的BMCR锅炉负荷。

6. 制粉系统

该锅炉可配900MW或1000MW汽轮发电机组。900MW和1000MW机组均配置6台双进双出、单电动机驱动钢球中速磨煤机，每台磨煤机带一层燃烧器。配有两台静叶可调引风机和两台动叶可调送风机。制粉系统采用正压直吹式，两台动叶可调50%容量的轴流式一次风机提供一次冷、热风输送煤粉。

（五）上海锅炉厂 SG－2955/28.0－605/603 超超临界锅炉

1. 锅炉概况

上海锅炉厂生产的 SG－2955/28.0－605/603 型超超临界锅炉采用Ⅱ型布置、单炉膛、API低 $NO_x$ 切圆燃烧技术（LNTF）、双火球切圆燃烧方式，炉膛采用内螺纹管垂直上升膜式水冷壁、循环泵启动系统、一次中间再热，并采用煤/水比、燃烧器摆动及喷水三种方式调节蒸汽温度，无烟气分配挡板调温。

锅炉采用平衡通风、露天布置、固态排渣、全钢构架、全悬吊结构。锅炉结构如图 8－26 所示。

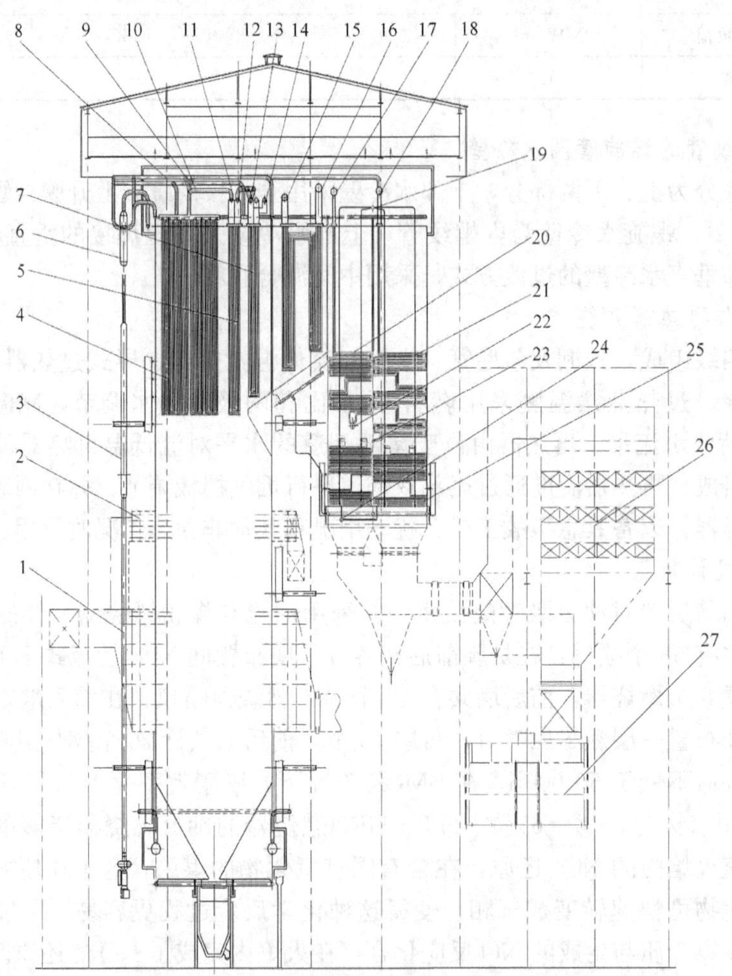


图 8－26 SG－2955/28.0－605/603 型超超临界压力锅炉

1—燃烧器；2—燃尽风；3—汽水分离器储水罐；4—二级过热器；5—三级过热器；6—汽水分离器；7—末级过热器；8—减温水管路；9—二级过热器入口联箱；10—二级过热器出口联箱；11—三级过热器入口联箱；12—三级过热器出口联箱；13—末级过热器进口联箱；14—末级过热器出口联箱；15—末级再热器进口联箱；16—末级再热器出口联箱；17—低温再热器出口联箱；18—低温过热器出口联箱；19—省煤器出口联箱；20—低温再热器；21—低温过热器；22—低温再热器入口联箱；23—低温过热器入口联箱；24—省煤器入口联箱；25—省煤器；26—脱硝装置；27—空气预热器

2. 锅炉设计参数

锅炉设计煤种见表 8－7。

**表 8－7　　锅炉设计煤种**

| 项　目 | | 单位 | 设计煤种 | 校核煤种 |
|---|---|---|---|---|
| 产　地 | | — | 神华 | 大同 |
| 工业分析 | 水分 | % | 4.51 | 1.45 |
| | 挥发分 | % | 36.49 | 32.95 |
| | 灰分 | % | 12.00 | 16.77 |
| | 固定碳 | % | 47.00 | 48.83 |
| 元素分析（收到基） | 碳 | % | 61.45 | 58.33 |
| | 氢 | % | 3.61 | 3.42 |
| | 氧 | % | 7.8 | 9.70 |
| | 氮 | % | 0.71 | 0.68 |
| | 硫 | % | 0.43 | 0.63 |
| | 收到基低位发热量 | MJ/kg | 23.42 | 22.12 |
| 灰成分 | $SiO_2$ | % | 35.09 | 49.90 |
| | $Al_2O_3$ | % | 16.41 | 34.7 |
| | $Fe_2O_3$ | % | 12.47 | 6.36 |
| | CaO | % | 22.56 | 2.27 |
| | MgO | % | 1.34 | 0.62 |
| | $K_2O$ | % | 0.30 | 0.78 |
| | $Na_2O$ | % | 0.27 | 0.20 |
| | $SO_3$ | % | 6.90 | 1.51 |

锅炉设计参数见表 8－8。

**表 8－8　　锅炉设计参数**

| 参数 | 单位 | 数　值 | |
|---|---|---|---|
| | | 主蒸汽 | 再热蒸汽 |
| 蒸汽流量 | t/h | 2955 | 2443 |
| 蒸汽压力 | MPa | 28 | 6.13 |
| 设计压力 | MPa | 29.7 | 7.5 |
| 蒸汽温度 | ℃ | 605 | 603 |
| 给水温度 | ℃ | 297 | |
| 再热蒸汽进口温度 | ℃ | | 367 |
| 压力降 | MPa | 3.66 | 0.2 |
| 喷水率 | % | 6 | 0 |
| 锅炉保证热效率（额定工况） | % | 93.7 | |
| 烟气排放温度（修正） | ℃ | 125 | |
| 过量风 | % | 20 | |
| 炉膛容积热负荷 | $kW/m^3$ | 70.5 | |
| 炉膛横截面热负荷 | $MW/m^2$ | 4.97 | |
| 燃烧器区域热负荷 | $MW/m^2$ | 1.1 | |

3. 内螺纹管垂直水冷壁特点

采用改进型的内螺纹垂直水冷壁。炉膛内螺纹管垂直水冷壁由冷灰斗上 1m 处开始至炉顶棚，中间无混合集箱（压降低）。

水冷壁的节流孔圈装在水冷壁进口球型容器中，负责将总流量按不同墙的热负荷分布进行分配，装在进口联箱中的节流圈负责对每面墙中的每组管子按炉膛横向热负荷分布曲线进行流量分配。前后墙管子数量均为 773 根，两侧墙管子数量均为 690 根，管子总数量为 2926 根。

4. 过热器与再热器系统

过热器由顶棚、包墙、分隔屏、低温过热器、屏式过热器和末级过热器组成。再热器分为低温再热器和高温再热器两级。在低温再热器入口设有事故喷水减温器，再热蒸汽温度主要使用摆动式燃烧器调节。

5. 燃烧器设计特点

煤粉燃烧器为切圆燃烧，主风箱设有 6 层强化着火煤粉喷嘴，在其四周布置有燃料风（周界风），每相邻两层煤粉喷嘴之间布置 1 层辅助风喷嘴，其中包括上下两个偏置的 CFS（Concentric Firing System）同心切圆喷嘴。在主风箱上部设有两层 CCOFA（Closed - Coupled Over Fire Air）紧凑燃尽风喷嘴，在主风箱下部设有一层 UFA（Underfire Air）火下风喷嘴。在主风箱上部布置有 5 层 SOFA 分离燃尽风喷嘴，以降低 $NO_x$ 排放量。CFS 同心切圆燃烧喷嘴如图 8 - 27 所示，其特点为：

（1）在各种负荷工况下热分布均匀。

（2）炉膛烟温低。

（3）燃烧完全。

（4）炉膛出口温度可控制。

（5）生成 $NO_x$ 最少。

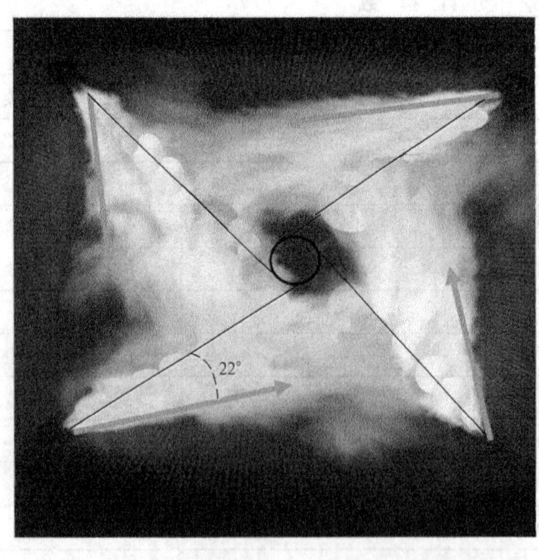

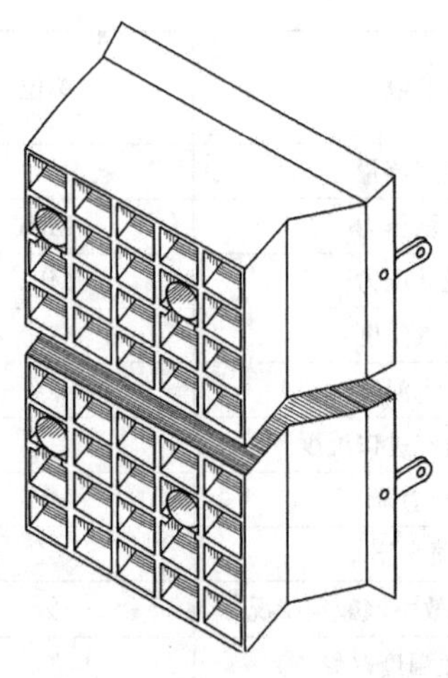

图 8 - 27　CFS 同心切圆喷嘴及其组织燃烧示意图

SOFA 燃尽风喷嘴如图 8 - 28 所示，其主要特点是具有可调的偏转角度和可调的节距。

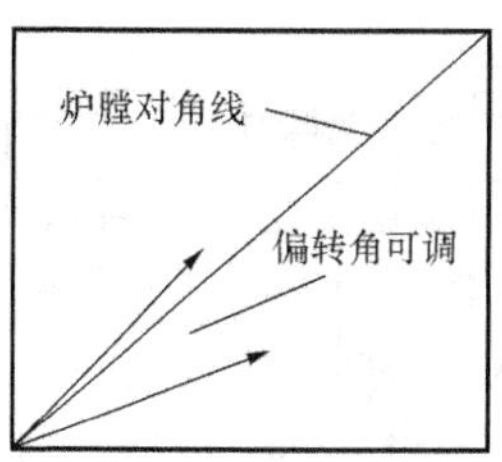


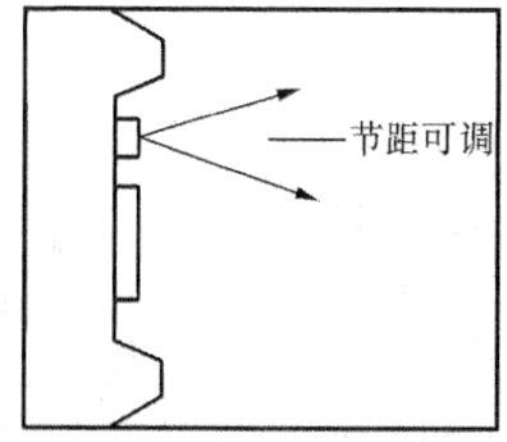


图 8-28　SOFA 分离燃尽风喷嘴示意图

6. 制粉系统

该锅炉可配 900MW 或 1000MW 汽轮发电机组。900MW 和 1000MW 机组均采用中速磨煤机直吹式制粉系统，每台磨煤机配一层燃烧器。900MW 汽轮发电机组配置 6 台中速磨煤机，1000MW 汽轮发电机组配置 7 台中速磨煤机。

7. 主要优点

(1) 炉膛热负荷及吸热均匀，不会产生极端峰值烟温。

(2) 采用摆动燃烧器调节再热蒸汽温度。

(3) 可用偏转风燃烧系统防止水冷壁结焦，改善清洁度增加炉膛下部吸热，降低结焦风险。

(4) 反切燃尽风和分离燃尽风能够降低炉膛热负荷峰值和烟温峰值，降低结焦风险。

(5) 反切燃尽风和分离燃尽风能够降低旋流强度，增加燃料喷射强度，减少水冷壁附近的煤/灰粒子，降低烟温偏差和结焦风险。

(6) 分离燃尽风喷射角度可调，以降低烟温偏差和未燃尽碳损失。

(7) 反切燃尽风和分离燃尽风可以控制 $NO_x$ 生成量小于 350mg/m³ (标态)。

(六) 200MW 机组超高压循环流化床锅炉

图 8-29 所示为一台超高压循环流化床汽包锅炉，采用自然循环、中间再热、高温绝热气固分离器、全钢架支吊结构，匹配 200MW 汽轮机发电机组。

锅炉的主要参数如下：锅炉最大连续蒸发量为 670t/h，过热器出口蒸汽压力与温度分别为 13.69MPa、540℃，再热蒸汽流量为 585t/h，再热器进口压力为 2.6475 MPa，再热器进口蒸汽温度为 315.8℃，再热器出口蒸汽温度为 540℃，给水温度为 253℃，循环流化床床温为 883℃，炉膛出口烟温为 883℃，空气预热器出口烟温为 130℃。

炉膛四周设置膜式水冷壁，炉膛内设有双面曝光膜式水冷壁、屏式二级过热器和屏式再热器。尾部竖井对流烟道中设置三级过热器、一级过热器、低温对流再热器、省煤器和空气

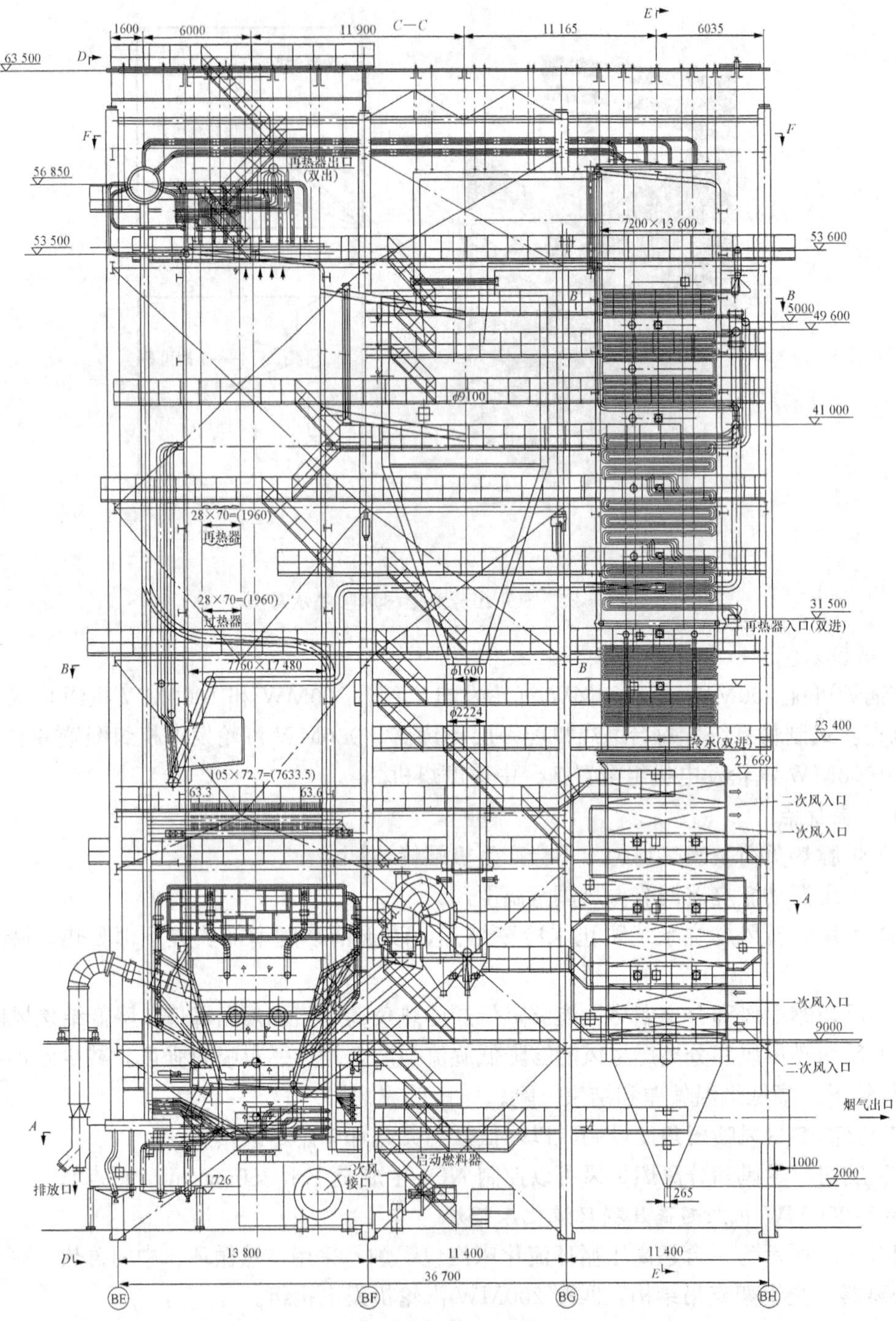


图 8-29 200MW 机组超高压循环流化床锅炉

预热器，其中三级过热器、一级过热器、低温对流再热器所在的尾部烟道内设置包覆过热器。两级喷水减温器设置在过热器系统中用以调节过热汽温，低温对流再热器与屏式再热器之间设置有一级喷水减温器。

炉膛下部设有水冷布风板和大直径钟罩式风帽。炉膛与尾部烟道之间设有两个内径为

9.1m 的高温绝热分离器，分离器上部是圆筒形，下部为锥形，外壳由钢板制作而成，内衬绝热材料和耐火耐磨材料。高温绝热分离器立管下部设有非机械型回料阀，采用自平衡方式回料，流化密封风采用高压风机单独供给。回料阀外壳由钢板制作而成，内衬绝热材料与耐火耐磨材料。高温绝热分离器分离下来的固体物料颗粒经立管、回料阀返回炉膛继续流化燃烧，分离出来的烟气携带着细小飞灰进入尾部烟道。

## 复习思考题

8-1　省煤器的主要作用是什么？

8-2　省煤器的布置方式有哪些？各有何特点？

8-3　锅炉启动时，如何保护省煤器？

8-4　空气预热器的主要作用是什么？

8-5　空气预热器的形式有哪些？分别使用在何种锅炉中？

8-6　锅炉尾部受热面的布置方式有哪些？

8-7　什么是尾部受热面的积灰？积灰有何危害？

8-8　尾部受热面的磨损是如何产生的？如何减少磨损？

8-9　什么是尾部受热面的低温腐蚀？低温腐蚀有何危害？如何减轻低温腐蚀？

8-10　影响锅炉本体布置的主要因素是什么？

8-11　锅炉本体布置方式主要有哪几种形式？

# 第九章 强制流动锅炉

提高蒸汽的初压力，可以提高机组的热经济性，因此高参数是锅炉发展的必然趋势。当压力提高时，汽水密度差下降，自然循环的推动力下降，所以需要采用强制流动；当压力进一步提高时，汽水分离变得困难，因此必然取消汽包，发展强制流动锅炉。

强制流动锅炉包括控制循环锅炉、直流锅炉与复合循环锅炉三种基本类型。依靠工质的密度差而产生的循环流动称为自然循环，借助水泵压头使工质产生的循环流动称为强制循环，强制循环锅炉的结构与自然循环基本相同，它也有汽包，所不同的是在下降管中增加了循环泵，作为增强汽水循环的动力。直流炉的结构与自然循环锅炉结构不同，它没有汽包，是依靠给水泵压力使工质依次经过省煤器、蒸发受热面和过热器等锅炉受热面管，并一次性地将水全部加热成为过热蒸汽。

## 第一节 控制循环锅炉

在开发亚临界参数锅炉技术的初期，曾经认为汽包压力达到18.6MPa时，自然循环不可靠。为了提高循环安全裕度，提出了在蒸发回路中采用低压头循环泵与水冷壁内螺纹管的新技术。

### 一、控制循环锅炉工作原理及主要特点

#### （一）工作原理

控制循环锅炉是由自然循环锅炉发展而成，它在循环回路的下降管上装置循环泵，因而其循环动力得到大大提高。

在自然循环锅炉中，工质在循环回路中的流动，是依靠下降管中的水与受热上升管中汽水混合物的密度差来进行的。它的工作特点是：在受热上升管组中，受热强的管子产汽量多，汽水混合物的密度小，运动压头加大，因此流过该管的循环水量也多，可以保证对受热管的足够冷却。

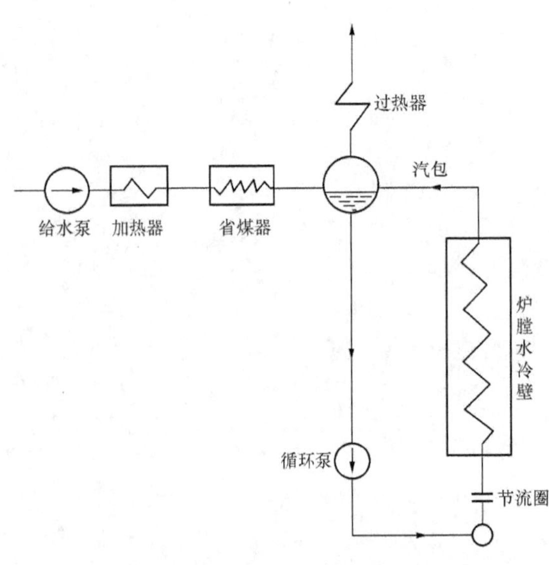


图9-1 控制循环汽包锅炉工作原理

随着锅炉压力的提高，水与水蒸气间的密度差越来越小，当工作压力高到16～19MPa时，水的自然循环就不够可靠。此外，随着锅炉压力和容量的提高，希望采用管径较小的蒸发受热面，以提高管内工质的质量流速，加强换热，但管径小，流速高，则流动阻力增大，自然循环的安全性就将进一步下降。为解决这个矛盾，可以在循环回路中串接一个专门的循环泵，以增加循环回路中的循环推动力，并可人为地控制锅炉中工质的流动，因此称这种锅炉为控制循环锅炉。控制循环汽包锅炉有时也称为多次强制循环锅炉，其工作原理如图9-1所示。

控制循环汽包锅炉是在自然循环锅炉的基础上发展而来的。在工作原理上，主要差别在于控制循环汽包锅炉主要依靠循环泵使工质在蒸发管中作强制流动，而自然循环锅炉则靠汽水密度差使工质在循环回路中进行自然循环。在控制循环汽包锅炉的循环系统中，除了有自然循环回路中由于下降管和上升管工质密度差所形成的运动压头之外，还有循环泵所提供的压头。自然循环所产生的运动压头一般只有 0.05～0.1MPa，而循环泵可提供的压头约在 0.25～0.5MPa 之间。由此可见，控制循环汽包锅炉的运动压头比自然循环锅炉大，因而能克服较大的流动阻力。

循环倍率的大小对蒸发管的工作安全有很大的影响。当循环倍率较小时，由于管子不能得到较好的冷却，管壁温度会随着热负荷的升高而显著提高。为保证管子能得到足够的冷却，还要求管内工质有一定的质量流速。目前大容量控制循环汽包锅炉的循环倍率 $K$ 值在 3～8之间，一般为 4 左右；质量流速约为 1000～1500kg/(m$^2$ · s)。

控制循环汽包锅炉装置了循环泵。大容量控制循环汽包锅炉的循环泵通常垂直安装在下降管上，一般装有 3～4 台，其中 1 台备用。

（二）主要特点

1. 结构特点

（1）汽包。由于控制循环锅炉的循环倍率低、循环水量少以及采用循环泵的压头来克服汽水分离元件的阻力，充分利用离心力分离的效果，因而分离元件的直径可以缩小。在保持同样分离效果的条件下，能提高单个旋风分离器的蒸汽负荷，因此汽包直径可以缩小。

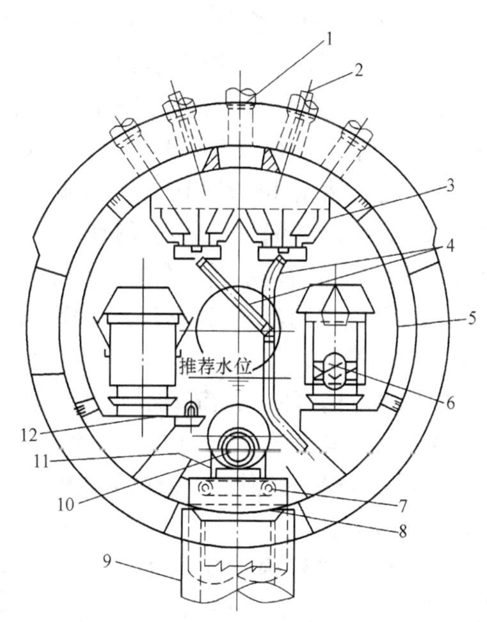


图 9-2　控制循环锅炉汽包的内部装置

1—蒸汽引出管座；2—汽水混合物引入管座；3—波形板干燥器；4—疏水管；5—弧形衬套；6—涡轮分离器；7—下降管进口联箱；8—焊接十字架；9—下降管短管；10—给水管；11—给水管支架；12—连续排污管

图 9-2 所示为亚临界压力 SG1025t/h 控制循环汽包锅炉汽包的内部装置。汽包内径为 $\phi$1778，上壁厚度为 201.6mm，下壁厚度为 166.7mm，内装 110 个轴流式旋风分离器和 4 排波纹板分离器。整个汽包的结构和布置与自然循环锅炉相比也有很大的差异，采用流动阻力大、分离效率高的轴向进口带内置螺旋形叶片的轴流式分离器作为一次分离，然后蒸汽经波形板百叶窗分离器分离后引出。因为给水品质好，可以不用蒸汽清洗装置，给水可直接送至下降管入口附近。

亚临界压力控制循环汽包锅炉汽包内部装置的主要特点为：除可以采用轴流式旋风分离器和不用蒸汽清洗装置外，汽包内装有弧形衬板，与汽包内壁间形成一环形通道，构成汽水混合物汇流箱。汽水混合物从汽包上部引入，沿环形通道向下流动，进入旋风分离器。汽包内壁只与汽水混合物接触，避免了汽包壁受到锅水冲击，使得汽包上下壁温差和壁温波动幅度减小，使得汽包热应力较小，保护了汽包。

（2）水冷壁。由于控制循环汽包锅炉的循环推动力大，可以采用小管径的蒸发受热面，而强制流动又使管壁得到足够的冷却，壁温较低，管壁也可减薄，因此锅炉的金属耗量减少。此外，炉内可更自由地布置蒸发受热面，锅炉的形状和蒸发受热面都可以采用较好的布置方案，不必受到垂直布置的限制。水冷壁管进口一般装设节流孔板，以分配各并联管的工质流量，改善工质流动的水动力特性和热偏差。

2. 控制循环的技术性能特点

(1) 控制循环锅炉的主要技术是低压头循环泵和内螺纹管水冷壁。低压头循环泵用来提供足够的循环压头，内螺纹管用来抵抗膜态沸腾。

(2) 汽包内设置夹层，汽水混合物可由汽包顶部引入，沿夹层向下流入汽水分离器。汽水混合物与汽包汽空间形成的负重位压头所产生的阻力效应由循环泵所提供的富裕压头来克服。夹层内充满了汽水混合物，减小了汽包上、下壁的温差，且启动初期可用锅水循环泵来加快建立水循环，进一步减小汽包壁的温差。汽包壁允许温升速度可提高到100℃/h，工质的允许温度变化率为220℃/h以上，因此可以提高锅炉启动和变负荷速度。

(3) 由于循环泵提供了富裕的循环压头，可采用分离效果较好的轴向叶片式汽水分离器，从而减少了汽水分离器的数量，使得汽包体积减小，壁厚减薄。

(4) 炉膛结构尺寸可以按煤质燃烧特性和结渣特性灵活设计，可采用小管径水冷壁，提高了传热性能，使得壁温降低，减轻了水冷壁的高温腐蚀。

(5) 与自然循环锅炉相比，水冷壁的金属储热量和工质的储热量减少，使蒸发系统的热惯性减小。同时，锅炉低负荷运行时，可利用循环泵加快循环，提高蒸发速度。在锅炉尚未点火之前，先启动锅水循环泵建立水循环，然后再点火，可使水冷壁的吸热均匀，水冷壁温差减小，可保持同步膨胀，有利于提高启动和变负荷速度，以适应机组调峰的需要，同时可以节省启动燃料。

(6) 水冷壁管内工质流动特性主要表现为强制流动特性，水冷壁入口可装节流圈，以控制流量分配，避免产生水动力多值性和脉动。

(7) 水冷壁一旦泄漏，通过节流圈可以限制泄漏量，使锅炉维持短时间运行，以适应电网调频的需要。

(8) 水冷壁管内工质的质量含汽率可提高到0.4～0.5，循环倍率降低。在省煤器出口水焓和汽包工作压力不变的条件下，循环倍率降低，可使蒸发系统入口水欠焓增大。

(9) 循环回路中循环流量与锅炉负荷关系不大，只随循环泵的投入台数变化，且随循环系统的水动力特性略有变化。

(10) 停炉速度快。事故停炉后可利用锅水循环泵和送、引风机联合运行，快速冷却炉膛和水冷壁，缩短检修时间。

(11) 增设了循环泵和入口调节阀门及出口止回阀，一台锅炉配置3台循环泵和6个阀门，提高了造价成本和运行耗电量。300MW锅炉配置的控制循环泵用电量为198kW/台，两台泵运行，用电量396kW。

(12) 循环泵的工作压力达到20MPa，工作温度达到360℃左右，且压力变动时，循环泵入口可能产生汽化，因而出现故障的可能性增大。

(13) 锅水循环泵电动机增加了低压冷却水系统和高压冷却水系统，直接影响着循环泵的工作可靠性，进而影响到水循环系统的可靠性。因此，自动化水平要求较高。

(14) 控制循环锅炉的水动力特性既具有自然循环的特性，又具有强制流动的特性。由于采用了循环泵，因而控制循环锅炉蒸发回路的水动力特性主要呈现强制流动的特性。为了防止流量分配不均及热偏差引起的水动力不稳定和脉动以及传热恶化现象的产生，水冷壁入口处一般都安装节流圈，使得吸热较强的水冷壁管内保持较高的质量流速。在低负荷运行时，仍可用循环泵提供循环动力，因此控制循环锅炉的循环可靠性高，水冷壁传热性能好、热惯性较小，能够适应快速调峰的要求，这种技术主要应用于采用四角燃烧方式的 300、600MW 级亚临界参数锅炉，在调峰运行方面显示出了较强的优势。

## 二、锅水循环泵

循环泵是控制循环锅炉的关键设备，它的运行可靠将直接影响到锅炉的安全工作。

循环泵由水泵和电动机组成，采用无轴封结构，如图 9-3 所示。

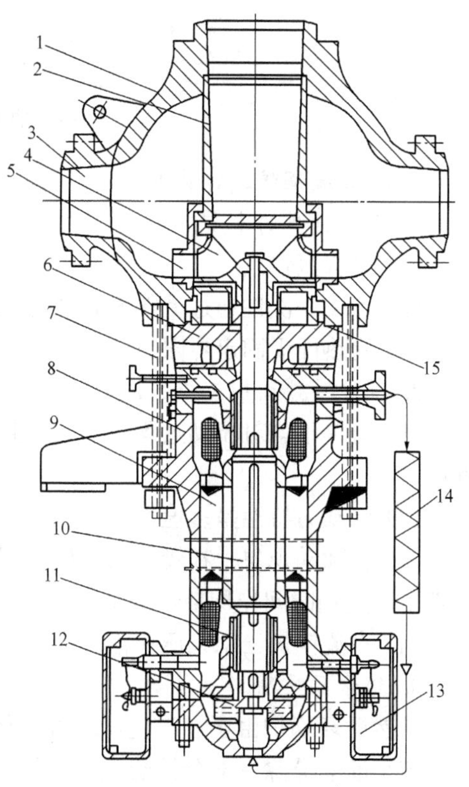


图 9-3 锅水循环泵

1—泵体；2—吸入管；3—出口管；4—叶轮；5—导叶；6—隔热体；7—主螺杆；8—电动机壳；9—定子线圈；10—电动机转子；11—水润滑导向轴承；12—水润滑止推轴承；13—接线盒；14—冷却器；15—密封垫

水泵采用单级离心泵，泵的叶轮直接装在电动机主轴的端头上，采用悬臂结构。

叶轮出口处装设有导叶，使部分动能转换成压力能。在泵壳上有一个入口和两个出口。泵通过入口管抽吸锅水轴向流入泵内，经泵的叶轮提高锅水压力后，由出口管送入下联箱中。电动机为湿式感应电动机，它的定子和转子采用耐水耐压绝缘导线做成绕组。绝缘导线材料一般是聚乙烯塑料，不能承受高温（工作温度较高时绝缘性能会明显恶化）。目前常用绝缘材料为耐热聚氯乙烯和交联聚乙烯，其限定温度分别为 70℃和 80℃。电动机采用立式布置，装置在水泵下方，用耐压法兰采用高强度的双头螺栓与泵体紧密地连接。锅水循环泵和电动机都浸在锅水中。为减少循环泵体和高温锅水传给电动机的热量，电动机与泵之间用隔热体分开。运行时为了降低电动机内的温度，在电动机外装有循环冷却回路。在电动机外端推力轴承盘的径向钻有多个小孔，使电动机内的水在冷却回路中进行强制循环，在冷却器的作用下，水温维持在 60℃以下，从而保证了电动机的工作安全。

# 第二节 直 流 锅 炉

## 一、直流锅炉工作原理及特点

### （一）工作原理

直流锅炉没有汽包，其工作原理为：在给水泵的压头的作用下，将锅炉给水依次通过预热、蒸发、过热等受热面而被预热、蒸发、过热到所需要的温度，变成过热蒸汽。简而言之，直流锅炉是工质依次通过各受热面、没有循环的强制流动锅炉。直流锅炉的工作原理如图 9-4 所示。

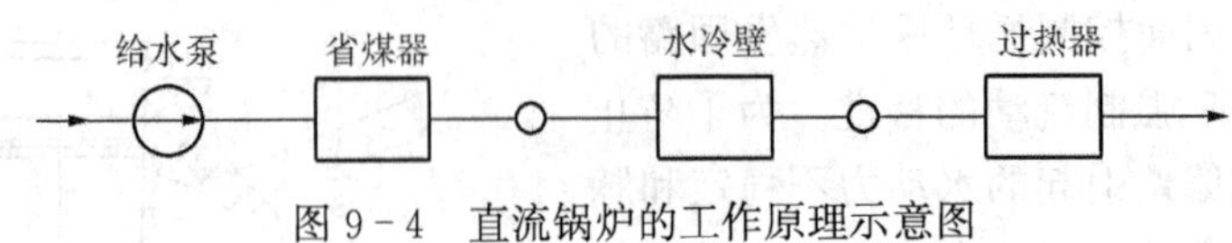

图 9-4 直流锅炉的工作原理示意图

（二）直流锅炉工作特点

1. 直流锅炉的本质特点

(1) 没有汽包。

(2) 工质一次性通过受热面，强迫流动。

(3) 受热面无固定界限。

2. 蒸发受热面中工质的流动过程特点

(1) 受热不均对流动过程影响大。直流锅炉没有自补偿能力，即受热强的管子，流动速度小。

(2) 水动力特性呈多值性。

(3) 有脉动现象。在管屏两端压差相同，给水量和流出量总量基本不变的情况下，管屏里管子流量随时间作周期性波动。

(4) 直流锅炉给水泵压头消耗大。

3. 给水品质高

自然循环锅炉由于有汽包，故可进行排污，对给水品质要求较低。直流锅炉没有汽包，给水带来的盐分除一部分被蒸汽带走外，其余将全沉积在受热面上，因此直流锅炉的给水品质要求高。

4. 调节过程特点

直流锅炉的调节比汽包炉复杂得多。对于汽包锅炉，当负荷发生变化时，压力发生变化，可先调燃煤量，稳住汽压，然后再调给水量，使给水量等于蒸发量$G_g=D$，不用同时调节给水量和蒸发量，当$G_g\neq D$时只不过汽包水位发生变化，这就是说，汽包锅炉被调参数关联不那么紧。对于直流锅炉，当负荷发生变化时，必须同时调节给水量和燃煤量，以保持物质平衡$G_g=D$和能量平衡，才能稳住汽压和汽温。另外，自然循环锅炉储热能力大，当扰动发生时，有自补偿能力，参数变化速度小。

5. 启动过程特点

(1) 直流锅炉设有启动旁路系统。为保证受热面安全工作，直流锅炉启动开始就必须建立启动流量和启动压力，而在启动过程中，依次出来的工质是水、蒸汽，为减少热量损失和工质损失，需装一个旁路系统，所以直流锅炉和自然循环锅炉相比，在结构上的不同之处为蒸发受热面系统和启动旁路系统。

(2) 自然循环锅炉由于有汽包，升温升压过程要慢，否则热应力大；而直流锅炉没有汽包，升温过程可以快一些，即直流锅炉启动速度快。

6. 设计、制造安装特点

(1) 直流锅炉适用于任何工作压力。

(2) 蒸发受热面可以任意布置。

(3) 节省金属，制造方便。

自然循环锅炉和直流锅炉的特点对比见表 9-1。

表 9-1　**自然循环锅炉和直流锅炉的特点对比**

| 项目 | 自然循环锅炉 | 直流锅炉 |
|---|---|---|
| 蒸发受热面布置方式 | 受限制 | 不受限制 |
| 适用压力范围 | 亚临界压力 | 任何压力，但主要用于亚临界压力和超临界压力 |
| 金属消耗量 | 大 | 小（因无汽包，不用或少用下降管） |
| 制造 | 除汽包外，蒸发系统的其他部件制造相对容易 | 蒸发系统的部件，尤其是螺旋管圈有一定难度 |
| 运输 | 不方便（主要指汽包） | 方便 |
| 安装 | 方便 | 不方便（主要是螺旋管圈） |
| 变压运行适应性 | 良 | 优，如螺旋管圈；<br>差，如 UP 型和多次上升型 |
| 蒸发受热面工作安全性 | 好 | 要注意防止膜态沸腾、流动不稳定、脉动等问题 |
| 对自动控制要求 | 低 | 高 |
| 给水泵功率 | 小 | 大 |
| 给水品质要求 | 略低 | 高 |
| 蒸发终点 | 固定 | 变动 |
| 启动旁路系统 | 无 | 有 |
| 主蒸汽温度与喷水量 | 与负荷和受热面污染有关 | 与负荷和受热面污染无关，主要通过调节煤水比实现，喷水减温仅起瞬间调节或微调作用 |
| 启动中主要监控参数 | 汽包水位和汽包壁的温度梯度 | 蒸发受热面出口汽水分离器的水位 |
| 启停速度 | 慢，启动需 2～4h，停炉需 18～24h | 快，启动需 40～50min，停炉需 25～30min |

## 二、直流锅炉水冷壁的结构型式

直流锅炉水冷壁的布置很自由，种类繁多，表 9-2 列出了直流锅炉水冷壁的 5 种基本管屏型式，并给出了结构简图。

表 9-2　**直流锅炉的几种管屏**

| 项　　目 | 水平围绕管圈 | 多次垂直上升管屏 | 回带管屏 | 一次垂直上升管屏 | 下部水平围绕圈上部一次垂直上升管屏 |
|---|---|---|---|---|---|
| 结构简图 | 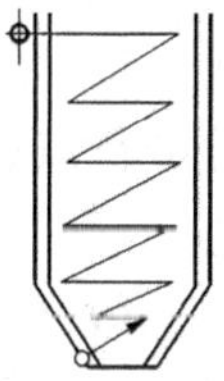  | 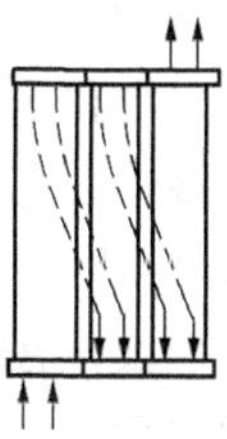  | 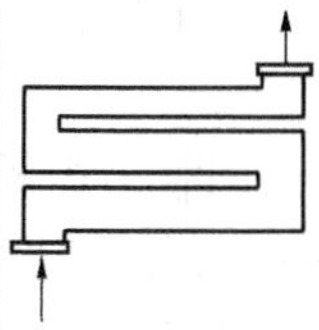 水平回带 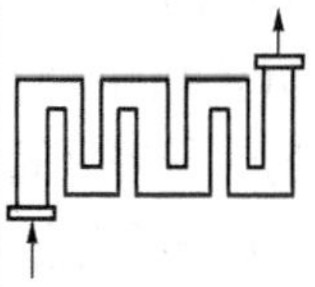<br>升降回带 | 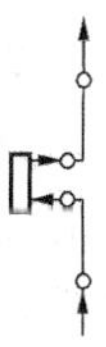  | 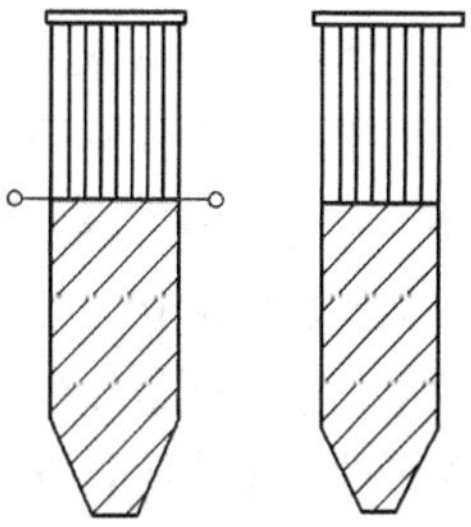  |
| 水动力稳定性 | 良 | 优 | 中 | 良 | 良 |

续表

| 项　目 | 水平围绕管圈 | 多次垂直上升管屏 | 回带管屏 | 一次垂直上升管屏 | 下部水平围绕圈上部一次垂直上升管屏 |
|---|---|---|---|---|---|
| 吸热均匀性 | 优 | 差 | 中 | 差 | 良 |
| 制造工作量 | 中 | 小 | 大 | 小 | 中 |
| 金属消耗量 | 中 | 大 | 中 | 少 | 中 |
| 机组容量的适应性 | 中 | 优 | 中 | 中（300MW以下不用） | 中 |
| 相邻管屏外侧两邻管子的温差 | 中 | 大 | 大 | 小 | 中 |
| 对采用膜式水冷壁的适应性 | 良 | 中 | 差 | 优 | 良 |
| 对组合安装的适应性 | 差 | 优 | 良 | 优 | 中 |
| 考虑膨胀支吊的方便性 | 差 | 优 | 差 | 优 | 差 |
| 对滑压运行的适应性 | 优 | 差 | 水平回带：优 升降回带：差 | 差 | 优 |
| 疏水、排汽的可能性 | 优 | 优 | | 优 | 优 |

1. 水平围绕管圈

这种结构是由苏联拉姆森教授提出的，故也称为拉姆森型（也称螺旋管圈式水冷壁）。它由多根平行管子组成一个以上的管带，沿炉膛四周围绕，盘旋上升。盘旋的方式可分为以下几种：三面水平、一面倾斜（单管带）；两面墙上水平，另两面墙上倾斜（双管带）；在四面墙上倾斜盘旋上升（四管带），即螺旋式水冷壁。这种锅炉的主要优点是：没有不受热的下降管，也没有中间联箱，故各管带的受热较均匀；每根管子很长，水动力稳定；便于滑压运行。主要缺点是：现场焊接工作量大，水冷壁支吊结构复杂。

2. 多次垂直上升管屏

多次垂直上升管屏水冷壁由多组垂直管屏构成，管屏由并联的上升管和两端联箱组成，各管屏之间用2～3根不受热的下降管串联。它的优点是：制造厂可提供整片屏组件，制造方便，安装组合率高，支吊结构简单，热偏差不大，便于做成全悬吊炉膛结构。其缺点是：金属耗量大，相邻管屏外侧管子间的壁温差大，压力变动时会出现汽水分配不均，故不能适应滑压运行要求。因此，管屏往往只在炉膛下辐射区做成几次串联，以使相邻管屏外侧管子间的温差不会过大，而炉膛上部采用一次垂直上升管屏。由于此处工质常为过热蒸汽，比体积大，可以保证足够的工质流速，可以适应整焊膜式壁的要求。

3. 回带管屏

回带管屏式水冷壁由多行程迂回管屏组成，最初用于瑞士苏尔寿公司，所以也叫苏尔寿型。按回带迂回方式不同，分为水平向上迂回的水平回带和垂直上下迂回的升降回带两种。一般无炉外下降管，但大容量锅炉的各管屏之间可以有连接管。它的主要优点是：布置灵活方便，能适应复杂的炉膛形状，如在炉底用水平迂回管屏，燃烧器区域用立式迂回管屏；没有或只有少数中间联箱，金属耗量较少。缺点是：两联箱间的管子很长，有时可达数百米，热偏差较大，且不利于管子的自由膨胀，管屏每一弯道的两行程之间相邻管子内工质流向总是相反的，所以温差大，对膜式壁结构特别不利。此外，该管屏还有制造困难、不易疏水排气、水动力稳定性较差等缺点。

4. 一次垂直上升管屏

美国拔柏葛（B&W）锅炉公司首先采用一次垂直上升管屏式直流锅炉，此种锅炉是在本生锅炉的基础上发展而来的，锅炉压力既适用于亚临界也适用于超临界。蒸发受热面采用一次垂直上升管屏，相邻管屏之间不相串联，仅在上升过程中作几次混合，简称 UP 炉。一次垂直上升管屏的主要优点为金属消耗量少，宜于采用膜式壁，支吊结构简单，水动力特性较为稳定等。但是一次垂直上升管屏只适用于大容量锅炉，由于有中间混合器，锅炉对滑压运行的适应性也较差。对于容量较小的锅炉，炉膛周界长度相对较大，采用一次垂直上升管屏会使工质的质量流速过低，影响工作的可靠性；为了保证质量流速，不得不采用较小的水冷壁管径。

5. 下部水平围绕管圈、上部一次垂直上升管屏

炉膛下部回路为水平倾斜、围绕着炉膛盘旋上升的螺旋管圈组成的膜式水冷壁，炉膛上部通过中间联箱或分叉管过渡成垂直上升管屏。这种结构兼有水平围绕管圈和一次垂直上升管屏的优点，但过渡区结构复杂，螺旋管圈的支吊需要采取特殊措施，安装焊接工作量大。

## 三、直流锅炉的启动旁路系统

锅炉的启停过程是一个不稳定的状态变化过程，过程中锅炉工况的变化很复杂。如在启动过程中，各部件的工作压力和温度随时在变化，启动时各部件的加热不可能完全均匀，金属体中存在着温度差，会产生热应力。启动初期炉膛的温度低，在点火后的一段时间内，燃料投入量少，燃烧不容易控制，易出现燃烧不完全、不稳定、炉膛热负荷不均匀，还可能出现灭火和爆炸事故；在启动过程中，各受热面内部工质流动尚不正常，易引起局部超温。如工质流动尚未正常时的水冷壁，未通蒸汽或蒸汽量很小时的过热器和再热器，都可能有超温损坏的危险等。因此，锅炉启动停运是锅炉机组运行的重要阶段，必须进行严密监视，优化各种工况，建立最佳的启动停运指标，以保证锅炉安全经济启停。

为保证受热面安全工作，直流锅炉启动一开始就必须建立启动流量和启动压力，而在启动过程中，顺次出来的工质是水和水蒸气。为减少热量损失和工质损失，装设了启动旁路系统。

### （一）直流锅炉的启动特点

1. 需要设置专门的启动旁路系统

直流锅炉在启动、停炉或事故情况下，都必须使用启动旁路系统。其目的在于冷却锅炉受热面、排走不合格的工质、回收工质和热量、保护再热器等，它对直流锅炉的启、停起到安全和经济的保证作用。汽包锅炉在启动前，汽包水位保持在点火水位，在相当长的升火时间内不需要向锅炉补充给水。水冷壁可依靠工质的自然循环来冷却。省煤器处在低温烟道内，不一定需要冷却，如需要冷却时，可以开启省煤器再循环管上的再循环门来保护省煤器。过热器可以用锅炉产生的蒸汽排汽冷却。由于汽包的水容积大，可允许有较长时间的排汽而不至使水位太低。在冷态启动时，汽包锅炉的工质开始是没有压力的，随点火后燃料量的增多，给水开始蒸发，压力逐渐升高，所以汽包锅炉的启动与升温升压同时进行的，是一个升温升压的过程。

直流锅炉的启动特点则是在锅炉点火前就必须不间断地向锅炉进水，建立起足够的启动流量，以保证给水连续不断地强制流经有关受热面，使其得到冷却。有的直流锅炉甚至还采用全压启动。因此，直流锅炉的启动过程实质上是工质的升温过程。

汽包锅炉的汽包，在蒸汽生产过程中实际上是加热、蒸发和过热三阶段的大致分界点。而直流锅炉则不同，点火前，直流锅炉各受热面内全部是水，点火后，随着燃料量的增加，开始送出的是水，然后是湿蒸汽、饱和蒸汽和过热蒸汽，最后过热度才达到设计值。启动过程中，送出的工质状态不断发生变化，与之相对应的锅炉受热面由开始时全部作为加热段，当产生蒸汽后，全部受热面即分成加热和蒸发两区段，最后当锅炉出口的蒸汽过热后，全部

受热面才分成加热、蒸发、过热三区段。

一般高参数大容量的直流锅炉都采用单元制系统。在单元制系统启动中，汽轮机要求暖机、冲转的蒸汽在相应的进汽压力下具有50℃以上的过热度，其目的是防止低温蒸汽送入汽轮机后凝结，造成汽轮机的水击。因此，直流锅炉启动过程中最初排出的热水、汽水混合物、饱和蒸汽和过热度不足的过热蒸汽都不能进汽轮机，所以，直流锅炉就需要设置专门的启动旁路系统来排除这些不合格的工质。

另外，启动时的热量损失和凝结水耗量很大，设置启动旁路系统也是为了回收这部热量和工质，同时，在启动初期还可以通汽冷却再热器，使再热器得到保护。

2. 需要配置汽水分离器和疏水回收系统

直流锅炉运行在正常范围时，正如其名称所述，是运行在纯直流状态。锅炉给水靠给水泵压头直接流过省煤器、水冷壁和过热器。直流运行状态的负荷从锅炉满负荷到直流最小负荷，直流最小负荷一般为25%～45%。低于该直流最小负荷，给水流量要保持恒定。因而，在低负荷时直流锅炉需要汽水分离器和疏水回收系统。

（二）直流锅炉启动旁路系统的主要功能

直流锅炉在启动初期就需在水冷壁中建立起一定的启动流量，以保证水冷壁受到足够的冷却；另外，在锅炉点火前和启动过程中，直流锅炉的汽水受热面必须在一定流量下进行清洗，以保证合格的汽水品质。此时从水冷壁流出的只是热水或汽水混合物，不允许进入汽轮机，为此必须配置启动旁路系统，它由汽水分离器及相关的管道阀门组成。锅炉进水后，汽水分离器由水位控制阀保持一定水位。点火以后，进入水冷壁的水受到加热，开始产汽，此时汽水分离器的作用相当于汽包，处于湿态。汽水分离器分离出来的蒸汽进入过热器进一步加热，水则回收或排放。随着燃烧率的增加，产汽量越来越多，分离器内水越来越少，大约到35%负荷左右，产汽量与省煤器的给水量相等，汽水分离器已无水位，由湿态转变为干态。在启动过程中，汽水分离器的水位是自动控制的，当干湿态转换完成后，水位控制阀均处于关闭位置。由上所述，直流锅炉启动旁路系统的主要功能为：

1. 辅助锅炉启动

(1) 辅助建立冷态和热态循环清洗工况。

(2) 辅助建立启动压力与启动流量，或建立水冷壁质量流速。

(3) 辅助工质膨胀。

(4) 辅助管道系统暖管。

2. 协调机炉工况

(1) 满足直流锅炉启动过程自身要求的工质流量与工质压力。

(2) 满足汽轮机启动过程需要的蒸汽流量、蒸汽压力与蒸汽温度。

3. 热量与工质回收

借助启动旁路系统回收启动过程中锅炉排放的热量与工质。

4. 安全保护

启动旁路系统能辅助锅炉、汽轮机安全启动。有的旁路系统还能用于汽轮机甩负荷保护、带厂用电运行或停机不停炉等。

直流锅炉单元机组的启动旁路系统，不应该是功能越全面越好，要根据机组容量、参数及承担电网负荷的性质等合理选定。此外，启动旁路系统在运行中的效果还与锅炉、汽轮机、辅机的性能有关，主机、辅机与系统性能的统一才能获得预想的功能。总之，启动系统的选型要综合考虑其技术特点、系统投资及电厂运行模式等因素。

（三）直流锅炉的启动分离系统

国内第一台600MW超临界压力机组采用一台汽水分离器，内径为$\phi$850，壁厚为94mm，高度为24 430mm。国外超临界压力机组采用的启动系统中，有些将汽水分离器与启动分离水箱合为一体，而有的公司采用4台汽水分离器，合用一个启动分离水箱，这样可以减少分离器的直径和壁厚，减少热应力，有利快速负荷变化和快速启停。

汽水分离器是直流锅炉启动时用于扩容和蒸汽分离的部件，按正常运行时分离器是参与系统工作还是解列于系统之外（即正常运行时切除与不切除两种运行方式），相应的启动旁路系统可分为外置式分离器启动系统ESSS（External Separator Start - up System）和内置式分离器启动系统ISSS（Internal Separator Start - up System）两大类型。外置式分离器由于分离器切除非常复杂，工程实例较少，目前的直流锅炉均采用内置汽水分离器，即在正常运行时，从水冷壁出来的微过热蒸汽经过分离器，进入过热器，此时的分离器仅起一连接通道作用。

内置式分离器启动系统大致可分为扩容器式（大气式、非大气式两种）、启动疏水热交换器式、再循环泵式（并联和串联两种）。

1. 扩容器式启动系统

如图9-5所示，该系统主要由内置式启动分离器、疏水控制阀（AA、AN、ANB阀）、大气式扩容器、疏水箱、疏水泵和凝汽器等组成。分离器布置在炉膛水冷壁出口；在启动或低于直流负荷时，分离器的作用就相当于汽包炉的汽包，起汽水分离作用，但分离出的水通过AA、AN和ANB三个阀门分别送入疏水扩容器和除氧器，进行工质和热量回收。当负荷高于直流负荷运行时，汽水分离器为干态运行，起联箱作用。

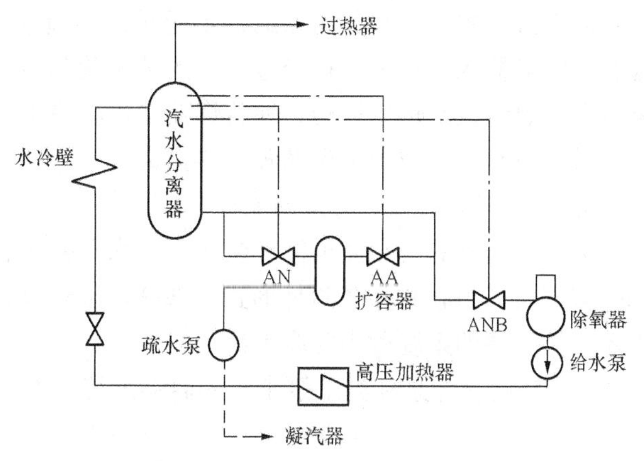

图9-5 扩容器式启动系统

在锅炉启动过程中炉本体的冷态或热态清洗阶段中，进入汽水分离器的给水通过AA、AN阀进入大气式扩容器排放至地沟，待给水品质合格后，疏水泵投入运行，疏水泵由疏水箱的水位开关实现自启停，以回收工质。此时汽水分离器的水位可切换由ANB阀控制，疏水至除氧器，实现工质和热量回收功能。

锅炉在湿态运行时，汽水分离器内的水位由ANB阀自动维持，当汽水分离器的水位高于ANB阀的调节范围时（如锅炉汽水膨胀）再由AN阀、AA阀相继参与调节，以维持分离器的正常水位；当水位下降时，AA阀先行关闭，然后AN阀关闭，由ANB阀调节和维持分离器正常水位。随着锅炉启动过程中燃料量的增加，锅炉产生的蒸汽量不断增加直至当燃料量大于35%锅炉最大负荷时，汽水分离器由湿态运行逐渐转变成干态运行。此时分离器内没有水位，AA、AN、ANB阀均呈关闭状态，且其各自的隔离阀也连锁关闭，启动旁路系统退出系统。

2. 启动疏水热交换器式启动系统

图9-6所示为采用带启动疏水热交换器式的启动系统。

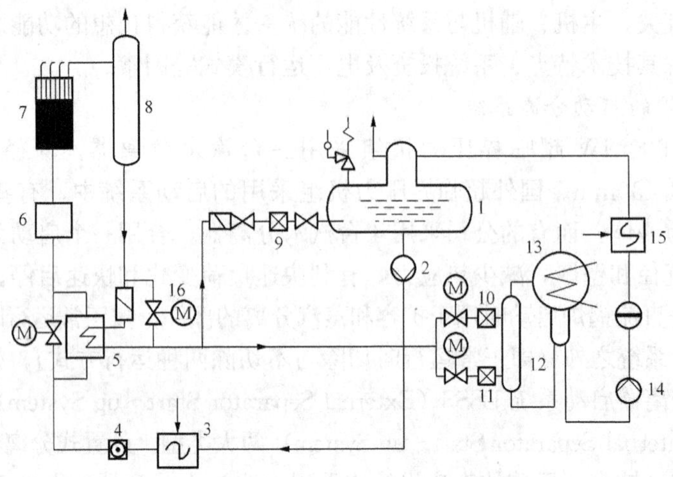


图 9-6　带启动疏水热交换器的启动系统

1—除氧器水箱；2—给水泵；3—高压加热器；4—给水调节阀；5—启动疏水热交换器；6—省煤器；7—水冷壁；8—启动分离器；9—分离器水位控制阀（ANB 阀）；10—分离器水位阀（AN 阀）；11—分离器疏水阀（AA 阀）；12—疏水箱；13—凝汽器；14—疏水泵；15—低压加热器；16—旁路隔绝阀

启动过程中，汽水分离器的疏水通过启动疏水热交换器后分为两路，其中一路经 ANB 阀流入除氧器水箱；另一路经过并联的 AN 阀和 AA 阀流入凝汽器之前的疏水箱，而后进入凝汽器。启动疏水热交换器，在省煤器及水冷壁中吸收了烟气热量的汽水分离器疏水和锅炉给水进行热交换，减少了启动疏水热损失。

3. 再循环泵式低负荷启动系统

启动分离器的疏水经再循环泵送入给水管路的启动系统。按再循环泵在系统中与给水泵的连接方式分串联和并联两种形式。部分给水经混合器进入循环泵的系统称为串联系统，给水不经循环泵的系统称为并联系统。

（1）辅助循环泵和给水泵串联的启动系统，如图 9-7 所示。

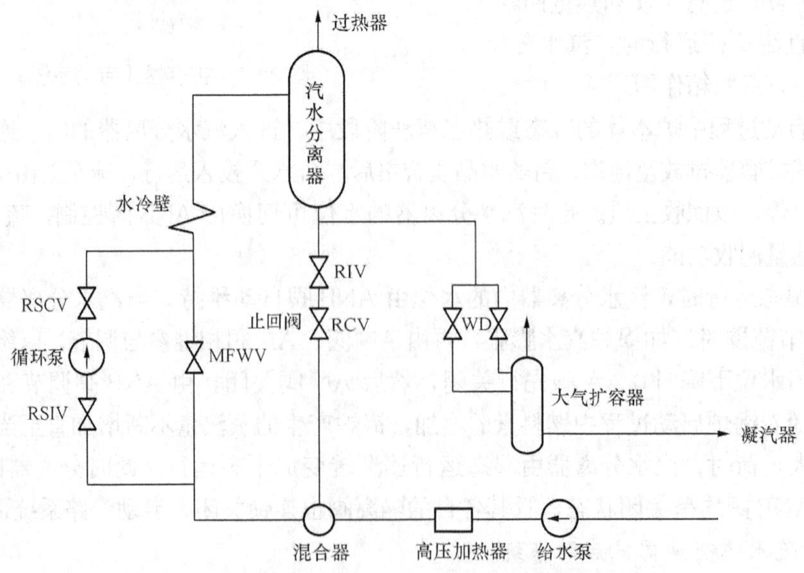


图 9-7　辅助循环泵和给水泵串联的启动系统

汽水分离器设置在水冷壁出口，汽水分离后，蒸汽进入过热器系统进行升温。水经分离器下部出口的再循环截止阀（RIV）、止回阀（RCV）到混合器，与高压给水混合后进入循环泵，由循环泵再进入省煤器、水冷壁，以实现启动和低负荷运行阶段的再循环。

再循环泵用以确保炉膛水冷壁管圈内的质量流速，保证启停和低负荷运行的安全性，再循环泵仅在直流负荷以下运行。

在锅炉负荷小于35%时，分离器处于湿态运行工况，水冷壁处于控制循环工况；当负荷为35%～50%时，分离器处于干态运行工况，此时循环泵尚未解列，水冷壁处于直流运行状态，循环泵只起升压作用。在50%负荷以上直到MCR，分离器为干态运行方式，循环泵切除。

由于目前采用的再循环泵比较安全可靠，有的机组采用一台再循环泵，紧急时炉膛水冷壁的给水流量全由给水泵供给。

在分离器湿态运行阶段，分离器水位由RIV阀和WD阀控制，此时产生的蒸汽量小于水冷壁内工质流量，循环系统的介质温度为饱和温度。

该系统在循环泵（BCP）不能投用时，锅炉也可以启动。锅炉最小水冷壁流量可由给水泵提供，给水通过主调节阀MFWV阀进入水冷壁，分离器分离的水可由WD阀进入扩容器，经疏水箱到凝汽器。对于这种启动方式，其启动时间要长些，热损失有所增加。

系统中BCP泵与主给水管路并联，在启动和低负荷期间，BCP泵运行，主给水管路用止回阀（RSCV）防止倒流，BCP泵解列后，绝大部分给水经MFWV阀进入省煤器，少量流过BCP泵使其处于热状态。这种BCP泵与主给水管并联的布置方式，既不增加给水管路系统的压力损失，也不增加给水泵消耗的厂用电。

（2）辅助循环泵和给水泵并联的启动系统，如图9－8所示。

锅炉启动循环系统由汽水分离器、循环泵、循环流量调节阀、水位调节阀组成。送至省煤器的水经水冷壁加热后，送到汽水分离器，流体在汽水分离器内分离成饱和蒸汽与水。水经过循环泵和循环流量调节阀进入混合器。这一阶段为循环运行，水冷壁流量等于给水泵出口流量与再循环流量之和。当分离器水位过高时，水位调节阀动作，进入凝汽器。

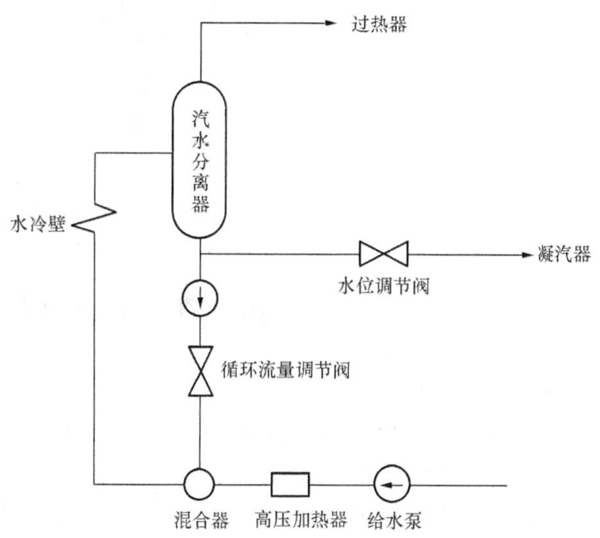


图9－8　辅助循环泵和给水泵并联的启动系统

*（四）启动分离器*

采用内置式分离器启动系统中，启动分离器与过热器、水冷壁之间的连接无任何阀门。一般在35%～37%MCR负荷以下，由水冷壁进入分离器的为汽水混合物，在分离器内进行汽水分离，分离器出口蒸汽直接送入过热器，疏水通过疏水系统回收工质和热量。当负荷大于35%～37%MCR时，由水冷壁进入分离器的为干蒸汽，分离器只起到联箱的作用，蒸汽通过分离器直接送入过热器。启动分离器为直立式布置，如图9－9所示，其结构形式为圆柱形筒体，球形封头。在分离器上设有切向的介质进口管接头，其入口位置、角度和流速的选取充分考虑建立有效的汽水分离。同时分离器上还设有一个蒸汽出口管接头、一个水出口管接头及一个省煤器出口放气管接头。在分离器内设有消旋器，以保证进入储水箱的介质均匀，分离器还设置有手孔装置和壁温测点。

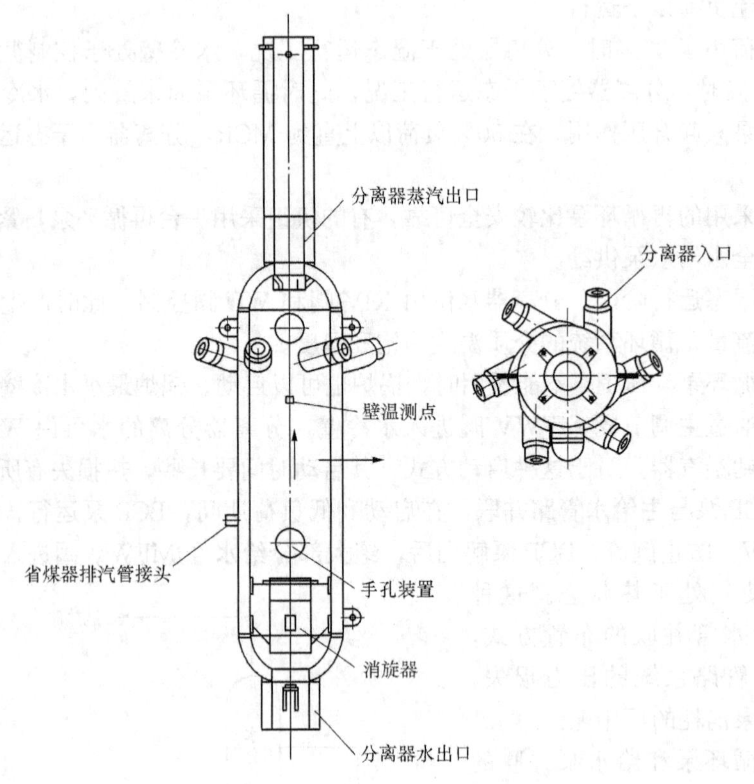


图 9-9 启动分离器结构图

## 第三节 复合循环锅炉

### 一、工作原理

随着超临界参数机组的使用，对于直流锅炉的炉膛辐射受热面带来两大问题：

(1) 由于受热面热负荷高以及管内质量流速较低时可能出现传热恶化，管壁温度急剧升高。为了保证受热面的安全，必须在锅炉的整个负荷范围内使管内有足够的质量流速。

(2) 在锅炉启动、停炉或低负荷运行时，如果管内工质质量流速太低，稍有流量不均时，各管间工质的温度差别很大，将产生很大的热应力。为了把各管中工质的温度差限制在一定范围内，在启动、停炉和低负荷运行时，也必须保证管内工质有足够高的质量流速。

而直流锅炉辐射受热面内的工质质量流速与锅炉负荷成正比，为保证受热面的安全，在启动和低负荷运行时要有很大的旁通流量，造成热量损失，同时给水泵电耗增加，使锅炉的整体经济性下降。

复合循环锅炉解决了这个矛盾，它是在直流锅炉和控制循环锅炉的基础上发展形成的，与直流锅炉的最大区别是装设有再循环泵，与控制循环锅炉的最大区别是没有汽包而有汽水分离器、混合器。复合循环锅炉在省煤器和水冷壁之间装置了由循环泵、混合器以及在水冷壁出口到循环泵入口之间的再循环管组成的再循环系统，如图 9－10 所示。在锅炉运行时，水冷壁的出口部分工质依靠循环泵的压头在部分负荷或整个负荷范围内进行再循环。按工质循环的负荷范围不同，复合循环锅炉分为全负荷复合循环锅炉和部分负荷复合循环锅炉两种，其差别在于控制阀的装设位置不同，如图 9－11 所示。对于全负荷复合循环锅炉，控制阀位于锅炉水循环泵之后，只能起节流作用；对于部分负荷复合循环锅炉，控制阀位于蒸发受热面出口和混合器之间，当锅炉蒸发量达到额定负荷的 60％～80％之后，可以关闭控制阀使锅炉按纯直流方式运行。全负荷复合循环锅炉在额定负荷时的循环倍率只有 1.2～2.0，故又称低循环倍率锅炉。

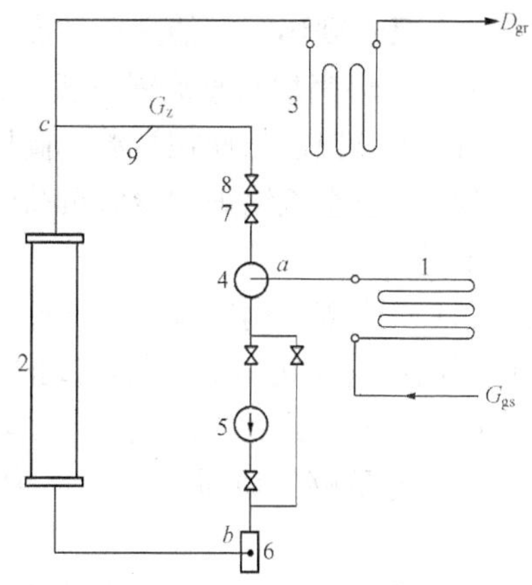


图 9－10 复合循环锅炉工作原理

1—省煤器；2—水冷壁；3—过热器；4—混合器；5—循环泵；6—分配器；7—止回阀；8—再循环阀；9—再循环管

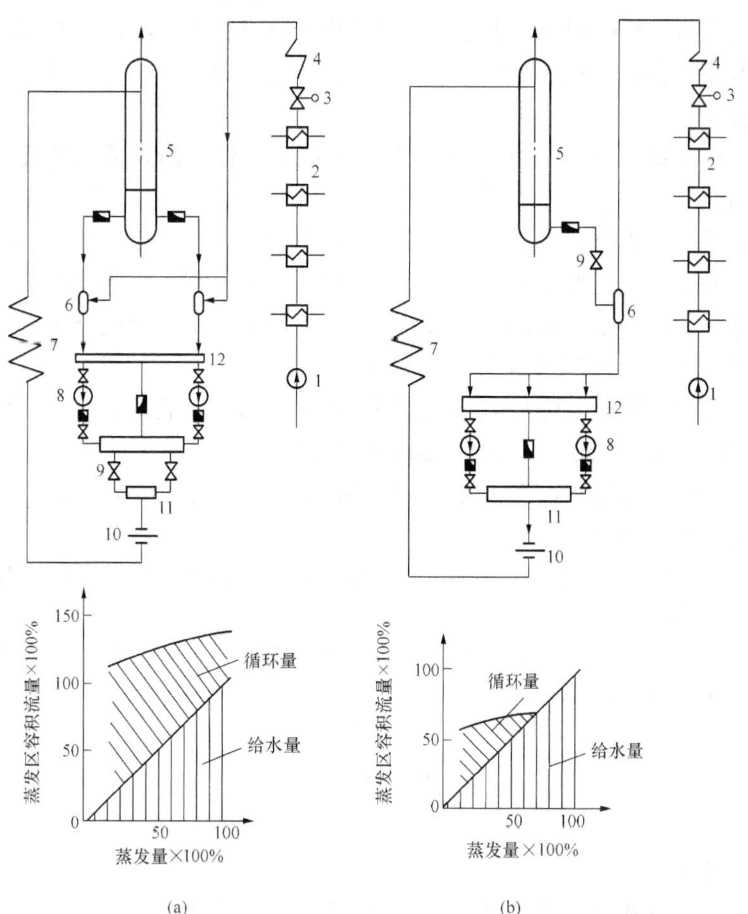


图 9－11 亚临界压力复合循环锅炉系统图及蒸发量与蒸发区流量关系曲线

(a) 全负荷复合循环；(b) 部分负荷复合循环

1—给水泵；2—高压加热器；3—给水调节阀；4—省煤器；5—汽水分离器；6—混合器；7—蒸发器；8—锅炉水循环泵；9—控制阀；10—节流圈；11—分配器；12—过滤器

### 二、复合循环锅炉的主要特点

复合循环锅炉与直流锅炉相比，具有以下特点：

(1) 需设置能长期在高温、高压下运行的循环泵。

(2) 一般直流锅炉的最低负荷限制在额定负荷的25%～30%，而复合循环锅炉的最低负荷可定得更低。

(3) 水冷壁结构简单。水冷壁可以设计成垂直管屏，管内径可以较大，不用装中间混合联箱，也不需要在局部热负荷高的区域用内螺旋管，制造和安装方便。

(4) 启动旁路系统简化，启动热损失减少。由于复合循环锅炉启动时采用再循环，保证水冷壁中有足够的质量流速，锅炉给水量只有最大蒸发量的5%～10%，因而启动热损失很小。

### 三、复合循环锅炉的技术性能

(1) 复合循环锅炉的主要技术体现在直流锅炉系统与复合循环泵上。复合循环锅炉解决了直流锅炉在低负荷运行时，水冷壁中由于工质流量降低导致管子冷却不足和水动力不稳定的问题。

(2) 锅炉低负荷运行过程中，水冷壁出口的汽水混合物流经汽水分离器时，分离出的水送入混合器，与给水混合并经循环泵加压后进入水冷壁，增加了水冷壁管内的工质流量，保证了水冷壁的安全。

(3) 锅炉负荷达到70%MCR以上时，循环泵停止工作，锅炉进入纯直流运行，循环管路中无工质通过。

(4) 当负荷发生变化时，水冷壁管内工质流量变化不大，工作可靠性得到显著提高。

(5) 水冷壁的质量流速可按循环泵切除时的负荷选取，与直流锅炉相比，水冷壁的质量流速降低，一般为1100～1500kg/($m^2$·s)，仅为采用光管水冷壁的同容量直流锅炉的1/2左右，因而流动阻力小，可降低给水泵的耗功。

(6) 启动系统的容量小，可减小启动过程中的工质损失及热量损失。锅炉的最低负荷可降低到10%MCR，启动热损失仅为直流锅炉的15%～25%。

(7) 低负荷范围内运行时，工质流量变化小，温度变化幅度小，热应力减小，有利于改善锅炉低负荷运行时的条件。

(8) 在锅炉出力很低时就可启动汽轮机，可以不用设置保护再热器的低压旁路系统，提高机组低负荷运行的经济性。

(9) 复合循环锅炉也可在全负荷范围内使水冷壁中有再循环工质通过，采用这种循环方式的锅炉称为低循环倍率锅炉。

## 第四节　强 制 流 动 特 性

### 一、水动力特性

锅炉受热面由许多根平行管子（圈）组成，各管的热负荷及工质流量可能有所不同，只要其中有一根管子被烧坏，整个受热面就不能正常工作，因此，必须从结构方面和运行方面消除受热不均和工质分配不均。强制流动锅炉蒸发受热面的受热不均匀与自然循环汽包锅炉并无差异，但工质分配不均匀是由各种因素引起，其中一个重要因素就是蒸发受热面的水动力不稳定性（又称水动力多值性）。

水动力特性是指在一定的热负荷下，强制流动受热管圈中工质质量流量 $G$ 与流动压降 $\Delta p$ 之间的关系，如图 9-12 所示。

如果对应一个压降 $\Delta p$ 只有一个流量 $G$，这样的水动力特性是稳定的，或者说是单值的，如图 9-12 所示，曲线 1 即为稳定的水动力特性曲线。但是，如果水动力特性曲线如图 9-12 所示的曲线 2 所示，则对应一个压降可能有 2 个甚至 3 个流量，即在并联工作的各管中，虽然两端压差是相等的，但可以具有不相等的流量，这样的情况则称为水动力不稳定性。与此同时，在管组总的流量保持不变的情况下，某一根管子中的流量却可以时大时小（非周期性的变化，显然，同管组中其他管子的流量也相应发生非周期性变化），这样的水动力特性会导致并联工作的各管出口工质的状态参数不均匀，有的出口是汽水混合物，有的出口是过热蒸汽，有的可能是未饱和水。对一根管子来说，又会产生有时出口是汽水混合物，有时是过热蒸汽或水的情况，显然是很不安全的工况。

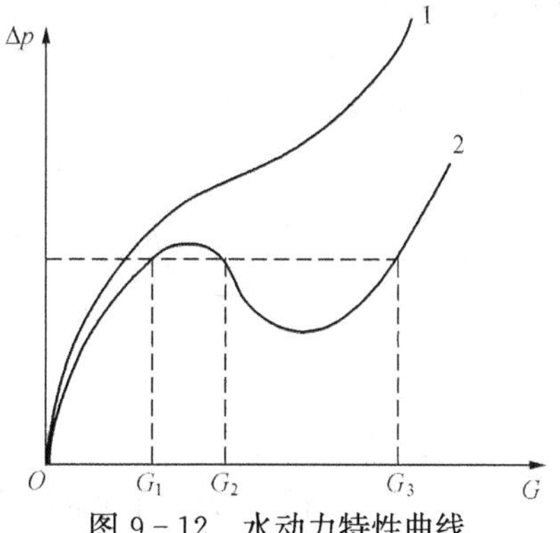

图 9-12 水动力特性曲线

1—单值特性曲线；2—多值特性曲线

消除或减轻水动力不稳定性，可以采取以下措施：

(1) 提高工作压力。引起强制流动水动力不稳定的根本原因是蒸汽与水的比体积有差别，但随着压力的提高，蒸汽与水的比体积差将减小，因而水动力特性会趋于稳定。

(2) 适当减小蒸发区段进口水的欠焓。当管圈进口水的欠焓为零时，管圈中没有加热区段，在一定的热负荷下，管圈内的蒸汽产量不随工质流量变化，而流动阻力总是随工质流量的增大而增大。所以进口水的欠焓越小，水动力特性越趋向稳定。然而进口水的欠焓也不宜过小，因为此时工况稍有变动，管圈进口处就有可能产生蒸汽，会引起进口联箱至各管的工质流量分配不均匀，进而使热偏差加剧。

(3) 增加加热区段的阻力。增加加热区段阻力的方法，一般是在管圈进口处加装节流圈，加装节流圈后管圈总的流动阻力增加，但能使水动力特性稳定。还可在管圈进口处采用小管径，然后再逐级扩大，同样起着节流圈的作用。

(4) 加装呼吸联箱。当蒸发管中产生不稳定流动时，由于各并列工作管之间的流量不同，沿各管长度的压力分布也就不同。这是由于并列工作管的进、出口端连接在其进、出口联箱上，具有相同的进口压力和出口压力，但在管子中部，由于各管工质流量互不相同，流动阻力也不同。对于流量大的管子，加热段阻力增大，故管子中部的压力较低；而对于流量小的管子，加热段阻力较小，则中部压力较高。如果将各并列蒸发管的中部连接至一公共联箱——呼吸联箱，如图 9-13 所示，则各管中部的压力趋于均匀，因而可减小流动的不稳定性。

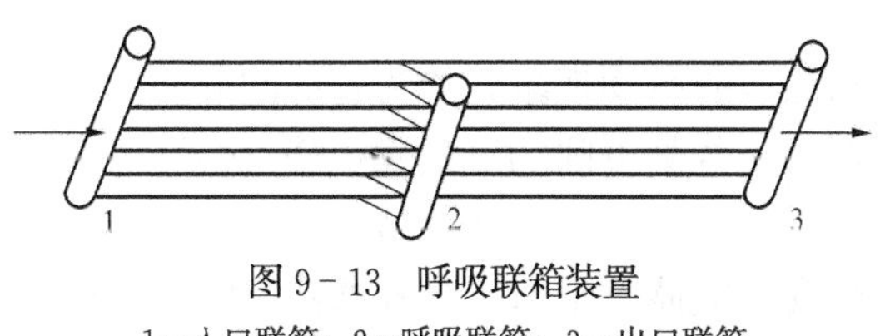

图 9-13 呼吸联箱装置

1—入口联箱；2—呼吸联箱；3—出口联箱

呼吸联箱应设置在并列管间压差较大的位置，一般装在相当于蒸汽干度 0.1～0.2 的地方，效果比较显著。

## 二、脉动现象

在进行强制流动的蒸发管中，工质流量随时间发生周期性的变化，称为脉动，如图 9-14 所示。

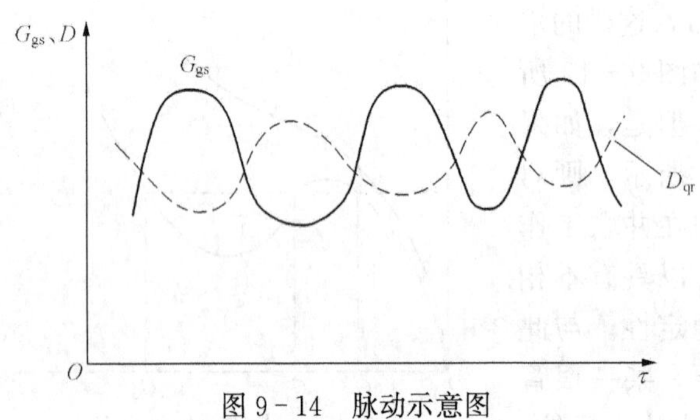


图 9-14 脉动示意图

当发生脉动时，热水段和蒸发段长度发生周期性变化，相应壁温也随着变化，产生周期性热应力，从而导致金属疲劳损伤甚至破坏。

（一）脉动原因

在一个并联管组内，当某根或几根管子的吸热量偶然增大时，加热水段缩短，原来的热水段变成了汽水混合物段，使产汽量增加，流动阻力增大，管内的压力升高。但是进口联箱压力并未改变，故进水流量减少。由于出口联箱压力也未改变，这些管子的排出流量增大。上述过程的结果使管子的输入输出能量失去平衡，管内压力下降到低于正常值，流量开始向反方向变化。在管内压力升高期间，工质的饱和温度也升高，管壁金属温度也随之升高，蓄热增大。当管内压力下降，工质饱和温度也下降，较高温度的管壁金属向工质放热即释放蓄热，这相当于吸热量的增大。上述过程重复进行，脉动继续下去。

由此可知，产生脉动的外因是某些管子在蒸发开始段受到外界热负荷变动的扰动，而其内因则是由于该区段工质及金属的蓄热量发生周期性变化。由于在开始蒸发段附近交替地被水或汽水混合物所占据，又由于工质温度、局部压力以及放热系数（工质速度的改变）的变动，就改变着其中工质和金属的蓄热量。当该处局部压力升高时，从炉内得到的热量部分储蓄在管子金属及水中，蒸发量减少；当压力降低时，这些储蓄在管子金属与水中的热量又重新释放给了工质，蒸发量增加。这就是脉动得以持续进行的内在因素。

（二）脉动种类

水冷壁管的脉动有管间脉动、屏间脉动和整体脉动三种类型。

1. 管间脉动

在蒸发管进、出口联箱的压力和总流量基本不变的情况下，各管中的流量发生周期性的变化，称为管间脉动。当一部分管子的水流量增大时，另一部分管子的水流量减小。与此同时，这些管子的进口水流量和出口蒸汽流量的脉动有180°相位差，当进水流量最大时，出口蒸汽流量最小。管间脉动一旦发生，就会自动地以一定的频率持续下去。脉动频率大小与管子结构、受热以及工质参数有关。

2. 管屏间脉动

在并联工作的管屏之间也会出现与管间脉动相似的脉动现象，称为管屏间脉动。在发生脉动时，进出口总流量和总压头并无明显变化，只是各管屏间的流量发生变化。

3. 锅炉整体脉动

蒸发管同期发生脉动的现象称整体脉动。当发生整体脉动时，各并联蒸发管入口处的水流量发生同方向的周期性波动，蒸汽流量也发生相应的波动，与此同时，汽压、汽温也发生波动。整体脉动通常都是在外部因素作用下发生的，如蒸汽流量、给水流量发生变化，给水泵的工作特性不稳定等。这种脉动可通过自动调节系统很快消除，一般不会引起锅炉故障和受热面损坏。

脉动现象与水动力不稳定的区别在于前者是周期性的波动，后者是非周期性的波动。当发生脉动时，热水段、蒸发段、过热段长度发生周期性变化。在热水段、蒸发段、过热段的交界处，交替接触不同状态的工质，使管壁温度发生周期性变化，从而引起金属管子的疲劳损坏。脉动严重时，由于受工质脉动性流动的冲击和工质汽水比体积变化引起管内局部压力波周期性变化的作用，还会造成管屏的机械振动，以致引起管屏的机械应力破坏。

（三）脉动的影响因素

1. 压力

蒸发管脉动是由工质的汽水密度差别引起的。因此，在相同的条件下，提高工质压力可使管内脉动压力增值减小，脉动减轻。

2. 热水段阻力

蒸发管的脉动压力增值出现在汽水两相流区段，因此，增加热水段的阻力可降低脉动压力增值的影响。热水段阻力大小是相对蒸发段的阻力而言的，于是用热水段阻力与蒸发段阻力之比作为影响脉动的主要因素。

锅炉中，增大热水段阻力的方法主要有以下几种：

(1) 在热水段进口端加装节流圈，这是提高热水段阻力的常用方法。

(2) 增大管中工质的质量流速，可增大热水段阻力与蒸发段阻力之比，减小脉动增值的影响。

(3) 增大蒸发管进口欠焓，因为蒸发管进口欠焓越大，热水段就越长，可使热水段阻力与蒸发段阻力之比增大。

（四）防止脉动的措施

1. 在管子的入口端加装节流圈

增加蒸发管圈加热段的阻力和降低蒸发段阻力可减轻脉动，因为在开始蒸发点附近，局部压力升高对进口工质流量影响较小，且可加快把工质推向出口，压力恢复。此外，增加加热段进口工质欠焓，可使热水段长度增加，从而增加了热水段阻力，对减少脉动现象也是有利的。减小蒸发段的长度即减小进入管圈出口联箱的工质的干度值，也可减少脉动现象的产生。

采用节流圈可使管内蒸发造成的局部压力升高值远低于进口压力，从而减小流量波动，直至消除。另外，节流圈还可增加热水段的阻力，提高热水段的压差，保证进口水量的稳定性。

2. 提高质量流速

质量流速大，汽泡很快被带走而不会在管内变大，阻滞工质流动的局部蒸汽容积增大现象就不易发生，管内就不会形成较高的局部压力，可以保持稳定的进口流量。

3. 提高进口压力

脉动现象是由于汽与水的两相流动所引起的，压力越高，汽、水的比体积越接近，管内局部压力升高的现象不容易发生。当 $p \geqslant 14\text{MPa}$ 时，基本不发生脉动现象。但是，对于直流锅炉，仍应注意启动及低负荷时可能产生脉动现象。

4. 降低蒸发点热负荷和热偏差

热负荷对脉动的产生也有影响，如果开始蒸发点附近热负荷高，则容易发生局部压力升高的可能性增大。如果将蒸发点移到负荷低的区域，汽泡产生量相对减少，可避免管内局部压力较大的变化。而且，减小热偏差，可减小流量偏差，防止个别管中流量降低而导致比体积发生剧烈变化。

5. 合适的给水泵

离心式给水泵的流量随压头的增加而减小，当锅炉蒸发区段由于短期热负荷升高而压力上升时，离心泵供给蒸发管的给水流量减少，同时蒸汽流量增大，随着短期热负荷增值的消失，蒸发区段的压力下降，给水流量上升，蒸汽流量下降。离心泵特性曲线越平坦，流量波动就越大。因此，足够陡的水泵特性可使锅炉蒸发管内压力波动时，流量变化不大，有利于消除整体脉动。

6. 锅炉启停和运行方面的措施

为了防止脉动产生，直流锅炉在运行时应注意保持燃烧工况的稳定和炉内温度场的尽可能均匀，以减小各并列管的受热不均；另外，在启动时应保持足够的启动流量及一定的启动压力。

## 复习思考题

9-1 说明控制循环锅炉的工作原理及它与汽包锅炉的不同之处。

9-2 锅水循环泵的作用是什么？有什么特点？

9-3 说明直流锅炉的工作原理。与汽包锅炉相比，直流锅炉有哪些主要特点？

9-4 直流锅炉启动系统的作用是什么？说明其工作过程。

9-5 说明复合循环锅炉的工作原理及特点。

9-6 什么是水动力特性？采取哪些措施可以消除或减轻水动力不稳定性？

9-7 什么是脉动？脉动产生的原因是什么？

9-8 脉动有哪些种类？怎样防止脉动的发生？

# 第十章 电站锅炉吹灰、除尘、除灰渣系统及设备

## 第一节 锅炉吹灰系统及设备

锅炉燃烧的煤中含有一定的灰分。煤中的灰分是不可燃烧的物质，当煤在炉内燃烧后，大量的灰分必然会遗留下来。对于固态排渣煤粉炉而言，约10%的灰分相互黏结形成灰渣并落入炉膛下方的冷灰斗，另外约90%的灰分以飞灰的形式存在于烟气中，并被烟气带至尾部受热面。飞灰随烟气一起流动，在流动过程中，一部分飞灰会沉积在受热面（如水冷壁、屏式过热器、对流过热器、再热器、省煤器及空气预热器）上，造成受热面的结渣和积灰。受热面的结渣和积灰会影响受热面的传热效果，使锅炉经济性下降，严重时会造成管壁超温、烟道堵塞，使锅炉的安全性下降，空气预热器的严重积灰还会使其低温腐蚀加重。因此，为了保证锅炉能安全经济运行，必须对锅炉受热面进行定期吹灰。

### 一、吹灰器的作用

在锅炉中，吹灰器的作用是清除受热面的结渣和积灰，维持受热面的清洁，以保证锅炉的安全经济运行。

当水冷壁上发生结渣时，水冷壁受热面的吸热量减小，使锅炉的蒸汽量减少。而且由于炉膛出口烟温的升高，引起过热汽温的升高和过热器管壁温度的提高，从而影响过热器的安全工作。此外，当水冷壁管屏各管或各管屏的吸热严重不均时，还会影响锅炉水循环的正常运行。

当对流受热面管束积灰，不但会降低传热效果，使过热汽温、再热汽温降低，还会使排烟温度和排烟热损失增大；而且由于产生局部积灰，会使过热器、再热器的热偏差增大，从而影响过热器、再热器管的安全运行。积灰还会增加管束的通风阻力，使吸风机的电耗增加，严重时还会限制锅炉的出力。受热面上的积灰若不及时清除，任其进行烧结反应，造成积灰的强度逐渐增大，清除将更加困难，积灰就会越来越多，在高温区造成结渣，半熔化状态的灰渣会引起受热面管子的腐蚀。当炉膛内的结焦达到一定程度时会自动脱落，此时大量的焦掉入捞渣机内，会造成捞渣机内的水汽化，大量蒸汽涌入炉膛，可能影响炉膛负压，严重时还会引起锅炉的正压保护动作，造成锅炉灭火。

为了确保锅炉安全经济运行，根据不同工作情况及其积灰的可能程度，在炉膛、水平烟道、竖井烟道及空气预热器内，装设适量的、工作性能良好的吹灰器，同时拟定合理的吹灰制度，并认真执行。实践证明，在锅炉运行过程中采用足够数量的吹灰器，经常对受热面进行吹扫，能较好地预防或减轻锅炉受热面的结渣、积灰和腐蚀，提高机组的可用率。同时，由于受热面在运行中保持着清洁的状态和有效的传热，还可以提高锅炉效率和降低辅机电耗。

吹灰器的种类很多，按结构特征的不同，可分成简单喷嘴式、固定回转式、伸缩式（又有长伸缩型吹灰器、短伸缩型吹灰器之分）以及摆动式等几种。

各种吹灰器的吹灰工作机理基本上是相似的，即都是利用吹灰介质在吹灰器喷嘴出口处所形成的高速射流，冲刷受热面上的积灰或焦渣。当汽（气、水）流的冲击力大于灰粒与灰

粒之间，或灰粒（焦渣）与受热面之间的黏着力时，灰粒（焦渣）便脱落，其中小颗粒被烟气带走，大块渣粒或渣块则沉落在灰斗或烟道上。

吹灰介质可用过热蒸汽、饱和蒸汽、排污水或压缩空气。排污水吹灰，又称高压疏水吹灰，它是利用锅炉的排污水进行吹灰。排污水在通过喷嘴后，因压力发生骤降，使水滴大量汽化，容积和流速增大，当汽流或水滴射到受热面上的灰或渣时，就可以达到吹灰和碎渣作用。排污水吹灰以往都用于水冷壁受热面，由于在吹扫过程中，总会有部分水滴冲击或飞溅到管子上，使管子遭受侵蚀，并会引起管壁温度发生剧烈的变化，进而影响到管子的强度和工作可靠性，故除在燃用结渣严重的煤种，在水冷壁受热面采用这种吹灰器外，一般很少采用。利用压缩空气作为吹灰介质，不会增加烟气中水蒸气的含量，以致对低温受热面的腐蚀不会加重，但它需要设置压力较高的气源及相应的压缩空气系统，投资费用较大，因此在电站锅炉中很少采用。目前多采用过热蒸汽和饱和蒸汽作为吹灰介质，电站锅炉绝大多数采用过热蒸汽作为吹灰介质，尤其是中间再热锅炉，它可以利用再热器进口蒸汽作为吹灰蒸汽的汽源，因为该处蒸汽的压力和温度能较好地满足吹灰蒸汽参数的要求，使吹灰设备的制造和使用都比较经济和安全。而对于较小容量锅炉则可采用饱和蒸汽作为吹灰蒸汽源，其蒸汽湿度较大，虽在一定程度上能对积灰起到疏松作用，但由于蒸汽易凝结，随蒸汽带出水滴也会造成对管子的侵蚀，引起管壁温度发生剧烈的变化而影响管子的强度和工作可靠性，产生与排污水作为吹灰介质相类似的不良后果。

## 二、吹灰器布置及系统

### 1. 吹灰器布置

吹灰器的布置主要根据锅炉受热面的布置形式、燃烧方式和吹灰器自身的技术特性确定。通常受燃烧方式的影响，煤粉炉炉膛一般使用短吹灰器，对流受热面多使用长吹灰器，空气预热器特别是回转式空气预热器通常使用专用吹灰器。而且，吹灰器多采用左右对称布置方式。

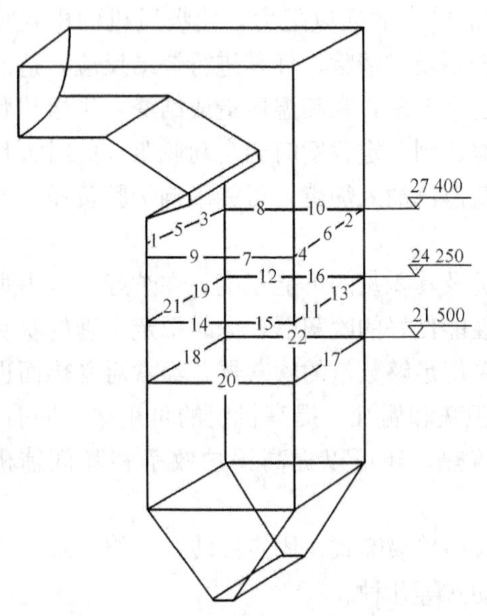


图 10－1 锅炉炉膛吹灰器布置图
（图中标号部位为吹灰器布置位置）

对于炉膛吹灰器的布置，通常先确定吹灰器的性能参数，并根据吹灰器的吹扫半径和炉内结渣严重部位进行布置。如图 10－1 所示，燃烧器区域可沿其中部向上布置吹灰器，每层布置 4～10 台，每层之间相距 3m 左右，每台之间相距 4～5m。

长伸缩吹灰器主要用于对流过热器、低温过热器、低温再热器、省煤器区域吹灰，其布置形式如图 10－2 所示。

### 2. 吹灰器系统

吹灰器系统是指从锅炉吹灰汽源出口开始至每台吹灰器和管道下部疏水阀之间的所有阀门、设备、管道、附件和控制系统，通常包括主/辅汽源电动截止阀、减压站、安全阀、止回阀、疏水阀、压力/温度/流量测量装置及管道固定/导向/支吊装置等。

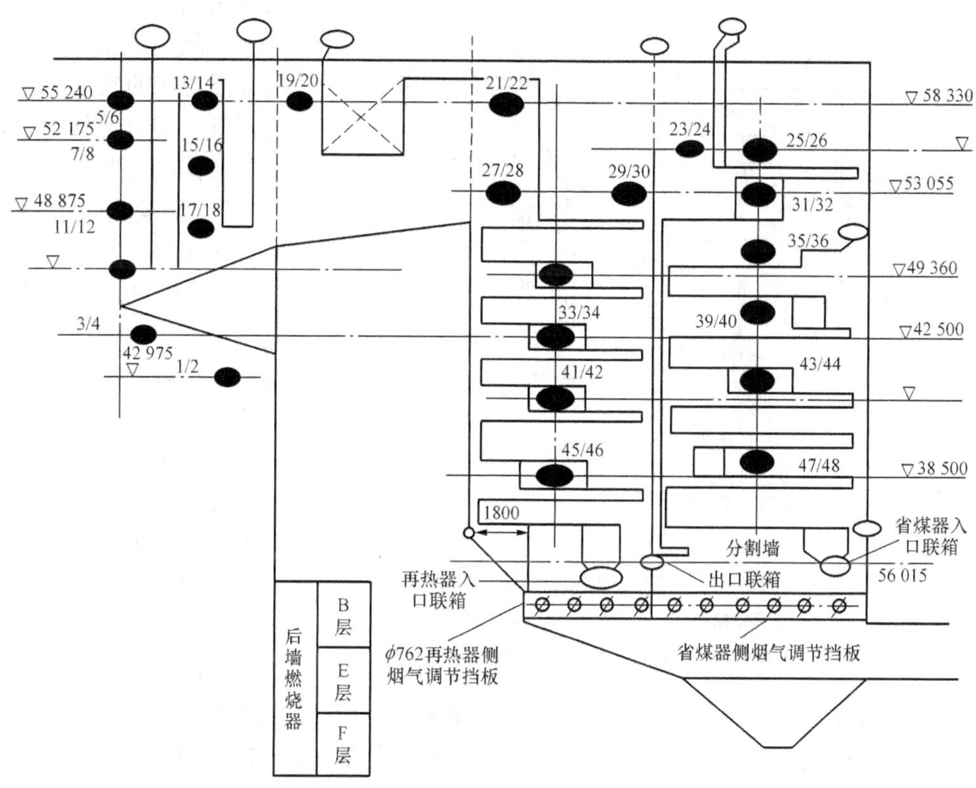


图 10－2　长吹灰器布置形式

通常蒸汽吹灰所用的蒸汽都是再热蒸汽经减压站减压后，通过管道输送至各吹灰器。因此减压站是吹灰系统的关键设备。当压力控制器接受减压阀后的压力取样后，经与设定值比较和处理，然后变为气信号输送给定位器。定位器将接收到的气信号放大，输送给执行器隔膜腔气室以控制阀门开度。三通电磁阀设置在定位器与执行器之间，以控制气控管路的开闭。

## 三、吹灰器的结构与工作原理

### （一）炉膛吹灰器

IR－3Z 型炉膛吹灰器是一种短伸缩式吹灰器，主要用于吹扫锅炉水冷壁上的积灰和结渣。IR－3Z 型炉膛吹灰器采用单喷嘴前行到位后定点旋转吹灰。根据积灰（或结渣）的性质和锅炉不同部位的吹灰要求，吹灰器的吹扫弧度、吹扫圈数、吹灰压力都可以进行调整，以期达到最理想的吹灰效果。IR－3Z 型炉膛吹灰器一般情况下采用立式安装，条件限制时，也可采用卧式（阀门左或右旋转 90°）或半卧式（阀门左或右旋转 45°）安装。

#### 1. 结构介绍

IR－3Z 型炉膛吹灰器主要由吹灰器阀门（鹅颈阀）、内管、吹灰枪管与喷头、减速传动机构、支承板和导向杆系统、电气控制机构、防护罩等组成，其结构示意如图 10－3 所示。

（1）吹灰器阀门（鹅颈阀）。吹灰器阀门是控制吹灰介质的阀门，位于吹灰器的下部，是吹灰器的主要部件，因其形如鹅颈，俗称鹅颈阀。吹灰器的全部部件都支承在鹅颈阀上，

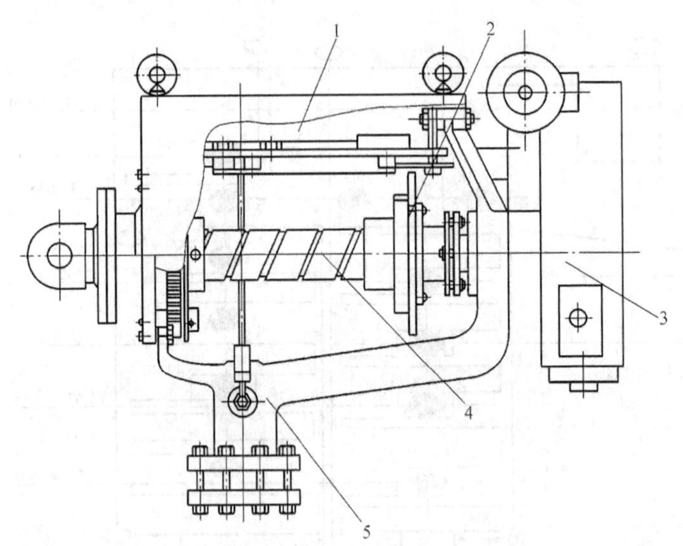


图 10－3 短旋转伸缩式吹灰器
1—支承导向机构；2—凸轮；3—电控箱；
4—螺纹管及吹灰枪；5—吹灰器阀门

它可用蒸汽或压缩空气作为吹灰介质。阀门内有压力调节装置，可根据现场的吹灰要求，进行压力调整。阀门上装有启动臂，由凸轮操作启动臂。阀门上装有单向空气阀，防止炉内腐蚀性烟气进入吹灰器。

（2）内管。内管是表面高度抛光的不锈钢管，一端与阀门连接，用以将吹灰介质输送到吹灰枪管。

（3）吹灰枪管与喷嘴。IR－3Z 型炉膛吹灰器的吹灰枪管是一根外面加工有螺纹的管子，一般俗称螺纹管，它既是吹灰器的吹灰枪，也是重要的传动部件，吹灰器的伸缩运动就是靠螺纹管上的双头螺旋槽来完成的。螺纹管的后端是填料室，用以装入填料，实施吹灰枪管与内管间的密封。螺纹管前端加工有内螺纹，与喷头连接。通常 IR－3Z 型炉膛吹灰器的喷头为一标准件，上面有一个喉径 25.4mm、后倾角为 3°的喷嘴。喷头尾部带有螺纹，可根据炉墙厚度来调节喷头旋入螺纹管的长度。

（4）减速传动机构。IR－3Z 型吹灰器的减速传动系统由电动机、蜗轮箱和一组开式传动的齿轮及驱动销和螺纹管等组成，吹灰器的旋转和伸缩运动最终通过两个驱动销和螺纹管来完成。

（5）支承板和导向系统。支承板安装在吹灰器的上部，支承板上安装有控制凸轮的导向杆和靠弹簧复位的前棘爪、行程开关座板、行程开关。

（6）防护罩。开式传动的末端齿轮副上装有齿轮罩，传动部件全置于罩板之下。无论室内安装还是室外安装，都能起到防护作用。

（7）电气控制机构。电气控制箱位于吹灰器后端，电气控制箱内装有启动按钮、电源开关、端子排，可通过电气控制箱实现就地操作。

（8）墙箱。墙箱是吹灰器的密封接口箱，与锅炉预留的接口连接，同时也是将吹灰器固定到炉墙上的支承点。负压墙箱仅为一接口法兰，不需接密封空气，炉膛负压吸引空气由吹灰器前端支座导入，对吹灰器接口处进行密封，使墙箱和吹灰器零件免受烟气倒灌的侵害。正压墙箱内装有风环，高压风从风环导入，对吹灰枪与密封环间的间隙进行密封。正压墙箱还有一个作用，即正压锅炉运行中，若需要从墙箱上卸下吹灰器时，则接通压缩空气，压缩空气流过风环形成风幕，封住裸露的开口，直到盖上盖板。

2. 吹灰过程

IR－3Z 型炉膛吹灰器为电动吹灰器，可采用近操、远操和程控的方式进行吹灰。吹灰时，按下启动按钮，电源接通，减速传动机构驱动前端大齿轮顺时针方向传动，大齿轮带动喷头、螺纹管及后部的凸轮沿导向杆前移，喷头及螺纹管伸向炉膛内。当螺纹管伸到前极限位置即喷嘴中心距水冷壁向火面 38mm，凸轮脱开导向杆，拨开前棘爪，带动喷嘴、螺纹管一起随大齿轮转动。随之，凸轮开启阀门，吹灰开始。吹灰过程由控制系统控制，控制系统在启动吹灰器的同时就开始计时，当计时达到设定时间时，控制系统使电动机反转，喷嘴、螺纹管和凸轮同时反转，随后阀门关闭，吹灰停止。

凸轮继续转动，当凸轮的导向槽导入前棘爪和导向杆后，喷头、螺纹管和凸轮停止转动而退至后极限位置。行程开关动作，电源断开，凸轮停在起始位置。至此，吹灰器完成了一次吹灰过程。

（二）长伸缩式吹灰器

长伸缩式吹灰器是以蒸汽或压缩空气为吹灰介质，吹扫锅炉受热面上的积灰和结渣的吹灰器。主要用在清除捕渣管、过热器、再热器和省煤器等部位的结灰，也用来消除炉顶和管式空气预热器的结灰。

1. 工作原理

当吹灰器在工作时，从伸缩旋转的吹灰枪管端部的两个或几个喷嘴中，喷出蒸汽或压缩空气，持续冲击、清洗受热面。喷嘴的轨迹是一条螺旋线，吹灰器的运行速度、螺旋线导程和吹灰压力等由吹灰要求决定。吹灰器退回时，喷嘴吹扫的螺旋线轨迹与前进时的轨迹错开 1/2 节距。图 10－4 所示为吹灰器的吹灰轨迹。

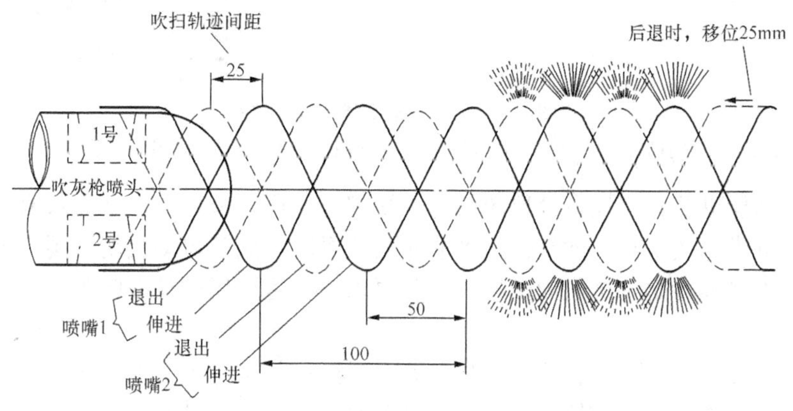


图 10－4 吹灰器的吹灰轨迹

吹扫周期从吹灰枪处在起始位置时开始。吹灰器启动后，电动机驱动跑车沿着梁两侧的导轨前移，将吹灰枪匀速旋入锅炉内。喷嘴进入炉内一定距离后，跑车开启阀门，吹灰开始。跑车继续前进，吹灰枪不断旋转、前进吹灰；直至到达前端极限后，电动机反转，跑车退回，吹灰枪管以与前进时不同轨迹后退吹灰。当喷嘴接近炉墙时，阀门关闭，吹灰停止。跑车继续后退，回到起始位置。

2. 结构

旋转长伸缩式吹灰器主要由跑车与电动机、阀门、梁、墙箱、前托架、吹灰内管和吹灰枪等组成，如图 10－5 所示。

(1) 吹灰器阀门。机械操纵的阀门位于吹灰器的最后端，它可用蒸汽或压缩空气作为吹灰介质。阀门内有压力调节装置，阀门的开启与关闭由跑车进退自动控制。跑车在前进、后

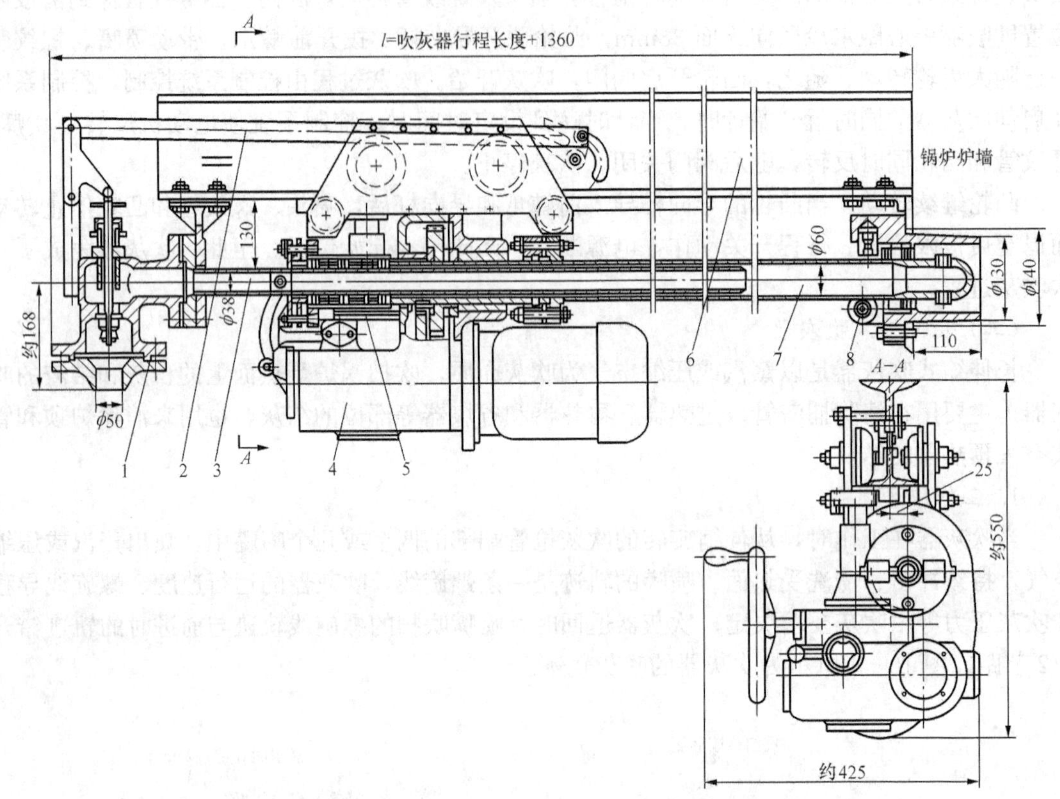


图 10-5 长旋转伸缩式吹灰器

1—吹灰器阀门；2—启闭机构；3—内管；4—跑车；5—转动密封结构；6—工字梁；7—吹灰枪；8—密封支架

退过程中，撞销操纵凸轮机构自动启闭阀门。撞销位置可调节，以保证吹灰枪处于吹灰位置时才开启阀门提供介质吹灰。吹灰器退到非吹灰位置时，阀门自动关闭。阀门上装有单向空气阀，防止炉内腐蚀性烟气进入吹灰器。特殊要求时，也可用气动薄膜驱动的阀门代替机械操作的阀门。

(2) 梁体。梁体为一箱盖形部件，对吹灰器的所有零部件起连接、支承和最大的保护作用。跑车前进、后退的齿条和轨道就装在梁的两侧。梁体的两端有端板，后端板连接并支承阀门和内管，前端板上装有支托吹灰枪管的滚轮和与接口墙箱连接的螺纹销。梁体由两点支承，前端一般靠固定在锅炉上的墙箱支承，后支承位于吹灰器后部，固定在锅炉钢梁上。吹灰器的支承方式可使其承受锅炉在三个方向的膨胀与收缩。有时，梁体也可以完全由钢架支承。

(3) 跑车与电动机。跑车是吹灰器的主要部件之一。跑车是电动机驱动的密封减速箱，跑车的减速由齿轮副—蜗轮蜗杆副—齿轮副共三级减速完成。末级正齿轮带动主传动轴，主传动轴两端的齿轮与梁体两侧的齿条啮合，完成吹灰器的伸缩运动。蜗轮轴同时驱动伞齿轮使跑车填料室旋转。跑车填料室与吹灰枪管连接，带动枪管对锅炉受热面进行吹扫，吹灰介质由阀门通过内管穿过填料室送至吹灰枪管。在跑车的填料室和内管间装有填料，对吹灰介质进行密封。跑车完全密封，能有效防止脏物及腐蚀性气体的侵害。

(4) 内管。内管是表面高度抛光的不锈钢管，一端与阀门连接，另一端伸在吹灰枪管内，用以将吹灰介质输送到吹灰枪。对于特殊用途，内管可镀铬以增加表面硬度。

(5) 吹灰枪与喷头。吹灰枪管的直径、材质和喷头的规格有多种，它取决于锅炉、吹灰行程、燃料、吹灰器安装部位烟温等多种因素。一台锅炉上往往有几种不同参数的吹灰器，每一台吹灰器安装时必须对号入座。吹灰枪由跑车和前托架支承，吹灰枪前端是一个旋压封头的喷头，喷头上焊有喷嘴。喷嘴是垂直还是倾斜焊装根据吹灰要求而定。喷嘴的大小和数量由不同位置吹灰器的吹灰介质流量和压力要求而定。喷嘴的焊装非常重要，喷头在工厂内已做好平衡试验，确保两个方向喷射介质时的径向推力相等，从而防止枪管抖动。

(6) 前托架。前托架在梁体前端板下方，大约支承着吹灰器重量的一半。托架下部有托轮，支托着吹灰枪管、对枪管通过墙箱进入锅炉起导向作用。调整滚轮的旋转方向与吹灰枪管运动的螺旋线应一致。

(7) 墙箱。墙箱为一密封盒，焊在锅炉预留的接口套管（或接口箱）上，对吹灰枪管与炉墙开孔处进行密封。梁体前端的两个螺纹销穿入墙箱上位于同一水平的两销孔内，组成吹灰器的前支承（大约支承吹灰器重量的一半）。负压锅炉和正压锅炉使用不同的墙箱。

(8) 动力电缆。电源通过电缆输送到移动的电动机。电缆有下垂电缆、弹性电缆、环挂电缆等多种形式。标准设计的吹灰器一般使用弹性电缆。

(9) 电气箱与行程控制机构。电气箱是一个集中电气接线箱，装有就地操作按钮和接线端子排。需要时，也可将启动系统的电气组件装在里面。吹灰器行程由装在梁两端的行程开关控制。

### (三) 空气预热器吹灰器

IK－AH500 型空气预热器吹灰器是以蒸汽或空气作为吹灰介质，专门用于吹扫回转式空气预热器受热面积灰的吹灰器。

#### 1. 工作原理

吹灰器的吹灰枪管、枪管上的喷嘴口径及布置间距根据不同的空气预热器和安装要求专门设计。运行时，吹灰枪管只作伸缩运动，而回转式空预器作旋转运动，因此，每个喷嘴的吹灰轨迹是数圈阿基米德螺旋线，几个喷嘴一起完成对整个空气预热器的吹扫，如图 10－6 所示。

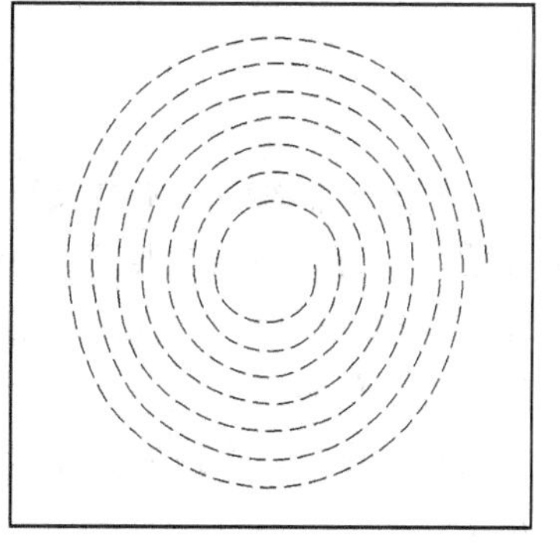

图 10－6　空气预热器吹灰器吹扫轨迹

喷嘴喷出的气流有一定扩散角，喷射覆盖面宽度随喷嘴到空气预热器扇形板的距离不同而变化。在确定吹灰枪管的运行速度时，必须根据空气预热器的旋转速度和喷嘴到扇形受热面的距离，合理地选定吹灰器的运行速度。当空气预热器旋转一周时，喷嘴的前进距离必须小于其喷射覆盖面的宽度，这样，每圈螺旋线形吹扫覆盖面有足够的重叠量，以确保吹灰效果。

#### 2. 吹灰过程

吹灰器可近操、远操和程控。按下启动按钮，电源接通跑车前移，与之栓接的吹灰枪管也同时前移。随即，跑车带动拉杆、开启阀门，吹灰开始。当跑车前进至触及前端行程开关时，跑车退回，并使吹灰枪缩回，退至近终点时，阀门关闭，吹灰停止。在整个吹灰过程中，吹灰枪匀速前进、后退，在受热面上留下了阿基米德螺旋线形的吹灰轨迹。最后，跑车触动后端行程开关，跑车停止，吹灰器完成了一次吹灰过程。当需要单程吹灰时，可在汽源管道上装上一电动阀，吹灰器退回时，电动阀随即关闭。这样，吹灰器自身的阀门虽未关闭，但由于汽源丧失，使吹灰器在退回的过程中并未吹灰。

3. 回转式空气预热器吹灰器结构

IK－AH型吹灰器由吹灰介质供给及喷射系统（包括阀门、内管和吹灰枪）、驱动系统（跑车）、支承防护系统（梁）、控制系统（电气箱）和墙箱组成，如图10－7所示。

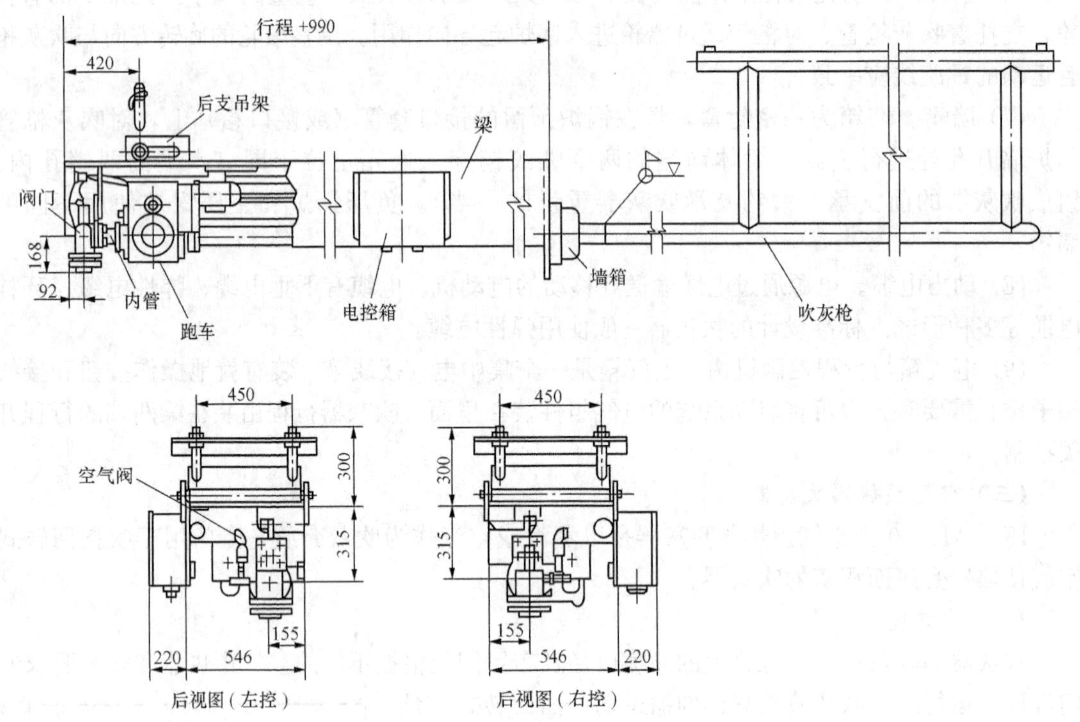


图10－7 空气预热器吹灰器

（1）吹灰器阀门。机械操纵的阀门位于吹灰器的最后端，它可用蒸汽或压缩空气作为吹灰介质，内有压力调节装置。阀门的开与关均由跑车进、退自动控制。跑车上的撞销操纵凸轮即可自动启闭阀门，撞销位置可调节，以保证吹灰枪在吹灰位置时提供吹灰介质。吹灰器退到非吹灰位置时，阀门自动关闭。

（2）内管。内管是表面高度抛光的不锈钢管，一端与阀门连接，用以将吹灰介质输送到吹灰枪。

（3）吹灰枪与喷嘴。空气预热器的型号和安装空间不同，吹灰枪管的尺寸和结构形式也会不同。枪管由两部分组成，炉外部分装在吹灰器本体上，枪管的炉内部分由炉内支承件支托导向，调整好吹灰范围后，与本体上的枪管现场焊接。不论哪种形式的枪管，炉内部分都必须提供足够的长度，以适应现场安装调整的需要。

（4）跑车。跑车是吹灰器的主要部件之一，它与吹灰枪管连接，带动枪管对空气预热器的受热面进行吹扫，吹灰介质由阀门通过内管穿过跑车填料送至枪管，在跑车的填料室和内管间装有填料，对吹灰介质进行动密封。跑车为电动机驱动，由辅齿轮箱和主齿轮箱组成。跑车的填料室上有吹灰枪连接法兰和填料压盖。跑车完全密封，能有效地防止脏物及腐蚀性气体的侵害。

(5) 梁。梁为一箱盖型部件，对吹灰器的所有零部件起连接支承和最大的保护作用。

(6) 电气箱与控制。吹灰器行程由装在梁两端的行程开关控制。电气箱是一个集中电气接线箱，上面装有就地操作按钮和接线端子排，也可将整个启动系统装在里面。

(7) 墙箱。墙箱为一密封盒，当枪管伸缩运动时，防止烟气外逸，正压墙箱的密封盒内装有密封机构，正常情况下，密封空气进入墙箱并对预热器进行密封，密封空气一部分流入预热器内，一部分通过枪管和密封环间的间隙排至大气。

**四、吹灰器的运行与保养**

1. 运行常规与吹灰次序

吹灰器运行前，要特别注意调整锅炉的工况，特别是小型锅炉，因为吹灰介质占通过炉膛的气体的比例较大，处理不好会影响锅炉的正常燃烧，甚至引起堆积在死角部位的可燃物质的爆燃。一般情况下，小型锅炉每次只启动一台吹灰器。

锅炉吹灰时，要保证蒸发量超过额定蒸发量的50%，引风机以高流量运行，如果出现吹灰时可燃物翻搅，可以将其以较快的速度带出炉膛。如果燃烧率较低，爆燃、甚至炉膛爆炸的危险都可能存在。

正常燃烧的锅炉，一般按烟气流向吹灰，吹灰顺序依次为空气预热器—炉膛—过热器—再热器—省煤器—空气预热器。对严重的积灰，为了防止从炉膛、过热器吹下的灰大量堵在锅炉出口处，造成锅炉出口区段的严重阻塞，应将尾部烟道的吹灰器与前面的吹灰器交替启动，保证灰道畅通。即使一般的积灰，也要求每次吹灰程序的开始和结束都启动空预器吹灰器。

由于燃料、锅炉工况等多种因素的变化，锅炉的结灰（积灰）情况会发生变化。可根据实际，对吹灰压力和吹灰次序进行调整。

2. 日常检查的内容

(1) 传动系统是否可靠，驱动销是否磨损；润滑是否良好。

(2) 行程开关和行程式开关控制系统是否可靠。

(3) 阀门启闭机构是否可靠，阀门是否存在泄漏现象。

(4) 阀杆填料和内管填料是否需要调整或更换。

(5) 喷嘴至受热面的距离是否合适，起吹点、吹灰方位和弧度是否正确，受热面是否有磨损。

(6) 吹灰效果如何。

(7) 吹灰器喷嘴是否有烧损等。

3. 吹灰器的小修

对吹灰设备维修前，必须先切断电源、汽源，并打开吹灰器阀门释放剩余压力，以防止意外的吹灰器启动和吹灰器阀门的开启。有时即使阀门是关闭的，密封面由于蒸汽的冲蚀或变形，有可能存在轻微的泄漏，所以在进行设备维修时，要特别注意。

吹灰器应每年进行一次小修，小修时应对各密封垫和密封填料进行更换，小修时应对下列部件进行认真检查：

(1) 检查吹管的腐蚀情况、表面损伤情况和平直度。

(2) 检查喷嘴是否有裂纹。

(3) 检查供汽管的腐蚀程度，表面损伤程度和垂直度。

(4) 拆卸提升阀进行检查，检查阀杆的磨损情况，必要时更换；检查阀座的磨损情况，必要时进行研磨。

(5) 检查极限开关动作的准确性。

(6) 检查电动机运转灵活自如。

(7) 检查电缆，必要时更换电缆。

4. 吹灰器的大修

每三年对吹灰器进行一次大修，大修时应将吹灰器的所有部件拆卸进行检查，对于损坏的部件进行更换，大修结束后必须对吹灰器进行校验。

5. 吹灰器使用中应注意的事项

(1) 为保持受热面管的外壁清洁，防止结渣，使之具有良好的传热性能，降低排烟温度，提高锅炉安全经济运行的水平，从新机组一开始投入运行就需定期对受热面进行吹灰。吹灰器只能吹扫管子上疏散的沉积物，而不能去除长期沉积形成的坚硬堆积物，因此，吹灰器应及时、有效地进行吹扫。

(2) 锅炉吹灰顺序从炉膛开始，顺烟气流动的方向直至尾部，并对侧进行。配用的吹灰器管路、减压阀、疏水阀、测量仪器等需经调试合格后才可投入使用，使用后也要经常检查和维修，以保证处于良好的工作状态。

(3) 吹灰器最好在锅炉全负荷与70%MCR负荷之间进行，在锅炉低负荷运行和燃烧不稳定的时候，锅炉不宜进行吹灰，如果吹灰时锅炉负荷过低，不仅易降低炉膛温度，而且对锅炉易造成危害。锅炉启动和负荷较低时，空气预热器的吹灰器汽源可用辅助蒸汽系统的汽源来代替。

(4) 无吹扫介质时，不允许投入吹灰器。若在吹灰过程中遇到失电、电动机故障等意外事故时，应立即就地手动退回吹灰器，以免烧坏设备。

(5) 若发现吹灰器故障，应及时消除，使其经常处于良好状态，不允许长期搁置不用。吹灰器使用一年后应大修一次，在日常维修吹灰器时也应维修电动机，吹灰器的日常维护应按吹灰器制造厂提供的说明书进行。

(6) 在吹灰进行前，应对吹灰器进行疏水和暖管。当介质温度达到设定值之后，疏水阀才能关闭。吹灰结束，管路停止供汽，疏水阀应自动打开，以尽量减少管路系统的凝结水。吹扫时最低压力不得低于0.78MPa，以保证有足够的能力冷却吹灰管路。

(7) 应根据锅炉各部件结渣的情况，在运行过程中不断优化吹灰，提高吹灰效率，防止炉管吹坏事故。吹扫周期过长或过短都是不可取的，对一台实际运行的锅炉，存在一个最佳的吹扫周期。最佳吹扫周期可由吹扫后排烟热损失的下降与吹扫介质消耗之间的经济性比较来确定。

## 第二节 锅炉除尘设备

电站锅炉所产生的烟气在经烟囱排入大气前，需要经过净化，以防止环境污染。锅炉除尘设备就是用于捕捉排入大气中的烟气所含的粉尘的净化装置。常用的除尘装置有旋风除尘器、袋式除尘器、颗粒层除尘器、洗涤器和电除尘器等。

电除尘器是净化含尘气体最有效的装置之一，它适应性强、处理能力大、可靠性好、除尘效率高（均在98%以上），因此得到了广泛应用。电除尘器可以捕集到1μm以下的粉尘，这是机械式除尘器望尘莫及的。它的一般大修间隔为十年，服役年限可长达三四十年。因为具有以上这些明显的优势，且阻力损耗小、维修量小、运行费用低，所以尽管它的耗钢量较大，一次投资较大，但是从长远的观点看，电除尘器仍然是一种防止大气污染的理想设备。

## 一、电除尘器的基本原理

电除尘器是利用在金属阳极和阴极上，通过高压直流电，高电压产生的强电场使气体电离，即产生电晕放电，进而使粉尘带电，并在电场力的作用下使气体中的悬浮尘粒分离出来的，锅炉燃烧产生的烟气流经高压电场时被电离，其中绝大多数粉尘在电场作用下，形成带负电荷的带电粒子，被吸附在阳极板上，通过阳极振打装置周期性地敲打，粉尘沿着极板向下落入灰斗，被不断清除。与此同时，少数粉尘形成带正电荷的带电粒子，被吸附在阴极丝上，通过阴极振打装置周期性振打，被清除并落入灰斗中，从而完成除尘的作用，如图10-8所示。

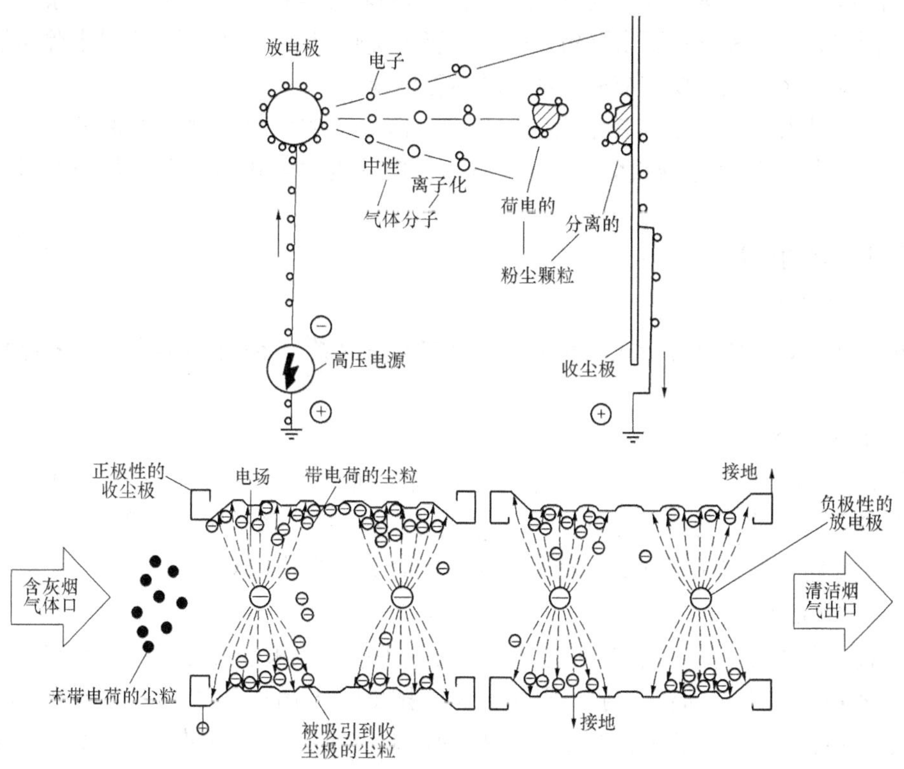


图10-8　电除尘器的基本工作原理

## 二、电除尘器的特点

电除尘器具有以下优点：

(1) 除尘效率高。通过合理设计后，电除尘器的收尘效率可达到 99%以上。

(2) 阻力损失少。气体通过电除尘器的压降一般不大于 200Pa，因为电除尘器中，使气体与悬浮粒子分离的力作用于悬浮粒子本身，而其他类型收尘装置的分离力作用于全部气体，因而风机耗电最小。

(3) 能处理高温烟气。一般电除尘器用于处理 250℃以下的烟气，进行特殊设计后，可处理 350℃甚至 500℃以上烟气。

(4) 能处理大的烟气量，对不同粒径的烟尘有分类捕集作用。

(5) 日常运行费用低。因为电除尘器的运动零部件少，电耗低，在正常情况下维护工作量较少，可长期连续安全运行，所以相应日常运行费用低。

但是电除尘器作为防止空气污染装置决不是万能的，除上述一次投资较高以外，还有下列缺点：

(1) 只有当操作条件比较稳定时，电除尘器才能达到最佳的性能。

(2) 应用范围受粉尘比电阻的限制。由于有些粉尘的比电阻过高或过低，采用电除尘器进行捕集比较困难，在有些情况下，如果不采取相应的有效措施，采用电除尘器不仅不经济，有时甚至是不可能的。

(3) 不能用于捕集有害气体。

(4) 对制造、安装和操作水平要求较高。因为电除尘器的结构较其他类型除尘装置复杂，所以对制造、安装和操作要求严格，否则不能维持必需的运行电压。而且电除尘器是在高压下运行，对人身安全也要相应采取特殊的预防措施。

(5) 钢材耗最大。电除尘器耗钢量大，特别是薄钢板的消耗最大。据粗略计算，对于常规除尘器三电场（每个电场长度 4.5m 左右）的电除尘通烟截面，平均每平方米耗钢材 3.5～4t。

## 三、电除尘器的分类

### （一）按电极清灰方式分类

按电极清灰方式不同分为干式电除尘器、湿式电除尘器、雾状粒子电捕集器和半湿式电除尘器等。

#### 1. 干式电除尘器

在干燥状态下捕集烟气中的粉尘，沉积在除尘板上的粉尘借助机械振打清灰的除尘器称为干式电除尘器。这种除尘器振打时，容易使粉尘产生二次飞扬，所以，设计干式电收尘器时，应充分考虑粉尘二次飞扬问题，现大多数电除尘器都采用干式。

#### 2. 湿式电除尘器

收尘极捕集的粉尘，采用水喷淋或用适当的方法在除尘极表面形成一层水膜，使沉积在除尘器上的粉尘和水一起流到除尘器的下部而排出，采用这种清灰方法的称为湿式电除尘器。这种电除尘器不存在粉尘二次飞扬的问题，但是极板清灰排出水会造成二次污染。

#### 3. 雾状粒子电捕集器

雾状粒子电捕集器捕集像硫酸雾、焦油雾那样的液滴，捕集后呈液态流下并除去，它也属于湿式除尘器。

4. 半湿式电除尘器

吸取干式和湿式电收尘器的优点，出现了干、湿混合式电除尘器，也称半湿式电除尘器。高温烟气先经两个干式除尘器，再经湿式除尘室经烟囱排出。湿式除尘室的洗涤水可以循环使用，排出的泥浆，经浓缩池用泥浆泵送入干燥机烘干，烘干后的粉尘进入干式除尘室的灰斗排出。

(二) 按气体运动方向分类

按气体在电除尘器内的运动方向分为立式电除尘器和卧式电除尘器。

1. 立式电除尘器

气体在电除尘器内自下而上作垂直运动的电除尘器称为立式电除尘器。这种电除尘器适用于气体流量小，收尘效率要求不高，粉尘性质易于捕集和安装场地较狭窄的情况。

2. 卧式电除尘器

在电除尘器内，气体沿水平方向运动，这样的除尘器称为卧式电除尘器。

卧式电除尘器与立式电除尘器相比有以下特点：

(1) 沿气流方向可分为若干个电场，这样可根据除尘器内的工作状态，对各个电场分别施加不同的电压，以便充分提高电除尘的效率。

(2) 根据所要求达到的除尘效率，可任意增加电场长度，而立式除尘器的电场不宜太高，否则需要建造高的建筑物，而且设备安装也比较困难。

(3) 在处理较大的烟气量时，卧式电除尘器比较容易保证气流沿电场断面均匀分布。

(4) 设备安装高度较立式电除尘器低，设备的操作维修比较简单。

(5) 适用于负压操作，可延长排风机的使用寿命。

(6) 各个电场可以分别捕集不同粒度的粉尘，这有利于有色稀有金属的捕集回收，也有利于水泥厂对钾含量较高的原料提取钾肥。

(7) 占地面积比立式电除尘器大，所以旧厂扩建或收尘系统改造时，采用卧式电除尘器往往要受到场地的限制。

(三) 按除尘器的形式分类

按除尘器的形式分为管式电除尘器和板式电除尘器。

1. 管式电除尘器

管式电除尘器的除尘极由一根或一组呈圆形、六角形或方形的管子组成，管子直径一般为 200～300mm，长度 3～5m。截面是圆形或星形的电晕线安装在管子中心，含尘气体自上而下从管内通过。

2. 板式电除尘器

板式电除尘器的除尘板由若干块平板组成，为了减少粉尘的二次飞扬和增强极板的刚度，极板一般要扎制成各种不同的断面形状，电晕极安装在每排收尘极板构成的通道中间。

(四) 按除尘板和电晕极的不同配置分类

按除尘板和电晕极的不同配置分为单区电除尘器和双区电除尘器。

1. 单区电除尘器

单区电除尘器的收尘板和电晕极都安装在同一区域内，则粉尘的荷电和捕集在同一区域内完成，单区电收尘器是被广泛采用的电除器装置。

2. 双区电除尘器

双区电除尘器的除尘系统和电晕极系统分别装在两个不同的区域内。前区内安装电晕极、粉尘在此区域内进行荷电，称为电离区，后区内安装收尘极，粉尘在此区域内被捕集，称为收尘区，由于电离区和收尘区分开，则称为双区除尘器。

## 四、电除尘器的基本结构

电除尘器包括阳极系统、阴极系统、阴阳极系统振打装置、保温箱、气体均布装置、壳体、灰斗及排输灰装置等。图 10 - 9 所示为某厂电除尘器的结构。

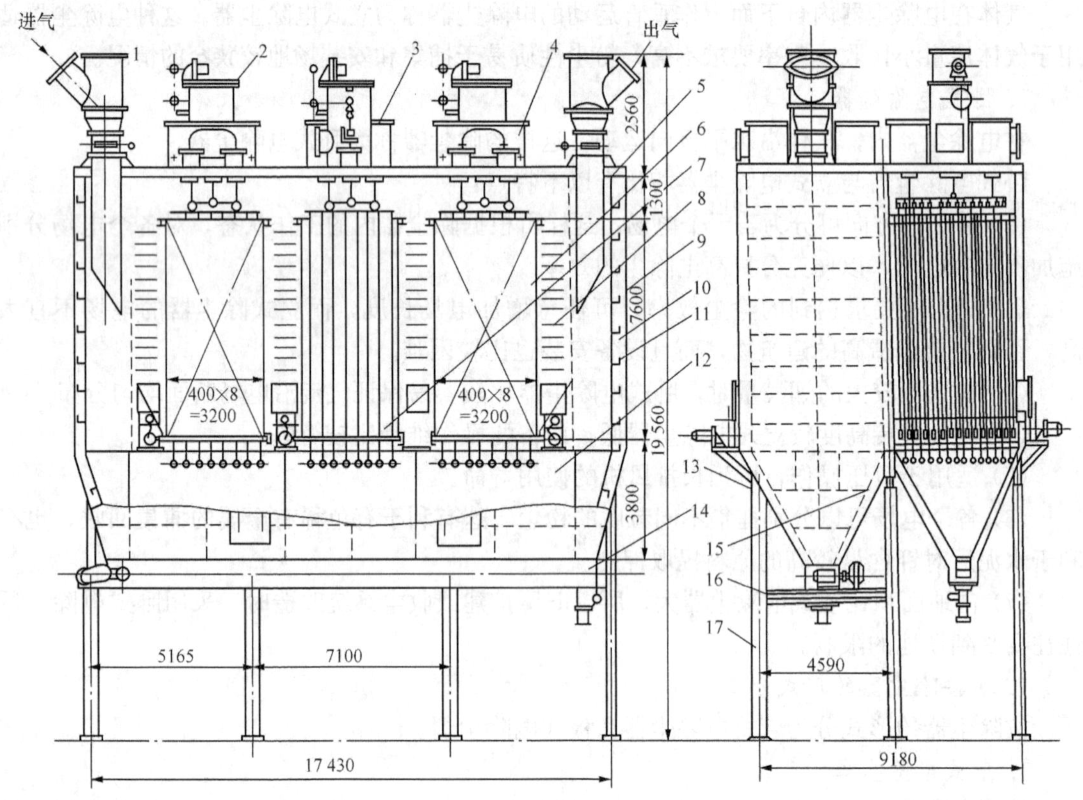


图 10 - 9 电除尘器结构

1—进出口风管；2—电晕极振打保温箱；3—电晕极保温箱；4—电阻丝加热器；5—顶板；6—收尘极系统；7—电晕极系统；8—气流分布板装置；9—保温层；10—矿渣棉保护层；11—壳体；12—灰斗；13—承压轴承；14—链式输送机；15—固定支座；16—双级重锤锁气器；17—支柱

1. 阳极系统（集尘极系统）

阳极系统由集尘极板、悬吊置和极板振打装置等组成。其作用是捕捉荷电尘粒，并在振打力作用下使集尘极板捕捉的尘粒成片状脱离极板落入灰斗中。

对集尘极板的要求是：较好的电气性能，运行时异极间的火花电压高，极板面上的电场强度和电流密度分布均匀；集尘效果好，结构形状应使集尘板振打时能有效防止尘粒的二次飞扬；表面积大，容易清灰；振打传递性能好，不易变形；金属消耗小，加工、运输、安装和检修方便等。

集尘极板振打装置的作用是：利用振打力，使集尘极板上一定厚度的尘粒层脱离极板表面。目前采用较多的是下部机械切向振打装置，它由传动装置、振打轴、锤头和轴承等组成。

2. 阴极系统（放电极系统）

阴极系统由阴极框架、阴极砧梁、阴极悬挂系统及防摆装置构成。阴极框架由两根主桅杆和若干根横管构成，框架上布置若干根阴极线和阳极板对应，每块阳极板对应两根阴极线。

阴极悬挂系统由吊梁、悬吊管、支承螺母、支承盖和承压绝缘子构成。阴极系统通过砧梁悬挂在阴极吊梁上。阴极系统的振打清灰采用电磁锤振打器。振打装置由振打杆（上、下）、绝缘轴和电磁锤振打器构成；下振打杆与砧梁连接，上振打杆承受振打棒撞击。绝缘轴位于上、下振打杆之间，起隔离高压电作用，避免上振打杆和振打器带电，提供安全运行环境，同时还起传递振打力作用，因此，绝缘轴的质量至关重要。下振打杆穿出悬吊管处采用填料函密封，上振打杆穿出保温箱外，通过振打器底座上的填料函密封。因为振打杆没有运动，因此其密封比较容易实现。

3. 保温箱及高压进线

若阴极系统支承绝缘子的周围温度过低，其表面可能结露造成除尘器无法正常运行。所以支承绝缘子附近需装设电加热器，外加保温箱以保持温度，保温箱内的温度应高于烟气露点温度 20～30℃。为控制温度，保温箱设恒温控制器。

变压器设置在控制室时，高压电由高压电缆通过电缆终端盒、阻尼电阻后送入阴极系统。变压器顶置时，高压电直接通过高压隔离开关、阻尼电阻后送入阴极系统。

4. 入口气流分布装置、出口槽形板装置

烟气从管道进入电除尘器或从电除尘器排出烟道时，通道截面发生很大变化使得电除尘器断面上烟气速度分布不均匀，将会影响电除尘器的收尘效率。为了使电场内烟气速度分布均匀，必须采用过渡段，即进、出口喇叭连接，同时必须在进、出口喇叭内布置气流均布装置。

电除尘器出口喇叭一般设置一组出口槽形板装置，槽形板的设置既起到协助气流均布的作用，又起到收集粉尘的作用。进口气流均布装置和出口槽形板的清灰均采用电磁锤振打器。振打器的数量根据喇叭口的大小不同而异，一般进口喇叭，三层气流分布板布置两个振打器，一组槽形板布置一个振打器。

5. 壳体

电除尘器壳体由墙板、上端板、下端板、顶板、下部承压件、中部承压件、斜撑、内部走道等部件组成。壳体容纳阴、阳极系统，是电除尘器的工作室，因此，必须具有足够的强度和良好的密封性能。壳体上还设有阻流板，以避免因气流短路而降低除尘效率。

6. 灰斗及排输灰装置

为保证电除尘器稳定运行，电除尘器收集下来的粉尘，通过灰斗和排、输灰装置送走。灰斗设计应满足以下条件：

(1) 具有一定的容量，以备排、输灰装置检修时，起过渡料仓的作用。

(2) 排灰通畅。斗壁应有足够的溜角，一般保证溜角不小于 60°，斗壁内交角处加过渡板，避免挂灰，并设仓壁振动器或气化器，以协助排灰。为避免结露，灰斗下部常设加热装置。

(3) 为便于排除故障。灰斗上设捅灰孔和手动振打砧，以备万一堵灰时排除故障。

(4) 灰斗中部设阻流板，以防烟气短路。灰斗排出的灰由输灰装置送走，灰斗和输灰装置之间由电动阀或星型卸灰阀等控制和锁气。

输灰方式有干输灰和水冲灰两类。

## 五、影响电除尘器性能的主要因素

影响电除尘器性能的因素很多，可以大致归纳为如下四大类：

(1) 粉尘特性。主要包括粉尘的粒径分布、真密度和堆积密度、黏附性和比电阻等。

(2) 烟气性能。主要包括烟气温度、压力、成分、流速和含尘浓度等。

(3) 结构因素。主要包括电晕线的几何形状、直径、数量和线间距，收尘极的形式、极板断面形状、极间距、极板面积以及电场数、电场长度、供电方式、振打方式（方向、强度、周期)、气流分布装置、外壳严密程度、灰斗形式和出灰口锁风装置等。

(4) 操作因素。主要包括伏安特性、漏风率、气流短路、二次飞扬和电晕线肥大等。电除尘装置与其他除尘装置一样，即使电除尘器有良好的收尘性能，但是由于外界条件的变化，也会使它达不到预期的效果。

## 六、电除尘器的运行与维护

1. 电除尘器的电场投运前的检修与准备工作

(1) 电场检查顺序。检查电场应处于检修状态，安全措施完整（这时人方可进入电场)，电场内部已清理完毕，无杂物、工器具、临时支撑吊挂装置、临时接线等遗留。承压绝缘子、振打瓷轴、隔离开关绝缘部件干净清洁、最后各人孔门关闭（除观察故障点除外，这时要加强专人监护，严格安全措施)，拆除电场接地线，测量电场绝缘符合要求。

(2) 电除尘器辅助电气设备常规检查。电除尘器辅助电气设备常规检查的主要内容有：电动机接线盒接头检查，电动机绝缘检查，各屏、盘、柜、设备完好，清洁无杂物，电气部位连接良好，熔断器完好，指示灯完整。然后与机械设备检修人员取得联系，最后与设备检修人员取得联系，告诫有关主要事项后送上电源。上电后要检查自动装置能否正常工作。

(3) 电除尘器辅助机械设备检查。电除尘器辅助机械设备检查的主要项目有各转动机构保护罩壳完好、减速机不漏油、缺油（以上几项检查处理在辅助设备送电前进行)，然后手动开起排灰与振打电动机连续运行 0.5～1h，观察电动机及减速机构运转情况。同时，检查出灰系统水、汽、风、管路等是否正常。

(4) 电除尘器高压供电装置检查。电除尘器高压供电装置检查顺序：整流变压器外观检查，包括油位、清色、渗漏油情况，呼吸器的干燥剂，进线电缆，出线套管及信号反馈线与屏蔽接地，工作接地情况等；检查阻尼电阻连接与阻值情况；检查高压隔离开关操作机构运行状况；检查隔离开关、高压开关室、人孔门安全连锁及闭锁情况，变压器油温指示及保护情况。

2. 试运前的检查

(1) 检查电除尘器壳体内和保温箱内确无杂物，各人孔门均已关闭严密。

(2) 检查电除尘器各部位平台、扶梯、栏杆牢固齐全，通道畅通，照明充足。

(3) 检查各传动机构完好，各润滑点均有足够的润滑油。

(4) 检查各部位的接地装置均应完好无损。

(5) 检查各加热器装置应完好可靠。

(6) 通知电气运行人员测量有关设备的绝缘合格。

(7) 检查高压电缆头、高压硅整流变均无漏油现象。

(8) 检查电源装置的各处接线完好可靠，各元件无脱落，高压隔离开关操作机构灵活，位置正确。

(9) 确认工作人员已全部离开电除尘器本体内。

(10) 所有仪表、电源开关、调节器、监视及报警信号，保护装置的功能完好。

3. 试运行布骤

(1) 启动振打装置，使之连续运行 1h，检查装置运行正常，锤头敲击在振打杆的中心位置，螺栓无松动。

(2) 按振打周期作一个周期的振打试验，检查振打程序工作正确。

(3) 接通保温箱内的电加热器，短接加热器温度信号引入端子，模拟加热温度继电器定值，加热器跳开，说明自动恒温控制工作正常。

(4) 启动灰斗的电加热装置，检查灰斗就地温控柜指示正常。

4. 启动布骤

(1) 启动前按试运前的检查执行。

(2) 投入电场前 4h 送上热风与保温箱加热，避免绝缘件因结露而带电。

(3) 在炉子点火前投入灰斗加热，以防冷灰斗结露或受潮堵灰。

(4) 炉子点燃立即投入各排灰、振打装置，开启相应的出灰系统。

(5) 联系电气运行人员合上电场的高压隔离刀闸一次侧保险。

(6) 当接到值长通知后，开始对电场进行供电，依次投入第四、三、二、一电场。

5. 停运布骤

正常情况下，电除尘器应在锅炉负荷低于 35%或锅炉全烧油时停用。

(1) 接到停电除尘器通知后，按“复位”键，输出电流、电压降至零。

(2) 按下“停止”按钮。

(3) 将电源开关转至“断”位置。

(4) 将整流控制柜内轴流冷却排风扇开关拨至“关”位置。

(5) 等锅炉送、引风停运后，继续保持各振打连续运行 2～3h 后方可停止振打装置。

(6) 振动装停运后，应及时把灰斗内的灰排干净。

(7) 电除尘器停运后 8h 方能打开人孔门冷却，如检查需要时可在停运后 4h 开启人孔门冷却。

(8) 锅炉事故灭火后应立即使电作尘器停止运行。

6. 电除尘器的故障及处理

表 10－1 列出了电除尘器的常见故障、原因分析及处理方法。

表 10-1 电除尘器的常见故障、原因分析及处理方法

| 故障现象 | 故障原因 | 处理方法 |
|---|---|---|
| 电源开关合不上，合上即跳闸；输出电流剧增，输出电压接近 0V | (1) 阴极电晕线脱落与阳极板或外壳接触；<br>(2) 绝缘子击穿；<br>(3) 阴极板与阳极板之间有异物插入；<br>(4) 排灰系统故障，灰斗满位，阳极板与灰接触短路；<br>(5) 加热系统故障，引起结露造成高压对地短路 | 停止电场送电操作，通知检修人员来处理，电除尘器仅作烟气通道，如果排灰系统故障，则迅速排除故障并疏通积灰 |
| 电压、电流剧烈摆动或时而跳闸；输出的电流不正常，输出电压降低 | (1) 阴极电晕线未完全脱落，在电场中作不规则摆动；<br>(2) 阴、阳极局部黏附粉尘过多，使极距变小引起闪烁；<br>(3) 绝缘材料漏电；<br>(4) 铁片、铁锈脱落与电极接触 | 停用故障电场，通知检修处理 |
| 输出电流小、输出电压可能正常，也可能小 | (1) 电晕线松动，振打时晃动；<br>(2) 积灰太多，使极距改变；<br>(3) 接地电阻过高，回路不良；<br>(4) 均布板局部阻塞，使气流不均匀，引起极板晃动；<br>(5) 极板极线框架变形 | 提高火花频率运行，清除积灰；检查振打装置是否正常，如振打周期不合理，则应调整振打周期。经采取上述措施仍无效时，则停用该电场并通知检修人员前来处理 |
| 除尘效率低，烟囱排烟量增加 | (1) 烟气参数不合要求；<br>(2) 漏风严重；<br>(3) 分布板阻塞，气流分布不均匀；<br>(4) 振打装置故障或振打周期不合理；<br>(5) 极距偏差过大；<br>(6) 控制系统失灵 | 如漏风严重应设法消除漏风。检查振打装置是否正常，如振打周期不合理，则应调整振打周期；如控制系统失灵，则通知检修前来消除控制系统故障 |
| 电除尘器失电，输出电压、电流均为 0 | (1) 电源失电；<br>(2) 高压硅整流器故障；<br>(3) 变压器油箱压力高或温度高；<br>(4) 电场内发生短路或电弧持续 10s 以上 | 按正常停运步骤操作。通知检修人员尽快查明原因，尽快投运 |
| 火花过多 | 人孔漏风，湿空气进入，锅炉受热面泄漏水分弄脏绝缘子 | 消除漏风现象，提高除尘器入口温度，清理绝缘子 |
| 振打电动机转动，振打轴不转 | (1) 保险片断裂；<br>(2) 链条断裂 | (1) 更换保险片；<br>(2) 检修好链条 |

7. 电除尘器运行中维护与保养

(1) 振打电动机、卸灰输灰电动机温升、润滑是否正常。

(2) 振打传动系统运转是否正常，要特别注意是否有停打和周期不对的现象。

(3) 卸灰阀运转轴承润滑是否正常，无异常所见。卸灰阀电动机过流保护电源回路是否灵敏（指示灯亮）。

(4) 灰斗存灰情况是否堵灰、棚灰等现象。

(5) 保温箱内加热装置及温度控制装置是否灵敏正常。

(6) 保温箱内阻尼电阻无明显放电现象。

(7) 各人孔门、检修门、卸灰系统、穿墙密封套等处严密不漏风。

(8) 检查低压配电室设备应无过热、变色、焦味、异响、渗漏油现象。

(9) 整流变压器油位正常，油温最高不超过允许值。

(10) 高压整流控制柜内温度不超过 30℃，超过时可启动晶闸管的散热风扇，进行通风降温。

(11) 运行中每班对设备巡视 1～2 次。每 2h 记录一次各电场的次、二次电压、电流、导通率（角）及其他电气运行参数。

(12) 操作人员对各自控系统发出的显示和警报以及设备发生的各类事故及时分析和排除，重大问题可及时报告上级部门，并做好记录。

(13) 绝缘瓷支柱、绝缘套管、电瓷转轴、聚四氟乙烯板等绝缘件的内外表面，要利用各种机会进行检查擦拭干净（最好每两个月换洗一次），保温箱、瓷轴箱必须保持清洁。

8. 设备长期停用的维护

设备长期停用应加强对设备的维护保养，否则会减少设备的寿命，尤其是极板、极线的寿命，还会影响传动等机构的质量，停运后应定期维护。

(1) 清理积灰（板、线上的积灰必须清理干净），清理电场内部。

(2) 将进出口烟道阀门关闭，所有的人孔门、检修门关紧，有条件的通热风保养。

(3) 每周启动一次阴、阳极气流分布板振打系统，运转 4h。

(4) 每周启动一次排灰阀 4～6h，以免锈蚀卡塞。

(5) 操作室内应保持干净，不可乱放杂物。

## 第三节　锅炉除灰除渣系统及设备

除灰除渣系统是火电厂的重要组成部分，其作用是把电厂生产过程中煤在燃烧后冷却形成的灰渣安全及时地输送到灰渣场或综合利用场所，保证电厂的正常运行。随着电厂容量和参数的不断提高，一座百万千瓦容量的大型电站年排出的灰渣总量可达 80 万～100 万 t。

燃煤锅炉的灰渣，除一部分飞灰随烟气排往大气外，其余都是由除灰除渣系统排出的。锅炉排出的灰渣主要由炉膛底部排出的炉渣、省煤器灰斗的落灰、空气预热器灰斗的落灰、除尘器收集的粉尘组成，各部分所占比例大致如图 10－10 所示。

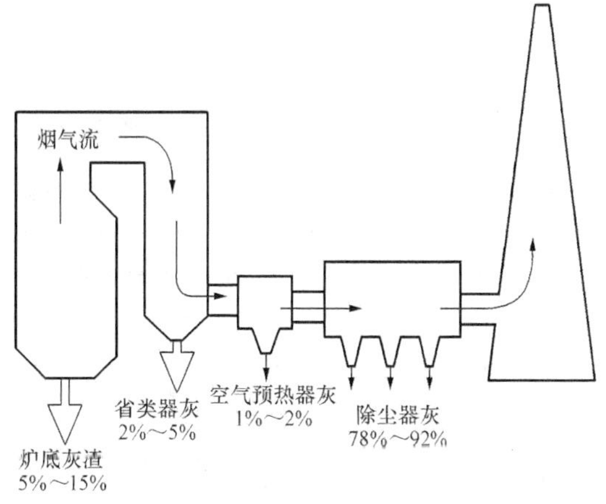

图 10－10　燃煤锅炉灰渣分布概况

发电厂收集、处理和输送灰渣的设备、管道及其附件构成发电厂的除灰除渣系统。电厂输送灰渣的方式主要有水力、气力、机械输送三种。大型燃煤电厂的除灰除渣系统主要有水力除灰和气力除灰，即以水或空气作为输送介质，用输送设备将灰渣通过管道（沟）输送到指定地点。采用何种形式要根据客观实际、自然条件、环保要求等来确定。水力输送如图 10－11 所示，也称为湿除灰；气力输送如图 10－12 所示，又称为干除灰，干除灰便于灰渣的综合利用。表 10－2 列出了几种典型的除灰除渣系统和灰渣输送方式。

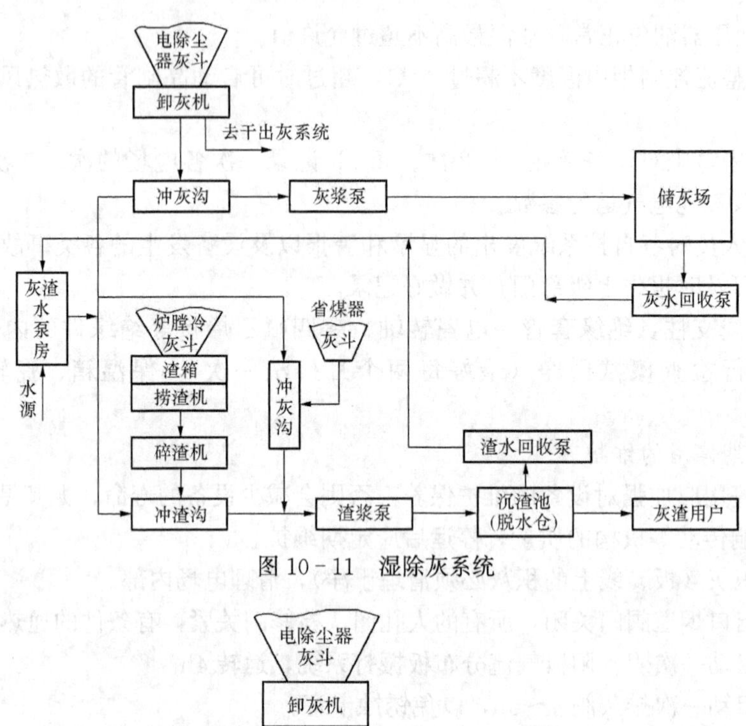


图 10－11 湿除灰系统

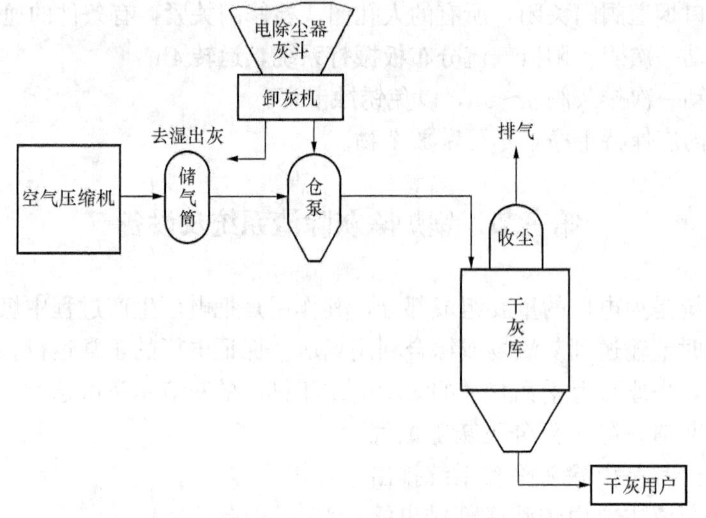


图 10－12 干除灰系统

**表 10－2 典型的除灰除渣方式**

| 方式 / 系统 | 除灰、除渣方式 | 灰渣输送方式 | |
|---|---|---|---|
| 除渣系统 | 连续除渣 | 渣浆输送或卡车、皮带输送机等机械输送 | |
| | 定期除渣 | | |
| 除灰系统 | 水力除灰 | 灰浆输送 | 低浓度输送 |
| | | | 高浓度输送 |
| | 气力除灰 | 气力输送 | 正压输送<br>负压输送<br>空气斜槽—气力提升泵<br>脉冲气力栓流 |
| | 气力—水力联合输送 | | |

## 一、锅炉除渣系统及设备

### 1. 连续除渣

现代大型锅炉多采用连续除渣方式，如图 10－13 所示。炉膛内的灰渣经冷灰斗落入排渣槽，渣槽内有深 1500mm 的水，可兼作炉底水封。落入渣槽的灰渣迅速冷却后，被设置在渣槽中的刮板式捞渣机连续将灰渣刮出，在通过渣槽斜坡时，灰渣经脱水落到碎渣机中粉碎后直接掉入灰渣沟，与激流喷嘴来的冲灰水混合，冲至灰渣泵的缓冲池内，再由灰渣泵通过灰管送至储渣场或综合利用，即炉渣→排渣槽→刮板捞渣机→碎渣机→灰渣沟→灰渣池→灰渣泵→渣场。这种除渣方式能连续运行，耗水量少，可根据炉渣量的多少调节链条转速，电耗低，适用于远距离输送，炉底结构复杂，维护工作量大。

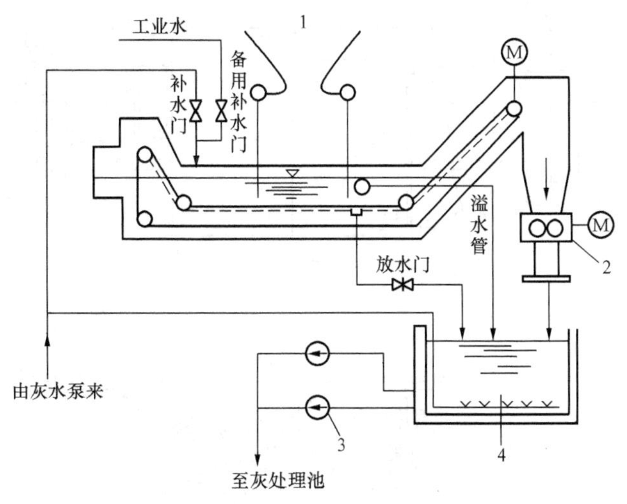


图 10－13　连续除渣排渣槽装置

1—炉底渣口；2—碎渣机；3—灰渣泵；4—炉底灰渣池

(1) 排渣槽设置在炉膛冷灰斗下方，用来排除炉膛中炉渣。排渣槽内由耐火材料砌成，排渣槽内装有水位、水温超限报警开关及大块炉渣检测开关。

(2) 刮板捞渣机是保证锅炉连续除渣的设备。它与安装在渣斗下方的关断门结合形成一个独立的封闭系统。刮板捞渣机结构如图 10－14 所示，主要由调节轮前后两个下牙轮、壳体（水槽）、链条刮板、水封导轮、滚轮和驱动装置等组成。

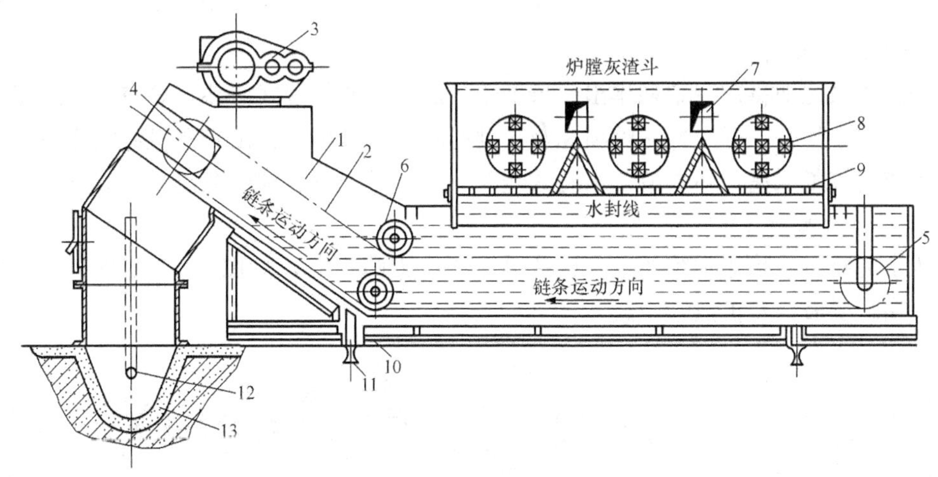


图 10－14　刮板捞渣机

1—渣槽；2—链条刮板；3—传动装置；4—主动齿轮；5—从动齿轮；6—链条压轮；7—检查孔；8—碎渣机；9—格栅；10—槽底滚轮；11—槽底移动用轨道；12—激流喷嘴；13—灰渣沟

刮板捞渣机的特点有：①能节约除灰用电、用水和投资；②有良好的水封装置，防止漏风；③水仓中备有足够的冷却水，能充分满足炉渣粒化要求；④刮板在衬有铸石的槽内滑动，寿命长，功耗较少；⑤容量大，构造简单，可移动，便于安装和维修；⑥运行平稳可靠，自动连续工作，系统无瞬间流量变化，便于管理。

(3) 碎渣机设置在捞渣机落渣口下方，用于破碎大颗粒渣块，以便灰渣泵的输送。碎渣机由本体和传动装置组成。碎渣机本体包括主体、双辊、轴及轴承等。以双滚筒型碎渣机为例，其结构如图 10 - 15 所示。

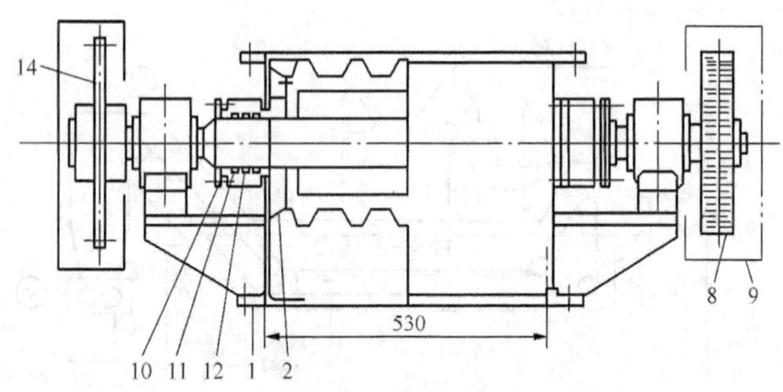


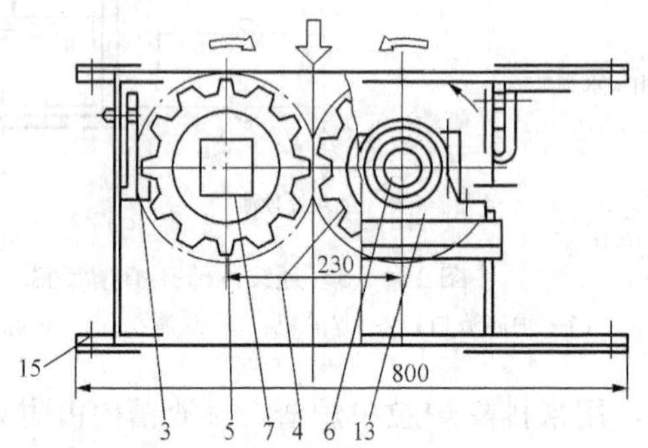


图 10 - 15 碎渣机本体结构

1—主体；2、3—防磨板；4、5—辊；6、7—轴；8—传动齿轮；9—齿轮罩；10—填料压盖；11—密封垫；12—密封环；13—轴承；14—链轮；15—螺栓螺母

(4) 灰渣泵的作用是将灰渣和水（灰水比一般为 1 ∶ 10～1 ∶ 15）的混合物提高压力后，通过管道输送到灰场或其他地方。在单独输送细灰时称灰浆泵。灰渣泵安装在炉底灰渣池的坑内或装在专门的泵房内（位于地面以下），发电厂选用的灰渣泵多为国产 PH 型，为单吸、单级、卧式、悬臂式离心泵。

(5) 激流喷嘴的作用是喷射高速水流，扰动积沉在灰渣池底部的灰渣，保证灰渣沟内流动畅通。

2. 定期除渣系统

定期除渣系统即将灰渣定期排出。借助于炉底下部的水浸式渣斗，炉渣熄火脆裂，当灰渣堆积到一定数量时，开启冲灰喷嘴和灰渣闸门将灰渣排出，再由碎渣机将粗渣粉碎，用泵将其送入渣场或脱水槽，即炉渣→水浸式渣斗→碎渣机→灰渣池→灰渣泵→渣场。

3. 高压水力喷射器除渣系统

高压水力喷射器除渣系统的主要设备是高压水力喷射器，如图 10 - 16 所示，它由冲渣水管、喷嘴、受渣斗及扩散管组成。

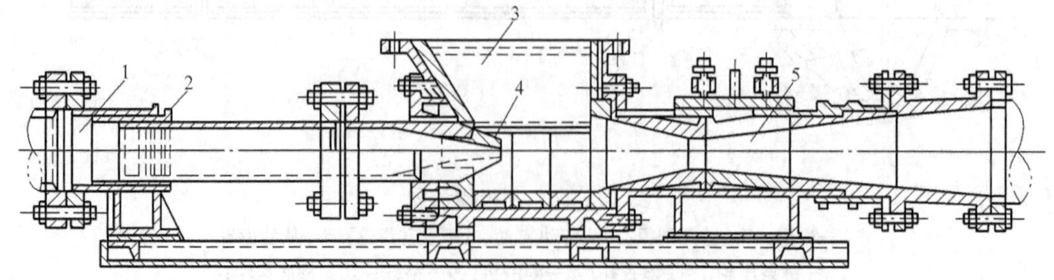


图 10 - 16 高压水力喷射器结构

1—冲渣水管；2—伸缩节；3—受渣斗；4—喷嘴；5—扩散管

当灰渣经灰沟进入受渣斗，高压水（3.0～6.0MPa）从喷射器一端进入，经喷嘴降压增速；高速水流将灰渣粉碎，并在灰渣斗底部产生真空，不断吸入受渣斗内的灰渣，形成高速灰水混合物；灰水混合物在扩散管内流速减小、压力升高后，经输灰管输送至储灰场，这种除灰方式也属于低浓度水力除灰。高压水力喷射器除渣系统具有结构简单、设备紧凑和输送距离远等优点，但其耗水量、耗电量都大，喷射器和灰渣管的磨损较严重。

## 二、水力除灰系统

水力除灰系统是以水为介质输送灰渣的系统，由厂内、厂外两部分组成。厂内部分主要由排灰排渣设施、输送设备以及管道（沟）等组成；厂外部分主要由长距离输灰（渣）管道、储灰场以及灰场灰水回收设施等组成，距离过远时还包括中继灰渣浆泵房等。水力除灰具有除灰迅速、对灰渣适应性强、灰渣不易飞扬、运行安全可靠、操作维护方便等优点。该系统有耗水量大、管道磨损快、易结渣堵灰、湿灰渣不易综合利用等不足之处。

水力除灰系统按所输送的灰渣不同，可分为灰渣混除和灰渣分除两种系统。灰渣混除就是将除尘器等分离下的飞灰和炉膛排出的炉渣在灰渣输送设备之前混合在一起输送。灰渣混除流程是：锅炉底部冷灰斗排出的炉渣与除尘器灰斗排出的干灰分别经捞渣机（碎渣机）和冲灰器进入灰渣沟，然后被送往灰渣浆池，混合后的灰渣浆通过灰渣泵经振动筛送往浓缩池，然后被输往储灰场。灰渣分除就是将细灰和炉渣分别通过单独的管道系统输送。在灰渣分除系统中，捞渣机捞出渣通过输送机被送往储渣仓，经过脱水后由汽车运往储渣场或综合利用场所。

水力除灰系统的主要设备有捞渣机、碎渣机、除铁器、冲灰器、灰渣泵、振动筛、浓缩池、脱水仓、磨渣机、冲灰水泵、轴封水泵等。

### （一）混除系统

灰渣混除系统是指将除尘器分离下的飞灰与锅炉炉膛排出的炉渣通过灰渣管沟输往渣浆池，经混合后用灰渣泵送至储灰场的系统。灰渣混除分为低浓度输送和高浓度输送两种形式。

（1）低浓度灰渣混除输送系统。系统流程：电除尘器分离下来的干灰经冲灰器搅拌成灰浆后通过灰沟流入灰渣浆池，锅炉炉膛底部排渣槽落下的炉渣经碎渣机破碎后通过渣沟也流入灰渣浆池，两者混合后通过灰渣泵输往储灰场，如图 10－17 所示。冲灰冲渣用水由单独设置的冲洗水系统供给，水源一般来自转动机械冷却水排水或冷却塔排污水、灰场回收水。低浓度混除系统耗水量大，容易对环境造成污染，运行很不经济。

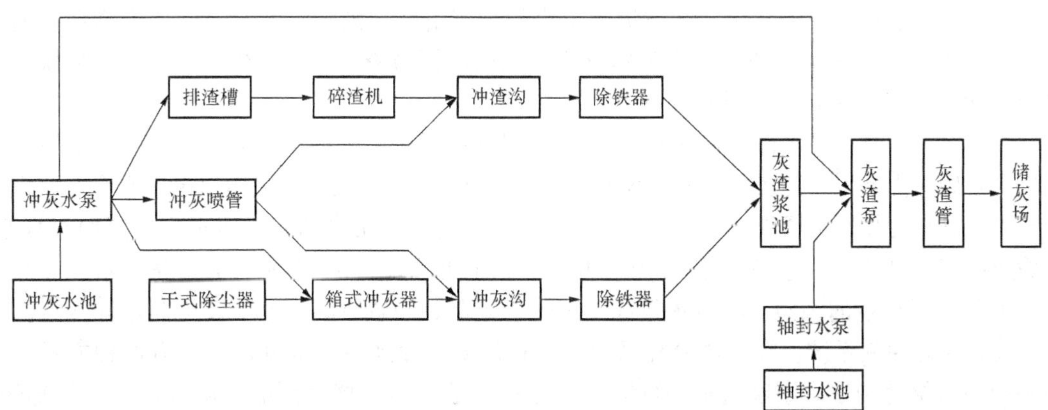


图 10－17　低浓度灰渣混除输送系统工艺流程图

(2) 高浓度灰渣混除输送系统。高浓度输送须先制取高浓度灰浆，系统流程如图 10－18 所示，混除系统通常采用浓缩池的方法制取高浓度的灰浆，除尘器分离下的干灰与锅炉排出的炉渣分别经冲灰器和捞渣机，并通过灰渣沟输往灰渣浆池，两者混合后由灰渣泵打入振动筛，筛分出来的灰渣浆送至浓缩池，经浓缩后送至储灰场。振动筛筛出的粗粒炉渣经磨渣机研细后重新送回除灰系统。

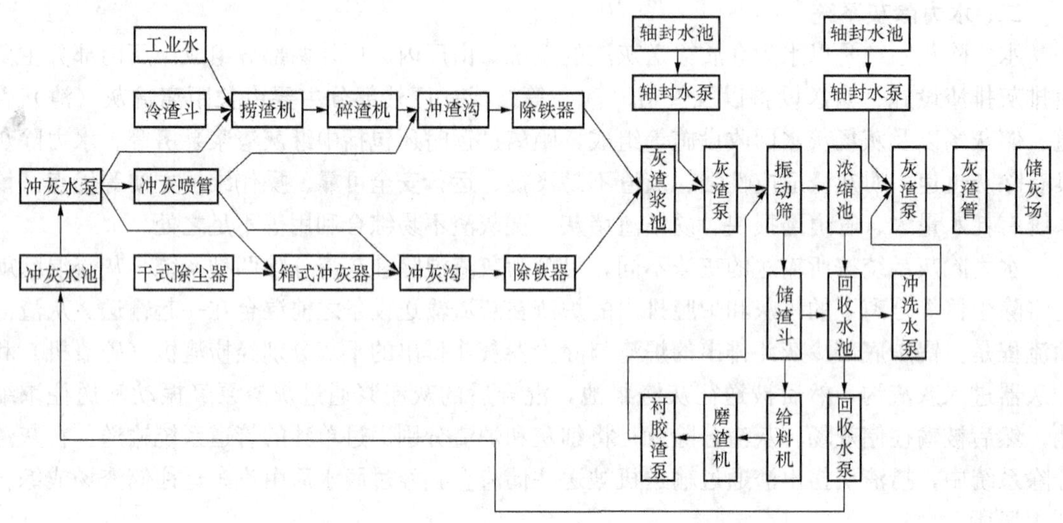


图 10－18 高浓度灰渣混除输送系统工艺流程图

高浓度混除系统除灰渣泵外，增加了振动筛、浓缩池、磨渣机、灰水回收设备等。高浓度混除系统灰浆浓度一般可达到 50%～60%。浓缩池设在厂内，冲灰水可以回收重复使用。除灰系统总耗水量为低浓度混除系统耗水量的 20%左右，大大节约了用水量，同时还降低了除灰系统的电耗。但与其他除灰系统相比，设备和操作都较为复杂，系统庞大，占地多，检修维护的工作量也大。

(二) 分除系统

灰渣分除是指将除尘器分离的飞灰与锅炉炉膛排出的炉渣分别用各自单独的系统进行输送的除灰除渣系统。除渣系统主要有刮板捞渣机除渣和水力喷射—脱水仓除渣两种方式，除灰系统主要有水力除灰和气力除灰两种方式，其中水力除灰目前多采用高浓度输送。

(1) 刮板捞渣机除渣系统。锅炉炉膛排出的炉渣由捞渣机捞出后，通过皮带输送机输往渣仓，脱水后由汽车运往储渣场或利用场所。采用刮板捞渣机除渣系统不仅节水和降低工程投资，而且系统简单，操作维护方便。

(2) 水力喷射—脱水仓除渣系统。系统流程如图 10－19 所示。锅炉炉膛排出的炉渣经碎渣机破碎后，由高压喷射水泵将水经水力喷射器与渣混合后，通过管道输送至脱水仓，脱水后的干渣由汽车运往储灰场或综合利用场所。脱水仓内分离后的溢流水经澄清后排至回收水池，供除灰系统重复使用。它与传统的沉渣池相比，占地可节省 1/3，节水每天可达千余吨，并且减少了灰水对环境的污染，具有水量和出力便于控制、布置灵活、地下设施简单等优点。

(3) 水力除灰系统。在灰渣分除系统中，粉煤灰一般采用高浓度输送。有两种方式：一种是利用浓缩池制取高浓度渣浆进行输送；另一种是利用搅拌筒制取高浓度渣浆进行输送。第一种方式前面已有介绍，不再重复。搅拌筒高浓度输送系统流程图如图 10－20 所示，除尘器分离下来的飞灰通过空气斜槽集中后，进入搅拌筒制浆，制好的高浓度灰浆经灰沟（管）汇入灰浆池，然后由灰浆泵输往储灰场。灰渣分除系统主要除渣设备有捞渣机、皮带输送机、渣仓、水力喷射器、脱水仓等；主要除灰设备是搅拌筒，用以搅拌制取高浓度灰浆。

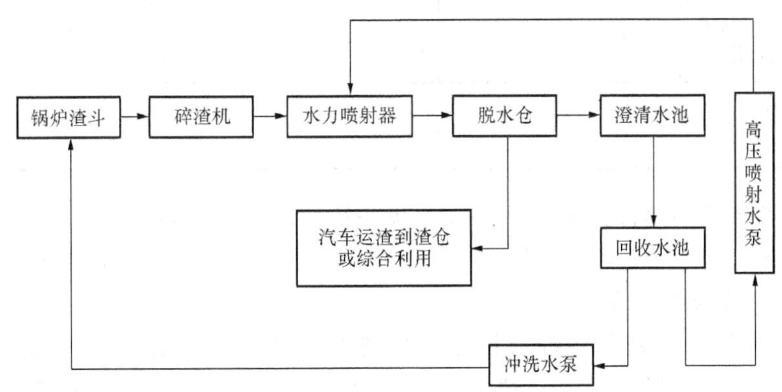


图 10-19 水力喷射—脱水仓除渣系统工艺流程图

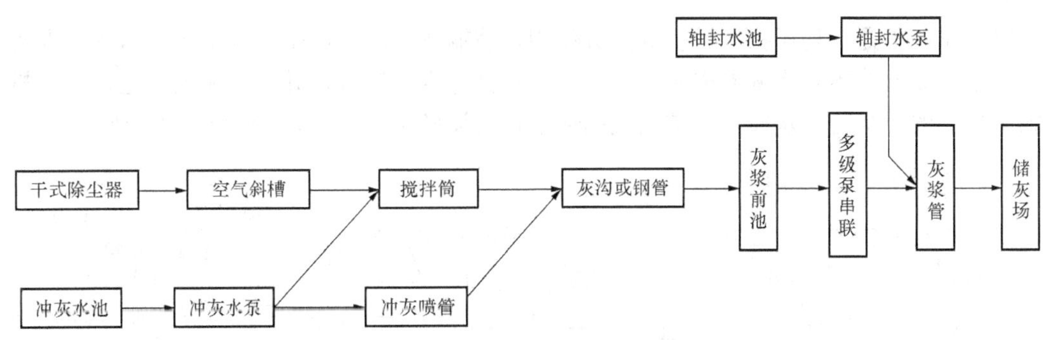


图 10-20 搅拌筒制高浓度灰浆除灰系统工艺流程图

堵灰、排灰不畅以及灰管结垢是水力除灰系统经常遇到的问题。

## 三、气力除灰系统及设备

气力除灰系统是以空气为输送介质和动力，将锅炉各集灰斗的干灰输送到指定地点的一种输送装置。根据输送系统压力的不同，气力除灰系统分为负压式和正压式两大类。负压式系统是靠系统内的负压将空气和灰一起吸人管道内，物料的整个输送过程是在低于大气压力下进行的。正压式系统则是用高于大气压力的压缩空气来推动物料进行输送的。气力除灰系统分类见表 10-3。

**表 10-3** 气力除灰系统分类

| 类型 | 主要设备 | 气源压力 (kPa) | 输送量 (t/h) | 输送距离 (m) | 灰气混合比 (kg/kg) | 主要特点 |
|---|---|---|---|---|---|---|
| 高正压 | 仓泵 | ＞200 | 30～100 | 500～1000 | 10～15 | 出力大、输送距离远 |
| 低正压 | 气锁阀 | ＜200 | 80 | 200～450 | 25～30 | 适合中等距离输送，省去集中装置 |
| 负压 | 抽气设备 | −50 | 50 | ＜200 | 2～10<br>20～25 | 厂区短距离输送，工作环境清洁 |

续表

| 类型 | 主要设备 | 气源压力（kPa） | 输送量（t/h） | 输送距离（m） | 灰气混合比（kg/kg） | 主要特点 |
|---|---|---|---|---|---|---|
| 空气斜槽—气力提升泵 | 空气斜槽气力提升泵 | 3～5 | 40 | ≤60 |  | 设备简单，尤其适合多灰斗集中输送 |
| 负—正压联合 | 抽气设备仓泵 |  | 100 |  |  | 输送距离远，集中与分散并用 |

气力除灰系统不需要冲灰水源，不改变灰分特性，系统简单、运行可靠、自动化程度高、节能、省水、便于干灰综合利用等特点，故在火电厂中逐步得到了广泛应用。

（一）负压气力除灰系统及设备

负压气力除灰系统是利用抽气设备（主要有罗茨风机、真空泵、抽气器）使系统形成负压将飞灰抽吸至灰库，一般由受压设备、输送管道、收尘设备和抽气设备等组成。

1. 工作流程

其工作流程是：利用抽气设备的抽吸作用，使输灰系统内产生一定负压，当灰斗内的干灰通过电动锁气器落入受灰器内时，与吸入受灰器的空气混合，并一起吸入管道，经气粉分离器分离后的干灰落入灰库，清洁空气则通过抽气设备重返大气，如图 10 - 21 所示。

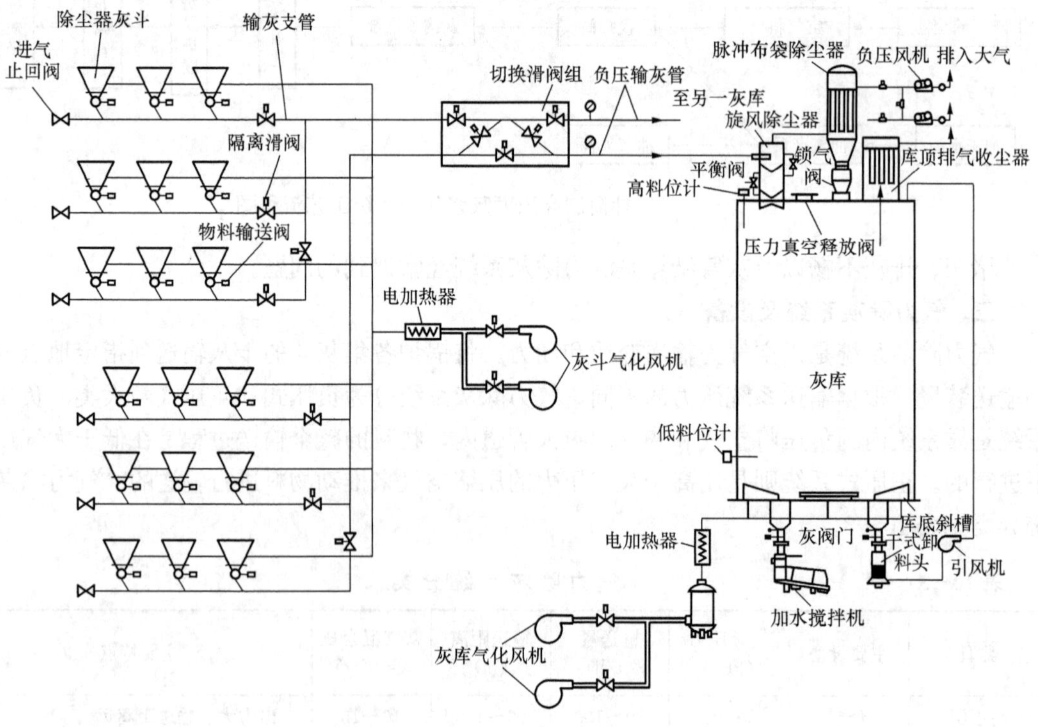


图 10 - 21 负压气力除灰系统及灰库

2. 负压除灰系统特点

负压除灰系统具有以下特点：

(1) 因设备和管道处于负压，没有物料和空气向往泄漏，工作环境好，运行比较清洁。

(2) 因为负压输送，故系统出力和输送距离都受到一定的限制，输送距离一般不超过150m，最大输送能力为40t/h。

(3) 供料用的输送阀处于系统的始端，真空度较低，阀的结构比较简单，所需的空间也较小。

(4) 收尘装置处于系统末端高负压区，既要考虑严密性防止由外向内漏气，又要保证分离下来的灰能顺利排出，设备结构比较复杂。

(5) 对采用电除尘器的电厂，由于灰斗数量多且分散，负压除灰方式能较好地将干灰集中，然后再进行处理或综合利用。

负压除灰系统一般按粗、细不同，将省煤器、空气预热器和电除尘器一电场灰斗中的灰送往粗干灰仓，而将除尘器二、三电场的灰送往细干灰仓中。也有的系统不分粗、细干灰仓，采用混除方式。

3. 抽吸真空设备

抽吸真空的设备现在大型电厂中以采用罗茨风机或水环真空泵居多，这种设备效率高，系统经济性好。

(1) 罗茨风机。干灰输送的动力源是系统的重要设备。罗茨风机是靠转子旋转排出气体的容积式风机，如图10-22所示，它由两个渐开腰形转子（空心或实心）、长圆形机壳、两根平行轴及进风口、排风口组成。两个转子相差90°，并以相同的速度作反方向旋转，在转子转动过程中，气体从一侧吸入壳体再从另一侧排出，从而在入口形成一定的真空，转子和外壳间的空气随其容积的变化而被压缩排出。每个转子旋转一周送气两次，排出两倍阴影部分体积的空气。罗茨风机的工作过程如图10-23所示。

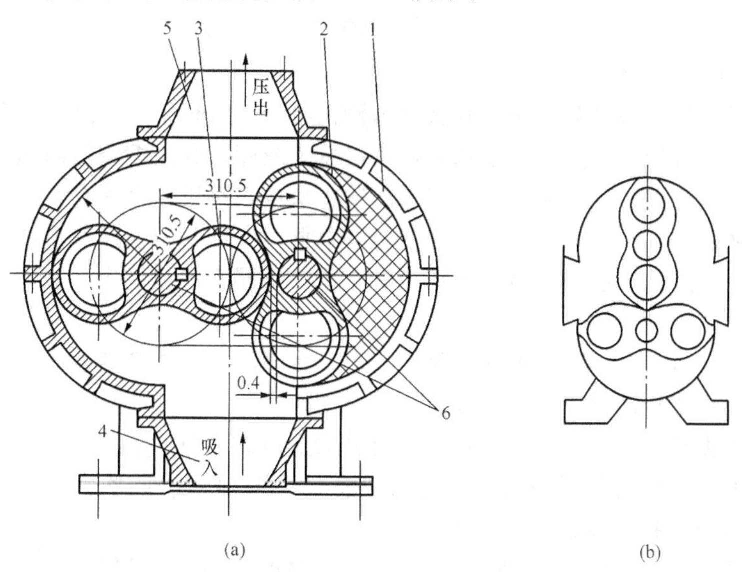


图10-22　罗茨风机剖面

(a) 卧式；(b) 立式

1—机壳组；2—主动转子组；3—从动转子组；4—进风口；5—排风口；6—轴

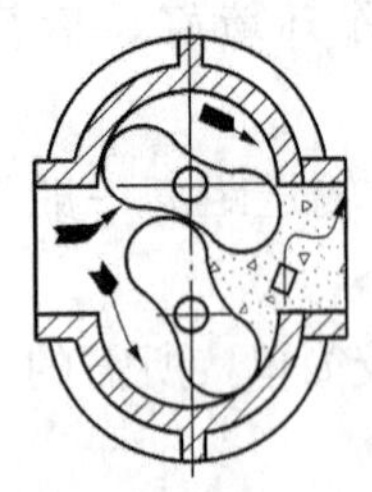
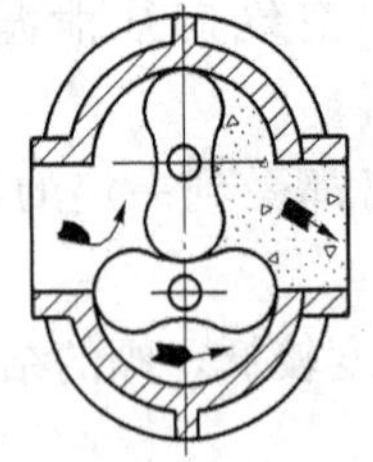
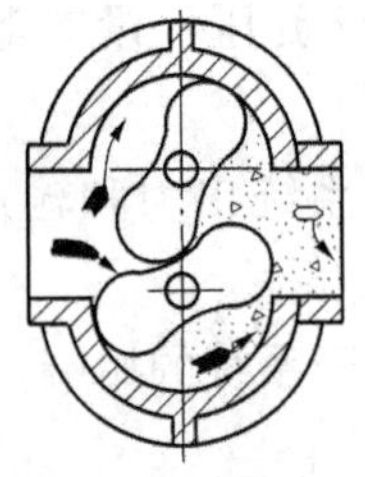
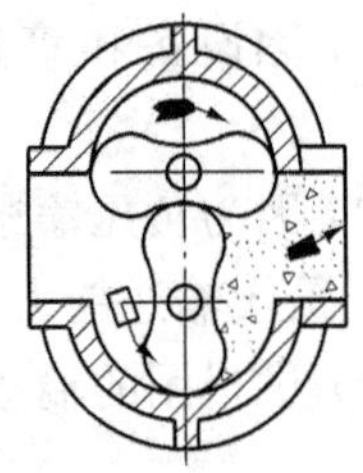

图 10－23　罗茨风机工作过程示意

(2) 水环式真空泵。水环式真空泵实际上是一种压缩机，水环式真空泵结构如图 10－24 所示。泵体内注水至轴线处，叶轮每转一周进行一次吸气和排气，水在泵内起着活塞作用。气体从叶轮中获得能量，又将能量传给气体，叶轮是实现能量转换的部件。水环式真空泵结构简单，没有阀门和其他配气机构，用水作介质来形成真空，泵的磨损小，吸排气均匀，运转平稳，但效率低。

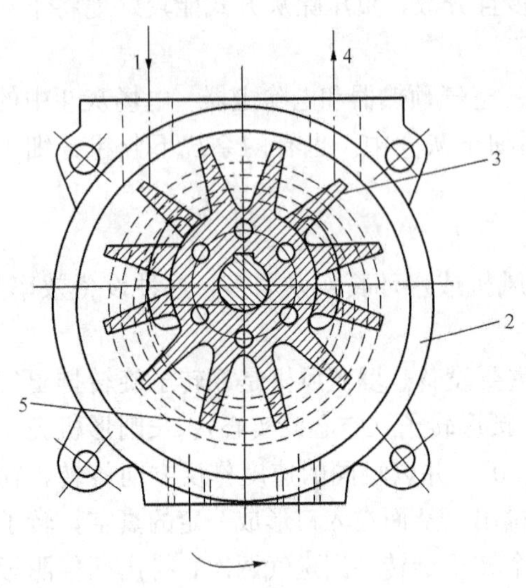


图 10－24　水环式真空泵

1—吸气孔；2—泵体；3—叶轮；4—排气孔；5—水环

（二）正压气力除灰系统

正压气力除灰采用由压气机供给高于大气压力的空气作为输灰介质和动力，进行干灰输送的系统。正压气力除灰系统根据压力的不同，可以划分为高压（也称正压）系统和微正压系统。一般由压气机械、供料装置、干灰输送管道以及收尘设备等组成。

1. 正压气力除灰系统

目前普遍采用的正压除灰系统是仓式气力输送泵（简称仓泵）系统，它是利用压缩空气使仓式内的灰与空气混合，并吹入输送管，直接排入灰库，其压缩空气由压气机供给。工作过程为：从干式除尘器分离下来的灰，经螺旋输粉机或给料机，进入仓泵，用压缩空气将缸体内的灰吹到灰库内，由于突然扩容，速度急剧降低，大部分灰粒从气流中分离出落到灰库内，只有少部分很细的灰粒随气流进入压力式布袋收尘器，并被捕集下来，较清洁的空气排入大气，如图 10－25 所示。

该系统的主要特点是：系统的输送距离较远，出力高，且供料装置转动部件少，运转可靠，噪声较小，系统自动化程度高，操作控制方便。

仓式泵的种类较多，按仓式泵的形式，可分为上引式仓泵、下引式仓泵、流态化仓泵和喷射式仓泵；按仓式泵的配置方式，可分为单仓泵系统和双仓泵系统；按仓式泵的布置方式，又可分为集中式和直接式仓泵系统。

图 10－26 所示是仓泵的空气管道系统。灰斗中的灰经锥形阀和插板定期排入仓泵，当仓泵中的灰达到一定高度后，首先开启空气阀门，压缩空气经压灰空气管进入仓泵上部，同时经吹灰空气管引入仓泵下部进行排灰。当仓泵中的灰被除净后，再由压缩空气继续吹扫管路，以免引起管路结垢，然后关闭空气阀门。

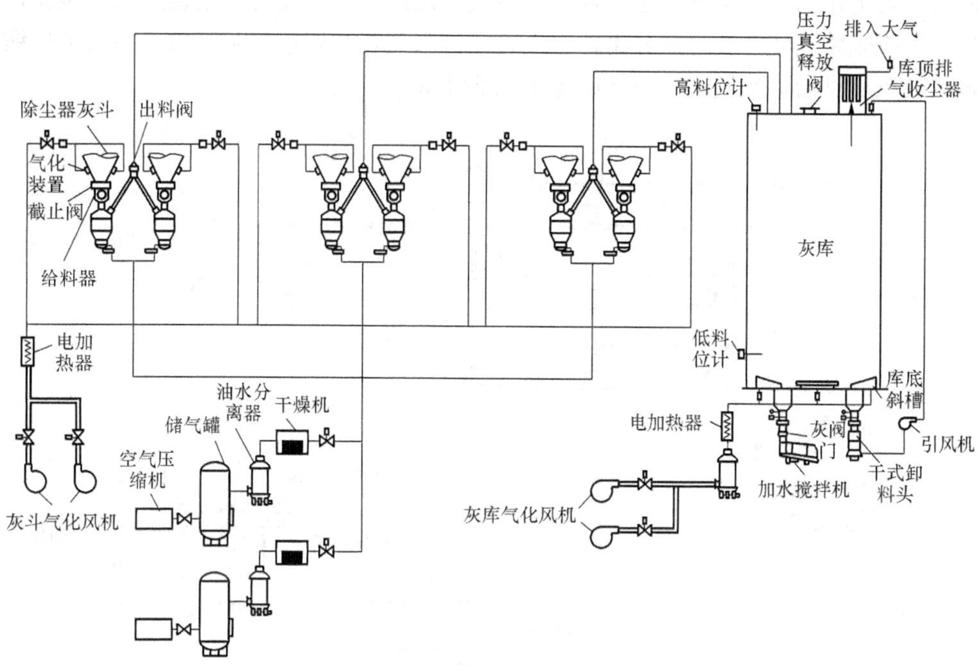


图 10－25　高正压气力除灰系统及灰库

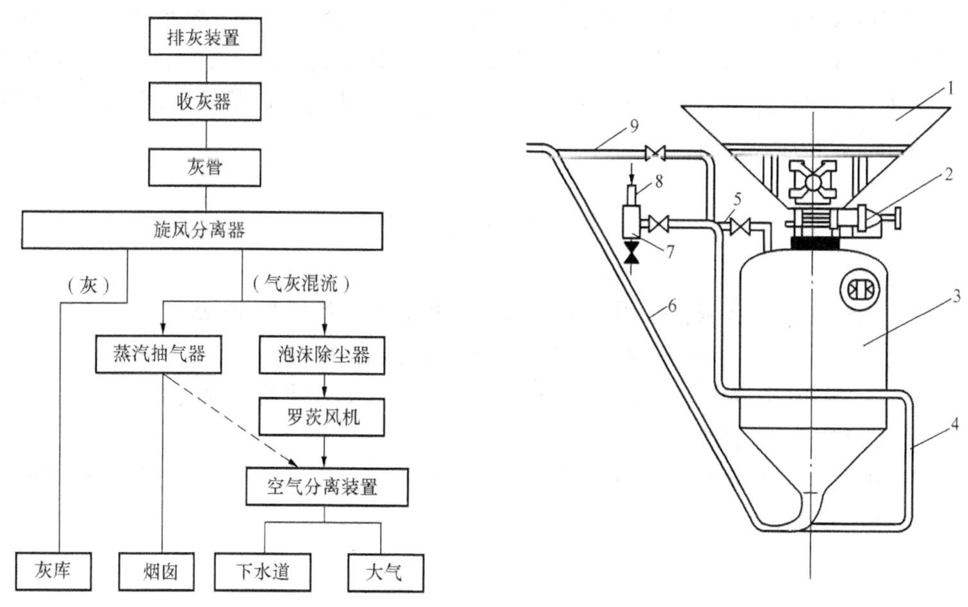


图 10－26　仓泵的空气管道系统

1—灰斗；2—锥形阀；3—仓泵；4—冲灰压缩空气管；5—压灰空气管；6—输灰管；7—滤水管；8—压缩空气总管；9—冲洗压缩空气管

2. 低正压气力除灰系统

目前主要采用的是低压气锁阀气力除灰系统，如图 10－27 所示。该系统是在锅炉各集灰斗的每个灰斗下均设置一台气锁阀作为供灰装置，灰斗的排灰经气锁阀进入输灰管道，然后由输送风机提供的低压空气输送到灰库。在灰库顶部一般安装有一级袋式收尘装置，气灰混合物通过收尘装置使空气与灰分离，空气直接排大气，灰则落入灰库内。系统中压缩空气由回转式鼓风机供给，空气压力小于或等于0.2MPa。

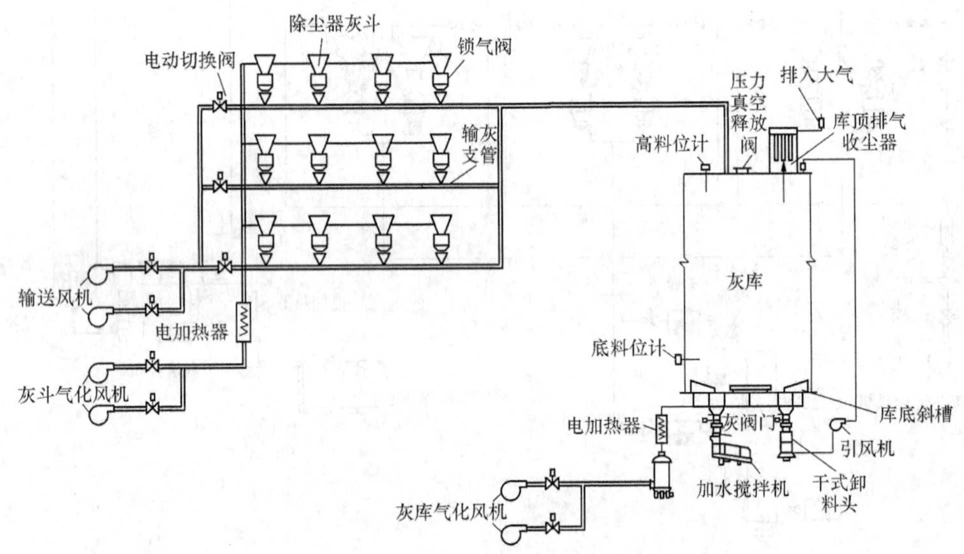


图10-27　低正压气力输送系统及灰库

低正压输灰系统可将锅炉各集灰斗排灰的集中和输送合为一体，故系统相对比较简单，自动化程度高，操作方便，较负压系统输送量大，但其输送距离不宜过长，一般以200～500m较为适宜。缺点是每个灰斗下需要较大的空间安装锁气阀，基建费用较高。该系统是国内应用最多的气力除灰形式之一。

## 复习思考题

10-1　锅炉为何要吹灰？常用的吹灰器有哪些形式？各用在什么地方？

10-2　简述IR-3Z型吹灰器的工作原理及工作过程。

10-3　火力发电厂为何要除尘？简述电除尘器的工作原理及除尘过程。

10-4　简述电除尘器的结构。

10-5　电厂为何要除灰？目前电厂除灰系统常见的有几种？各由哪些设备组成？

10-6　气力除灰系统有何特点？

# 第十一章　电站锅炉脱硫脱硝技术

目前，火电仍然是我国的主力电源。在燃煤电站锅炉中，煤中的硫在燃烧过程中将生成大量的二氧化硫，而氮气与氧气在炉内高温环境下将化合成一氧化氮，继而转化为二氧化氮。当这些气体随烟气一起排放到大气中时，它们会对人体和环境造成极大的危害。其中，二氧化硫是造成酸雨的主要根源。根据测算，我国已成为世界上二氧化硫排放量第一的大国，而且大气中70%的氮氧化物排放量直接来源于煤的燃烧，因此大力发展电站锅炉脱硫脱硝技术、控制燃煤造成的大气污染具有非常重要的现实意义。

## 第一节　电站锅炉脱硫技术

### 一、概述

目前，燃煤电站的脱硫方法一般可划分为燃烧前脱硫、燃烧中脱硫和燃烧后脱硫三类。

（一）燃烧前脱硫

燃烧前脱硫指的是在燃烧之前对煤进行净化，将煤中含有的硫分除去，避免硫在燃烧过程中发生形态改变，从而减少烟气中硫的含量，减轻对尾部烟道的腐蚀和环境污染，降低运行和维护费用。燃烧前脱硫可以在选煤厂就把硫脱除到一定范围，从源头进行控制，并符合"预防为主"的方针，所以燃烧前脱硫具有重要意义。

燃烧前脱硫主要包括物理脱硫法、化学脱硫法、生物脱硫法、煤的气化和液化等。

物理脱硫是利用密度、磁性、导电性以及表面性质等差异将煤颗粒与含硫化合物分离，从而脱去煤中的无机硫。常用的物理脱硫方法有重介质法、跳汰法、浮选法、磁选法、辐射照射法等。物理脱硫方法工艺简单、投资少、操作成本低，目前已有成熟的工艺和设备，但是不能脱除煤中的有机硫，对黄铁矿的脱硫率一般在50%左右，无法满足对燃煤二氧化硫污染控制的要求，因此只能作为燃煤脱硫的一种辅助手段。

化学脱硫是在一定条件下利用化学试剂与煤发生化学反应，将煤中的硫转变为可溶物，并使其从煤中分离出来的一种脱硫方法。根据不同的化学试剂和反应原理，化学脱硫法可分为碱处理法、溶剂萃取法、氧化法、热解法、微波处理法等，其中碱处理脱硫和溶剂萃取脱硫工艺具有较好的经济技术效果和应用前景。化学脱硫法几乎可以脱去煤中所有的无机硫和大部分有机硫，但是工艺较复杂，一般需要在一定的酸碱条件下进行，有的甚至需要较高的温度，并破坏煤的结构和黏结性，降低发热量等，因而使其应用受到了影响。

煤的生物脱硫是在极其温和的条件下，利用生物氧化—还原反应来使煤中的硫得以脱除的一种低能耗方法，常用的生物脱硫方法有浸出法、表面氧化法和微生物絮凝法等。该方法不仅生产成本低，不会降低煤的热值，而且可脱除煤中的无机硫和有机硫，脱硫费用较低，因此是一种很有前途的燃烧前脱硫方法。

煤的气化是一个热化学加工过程，它是在一定温度与压力下，以煤为原料，以氧气、空气、水蒸气作为气化剂，通过化学反应将固体煤转化为含有 $CO$、$H_2$、$CH_4$ 等可燃性物质的气体燃料的工艺过程。煤的气化也可以在地下进行，即将埋藏在地下的煤直接通过气化转变为煤气。近年来，煤的气化技术在国外得到了较大发展，可为整体煤气化联合循环发电（简称 IGCC）提供理想的气源，提高煤—气转化效率，减少污染物排放，保护环境。

煤的液化是将煤转化为清洁的液体燃料（汽油、柴油、航空煤油等）的一种先进洁净煤技术。煤可以直接液化，也可以间接液化。直接液化就是在高温高压下，使煤与氢气作用生成液体燃料；间接液化就是先对原料煤进行气化，使其转化为一氧化碳和氢气，然后在高温、高压以及催化剂的作用下转变为有关油产品或化工产品。

水煤浆是由煤、水和化学添加剂按一定要求并通过物理加工配制成的一种煤基液体燃料混合物。它不仅有较好的流动性和稳定性，可管道输送，易于储存，可雾化燃烧，而且还有燃烧效率高、污染排放量小、燃烧稳定等优点，可替代油、气等成为最基础、最经济的洁净能源。当用水煤浆替代煤燃用时，也有一定的节能和环保效益。

（二）燃烧中脱硫

燃烧中脱硫即炉内喷吸收剂脱硫。在煤燃烧过程中，向炉内加入石灰石粉（$CaCO_3$）、白云石粉［$CaMg(CO_3)_2$］或消石灰粉［$Ca(OH)_2$］等作吸收剂，$CaCO_3$、$CaMg(CO_3)_2$ 或 $Ca(OH)_2$受热分解生成氧化钙、氧化镁等，与烟气中二氧化硫反应，使煤中硫分转化成硫酸盐，随灰渣排除。石灰石粉等吸收剂可在煤粉锅炉炉膛上部、烟温为 900～1250℃的区域喷入，也可随煤颗粒一起进入循环流化床锅炉燃烧室的床层中，与煤燃烧产生的二氧化硫发生反应，从而达到脱硫效果。

（三）燃烧后脱硫

燃烧后脱硫即烟气脱硫（Flue Gas Desulfurization，FGD）。电站烟气脱硫指的是通过合理的工艺流程和可靠的设备，将电站锅炉排出并经除尘器除尘的含 $SO_2$ 的烟气进行净化处理，除去绝大部分 $SO_2$ 后，再经烟囱排入大气环境中。烟气中的二氧化硫是酸性物质，它可通过与碱性物质发生反应，生成亚硫酸盐或硫酸盐，从而从烟气中脱除。最常用的碱性物质是石灰石、生石灰和熟石灰，也可用氨和海水等其他碱性物质。

烟气脱硫技术是当前应用最广、效率最高的脱硫技术，具有脱硫效率高、装机容量大、技术水平先进、投资省、占地少、运行费用低、自动化程度高、可靠性好等优点。对燃煤电站而言，在今后相当长的一段时间内，烟气脱硫技术将是控制 $SO_2$ 排放的主要手段。根据脱硫物质（吸收剂）在脱硫反应过程中的状态（液态或固态），可将燃煤电站锅炉烟气脱硫技术分为湿法烟气脱硫、干法烟气脱硫、半干法烟气脱硫。

**二、湿法烟气脱硫技术**

湿法烟气脱硫技术是用水溶液或浆液作为吸收剂来脱除烟气中的硫氧化物。该技术具有脱硫反应速度快、脱硫效率高等优点，但其存在的耗水量大、脱硫废水二次污染、系统易结垢与腐蚀、脱硫设备初期投资费用大、运行费用较高等缺陷也不容忽视。湿法烟气脱硫技术主要有石灰石（石灰）—石膏湿式浆液洗涤法脱硫、氨溶液洗涤法脱硫、海水洗涤法脱硫等，其中，石灰石（石灰）—石膏湿式浆液洗涤法是目前世界上应用最广泛、技术最成熟、脱硫效率最高(可达 95%以上)、运行状态最稳定的脱硫方式，适合大型燃煤电站的烟气脱硫。采用该方式的电站单机容量已超过 1000MW，而采用该脱硫工艺的机组容量约占电站脱硫装机总容量的 80% 。

（一）石灰石（石灰）—石膏湿法脱硫的原理

该脱硫工艺采用廉价易得的石灰石或石灰做脱硫吸收剂。将石灰石或石灰破碎，磨成细粉，加水搅拌制成吸收剂浆液。在吸收塔内，烟气中的 $SO_2$ 与浆液中的 $CaCO_3$ 或 Ca（OH)$_2$以及鼓入的氧化空气进行化学反应，生成二水石膏，从而使烟气中的二氧化硫被脱除。以石灰石为吸收剂的反应原理为：

（1）吸收。在吸收塔内，烟气中的 $SO_2$ 首先被石灰石浆液中的水吸收，形成亚硫酸，并产生部分电离，即

$$SO_2+H_2O\rightarrow H_2SO_3\longrightarrow H^++HSO_3^-\rightarrow 2H^++SO_3^{2-}$$

（2）溶解。石灰石粉溶解在水中，并发生电离，即

$$CaCO_3+H^+\longrightarrow Ca^{2+}+HCO_3^-$$

（3）中和。即

$$HCO_3^-+H^+\longrightarrow H_2O+CO_2\uparrow$$

（4）氧化。即

$$HSO_3^-+\frac{1}{2}O_2\longrightarrow SO_4^{2-}+H^+$$

$$SO_3^{2-}+\frac{1}{2}O_2\longrightarrow SO_4^{2-}$$

（5）结晶。即

$$Ca^{2+}+SO_4^{2-}+2H_2O\longrightarrow CaSO_4\cdot 2H_2O\downarrow$$

（6）三氧化硫、氯化氢、氢氟酸等与石灰石的反应如下

$$CaCO_3+SO_3+2H_2O\longrightarrow CaSO_4\cdot 2H_2O\downarrow+CO_2\uparrow$$

$$CaCO_3+2HCl\longrightarrow CaCl_2+H_2O+CO_2\uparrow$$

$$CaCO_3+2HF\longrightarrow CaF_2\downarrow+H_2O+CO_2\uparrow$$

*（二）石灰石—石膏湿法脱硫的工艺流程*

图 11－1 所示为石灰石—石膏湿法脱硫工艺流程，脱硫吸收剂为石灰石。石灰石粉由石灰石粉仓经给料器进入石灰石浆液制备池，与水混合搅拌制成石灰石脱硫吸收剂浆液，并经石灰石浆液泵进入吸收塔底部的浆液循环池。一定浓度的石灰石浆液通过浆液再循环泵，连续不断地从吸收塔顶部喷入，与经气—气热交换器降温后进入吸收塔的烟气接触混合。烟气中的 $SO_2$ 溶解于水，并被浆液中的脱硫剂吸收，生成亚硫酸钙（$CaSO_3$）和硫酸钙（$CaSO_4$）

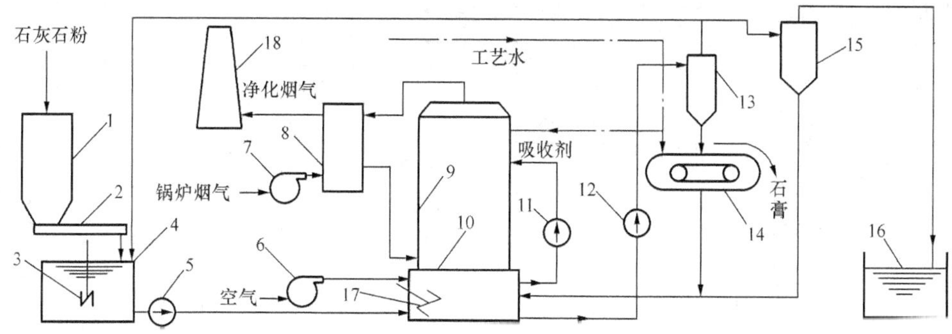


图 11－1　湿法脱硫系统的工艺流程

1—石灰石粉仓；2—给料器；3、17—搅拌器；4—石灰石浆液制备池；5—石灰石浆液泵；6—氧化风机；7—增压风机；8—气—气热交换器；9—吸收塔；10—浆液循环池；11—浆液再循环泵；12—吸收塔浆液排放泵；13—旋流分离器；14—真空皮带脱水机；15—废水旋流器；16—废水槽；18—烟囱

结晶物。其中，亚硫酸钙（$CaSO_3$）具有不稳定性，当它在吸收塔内和吸收塔底部遇到氧化风机鼓入的氧化空气时，即发生化学反应，最终将全部转化为二水硫酸钙（$CaSO_4 \cdot 2H_2O$），即石膏。在吸收塔浆液循环池下部，石膏浆液经排放泵打入石膏脱水系统，脱水后即可回收成品石膏，清水则进入脱硫吸收系统重新使用，而废水进入废水处理系统。脱硫后的烟气经吸收塔顶部的除雾器除去细小液滴后，成为净化烟气，并进入气—气热交换器升温，之后经烟囱排入大气。

（三）石灰石—石膏湿法脱硫的系统组成和主要设备

石灰石—石膏湿法脱硫系统简称脱硫岛，是一个完整的烟气脱硫工艺系统，主要由石灰石浆液制备系统、$SO_2$ 吸收系统、烟气系统、石膏脱水系统、废水处理系统、工艺水及压缩空气系统等子系统组成。

1. 石灰石浆液制备系统及其主要设备

石灰石—石膏湿法脱硫工艺采用的原料为石灰石，一般为块状。首先，用破碎机将石灰石破碎至 20mm 以下，并送入石灰石储仓。之后，可通过干式钢球磨石机将石灰石磨制成一定细度的合格的石灰石粉，并送至石灰石粉仓储存。粉仓中的石灰石粉经计量给料器送入石灰石浆液制备池，直接与池内的水搅拌混合，调制成一定浓度的石灰石浆液。依据锅炉排烟中二氧化硫反应所需脱硫吸收剂的消耗量和吸收塔内浆液的 pH 值，通过石灰石浆液泵将所需要的石灰石浆液送入吸收塔，如图 11-1 所示。

另外，如图 11-2 所示，也可直接将石灰石储仓下部的皮带称重给料机送出的石灰石与水混合，通过湿式钢球磨石机磨制成吸收剂浆液，该浆液自钢球磨石机出来后进入石灰石浆液循环池，再经浆液循环泵打入石灰石浆液旋流分离器进行分离，合格的吸收剂浆液经石灰石浆液箱和石灰石浆液泵打入吸收塔底部的浆液循环池，不合格的石灰石浆液返回湿式钢球磨石机重新磨制；同时依据烟气负荷、脱硫吸收塔烟气入口的二氧化硫浓度和吸收塔内浆液的 pH 值来调控吸收塔内喷入的石灰石浆液量，剩余部分则返回浆液制备系统。

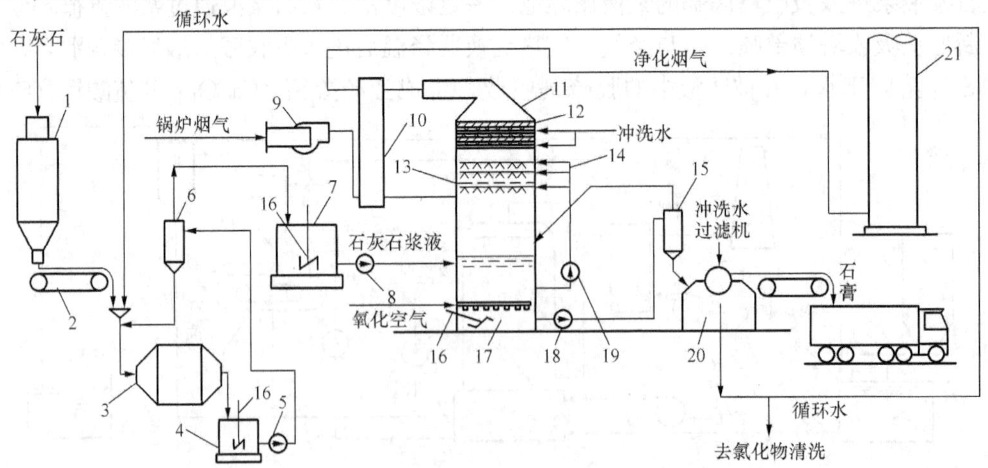


图 11-2 湿式钢球磨石机湿法脱硫系统的工艺流程

1—石灰石原料仓；2—给料机；3—湿式钢球磨石机；4—石灰石浆液循环池；5—石灰石浆液循环泵；6—旋流分离器；7—石灰石浆液箱；8—石灰石浆液泵；9—增压风机；10—气—气热交换器；11—吸收塔；12—除雾器；13—托盘；14—吸收塔分配联箱；15—石膏旋流器；16—搅拌器；17—浆液池；18—石膏浆液排放泵；19—吸收塔浆液再循环泵；20—真空离心脱水机；21—烟囱

为防止浆液沉淀，在石灰石浆液制备池、石灰石浆液循环池、石灰石浆液箱等上均安置了搅拌器，而且要使浆液不断地流动循环，以防其发生结块和堵塞。

因此，石灰石浆液制备系统是由以下主要设备组成：

(1) 石灰石破碎和储存设备（如石灰石破碎机、石灰石储仓等）。

(2) 石灰石磨粉设备（如干式钢球磨石机、湿式钢球磨石机等）。

(3) 储存脱硫剂粉的石灰石粉仓。

(4) 石灰石脱硫吸收剂浆液配制、计量和供应设备（如石灰石计量给料器、石灰石浆液制备池、搅拌器、石灰石浆液泵、石灰石浆液循环池、石灰石浆液旋流分离器、石灰石浆液循环泵、石灰石浆液箱等）。

2. $SO_2$ 吸收系统

$SO_2$ 吸收系统是湿法烟气脱硫系统的核心部分，主要包括吸收塔、除雾器、浆液循环泵、浆液搅拌器、浆液分配联箱和喷嘴、浆液排放泵和氧化风机等设备。

为了降低脱硫设备的投资、占地和运行维护费用，石灰石—石膏湿法脱硫系统一般采用单塔式吸收塔，并在吸收塔内完成 $SO_2$ 的吸收、中间产物的氧化和石膏晶体的生成等全部过程。吸收塔可立式布置，也可水平布置，如图 11-3 所示。从烟气与吸收浆液的相互流动方向看，脱硫吸收塔可分为顺流塔、逆流塔或两者兼有。

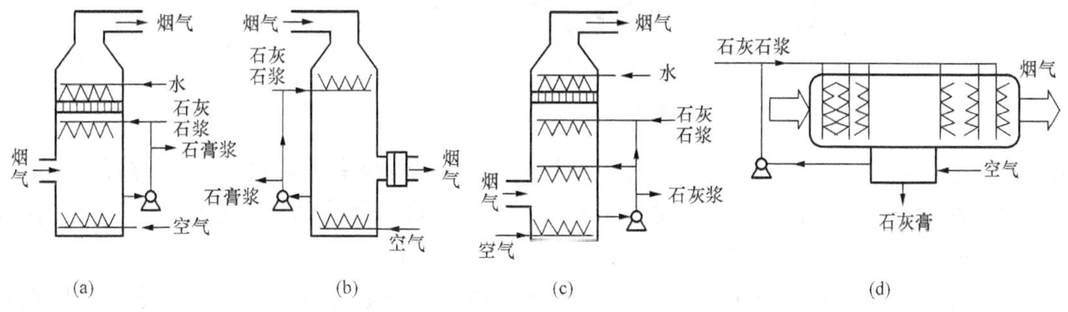


图 11-3　脱硫吸收塔（单塔式）结构形式

(a) 逆流塔；(b) 顺流塔；(c) 多层逆流塔；(d) 水平脱流塔

为了促进脱硫反应的进行，应尽可能增大脱硫吸收浆液的表面积，一般用喷嘴雾化吸收浆液，从而形成喷淋吸收塔结构。喷淋吸收塔一般采用逆流运行方式，这样可在一定程度上通过上升烟气托住喷淋的小水珠，以延长液滴在吸收区域的停留时间。典型的喷淋吸收塔结构如图 11-4 所示。

在喷淋吸收塔内，脱硫吸收剂浆液经浆液循环泵进入喷嘴，通过喷嘴雾化后，喷淋到吸收塔上部的 $SO_2$ 吸收区域。在吸收塔烟气进口区域，烟气遇到上方设置的急速冷却喷嘴喷出的石灰石浆液，迅速被冷却并达到饱和状态。自上而下的吸收剂浆液与自下而上的处于饱和状态的烟气直接接触，烟气中的 $SO_2$ 被吸收剂浆液吸收，并与浆液中的 $CaCO_3$ 发生化学反应，生成亚硫酸钙与硫酸钙晶体，进入吸收塔下部的浆液循环池。在浆液循环池内，亚硫酸钙被氧化风机送入的氧化空气强制氧化，最后将生成石膏晶体。进入浆液循环池内的新鲜浆液与塔内未反应完的浆液及部分石膏晶体混合，经吸收塔的浆液再循环泵、浆液分配联箱、喷嘴等送至吸收塔上部，继续进行脱硫吸收反应。塔底的石膏晶液经浆液循环池下部的排放泵送至石膏脱水系统。脱硫烟气在向上穿过喷淋区时，不可避免地会携带液滴。为了防

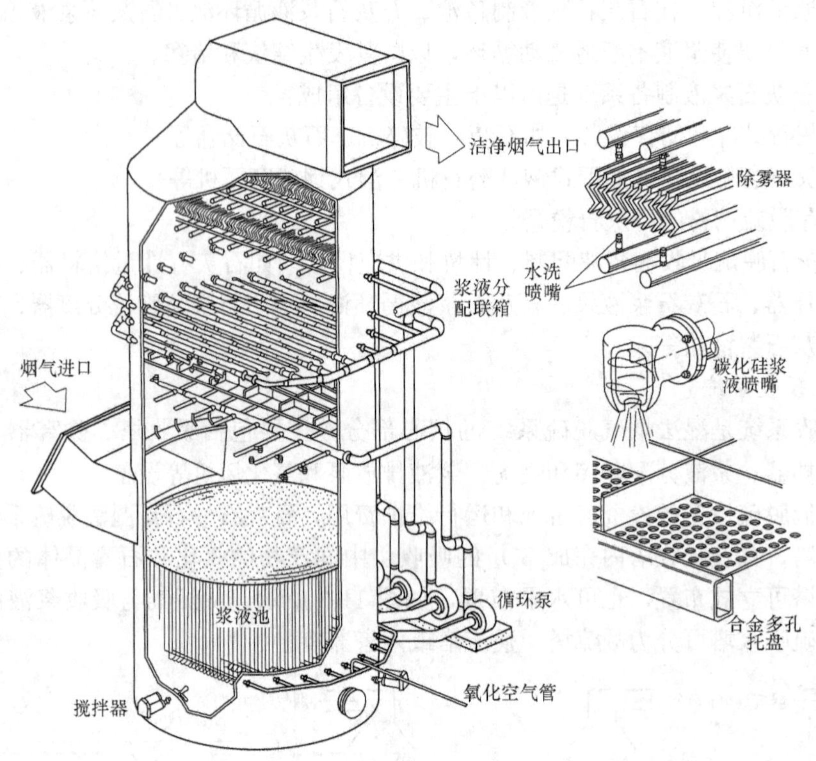


图 11-4 喷淋吸收塔结构

止烟气携带的浆液在下游沉积结垢和造成腐蚀，在脱硫吸收塔顶部设置除湿装置——除雾器。脱硫处理过的烟气连续通过除雾器，烟气夹带的大部分浆液滴将会分离出来，从而保证烟气出口的含湿量，一般要求烟气出口的含湿量低于 100mg/m$^3$。

在喷淋区的设计上，烟气与浆液分布应十分均匀，流体应处于高度湍流状态，以增强烟气与浆液的均匀接触，增大气液接触面积。喷嘴通常设计成交叉布置方式，以使喷雾能够完全覆盖吸收塔的整个横断面，从而得到理想的吸收效果。

除雾器可垂直布置，也可水平布置。垂直布置的除雾器较适合设置在吸收塔顶部，如图 11-4所示，因其依靠聚集液滴的重力分离液滴，使得收集下来的液体又能自动流回吸收塔内，所以不需要设排水装置。然而随着烟气流速的增大（一般为 2～5m/s），液滴易于被烟气进一步撕碎，导致烟气二次携带液滴，降低除湿效率，因此，垂直布置方式不适于烟气流速较高的情况。水平布置的除雾器收集下来的液滴，通过与烟气流向接近垂直的方向排除，虽然可以削弱因液滴被烟气撕破而造成的二次携带，使其可以运行在比垂直布置更高的烟速范围内，但应在水平除雾器底部安装有效的排水设施，以保证除湿效率。另外，水平除雾器的流动阻力较大，安装与维修较困难。

浆液循环池中设有搅拌器，目的是使浆液保持流动状态，并使脱硫吸收剂也在浆液中保持均匀悬浮状态，从而保证浆液对 $SO_2$ 的吸收和反应能力。

3. 烟气系统

烟气系统是锅炉、脱硫吸收塔、烟囱之间的连接部分，主要由增压风机、气—气热交换器、烟道、烟气挡板、膨胀节等组成。自电除尘器、引风机来的锅炉烟气经原烟气挡板进入增压风机，升压后进入气—气热交换器（Gas - Gas Heater，GGH），降温至100℃以下后，进入脱硫吸收塔完成脱硫和除湿过程。净化烟气经脱硫、除湿后，温度为50℃左右，需重新返回GGH中受热，以防止对下游设备的腐蚀和对环境的影响。当其被加热至80℃以上后，经净烟气通道、净烟气挡板和烟囱排入大气。

增压风机又称脱硫风机，可为进入脱硫系统的烟气提供压头，以使烟气能够克服从脱硫系统进口分界到烟囱之间的整个FGD系统的流动阻力。脱硫风机主要有动叶可调轴流风机、静叶可调轴流风机以及离心风机三种。

GGH是气—气热交换系统的主要设备，具有烟气冷却和烟气再加热的双重功能。GGH能够降低进入脱硫吸收塔的烟气温度，以利于脱硫反应的进行，同时，降温放出的热量可加热脱硫净化后的低温烟气，以提高脱硫系统的出口烟气温度，使净化烟气在烟囱进口的最低温度大于酸露点。

气—气热交换器有回转再生式气—气热交换器和管式气—气热交换器两种形式。烟气系统常选用回转再生式气—气热交换器，其工作原理（见图11 - 5）和结构（见图11 - 6）与电站锅炉的回转式空气预热器类似，只是工作温度较低，因此其传热元件需用防腐材料制成。另外，回转再生式GGH需要设计性能良好的密封装置，同时可采用空气置换转动部分携带烟气的方式，以尽可能减少烟气从未净化侧至净化侧的泄漏量，从而使该GGH的漏风率小于0.5%。管式GGH在正常情况下不会发生烟气泄漏，但当其出口烟气温度低于烟气露点时，大量的硫酸蒸汽将会凝结在管表面，从而使设备长期处于酸性环境中，不但硫酸黏液会黏附灰粒并在管表面形成污垢，影响换热效果，而且还会因腐蚀而导致泄漏，烟气系统较少采用管式GGH。

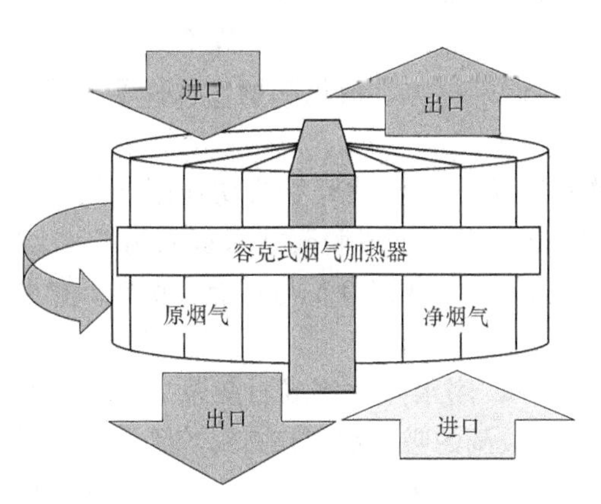


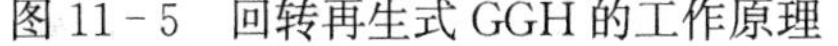

图11 - 5　回转再生式GGH的工作原理

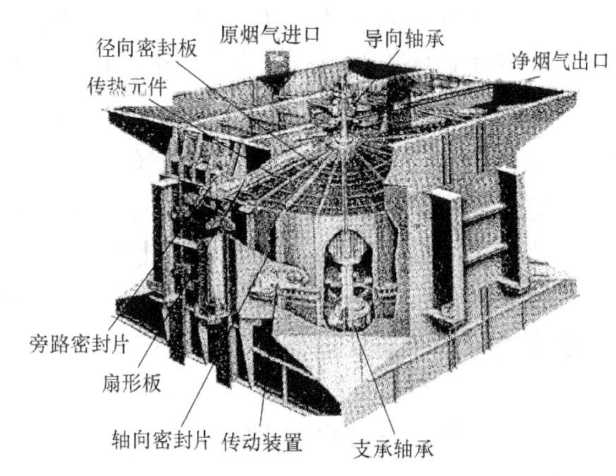


图11 - 6　回转再生式GGH的结构

4. 石膏脱水系统与废水处理系统

在吸收塔下部的浆液循环池中，石膏晶体不断生成。为了使浆液密度保持在计划的运行范围内，需要将一部分石膏浆液（15%～20%固体含量）从吸收塔中抽出。为便于石膏的运输、储存和综合利用，需要对石膏进行脱水处理。石膏脱水系统及废水处理系统主要包括石膏浆液排放泵、石膏浆液旋流器、真空脱水机、石膏传送带、废水旋流器等。

在吸收塔浆液循环池中形成的石膏浆液通过排放泵送入石膏旋流器，石膏浆液在旋流器内通过离心旋流而进行脱水分离，使旋流器出口的浓缩石膏浆液的固体含量达到 50% 左右，未反应的小石灰石颗粒以及飞灰等其他细小颗粒随水流进入溢流侧，从而完成石膏一级脱水。石膏旋流器的大部分溢流液返回吸收塔，小部分溢流液在重力作用下流入废水旋流器。

从石膏旋流器流出的浓缩石膏浆液有石膏回收方式和石膏抛弃方式两种处理方式。采用抛弃方式时，石膏浆液直接引入抛浆池。采用回收方式时，浓缩石膏液将进入石膏脱水过滤装置（离心式或真空皮带式脱水机）进行过滤、冲洗，以使脱水石膏中 $Cl^-$ 等成分的含量达到要求，并且石膏固体物质的表面含水率在 10% 以下。脱水石膏存放待运。

石膏旋流器的小部分溢流液进入废水旋流器后，进行再次旋流分离，得到的溢流进入废水箱，由废水泵送往电厂废水处理系统，而含固体量高的底流则进入滤液箱，最后返回 FGD 系统循环使用。

5. 工艺水及压缩空气系统

工艺水主要用于 FGD 系统补水、设备及管道的冲洗水等。在 FGD 内，水主要损耗在石膏结晶水、石膏附带水分以及蒸发水等。工艺水系统的主要设备有工艺水箱、工艺水泵等。

FGD 系统设有仪用空气储气罐和杂用空气储气罐，仪表用气和杂用气均取自电站压缩空气系统。仪表气用于 FGD 系统内的各气动阀、气动控制阀、净烟气流量测量装置以及分析装置的冲洗气，杂用气可用于气—气热交换器吹扫和设备检修。

**三、半干法烟气脱硫技术**

半干法烟气脱硫是在锅炉和除尘器之间的脱硫反应器内，均匀地向烟气喷入脱硫吸收剂浆液，利用烟气的热量来蒸发浆液中的水分，同时在干燥过程中，吸收剂与烟气中的 $SO_2$ 反应生成干粉状脱硫产物。半干法烟气脱硫工艺较简单，干态产物易于处理，无废水产生，投资一般低于湿法，但脱硫效率和脱硫剂的利用率低，一般适用于低、中硫煤烟气脱硫。应用较为广泛的半干法烟气脱硫技术主要有喷雾干燥烟气脱硫、循环流化床烟气脱硫等。现以喷雾干燥法烟气脱硫技术为例进行讲解。

喷雾干燥法是 20 世纪 70 年代开发出的一种脱硫技术，80 年代开始成功地用于低、中硫燃煤锅炉的脱硫，目前在脱硫市场上位居第二。喷雾干燥法烟气脱硫技术多采用 CaO 含量尽可能高的石灰作为脱硫吸收剂，整个系统是由脱硫吸收剂灰浆制备与供给、喷雾干燥脱硫、除尘及脱硫灰渣处理等几部分组成。

如图 11-7 所示，将石灰磨制成 100$\mu$m 以下的颗粒，用水熟化制成石灰浆后，用泵打入吸收塔顶部的雾化装置。在吸收塔内，被雾化成细小液滴的吸收剂与来自锅炉除尘器后的烟气混合接触，一方面，吸收剂与烟气中的 $SO_2$ 发生化学反应，生成 $CaSO_3$，同时烟气中的 $SO_3$、HCl、HF 等有害气体也与 $Ca(OH)_2$ 发生反应生成 $CaSO_4$、氯化钙、氟化钙等，并从烟气中脱除；另一方面，烟气又将热量传递给吸收剂，以使吸收剂因水分蒸发而不断得到干燥，最后脱硫产物以干态形式从脱硫塔排出，因而称为半干法脱硫。脱硫后的烟气温度随之降低，但仍高于酸露点。烟气经除尘器除尘后，可直接排至烟囱，无废水排放。脱硫后的固体产物中，一部分较大颗粒因重力作用而沉积在吸收塔底部，并从底部排出；而其他部分则随烟气进入除尘器，并被收集下来。由于脱硫固体产物中还含有未反应的石灰，因此，为提高脱硫吸收剂的利用率，部分脱硫灰将返回制浆系统循环使用，而其他吸收塔底部排出的灰渣和除尘器收集的灰渣则抛弃至灰场。

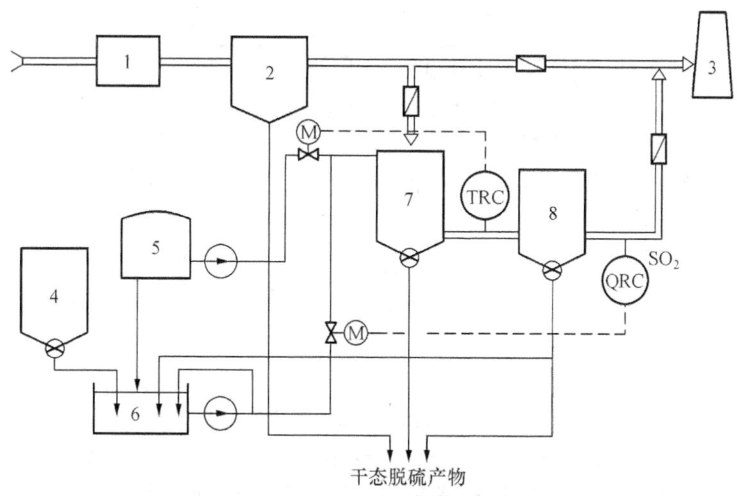


图 11－7　喷雾干燥法烟气脱硫的基本工艺流程
1—空气预热器；2—除尘器；3—烟囱；4—脱硫吸收剂料仓；5—工艺水箱；
6—石灰浆液制备池；7—喷雾干燥脱硫吸收塔；8—除尘器；
TRC—温度控制元件；QRC—有害气体浓度控制元件

石灰加水熟化制成消石灰浆液的化学反应为

$$CaO+H_2O \longrightarrow Ca(OH)_2$$

脱硫吸收塔内发生的主要化学反应为

$$Ca(OH)_2+SO_2 \longrightarrow CaSO_3 \cdot \frac{1}{2}H_2O+\frac{1}{2}H_2O$$

$$2CaSO_3 \cdot \frac{1}{2}H_2O+O_2 \longrightarrow 2CaSO_4 \cdot \frac{1}{2}H_2O$$

$$Ca(OH)_2+SO_3 \longrightarrow CaSO_4 \cdot \frac{1}{2}H_2O+\frac{1}{2}H_2O$$

喷雾干燥法脱硫工艺的雾化器有旋转喷嘴和两相流喷嘴两种形式，由此形成旋转喷雾干燥脱硫和气液两相流喷雾干燥脱硫两种脱硫方式。其中，应用较多的为旋转喷雾干燥脱硫工艺，而旋转喷雾器也以其良好的性能成为喷雾干燥脱硫工艺中应用最广的浆液分散器。

旋转喷雾干燥法脱硫是由美国 JOY 公司和丹麦 NIRO 公司联合研制，并在 20 世纪 80 年代迅速发展起来的一种脱硫工艺。它利用喷雾干燥原理，将吸收剂浆液通过旋转雾化喷嘴喷入吸收塔内进行脱硫。如图 11－8 所示，石灰经破碎后储存于石灰粉仓，经消化后与再循环脱硫副产物和部分粉煤灰混合制成浆液，制备好的石灰浆液用泵送入高位料箱备用。石灰浆液经高位料箱自流入旋转离心雾化器，并被喷射成石灰浆液雾化微滴；烟气从塔顶沿切线方向进入蜗壳状烟气分配器，在脱硫塔内与雾化后的吸收剂形成逆向接触，吸收剂在蒸发干燥的同时与烟气中的 $SO_2$ 发生反应，生成亚硫酸钙，从而达到脱硫的目的。

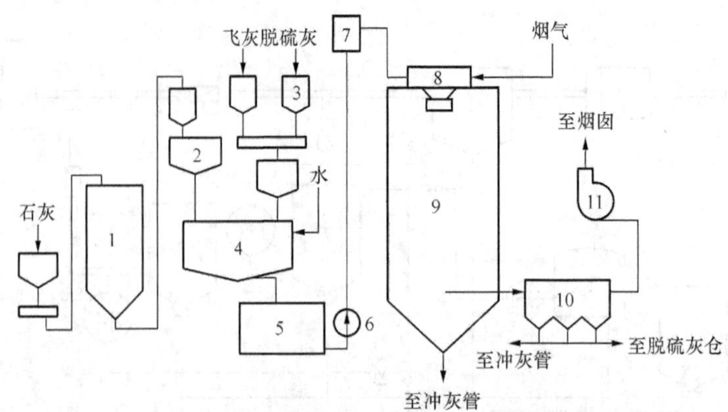


图 11-8 旋转喷雾干燥法脱硫的工艺流程

1—石灰储仓；2—计量槽；3—脱硫灰仓；4—熟化槽；5—浆液供给罐；6—浆液供给泵；7—高位料箱；8—旋转喷雾器；9—脱硫吸收塔；10—电除尘器；11—引风机

旋转喷雾干燥法脱硫技术的主要设备有喷雾干燥脱硫吸收塔、旋转雾化器、烟气分配器、石灰熟化槽、浆液供给罐、浆液泵、除尘器等。其中，关键的设备是吸收塔，其结构如图 11-9 所示，为使烟气能够充满吸收塔的整个空间，一般将吸收塔的烟气入口设计成切向进气方式，使烟气通过烟气分配器并经由旋转雾化器的四周进入吸收塔的空间。

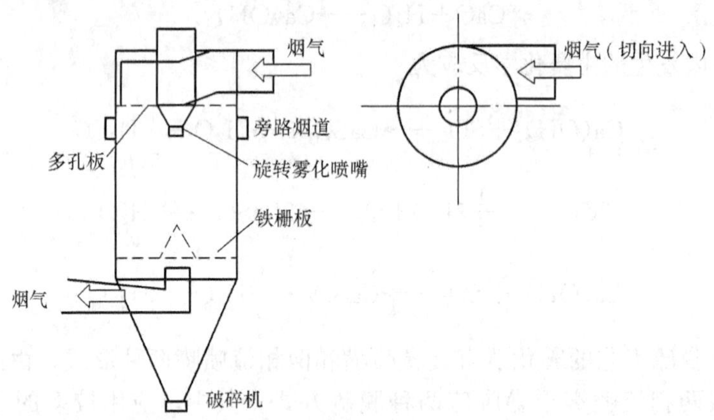


图 11-9 旋转喷雾干燥脱硫吸收塔结构

喷雾干燥法烟气脱硫系统有两种布置方式：一种是将锅炉排出的烟气先引入脱硫吸收塔进行脱硫，而后再经原有电除尘器除尘后排放至烟囱；另一种是将锅炉排出的烟气先引入原有电除尘器除尘，而后送入脱硫吸收塔进行脱硫，脱硫后的烟气再通过吸收塔下游专门设置的除尘器（电除尘器或布袋式除尘器）除去脱硫灰。

喷雾干燥法脱硫工艺是以石灰为脱硫吸收剂，在吸收塔内进行湿式洗涤脱硫、干态排渣。该脱硫技术比较成熟，工艺流程较为简单，系统可靠性较高，投资和运行费用低，占地面积小，不产生废水，无需二次加热，脱硫效率可以达到 70%～95%。

该工艺不仅适合中、低硫燃煤的脱硫，而且现在已研制出适合高硫煤脱硫的流程。脱硫灰渣可用作制砖、筑路，但多为抛弃至灰场或回填废旧矿坑。

**四、干法烟气脱硫技术**

干法脱硫指的是脱硫吸收和产物处理均在干状态下进行的烟气脱硫技术。与湿法脱硫相比，该技术工艺过程简单、无污水和废酸处理问题、设备不易腐蚀、净化后烟温高、烟气无需再热并有利于烟囱排气扩散等优点，但脱硫效率较低、设备庞大、操作技术要求高。

近年来，干法烟气脱硫技术也发展了炉内喷钙烟气脱硫、炉内喷钙尾部烟气增湿活化脱硫、电子束法脱硫、活性炭吸附法烟气脱硫等多种工艺，其脱硫副产物——脱硫灰已成功地用在铺路和制水泥混合材料方面。

1. 炉内喷钙烟气脱硫技术

炉内喷钙烟气脱硫技术是将石灰石、白云石等钙基脱硫吸收剂粉喷到炉膛燃烧室上部温度为850～1150℃的区域，吸收剂瞬时受热分解生成高活性 $CaO$ 和 $CO_2$，随后 $CaO$ 与 $SO_2$ 通过气—固两相反应生成 $CaSO_3$ 和 $CaSO_4$，并随飞灰在除尘器中收集。炉内喷钙烟气脱硫技术工艺系统简单、投资低、占地面积小、易于在老机组锅炉上改造，不足之处是脱硫反应在气—固两相之间进行，受到传质过程的影响，反应速度较慢，脱硫效率低，钙利用率低。

2. 炉内喷钙尾部烟气增湿活化脱硫

炉内喷钙加尾部烟气增湿活化脱硫工艺是在炉内喷钙脱硫工艺的基础上，在锅炉尾部增设了增湿段，如图 11－10 所示，以提高脱硫效率。在尾部增湿活化反应器内，增湿水以雾状喷入，与脱硫剂颗粒相碰撞以后，在脱硫剂颗粒表面形成一层水膜，于是 $CaO$ 与 $SO_2$ 气体均向其中溶解，脱硫反应由原来的气—固两相反应转变为水膜中的离子反应，从而使烟气中大部分未及时在炉膛内参与反应的 $CaO$ 与烟气中的 $SO_2$ 发生化学反应，继而生成亚硫酸钙和硫酸钙。介于增湿水受到烟气加热而迅速蒸发，故未反应的吸收剂、反应产物等固体物质会呈干燥态随烟气排出，被除尘器收集下来。由于活化反应器出口的脱硫产物中还含有未反应的吸收剂，因此，可将一部分电除尘器收集下来的脱硫灰返回到活化反应器中再循环利用，以提高钙的利用率。该脱硫工艺系统简单，占地面积小，投资和运行费用相对较少，无污水排放，系统脱硫率可达60%～80%，但会对锅炉的运行产生一定影响，而且脱硫剂利用率低。

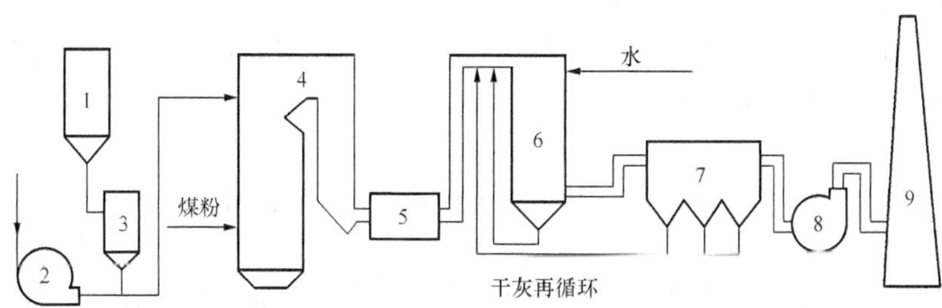


图 11－10 炉内喷钙尾部烟气增湿活化脱硫的工艺流程

1—石灰石粉仓；2—喷粉风机；3—计量仓；4—锅炉；5—空气预热器；6—增湿活化器；7—电除尘器；8—引风机；9—烟囱

3. 电子束法脱硫技术

电子束法脱硫技术是电子束辐照烟气脱硫脱硝技术的简称，可同时在同一工艺过程中脱除二氧化硫和氮氧化物，是当今其他烟气脱硫技术所无法比拟的。

如图11-11所示，该脱硫工艺是由烟气冷却、加氨、电子束照射、副产品捕集、副产品处理等工序组成。自锅炉排出的烟气经过除尘器的粗滤处理之后，进入冷却塔，再经冷却塔喷水降温至适合脱硫、脱硝处理的温度（约70℃），之后进入电子束反应器。根据$SO_x$浓度和$NO_x$浓度，在反应器进口处将一定量的氨水喷入反应器中。经过电子束照射后，烟气中的$SO_x$和$NO_x$在很短时间内被氧化成硫酸（$H_2SO_4$）和硝酸（$HNO_3$），然后硫酸和硝酸与共存的氨进行中和反应，生成粉状微粒［硫酸铵$(NH_4)_2SO_4$和硝酸铵$NH_4NO_3$的混合物］。这些粉状微粒中的一部分沉淀到反应器底部并通过输送机排出，其余粉粒经除尘器收集后，经过成粉处理后被送到副产品仓库储藏。净化后的烟气经脱硫风机升压后，由烟囱排入大气。

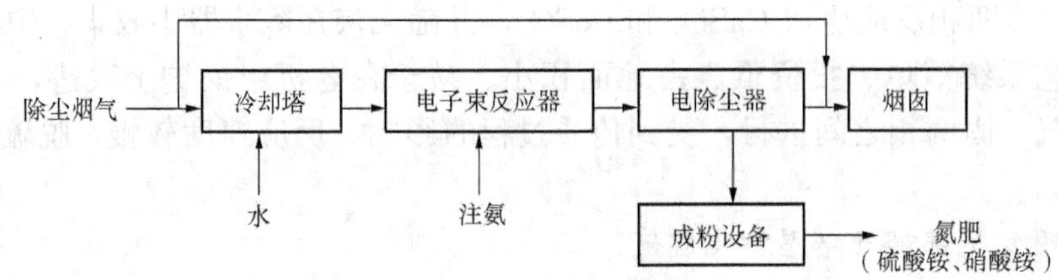


图11-11 电子束法烟气脱硫工艺流程

电子束法脱硫技术是一种比较经济的脱硫兼顾脱销的技术，可实现污染物资源的综合利用和硫氮资源的自然生态循环，具有运行费用低、运行维护简便、无废水废渣产生、无温室效应气体二氧化碳产生、副产物硫酸铵和硝酸铵可用作肥料、负荷跟踪能力强等优点，但技术成熟度较湿式石灰石—石膏技术差。

4. 活性炭吸附法烟气脱硫技术

活性炭吸附法烟气脱硫技术指的是将烟气送入吸附塔中与活性炭接触，$SO_2$被活性炭吸附而从烟气中脱除，净化烟气则经烟囱排入大气。吸附了$SO_2$的活性炭一般采用加热或洗涤方法再生，加热再生法指的是对吸附了$SO_2$的活性炭进行加热，使炭与硫酸发生反应，从而将$H_2SO_4$又还原为$SO_2$，富集后的$SO_2$可用来生成硫酸。洗涤再生法是用水洗出活性炭微孔中的硫酸，再对活性炭进行干燥。

该脱硫工艺过程比较简单，再生过程中的副产物很少，但设备庞大，吸附剂在长期使用后会产生磨损，并因微孔堵塞而丧失活性。

## 第二节 电站锅炉烟气脱硝技术

火电站控制$NO_x$排放的措施主要有一次措施和二次措施两个方面。一次措施指的是控制燃烧过程中$NO_x$的生成量，即低$NO_x$燃烧技术；二次措施是对燃烧后已经生成的$NO_x$进行处理，以将其从烟气中除去，即烟气脱硝技术。低$NO_x$燃烧技术主要有低$NO_x$燃烧器、空气分级燃烧技术和燃料分级燃烧、烟气再循环等。烟气脱硝技术主要有选择性非催化还原法（SNCR）、选择性催化还原法（SCR）、SNCR-SCR联合法等，其中脱硝效率高、技术最为成熟、应用最多的是 SCR 技术。

**一、选择性非催化还原法（Selective Non-Catalytic Reduction，SNCR）烟气脱硝技术**

选择性非催化还原法（SNCR）也称高温无催化还原法或喷氨法，它是在无催化剂存在的条件下，向炉膛内温度为 900～1100℃区域的烟气中喷入还原剂氨或尿素，将 $NO_x$ 还原为 $N_2$ 和 $H_2O$，如图 11－12 所示。主要反应如下：

$NH_3$ 作为还原剂

$$4NO+4NH_3+O_2 \longrightarrow 4N_2+6H_2O$$

尿素作为还原剂

$$2NO+CO(NH_2)_2+\frac{1}{2}O_2 \longrightarrow 2N_2+CO_2+2H_2O$$

脱硫率对烟温很敏感，当温度高于 1100℃时，$NH_3$ 又会被氧化成 NO，即

$$4NH_3+5O_2 \longrightarrow 4NO+6H_2O$$

当温度低于 900℃时，反应速度又会降低，以至于排入大气中的氨量明显增大，从而限制了锅炉负荷调节的灵活性，因此温度的控制是至关重要的。

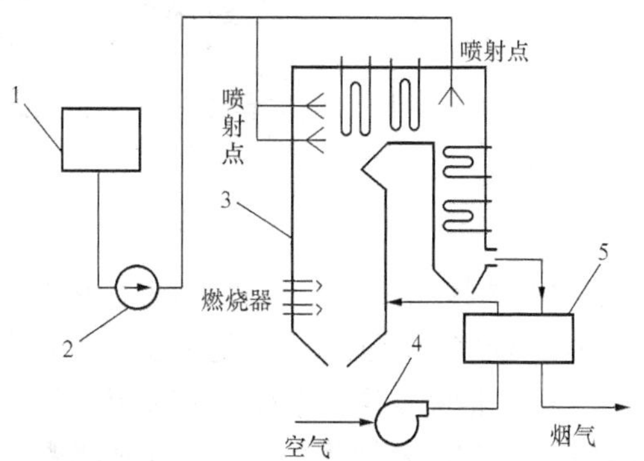


图 11－12　SNCR 工艺流程

1—氨或尿素储罐；2—输送泵；3—锅炉；4—风机；5—空气预热器

SNCR 工艺的优点是不需要设催化反应器、设备简单、投资小、维护费用低，但脱硝率低（为 30%～50%），受锅炉负荷的影响较大，而且在同等脱硝率的条件下，$NH_3$ 用量要比 SCR 工艺大，从而使 $NH_3$ 的逃逸量增加。

**二、选择性催化还原法（Selective Catalytic Reduction，SCR）烟气脱硝技术**

选择性催化还原（SCR）烟气脱硝技术是指在催化剂的作用下，利用还原剂除去燃煤装置及燃煤电厂所产生的烟气中的氮氧化物（$NO_x$）的工艺。该工艺的流程简单，技术成熟可靠，无需排水处理，无副产品，设备使用效率较高，脱硝率可达 90%以上，$NH_3$ 逃逸率低于 $5\times10^{-6}$，是目前世界上比较成熟的电站锅炉脱硝主流技术，在全球烟气脱硝领域的市场占有率高达 98%。

（一）选择性催化还原法（SCR）烟气脱硝原理

SCR 烟气脱硝技术采用氨（$NH_3$）或尿素［$CO(NH_2)_2$］作为还原剂，并将其喷入温度为 280～420℃的烟气中，与烟气混合后通过催化剂层，在催化剂的作用下，有选择性地将烟气中的 $NO_x$ 还原成无害的氮气（$N_2$）和水（$H_2O$），而不是被 $O_2$ 所氧化，故将该方法称为选择性催化还原法烟气脱硝技术。

SCR 烟气脱硝技术的原理如图 11－13 所示，主要化学反应如下

$$4NO+4NH_3+O_2 \longrightarrow 4N_2+6H_2O$$

$$6NO+4NH_3 \longrightarrow 5N_2+6H_2O$$

$$2NO_2+4NH_3+O_2 \longrightarrow 3N_2+6H_2O$$

$$6NO_2+8NH_3 \longrightarrow 7N_2+12H_2O$$

烟气中的 $NO_x$ 通常是由 95% NO 和 5% $NO_2$ 组成，通过以上反应，它们转化成了 $N_2$ 和 $H_2O$。

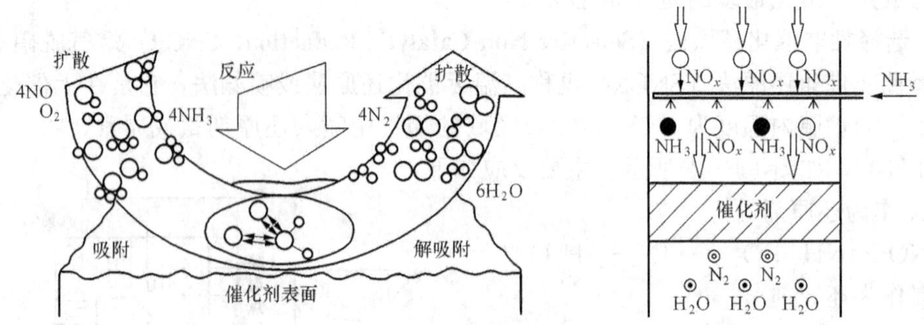


图 11-13 SCR 工艺脱硝反应原理

（二）选择性催化还原法（SCR）烟气脱硝工艺流程

SCR 烟气脱硝工艺一般是由还原剂制备储运系统和烟气脱硝系统组成的，而烟气脱硝系统一般包括喷氨混合系统、SCR 反应器、催化剂和烟气旁路等。如图 11-14 所示，液氨由槽车运送到液氨储罐后，再由液氨储罐输送至蒸发器，在蒸发器中被加热蒸发成氨气，而后进入氨气缓冲罐储存备用。自缓冲罐出来的氨气经流量控制阀进入 $NH_3$—空气混合器，在混合器内，氨气与来自稀释风机的空气混合，以使稀释后的氨气浓度降至一个安全值，然后通过喷氨格栅的喷嘴均匀喷入烟气通道横断面上的烟气中，再经静态混合器充分混合后进入 SCR 反应器内进行脱硝反应。在 SCR 反应器内，烟气自上向下流动，在一定的温度范围内和催化剂的作用下，氨气与 $NO_x$ 发生催化还原反应，从而将 $NO_x$ 还原成氮气（$N_2$）和水（$H_2O$）。经过脱硝设备处理后，烟气经锅炉尾部的空气预热器进入布置在烟气下游的电除尘器或脱硫系统。

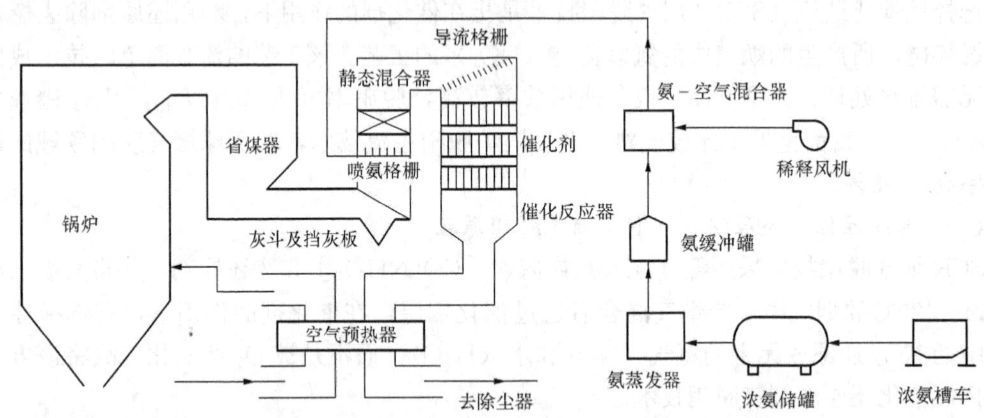


图 11-14 SCR 烟气脱硝工艺流程

根据 SCR 反应器的位置，SCR 烟气脱硝工艺系统有高温高含尘烟气段布置、高温低含尘烟气段布置和低温低含尘烟气段布置三种布置方式，如图 11-15 所示。

1. 高温高含尘 SCR 烟气脱硝工艺

高温高含尘 SCR 烟气脱硝工艺是目前应用最为广泛的一种形式，如图 11-15（a）所示，SCR 反应器直接布置在锅炉省煤器和空气预热器之间，从省煤器来的烟气在进入 SCR 反应器之前不需要再热，投资与运行费用较低，而且 SCR 反应器处于催化剂的最佳活性温

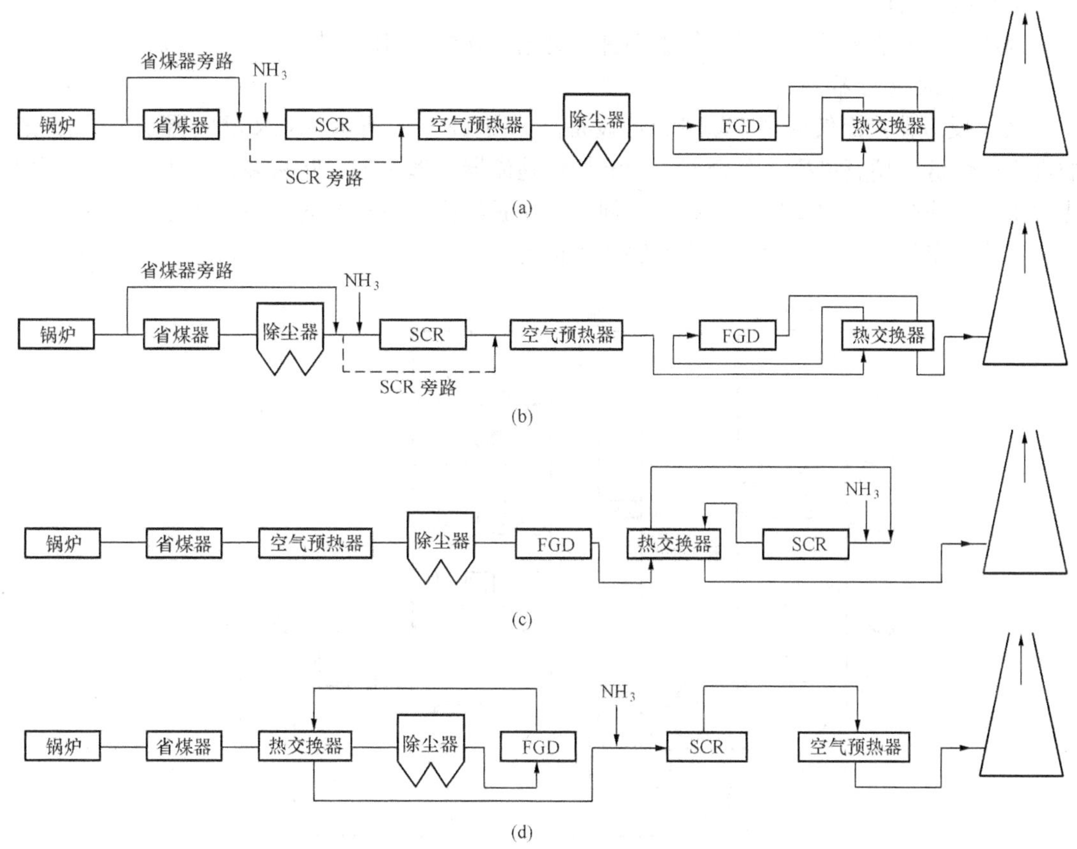


图 11-15　SCR 烟气脱硝工艺系统形式
(a) 高温高含尘烟气段布置方式；(b) 高温低含尘烟气段布置方式；
(c)、(d) 低温低含尘烟气段布置方式

度范围——300～400℃，有利于反应的进行，但是燃烧所产生的烟气携带的全部飞灰和 $SO_x$ 都将流经催化剂，从而使催化剂的活性下降，$NO_x$ 脱除率降低，磨损严重。另外，SCR 装置直接受锅炉负荷及温度变化的影响，所产生的 $NH_3$ 逃逸量不仅会影响下游设备（如空气预热器或 FGD 设备）的运行，还会影响粉尘的质量。

2. 高温低含尘 SCR 烟气脱硝工艺

高温低含尘 SCR 烟气脱硝工艺是指 SCR 反应器布置在省煤器后的高温电除尘器和空气预热器之间，如图 11-15（b）所示，进入 SCR 反应器的烟气中几乎无粉尘，因此该方式可防止烟气中的飞灰对催化剂的污染和对反应器的磨损与堵塞，延长了催化剂的使用寿命，但是烟气中含有 $SO_2$，而且电除尘器处于 300～400℃的高温环境下，运行条件差。

3. 低温低含尘 SCR 烟气脱硝工艺

低温低含尘 SCR 烟气脱硝工艺是指 SCR 反应器布置在除尘器和烟气脱硫系统之后，SCR 反应器内采用的催化剂的适用温度在 120～300℃或者更低，也称尾部烟气段布置方式，如图 11-15（c）、（d）所示，催化剂不受飞灰和 $SO_2$ 的影响，但烟气温度较低，一般需要增设一套额外的烟气再热装置，提升脱硫后烟气的温度以满足脱硝催化剂的温度要求，从而增

大投资和运行费用。

因此，一般情况下，燃煤烟气脱硝首选高温高含尘 SCR 工艺。

（三）SCR 反应器

SCR 反应器是烟气脱硝系统的核心设备。如图 11－16 所示，SCR 反应器是由带膨胀节的进出口烟道、喷氨格栅、混合器、导流板、整流器、催化剂、吹灰装置、灰斗、壳体及催化剂支撑架等构成，主要用于承载催化剂，提供脱硝反应所需要的空间，并保证烟气流动通畅、气流分布均匀，以使脱硝反应能够顺利进行。

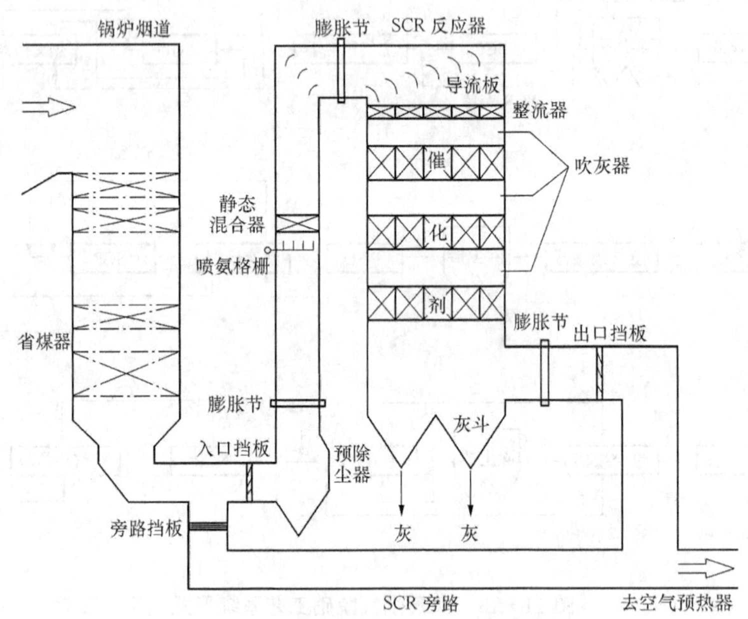


图 11－16　SCR 反应器基本结构

SCR 反应器的壳体主要由钢板及框架钢结构焊接而成，截面呈矩形，内填催化剂。催化剂可以设置为三层，即在运行初期，先填装两层催化剂，同时预留一个催化剂填装层；当催化剂的活性下降，并且尾部监测装置显示 $NO_x$ 超出允许排放范围时，再填装第三层，从而充分有效地利用催化剂，并保证系统的运行效率。为支撑催化剂，每层催化剂下方均设有支撑钢结构梁，以将催化剂模块成排布置在支撑梁上。

在 SCR 反应器的催化剂层前设有导流板和整流器，以使烟气能够顺畅地进入反应器内，同时烟气的速度、温度和 $NH_3$ 能够分布均匀。为防止催化剂积灰、堵塞和腐蚀，在每层催化剂上装设有金属筛网和吹灰器。目前，一般采用高压蒸汽吹灰器进行吹灰，也可以采用先进的超声波吹灰器，以减少对催化剂本身的影响。在 SCR 反应器的下部设有灰斗，飞灰依靠自重落下来并沉积在灰斗中，之后可通过干除灰输送系统被送至灰库。

在 SCR 反应器的进、出烟气管道间设置了旁路，用以保证在锅炉运行时，能够对 SCR 反应器进行必要的催化剂更换和故障检修。另外，为防止烟气散热，在 SCR 反应器的内外护板之间设置有保温材料。

按照气流通过的方向，SCR 反应器有水平和垂直两种布置方式，如图 11－17 所示。在燃煤锅炉中，烟气的含尘量很高，一般采用垂直气流方式，烟气自上而下流经催化剂层，如图 11-17（b）所示；但有时也采用水平布置方式，如图 11-17（a）所示。

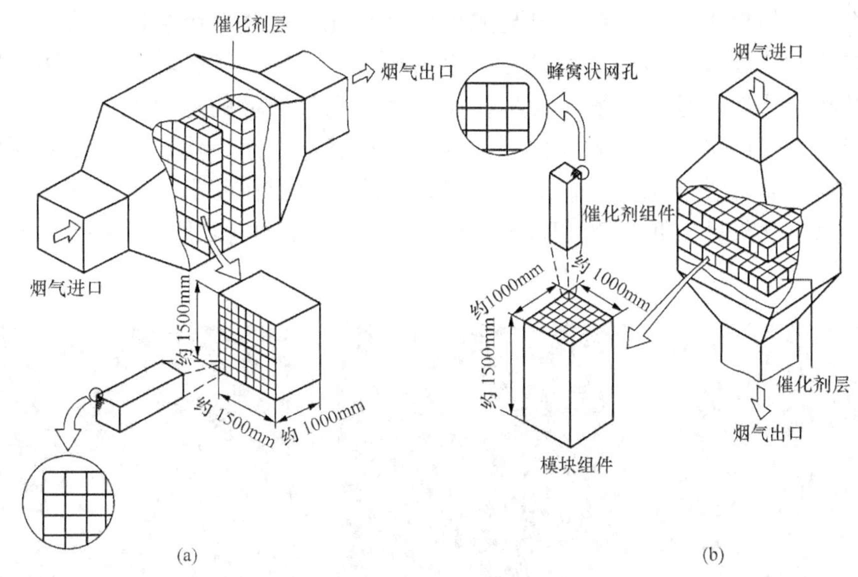


图 11-17　SCR 反应器
（a）催化剂水平布置；（b）催化剂垂直布置

（四）催化剂

催化剂是 SCR 烟气脱硝工艺的核心。从功能上看，催化剂材料包含活性成分、载体、辅助材料三部分。活性成分是指能吸附氨气、促进氨气与氮氧化物发生反应的活性络合体物质成分，如金属、金属氧化物、活性炭等。载体是指能使活性成分得以分散的骨架物质，如各种多孔质的陶瓷类、矿物等，但一般采用钛、铝、硅等的氧化物多孔质材料。辅助材料主要是指为保证催化剂的机械强度而使用的粘结剂或骨料，如陶瓷、钢板、钢丝网、玻璃纤维等。

按照活性组分不同，SCR 催化剂可分为金属氧化物、碳基催化剂、分子筛催化剂和贵金属催化剂等，其中，金属氧化物催化剂应用最为广泛。在金属氧化物中，$TiO_2$ 的活性较高，抗 $SO_2$ 氧化性较强；$V_2O_5$ 表面呈酸性，与碱性氨易于发生反应，并能在富氧环境下工作，工作温度低，抗中毒能力强，可负载于 $SiO_2$、$Al_2O_3$、$TiO_2$ 等氧化物中；$WO_3$ 有助于抑制 $SO_2$ 向 $SO_3$ 转化，所以燃煤电站通常采用的 SCR 催化剂一般是由 $TiO_2$、$V_2O_5$、$WO_3$、$MoO_3$ 等氧化物组成，用多孔 $TiO_2$ 作载体、$V_2O_5$ 为主要活性成分、$WO_3$ 或 $MoO_3$ 为助催化剂。

按照结构不同，SCR 反应器中的催化剂主要有蜂窝式、板式以和波纹板式等型式，如图 11-18 所示。蜂窝式催化剂属于整体挤出型均质催化剂，它是将催化剂粉料与陶瓷等物料均匀混合后，经挤压成型设备制成蜂窝状长方体，经干燥煅烧，再按一定长度切割成蜂窝式催化剂单体。将催化剂单体组装成模块，然后再将模块装配到反应器中组成催化剂层，如图 11-17 所示。由于催化剂与整体结构混合均匀，因此蜂窝式催化剂具有孔隙率高、表面积大、活性高、耐久性强、可靠性高、催化剂不易失效等优点，适用于高尘及低尘环境，是目前应用较多的催化剂形式。目前已投入运行的 SCR 脱硝装置中，75％的装置采用了蜂窝式催化剂，而且新建机组采用蜂窝式催化剂的比例也基本相当。板式催化剂为非均质催化剂，它是采取双侧挤压的方式将活性催化剂均匀地涂敷在不锈钢网板上，切割并压制成带有皱褶的单板，再将单板组装成催化剂单元，煅烧后组装成模块，而后将模块装配到反应器中组成催化剂层。板式催化剂的相对质量轻，具有较强的抗腐蚀能力和防飞灰堵塞及磨损特性，对含灰量高及灰黏性较大的烟气环境的适应能力强，其市场占有率仅次于蜂窝式，但单位体积的催化剂活性低、比表面积小、体积大、相对压降大。波纹板式催化剂为非均质催化剂，它采用玻璃纤维或陶瓷板作基材，浸渍催化剂后烧结成型，一般适用于含灰量较低的烟气环境，表面积介于以上两者之间，多用于燃气机组，其市场占有率较低。

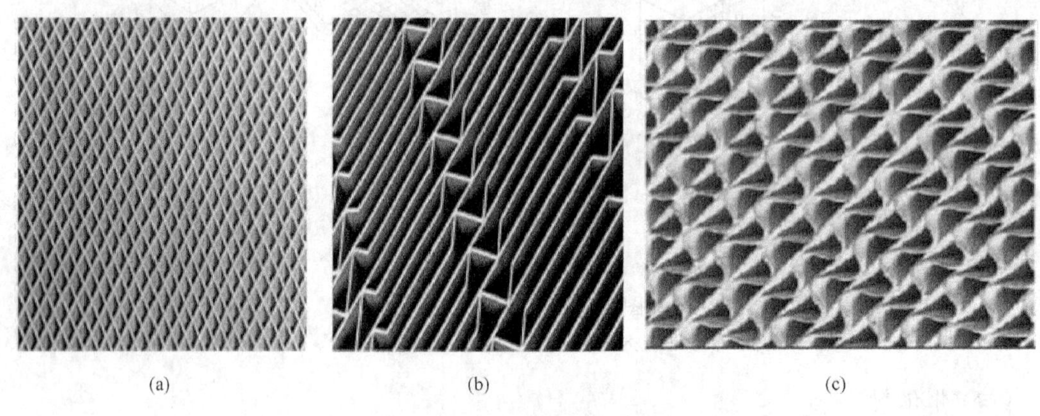

(a)　(b)　(c)

图 11－18　催化剂的结构型式

(a) 蜂窝式催化剂；(b) 板式催化剂；(c) 波纹板式催化剂

在 SCR 脱硝工艺系统运行过程中，催化剂的活性会因高温烧结、冲蚀、固体颗粒沉积堵塞、碱金属或重金属中毒等各种物理、化学作用而下降，甚至失效。随着催化剂活性的降低，反应速率减小，$NO_x$ 的脱除效率也相应降低，系统脱硝效率下降。另外，烟气的温度与流量、飞灰特性和颗粒尺寸、物质量之比 $n$（$NH_3$）/$n$（$NO_x$）、烟气中 $SO_x$ 的浓度、压降、催化剂的结构类型和用量等都会对脱硝效率产生影响。因此，改进 SCR 反应器催化剂的设计，密切监控运行参数，做好运行调节和系统维护，保证吹灰器的正常运行和吹灰效果，从而延长催化剂的使用寿命。

## 三、SNCR－SCR 联合法烟气脱硝技术

SNCR－SCR 联合法烟气脱硝是结合了 SNCR 工艺投资省、SCR 工艺脱硝效率高的优势而发展起来的一种新型的、成熟的工艺。如图 11－19 所示，该工艺将还原剂喷入炉膛的 SNCR 技术与利用逃逸氨进行催化反应的 SCR 技术结合起来，在 SNCR 系统进行一次脱硝，在锅炉省煤器与空气预热器之间安装的 SCR 反应器装置进行二次脱硝。

在 SNCR－SCR 联合脱硝工艺中，SNCR 是系统核心，还原剂在锅炉炉膛内与 $NO_x$ 反应，用以脱除大部分的 $NO_x$，并造成较高的氨逃逸浓度，为后面的催化法脱硝提供所需要的氨；SCR 是系统辅助部分，用以对烟气进行进一步脱硝，使还原剂得到充分利用，但脱硝效率通常不大于 30％。

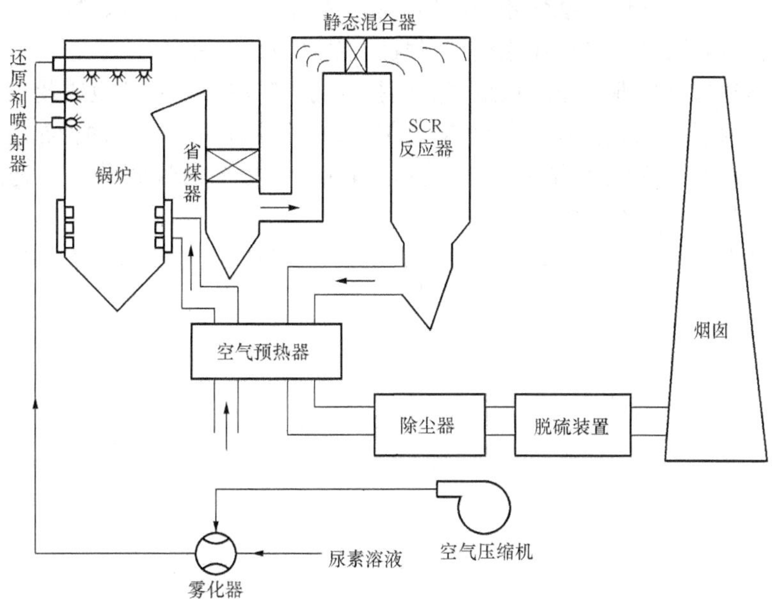


图 11-19　SNCR-SCR 联合烟气脱硝工艺流程

SNCR-SCR 联合脱硝工艺一般以尿素为还原剂。尿素被溶解制备成尿素溶液，经过喷射装置喷入炉膛，实现脱硝反应，过量逃逸的氨随烟气进入炉后的脱硝反应器，在催化剂作用下，氨与氮氧化物发生化学反应，实现进一步的脱硝。

在 SNCR-SCR 系统中，SCR 反应器入口烟道设导流、混合与整流装置，不设氨喷射（AIG）系统。由于 SNCR-SCR 联合法省去了 SCR 法中设置在烟道内的复杂的氨喷射系统，因此降低了投资和运行费用，而且与 SCR 法相比，反应器体积小，具有更好的空间适用性，脱硝系统阻力低，并在节省催化剂的情况下，能达到 SCR 法的脱硝效率，是一种值得关注的烟气治理技术，但牵涉的系统多，对技术的要求更高。

## 复 习 思 考 题

11-1　燃煤电站的脱硫方法有哪些？各有何特点？

11-2　什么是烟气脱硫？它有哪些类型？

11-3　何谓湿法烟气脱硫技术？有哪些主要方法？

11-4　石灰石—石膏湿法脱硫的原理、特点和应用情况如何？

11-5　石灰石—石膏湿法脱硫工艺是由哪些系统组成的？主要设备有哪些？

11-6　何谓半干法烟气脱硫技术？有什么特点？

11-7　简述喷雾干燥法烟气脱硫技术的工艺原理、系统组成、形式、特点和应用情况。

11-8　何谓干法烟气脱硫技术？有什么特点？

11-9　什么是炉内喷钙烟气脱硫、炉内喷钙尾部烟气增湿活化脱硫、电子束法脱硫、活性炭吸附法烟气脱硫？各有何特点？

11-10　火电站控制 $NO_x$ 排放的措施主要有哪两个方面？各有什么方法？

11－11　什么是选择性非催化还原法烟气脱硝技术？其工艺原理、特点如何？

11－12　什么是选择性催化还原法烟气脱硝技术？有何特点？

11－13　简述选择性催化还原法烟气脱硝技术的工艺原理、系统组成及布置方式。

11－14　SCR反应器是由哪些部件构成的？其作用是什么？有哪两种布置方式？

11－15　催化剂材料包括哪几部分？各是指什么？按照活性组分及结构的不同，SCR催化剂分为哪些形式？各有何特点？

11－16　何谓SNCR－SCR联合法烟气脱硝工艺？其工艺原理和特点如何？

# 第十二章　电 站 锅 炉 运 行

锅炉的启停是个不稳定的过程，既要保证锅炉启停过程中的安全，又要减少锅炉启停过程中的损失，即在确保安全的前提下尽量缩短启停的时间。而锅炉的运行调节是电力生产过程中一个十分重要的环节，锅炉机组运行调节的好坏决定了整个机组的安全性和经济性。本章主要讲述了单元机组中锅炉的启动、停运、正常运行调节等内容，对锅炉事故处理的原则及锅炉中主要事故分析也作了简单介绍。

## 第一节　汽包锅炉的启动与停运

锅炉启动是指锅炉从未运行状态过渡到运行状态的过程，而锅炉停运是指由锅炉运行状态过渡到停止运行状态的过程。锅炉机组的启动和停运过程对锅炉的安全性和经济性有至关重要的影响。

### 一、汽包锅炉的启动

汽包锅炉有自然循环汽包锅炉和控制循环汽包锅炉两种。它们的启动和停运类似，统称为汽包锅炉的启动与停运。

（一）锅炉启动的分类

1. 按启动前设备的状态分类

按启动前锅炉设备的状态分，把锅炉启动分为冷态启动和热态启动两种。冷态启动是指锅炉经过检修或较长时间停运后，在没有压力而其温度与环境温度相近的情况下的启动。热态启动是指锅炉经较短时间停运，工质仍保持一定压力和温度情况下的启动。大型机组将热态启动进一步划分为温态启动、热态启动和极热态启动。不同机组启动状态划分的具体标准是不同的，既可以按照停运时间的长短来划分，也可以按照启动前金属温度的高低来划分。常见的划分标准如下：

（1）锅炉状态。

1）冷态：汽包压力为 0MPa，汽包温度小于 100℃。

2）温态：汽包压力小于 2.1MPa，汽包温度 100～216℃。

3）热态：汽包压力大于或等于 2.1MPa，汽包温度大于 216℃。

（2）汽轮机状态。

1）冷态：汽轮机高压缸第一级内上缸金属温度 150～290℃。

2）温态：汽轮机高压缸第一级内上缸金属温度 290～350℃。

3）热态：汽轮机高压缸第一级内上缸金属温度 350～400℃。

4）极热态：汽轮机高压缸第一级内上缸金属温度大于 400℃。

2. 按启动方式分类

根据机组中锅炉和汽轮机的启动顺序或启动时的蒸汽参数，可把机组的启动分为额定参数启动（又称顺序启动）和滑参数启动（又称联合启动）。

额定参数启动，常用于母管制系统。采用额定参数启动时，先启动锅炉，待锅炉参数达到或接近额定值时，再启动汽轮机，这种启动方式的安全性和经济性都较差。单元制锅炉机组均采用滑参数启动。

滑参数启动又称机炉联合启动，就是在启动锅炉的同时，启动汽轮机，汽轮机在蒸汽参数逐渐升高的情况下完成暖管、冲转、暖机、升速和带负荷，因此称为滑参数启动。滑参数联合启动又分为真空法和压力法两种。

(1) 真空法滑参数联合启动。采用真空法滑参数联合启动时，先将锅炉与汽轮机之间主蒸汽管道上的阀门全部打开，包括汽轮机的主汽阀和调速阀，而空气阀和直通疏水阀全部关闭，包括汽包和过热器上的空气阀。然后用盘车装置转动汽轮机转子，再投用抽气器。当真空达到0.04～0.053MPa时，锅炉开始点火，产生的蒸汽即进入汽轮机。当主蒸汽管道内压力呈正压时，开启管道最低点的几个疏水阀进行疏水，同时切断过热器至凝汽器的疏水。因为汽轮机早已用盘车装置带动，所以在汽压不到0.1MPa（表压）时转子就能由蒸汽驱动升速。当汽轮机转速接近临界值时，可关小主蒸汽管道上的一个阀门，等阀门前汽压适当升高后再把它开大，其目的是使汽轮机很快越过临界转速。当汽轮机达到全速时，汽轮机的压力还是很低的（可能只有0.5～0.6MPa）。在升压过程中，逐渐关闭管道上的疏水阀。当汽轮机带初始负荷（额定负荷的5%～10%）时，新蒸汽温度最好在250℃左右，此后按照汽轮机要求，锅炉继续增加负荷和升温升压，直到正常运行。这种启动方式多用于中小容量的单元机组，现代大型单元机组大都采用压力法滑参数联合启动方式。

(2) 压力法滑参数联合启动。与真空法相比，压力法启动的主要特点是凝汽器抽真空时汽轮机主汽阀是关闭的。锅炉点火后产生的蒸汽除暖管外可直接通过旁路系统经减温减压后进入凝汽器；等汽轮机主汽阀前汽压高至0.5～1.0MPa以上时，才开启主汽阀冲转汽轮机。在汽轮机升速过程中，为了使汽压和汽温基本稳定，锅炉燃烧不宜作过大的调整。在汽轮机主汽阀全开后，其余步骤同真空法启动相似。

采用压力法滑参数启动，蒸汽冲转动力大，流量大，易于维持冲转参数的稳定；锅炉可在不增加燃料、不进行过多调整的情况下，提供足够的蒸汽量，满足冲转、升速、快速过临界转速并达到全速的要求，且有一定的裕量。当然，在汽轮机冲转前，蒸汽全部经旁路系统排入凝汽器中，损失较大。

压力法滑参数启动的冲转参数与机组容量和启动状态有关。我国火电机组的冷态启动冲转参数如下：200MW及以下机组，多采用低参数冲转，冲转压力为0.8～1.5MPa，冲转温度为200～250℃；300、600MW机组，采用中参数冲转，冲转压力为5～8MPa，冲转温度为330～360℃。热态启动时，冲转参数由启动前汽轮机高压内缸的金属温度确定。点火之后锅炉产生的蒸汽可经旁路系统送入凝汽器或向空排放，直到蒸汽的过热度不小于50℃，并比汽轮机进汽端最热部件的温度还要高时才能开启主汽阀冲转汽轮机。这时的汽压不应过高，要用低压微过热蒸汽冲转汽轮机。这是因为在流速相同时，低压微过热蒸汽的放热系数仅是高压蒸汽和湿蒸汽的1/20～1/10，因而可减小汽轮机各部件的温度差，有利于振动、差胀、大轴弯曲度的控制。因此，在热态启动中，汽轮机冲转时的蒸汽参数主要取决于汽轮机部件当时的温度。对锅炉来说，一般采取的措施是：提高炉内火焰中心位置，加大炉内空气量，排放饱和蒸汽等，从而使锅炉出口汽温升高较快，而压力提高不多。热态启动时，汽轮机从冲转到全速、并列的时间一般是不长的，大约只有10min左右。此后继续增加负荷，汽压最好保持基本不变，汽轮机进口阀门及早全开，整套机组进入滑参数增加负荷。

国内单元机组均采用锅炉与汽轮发电机组联合滑参数方式启动。采用滑参数启动，一方面，机组能充分利用低压、低温蒸汽均匀加热汽轮机的转子和汽缸，减少了启动过程中的工质和热量损失；蒸汽进入汽轮机时，参数较低，阀门允许的开度较大，减少了节流损失；机炉同时启动，缩短了启动时间，减少了启动过程中的热量损失。另一方面，蒸汽的参数低、流量大，有效地减小了汽轮机的热应力，锅炉过热器、再热器的冷却条件也得到改善。因此，滑参数启动提高了机组启动过程中的安全性和经济性。

（二）自然循环汽包锅炉冷态滑参数启动基本程序

1. 启动前的准备工作

准备阶段应对锅炉各设备和系统进行全面检查，并使其处于准备启动状态。为确保启动过程中的设备安全，所有检测仪表、连锁保护装置（主要是MFT功能、重要辅机连锁跳闸条件）及控制系统（主要包括FSSS系统和CCS系统）均经过检查、试验，并全部投入。

其他准备工作包括：

（1）厂用电送电。

（2）机组设备及其系统位于准备启动状态。

（3）制备储存化学除盐水，水系统启动。

（4）除氧器、凝汽器、水箱等进行水冲洗，直至水质合格，然后灌满除盐水，启动凝结水泵，启动循环水泵，然后建立循环水虹吸。

（5）汽轮机、发电机启动准备。

2. 锅炉上水

锅炉上水一般用经过除氧器除过氧的104℃的热水，到达汽包时，水温大约70℃。上水时应使用带有节流装置的给水旁路进行，以防止给水主调节阀的磨损和便于流量控制。在上水开始时，稍开上水阀门，进行排气暖管，并注意给水压力的变化情况和防止水冲击，当给水压力正常后，可逐渐开大上水阀门。

为了保护汽包，防止产生过大的汽包内外壁热应力，应该控制上水的时间（即速度）。夏季上水持续时间不小于2h，冬季不小于4h。上水的终了水位，对于自然循环汽包锅炉，一般只要求到水位表低限附近，以方便点火后锅水的膨胀。对于控制循环汽包锅炉，因为上升管的最高点在汽包标准水位线以上很多，所以进水的高度要接近水位的顶部，否则在启动锅水循环泵时，水位可能下降到水位表可见范围以下。

锅炉上水完成，水位正常后，投用水冷壁下联箱蒸汽加热系统直至汽包起压。

3. 锅炉点火

（1）启动回转式空气预热器及其吹灰器，投入炉底密封装置。

（2）启动一组送、引风机，进行炉膛吹扫；一般规定吹扫风量为30%～40%MCR，吹扫时间为5min。

（3）锅炉点火，投燃油燃烧，注意风量的调节和油枪的雾化情况，逐渐投入更多油枪，建立初投燃料量（汽轮机冲转前应投燃料量），一般为10%～25%MCR。

4. 锅炉升温升压

锅炉点火后即开启各级受热面的疏放水阀，用于暖管和放尽积水，待积水疏尽后应及时关闭，以免蒸汽短路影响受热面的冷却。过热器出口疏水兼有排放锅炉工质、抑制升压速度的作用，可推迟关闭。过热器出口疏水门关闭后即投入汽轮机旁路，其开启方式和开度视锅炉升温升压控制的需要而定。点火后的一段时间内，过热器和再热器内无蒸汽流量或流量很少，这时可以用监视和控制炉膛出口烟温的方法来保护受热面和控制燃烧率。若用一级大旁路，则这一控制必须保持到汽轮机进汽之前。升温升压过程中要密切监视汽包水位和汽包上下、内外壁温差，一旦汽包壁温差超过限值，应立即降低升温升压速度。锅炉停止给水时应开启省煤器再循环阀，保护省煤器。初投燃料量应保证汽轮机冲转、升速、带初负荷所需要的蒸汽量。通过控制燃烧率和投用受热面旁路、汽轮机旁路等手段来控制锅炉出口过热蒸汽的升压、升温速度并匹配冲转参数。

5. 汽轮机冲转升速、并网及带初负荷

随着燃烧率的增加，当锅炉出口汽压、汽温升至汽轮机要求的冲转参数时，汽轮机冲转、升速、并网、带初负荷暖机。这一阶段锅炉的主要任务是稳定汽压、汽温以满足汽轮机的要求。锅炉除控制燃烧外，主要是利用高、低压旁路，必要时可投入减温手段和过热器疏水阀放汽。汽轮机冲转后，旁路门即逐渐关小，将蒸汽由旁路倒向汽轮机，以满足汽轮机冲转直至带初负荷对蒸汽量的需要，避免燃烧作过多调整。通常在初负荷暖机以后，汽轮机调节阀开启 90%时，旁路门完全关闭。

6. 机组升负荷至额定值

机组继续升温升压直至带满负荷。锅炉燃烧主要完成从投粉到断油的过渡。汽轮机带初负荷后，锅炉产汽量已可全部进入汽轮机，炉膛温度和热风温度也已提升到较高数值，易于维持煤粉稳定着火，因此可伺机投入制粉系统和煤粉燃烧器，逐渐增加燃料量加快提升负荷。该阶段中，锅炉燃烧调整是按照升负荷速率控制的要求以及升温升压曲线进行的。但升负荷速率和升温速率受制于汽轮机而不是锅炉。因为是滑参数启动，所以控制升负荷速率（即燃烧率）也就基本上控制了升压、升温过程。这一阶段，锅炉燃烧率、减温水量（或烟气挡板开度）是改变升压、升温过程的基本手段。当负荷达到 60%～70%时可根据着火情况，逐渐切除油枪。汽温比汽压可能较早地达到额定值，汽压比负荷也可能较早地达到额定值，后者取决于滑参数增负荷时汽轮机调速汽阀的开度。若汽压先于负荷达额定值，则应逐渐开大调速汽阀，锅炉继续增加燃料量，在定压情况下将负荷提升到额定值。

如图 12－1 所示为德国 660MW 机组自然循环锅炉冷态启动曲线，由图中曲线可以看出，冷态启动过程经历时间很长（7h），它大致可分为三个阶段。

第一阶段从点火开始逐渐升温、升压直到冲转。从点火到起压用了 100min。从起压到冲转用了 150min。在升压的初始阶段，升压速度很低，1h 内汽压升高仅为 1.1MPa，此阶段升压率只有 0.018MPa/min，以后逐渐加快，冲转前 1h 内汽压升高为 3.6MPa，升压率为 0.06 MPa/min。当压力升到 6.4MPa，主蒸汽、再热蒸汽温度按不变速率升到 350、320℃时，开始冲转汽轮机。这一阶段，饱和温度的变化率维持 1.3℃/min 左右。

第二阶段是从汽轮机开始冲转到并网（即同步），再继续暖机一段时间。此时高压旁路

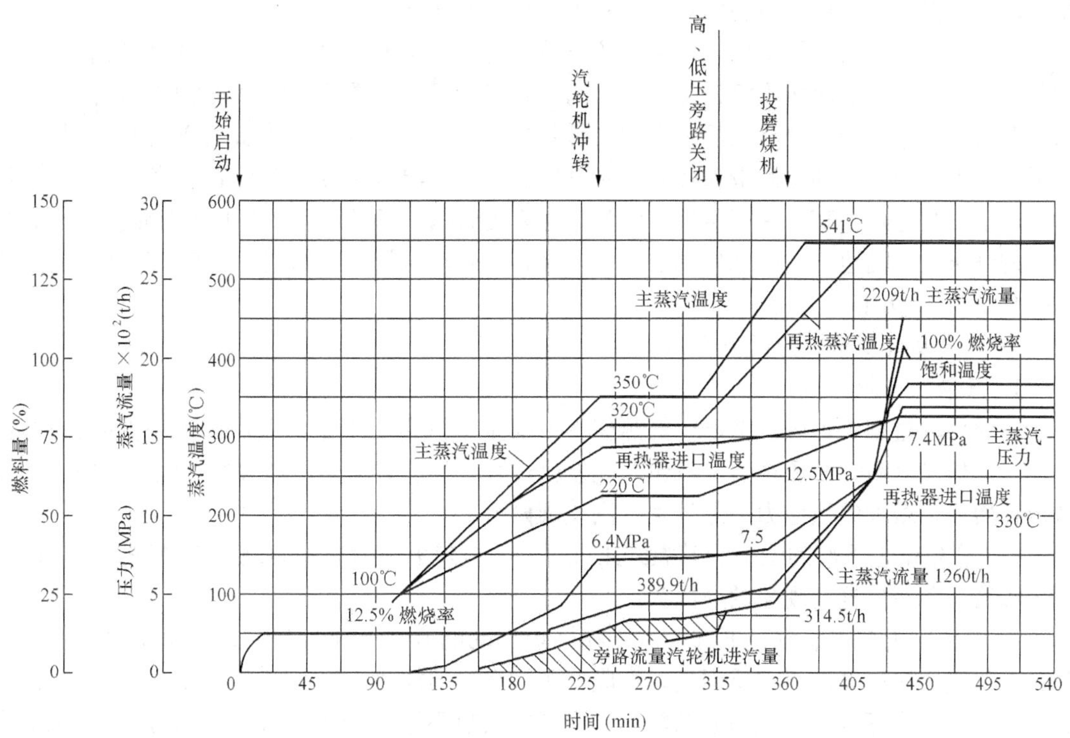


图 12-1　德国 BABCOCK-2208t/h 自然循环锅炉冷态滑参数启动曲线

转为定压控制方式，汽压、汽温维持在稳定值 6.4MPa、350/320℃。锅炉燃料量增至389t/h后维持不变，汽轮机调节阀渐渐开大增加进汽，高压旁路调节阀开至最大开度的50%后逐渐减小、关闭（图 12-1 中阴影线部分为旁路流量，阴影线以下部分为汽轮机进汽量），机组进行滑压升负荷。这一阶段，汽轮机主要是升速和暖机，需要 1h 左右。但在实际运行中，根据汽轮机的要求，这一阶段需要的时间可能会长一些。

第三阶段是继续升温升压并增加负荷。汽温比汽压提前达到额定值，汽压与负荷同时达到额定值。这一阶段中，虽然锅炉和汽轮机都要求限制温度变化率，但后者的限制更严，所以在时间要求上起了决定作用。这段时间为 2h，占启动总时间的 1/4～1/3。

控制循环锅炉的冷态启动，除点火前就投入锅水循环泵，保持水冷壁良好循环流动外，其余启动过程与自然循环锅炉基本相同。

（三）汽包锅炉的热态启动程序

锅炉的热态启动过程与冷态启动过程基本相同，但热态启动时锅内存有锅水，只需少量进水调整水位。蒸汽管道与锅内都有余压与余温，升压升温与暖管等在现有的压力温度水平上进行，因而可更快些。锅炉点火后要很快启动旁路系统，以较快的速度调整燃烧，避免因锅炉通风吹扫等原因使汽包压力有较大幅度降低。冲转时的进汽参数要适应汽轮机的金属温度水平，冲转前需先投入制粉系统运行，以满足汽轮机较高冲转参数的要求。冲转时锅炉应达到较高的燃烧率，以保证能使汽轮机负荷及时带至与汽轮机缸温相匹配的水平上，避免因燃烧原因使热态启动的机组在冲转、并网、低负荷运行等工况下运行时间拖长，从而造成汽缸温度的下降。机组极热态启动时必须谨慎，启动过程的关键在于协调好锅炉蒸汽温度和汽轮机的金属温度，尽可能避免负偏差，减少汽轮机寿命损耗。

汽轮机启动前后，要采取一切措施防止疏水进入汽轮机。过热器与再热器的出口联箱，后井下联箱及一、二次蒸汽管道上的疏水阀一直保持开启，再热器紧急喷水门则关闭。上述保持开启的阀门有的在冲转以后，有的在带初负荷以后才能关闭，在此之前可视情况关小。并网后，当负荷增加到冷态滑参数启动时汽轮机汽缸壁温所对应的负荷工况时，可按冷态滑参数启动曲线进行，直到带满负荷。因为热态启动时锅炉部件温度较高且温升幅度较小，故允许的升压、升温速度比冷态启动快很多，且整个启动时间大为缩短，热态、极热态的启动时间分别为 1.5h 和 1.2h。

(四) 启动过程中锅炉的安全保护

1. 汽包的保护

锅炉启动过程中，汽包壁产生的热应力主要是由汽包上下壁温差和内外壁温差造成的。启动时，如果升温、升压过快，汽包壁温差就过大，热应力增大，过大的热应力将使汽包寿命损耗增加。最大的热应力一般发生在汽包圆筒壁上。

(1) 汽包壁上下部的温差。升温升压过程中，汽包上下壁温差表现在汽包壁上部温度比下部温度高，造成这种现象的原因为：

1) 汽包内上部为蒸汽，下部为水。在锅炉启动的升温升压过程中，工质温度也随着上升，汽包壁金属温度低于工质温度，形成工质对汽包的加热。汽包下部为水对汽包壁对流放热，汽包上部为蒸汽对汽包壁凝结放热。后者的放热系数比前者大 3～4 倍，所以汽包上半部壁温升得比下半部壁温快。

2) 上部饱和蒸汽温度与压力在升压过程中是单一的关系、温度与压力同时上升，而下部水温的上升需要靠工质的流动与混合，上升迟缓。因此，升压速度越快，汽包上下部温差就越大。

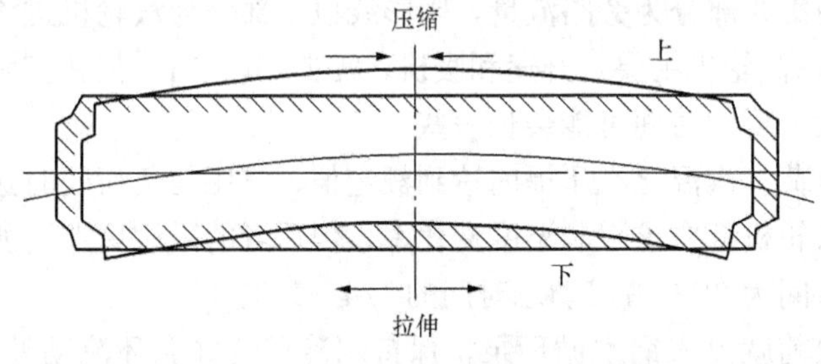

图 12-2　汽包在上下壁温差作用下的变形

3) 在启动开始阶段，蒸发区内的水自然循环尚不正常，汽包内的水流动缓慢或局部停滞。汽包上部壁温高，金属膨胀量大。下部壁温低，金属膨胀量相对较小。结果是上部金属的膨胀受到下部的限制，上部产生压缩应力，下部产生拉伸应力，如图 12-2 所示。上下壁温差越大，则热应力越大，为了防止汽包壁产生过大的热应力，一般规定汽包上下壁金属的温差不允许超过 50℃。

(2) 汽包内外壁的温差。在锅炉启动过程中，汽包金属从工质吸收热量，其温度逐渐升高，并不断通过保温层向外界散热。因此，汽包壁的内表面温度较高，外表面温度较低，从而产生热应力。其应力部位在内外表面较大，内表面金属承受压应力，外表面金属承受拉应力。

(3) 内压所产生的应力。随着锅炉内部工质压力的升高，汽包筒壁将承受越来越大的机械应力。

由上述可知，汽包的上下壁金属温差和内外壁温差均会造成热应力。这些温差的大小在很大程度上取决于工质的温升速度，温升速度越大则温差越大。一般规定汽包内工质的平均温升速度不应超过1.5～2℃/min，必须严格按照锅炉升温升压曲线进行升温升压。

在开始阶段，汽包内的压力很低，筒壁金属主要承受温差引起的热应力，但这时的各种温差很大、故温升速度应该小些；另外，压力越低升高单位压力相应的饱和温度的上升值越大。因此，开始阶段的升压应特别缓慢。在这个阶段内，应采取各种措施促进水冷壁管内的水循环，加强汽包内水的流动，以减少汽包的上下壁温差。此后，水循环逐渐正常，汽包上下壁温差逐渐减小，但此时仍应限制升压速度，防止汽包壁的内外壁温差过大。当压力接近额定值时，汽包壁金属的机械应力接近设计值，这时仍应限制升压速度。

(4) 启动过程中汽包壁温的监视。为保护汽包，整个启停过程必须不断监视汽包上、下壁温差以及内、外壁温差。在大型锅炉的汽包壁上，安装有若干组温度测点。因为汽包内壁金属温度不能直接测量，故常以饱和蒸汽引出管外壁温度代替汽包上部的内壁温度，以集中下降管外壁温度代替汽包下部的内壁温度。

(5) 汽包启动应力控制。启动应力控制的重要标志是汽包的上下壁温差和内外壁温差，实际操作中以控制压力的变化率作为控制壁温差的基本手段。锅炉启动中防止汽包壁温差过大的措施有：

1) 启动中严格控制升压速度，尤其在低压阶段时，升压速度要尽量缓慢。

2) 尽快建立正常的水循环。

3) 初投燃料量不能太少，炉内燃烧、传热应均匀。

4) 控制升压速度。

5) 严格控制锅炉进水参数。

2. 水冷壁的保护

在启动初始阶段，水冷壁受热缓慢，管内含汽量少，水循环不够正常，这时投入的燃烧器数目少、水冷壁受热和水循环有较大的不均匀性。如果同一联箱上并列管子的金属温度有差别时，就会产生一定的热应力，严重时会使下联箱变形或管子损伤。对于膜式水冷壁，尤其应注意这类受热不均的问题。

正确选择和适当轮换点火油喷嘴或燃烧器，可使水冷壁受热较均匀。根据下联箱的位移指示（用膨胀指示器测定），可了解到水冷壁膨胀和受热情况。对于膨胀较小的水冷壁管，可从其下联箱适当放水，目的是要把汽包中温度较高的水引来加热管子，并促进水循环。加强水循环和放水都能增加汽包内水的流动，从而减小汽包上下壁温差。将邻炉蒸汽引入下联箱，在启动过程中能促进水冷壁管中的水循环，这是锅炉在启动时常用的一种方法。

3. 过热器与再热器的保护

在正常运行中，过热器管内有蒸汽不断流过，依靠蒸汽的冷却，过热器管壁金属不致超温。在单元机组滑参数联合启动过程中，锅炉送至汽轮机的过热蒸汽与再热蒸汽的压力、温度及其流量要符合汽轮机的各工况要求，同时还要保证过热器、再热器及管道系统的自身安全工作。过热器、再热器受热面的金属温度是锅炉受热面中最高的，与材料的许用温度很接近。而在锅炉启动过程中，工质对过热器与再热器的冷却条件又较差，因此，如何保护过热器与再热器，使其管壁金属不超温，是锅炉启动中的一个重要问题。

(1) 过热器与再热器在锅炉启动初期的保护。锅炉点火后，未产生蒸汽以前，过热器处于无蒸汽冷却的状态，而这时烟气却在对过热器进行加热，管壁温度很快升高到接近流过的烟气温度。为了防止管壁金属超温，应当限制进入过热器的烟气温度，使之不高于过热器管壁金属最大允许温度。为此，点火时投入的燃料量的增长速度不能太快。

在锅炉点火一段时间后，锅水受热温度升高，并逐渐有蒸汽产生。但在点火升压的初期，由于燃料燃烧放出的热量很大一部分要消耗于加热水和受热金属，用于锅水蒸发的热量比例还不大，因而产生的蒸汽量很少，当过热器的蒸汽流量很小时，容易发生各管子中蒸汽流量不均。同时，点火升压初期，由于炉温低，燃烧不够稳定，火焰不能充满炉膛，也容易使流经过热器的烟气分布不均。这样，对于蒸汽流量小而受烟气加热强的管子，便可能发生超温现象。所以，在启动初期，除了限制过热器进口烟温外，还应尽可能保持稳定的燃烧工况，使火焰不偏斜，充满程度好一些，以避免发生烟气分布不均而使过热器管子受到局部强烈的加热。

此外，锅炉在冷态启动时，直立的过热器管内，特别是屏式过热器管内常有积水现象，而立式蛇形管内的积水不能靠自身重力排放，在锅炉启动初期的低压阶段，积水可能会在管内形成水塞，阻碍蒸汽流动，管内没有蒸汽流过，管壁金属温度接近烟气温度。另外，平行并列蛇形管中的积水往往是不均匀的，这将引起各并列蛇形管内蒸汽流量的不均匀，造成汽温的偏差和管内蒸汽流量少的管壁温度接近管外烟气温度。因此，启动初期必须及时把蛇形管内的积水疏尽。

对于压力法滑参数联合启动的机组，在汽轮机冲转前主汽阀门关闭阶段，要求对过热器、再热器通汽，疏通与排尽积水，保证蒸汽对受热面管壁的冷却；要求对联箱、蒸汽管道进行暖管。

在启动初期，对过热器与再热器采取的保护措施有：

1）放掉过热器、再热器中的积水，启动初期各级疏水阀应开启。

2）汽轮机冲转前，要保证过热器、再热器有蒸汽流动。具体途径有开向空排汽阀、开疏水阀、开汽轮机旁路。

3）限制受热面的进口烟气温度，防止管壁金属温度超过材料的允许温度。控制烟温的手段主要是限制燃烧率或调节炉内的火焰中心位置。

（2）过热器与再热器在锅炉启动后期的保护。启动后期是指机组并网后的升负荷阶段。在这一阶段，随着汽包内工质压力的升高，蒸汽流量增大，受热面管壁得到较好的冷却，这时可逐渐提高烟气温度。但燃烧未调整至最佳状态，燃烧中心偏高，热偏差较大，燃料投入量与蒸汽流量不匹配等都是常见的情况，这些都会造成受热面壁温偏高，甚至超过材料的许用温度。因此，这个阶段仍应采取有效的措施防止管壁超温。

在启动后期防止过热器、再热器管壁金属超温的方法大致有以下几种：

1）降低燃烧火焰中心的位置，使炉膛出口烟温下降，从而使受热面壁温下降。

2）投运的燃烧器均匀对称，或定期调换燃烧器，减少炉内烟气的温度偏差和传热偏差，防止局部烟温过高。

3）合理使用喷水减温器，使用喷水减温器的目的是降低受热面壁温和调节蒸汽温度。

4. 省煤器的保护

汽包锅炉水容积大，在启动和停运过程中的一段时间内，由于产汽量很少，不需要给水或只要间断给水。在停止给水时省煤器内无水流动，有可能发生汽化，且产生的蒸汽停滞不动。局部管壁金属可能超温。间断给水时，省煤器内水温间断变化，管壁金属将产生交变热应力，影响管子尤其是焊缝的强度。因此，在启动和停运过程中要求省煤器内有连续流动的水流。

保持省煤器内水连续流动的方法有省煤器再循环法和连续进放水法。自然循环锅炉省煤器再循环系统如图 12－3（a）所示，在汽包和省煤器进口联箱之间接一根再循环管，并装有再循环阀。在锅炉停止给水时，给水阀关闭，再循环阀开启，省煤器与再循环管间由于工质密度差而形成循环流动。自然循环锅炉省煤器再循环保护方法存在以下不足之处：

（1）省煤器再循环和省煤器给水进水两种工况切换时要操作 A、B 两阀；同时，当汽包内的锅水温度高于给水温度较多时，间断地给水仍会致使省煤器和联箱管壁金属温度发生较大的变化，有可能产生疲劳损伤。

（2）如果再循环阀关闭不严或有泄漏，则部分给水不通过省煤器直接进入汽包，汽包壁局部温度下降，壁温差增大；同时，省煤器中水流量减少，可能引起管壁超温。

（3）再循环回路中循环压头很低，不易建立正常水循环。

控制循环汽包锅炉省煤器再循环系统如图 12－3（b）所示。在水冷壁下联箱与省煤器进口联箱之间连接一根再循环管 4，主要靠循环泵 7 使省煤器内工质循环流动。这种系统再循环动力大，工作安全可靠。

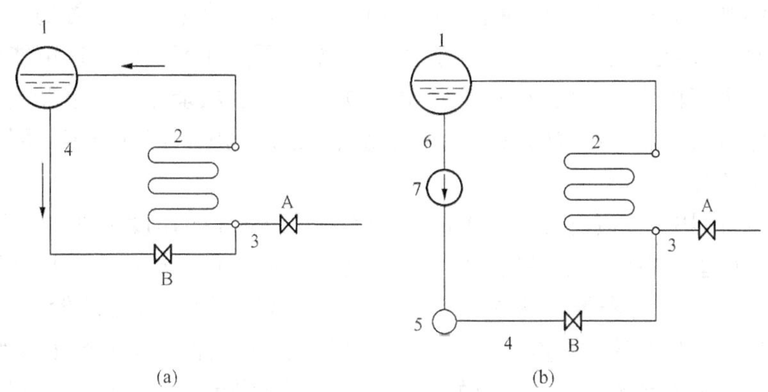


图 12－3　省煤器再循环系统

（a）自然循环锅炉省煤器再循环系统；（b）控制循环锅炉省煤器再循环系统

1—汽包；2—省煤器；3—省煤器进口联箱；4—再循环管；

5—水冷壁下联箱；6—下降管；7—循环泵；

A—给水阀；B—再循环阀

连续进放水法是小流量给水经省煤器进入汽包，同时通过连续排污或定期排污系统放水维持一定的汽包水位。它克服了省煤器再循环方法的缺点，常应用于经常启动与停运的锅炉，但是放水会造成工质和热量的损失。为了在整个启动过程中使省煤器得到较好的冷却，且回收工质和热量，有些锅炉采用在省煤器出口至除氧器或疏水箱之间加装一根带阀门的回水管的方法来保护省煤器。

**二、汽包锅炉的停运**

锅炉停止运行，一般分为正常停炉和事故停炉两种情况。有计划的停炉检修和根据调度命令停掉部分机组转入备用的情况属于正常停炉；由于事故的原因必须停止锅炉运行时，叫做事故停炉。根据事故的严重程度，需要立即停止锅炉运行时，称为紧急停炉；若事故不甚严重，但为了设备安全又必须在限定时间内停炉时，则称为故障停炉。

正常停炉又分为检修停炉和热备用停炉两种。前者预期停炉时间较长，是为大小修或冷备用而安排的停炉，要求停炉至冷态；后者停炉时间短，是根据负荷调度或紧急抢修的需要而安排的，要求停炉后炉、机金属温度保持较高水平，以便重新启动时，能按热态或极热态方式进行，从而缩短启动时间。

根据停炉过程中蒸汽参数是否变化，又分为滑参数停炉和额定参数停炉两种。滑参数停炉的特点是机、炉联合停运，利用停炉过程中的余热发电和强制冷却机组，这样可使机组的冷却快而均匀。对于停运后需要检修的汽轮机，可缩短从停机到开缸的时间。额定参数停炉的特点是停炉过程中锅炉参数不变或基本不变，通常用于紧急停炉和热备用停炉。

(一) 滑参数联合停运

滑参数机炉联合停止运行的特点是：在锅炉熄火后的一段时间内，锅炉仍以压力和温度逐渐降低的蒸汽供应汽轮机。机组停运时，要逐步降低负荷。在滑参数联合停运过程中，可充分利用锅炉的余热发电；能够利用温度逐渐降低的蒸汽使汽轮机部件得到比较均匀和较快的冷却；对于停运后需要检修的汽轮机，还可以缩短从停机到开缸的时间；对于热备用机组，滑参数停机可使汽轮机的部件温度降低得较快，这有利于下次启动。

在考虑节约燃油量的同时，应使锅炉熄火时机组的负荷尽量低些。否则，熄火后较大的送汽量和补充水量将导致汽包压力及其相应的饱和温度下降速度加快，这可能引起汽包壁温差过大。此外，负荷较低可延长滑停时间，可以更充分地利用余热。机组释放余热是相当缓慢的，如果滑停时间过短，在汽轮机主汽阀关闭后，锅炉汽压将回升较多，回升值越大，锅炉余热利用越不充分。

滑参数停运过程中，汽包内工质的温度大约以 1℃/min 的速度下降。开始的降压速度可快些，而后应慢些。在汽压下降的同时，汽温也在下降。但对冷却汽轮机来说，往往希望汽温下降得更快些，这时需要加大减温水量，使汽轮机前的汽温较汽轮机部件温度约低30℃。但蒸汽仍应有足够的过热度（约 50℃），以免汽轮机后部的蒸汽湿度过大。

机炉解列时的蒸汽参数取决于停机的目的。如果是检修和冷备用停机，则应尽可能降低解列时的参数，以便充分利用机组的余热，并使机组得到最大限度的冷却；如果是热备用停机，则主要以机组冷却到何种程度下次启动最有利为原则。

(二) 滑参数联合停运的基本程序

滑参数联合停运的基本程序可分为以下 5 个阶段。

1. 停运准备阶段

停运前要做好五清工作，即清原煤仓、清煤粉仓、清受热面（吹灰）、清锅内（水冷壁下联箱排污）、清炉底（冷灰斗清槽放渣一次）。

汽轮机、发电机做好停机准备。

2. 滑压准备阶段

锅炉降压降温，机组降负荷。汽轮机逐渐开大调速汽门至全开。

3. 滑压降负荷阶段

在汽轮机调速汽门全开的条件下，锅炉降压降温，机组降负荷。同时用汽轮机旁路平衡锅炉和汽轮机间的蒸汽流量。

4. 汽轮机停机、锅炉熄火

降压降负荷至停机参数时汽轮机脱扣停机，锅炉熄火。熄火后，燃油锅炉必须开启送引风机，通风扫除可燃物质，时间不少于 10min。燃煤锅炉只用引风机通风 5min。

5. 锅炉降压

停炉后，锅炉先自然降压，当排烟温度降至 80℃时可停止回转式空气预热器。停炉 4～6h 后，开启引风机入口挡板及锅炉各人孔、检查孔，进行自然通风冷却。停炉 18h 后启动引风机进行冷却。当锅炉降压至零时可放掉锅水。当锅炉有缺陷时，放水温度不应大于 80℃。

**三、汽包锅炉的停运保护**

在锅炉停止运行后，如不采取保护措施，会发生金属腐蚀。水中溶解的氧气或漏入的空气会对金属的内壁造成氧化腐蚀。

停用锅炉的防腐保养方法较多，基本原则是：不允许空气进入汽水系统；保持锅炉管子表面干燥；在金属表面形成防腐薄膜，以隔绝空气；将金属表面浸在防腐剂的水溶液中。具体的停用防腐保养方法分为湿式防腐（加热充压法、氨及联氨法）、干式防腐（热炉放水烘干法、抽真空干燥法）和气体防腐（充氮法）等。大容量锅炉一般采用湿式防腐法和充氮法，湿式防腐法比较简单、监视方便，但在冬季必须要有防冻措施，而充氮法使用较为方便，但需要操作经验和技术。

1. 加热充压法

对于 1～10 天短期备用锅炉，可采用加热充压法进行保护。其方法是在锅炉停炉后降压至 0.3MPa，关闭排汽门和疏水门。控制锅炉压力在 0.3MPa 以上，压力不足时应点火升压或用炉底蒸汽辅助加热。在加热充压备用期间，每天取样锅水和蒸汽进行化验，要求含氧量小于或等于 15$\mu$g/kg；每周化验锅水含铁量一次，要求锅水含铁量小于或等于 30$\mu$g/kg。水质不合格时可用加热放水法除氧，或通过炉底放水除铁。

2. 热炉放水烘干法

冷备用停炉时间较长或检修停炉可采用热炉放水烘干法，该方法分以下三步进行：

(1) 锅炉压力降至 1.5MPa，汽包水位维持在 0～-50mm，炉膛火火，灭火后各风门、挡板关闭严密，保持热量。

(2) 灭火后 1h，开大下降管放水门，把汽包内的水基本放尽。

(3) 灭火后 4h，汽包压力小于 0.8MPa，汽包内壁温度小于 200℃，屏式过热器后烟温小于 400℃，对水冷壁、省煤器进行放水。放水过程不控制压力下降速度，压力由 0.8MPa 降至 0.3MPa 需 2～2.5h，压力由 0.3MPa 降到零需 3h。汽包压力降到零时开所有空气门。

在热炉放水过程中应注意汽包上下壁温差 $\Delta t_1 \leqslant 50$℃，当 $\Delta t_1$ 达 45℃时应暂停放水。当水冷壁上敷设卫燃带时，应适当减慢放水速度，防止水冷壁超温。

采用热炉放水烘干法长期备用时应在汽包、联箱内放置吸水硅胶布袋，吸取锅内潮气，每月检查一次。

3. 抽真空干燥法

抽真空干燥法是与热炉放水烘干法配合进行的一种方法。它在锅炉停炉后，先按热炉放水烘干法要求进行操作，紧接着再在汽水系统辅以抽真空操作，使潮气迅速抽至系统外，进一步提高了烘干效果。抽真空的负压一般大于 50kPa。

4. 联氨法

联氨（$N_2H_4$）是较强的还原剂，联氨与水中的氧或氧化物作用后，生成无腐蚀性的化合物，从而达到防腐的目的。加氨的作用是调节水的 pH 值，使水保持一定的碱性，同时应在未充水的部位充进氮气，并保持一定的气压，以防止空气漏入。

氨及联氨浸泡法是先将锅炉内存水放尽，开启空气门，其余阀门全关；用给水系统将氨及联氨标准溶液灌满锅炉内，标准溶液由加药泵把氨及联氨注入给水系统，其联氨浓度为100～150mg/kg，并用氨调整给水的 pH＝10.2；每隔 3 天取样化验锅水溶液，当浓度低于标准值时应补充加药。使用氨及联氯浸泡法时应注意与仪表等铜质元件隔离。

5. 充氮法

当锅炉内部充满氮气并保持适当压力时，空气便不能漏入，可以防止氧气与金属接触，从而避免腐蚀，该方法在冬季也比较适用。

一般在汽轮机停止后，锅炉继续运行 1h 以烘干再热器，就可以使用该方法。在再热器干燥后，应立即关闭再热器的疏水门及空气门，防止空气漏入。

首先在锅炉压力降到 0.196MPa 时，开启汽包充氮门向汽包充氮，同时进行锅炉放水，并保持锅炉压力不低于 0.196MPa。

当主蒸汽管温度降到 100℃时，开主蒸汽管充氮门，进行充氮。

最后当再热器管温度降到 100℃时，开再热器管充氮门，进行充氮。

保养期间，各系统均维持氮气压力为 0.196MPa，并定期检测氮气纯度，当氮气纯度下降时，应进行排气，并开大充氮门，直至氮气化验合格为止。

## 第二节　直流锅炉的启动与停运

### 一、直流锅炉的冷态启动

（一）直流锅炉的启动特点

1. 启动前要对汽水系统进行循环清洗

和汽包锅炉不同，直流锅炉给水中的杂质不能通过锅炉排污的方法去除，因此直流锅炉除了对给水品质要求严格以外，启动阶段还要对锅炉设备及系统进行冷水和热水的循环清洗，以便确保受热面内部的清洁和传热安全。

2. 需要建立一定的启动流量和启动压力

直流锅炉启动时，由于没有汽包锅炉的水循环回路，因此使水冷壁得到冷却的唯一方法就是从锅炉开始点火时就不断进水，并保持一定的工质流量，这个流量称为启动流量，该流量要一直保持到锅炉带到相应的负荷，而后随锅炉负荷的增加而增加。

启动流量的大小，直接关系到直流锅炉启动过程中的安全性和经济性。启动流量越大，则工质流过受热面的质量流速越大，对受热面的冷却越好，水动力特性越稳定。但启动流量越大，启动时间越长，启动过程中的工质损失和热量损失都增加，另外启动旁路系统的设计容量也要求增大。相反，如果启动流量过小，则受热面的冷却和水动力的稳定难以得到保证。因此在保证受热面可靠冷却和工质流动稳定的前提下，启动流量应尽可能小一些，超临界直流锅炉的启动流量通常为额定蒸发量的 30％～35％。建立启动流量的方式与启动系统的种类有关，对于采用外置式分离器的锅炉，启动流量是在锅炉点火前，由给水泵建立的；而对于采用内置式分离器、带有辅助循环泵的锅炉，则是由给水泵和辅助循环泵共同建立的。

直流锅炉启动时水冷壁内的压力称为启动压力。对于采用螺旋管圈、内置式分离器的直流锅炉，启动压力是在锅炉点火后产生蒸汽而逐渐建立的；对于一次上升型直流锅炉，启动压力是由给水泵建立的。

3. 直流锅炉启动速度

限制锅炉升温速度的主要因素是受压厚壁容器的热应力。直流锅炉没有汽包，工质在水冷壁并联管中的流量分配合理，工质流速较快，故允许温升速度比自然循环汽包锅炉快得多。但是现代高参数直流锅炉的联箱、混合器、汽水分离器等部件的壁也较厚，升温速度也受到一定的限制。

4. 启动过程中存在工质的膨胀

直流锅炉点火以后，随着炉膛热负荷的增加，水冷壁的工质温度逐渐升高，在不稳定加热过程中，水冷壁中某点工质首先汽化，体积突然增大，引起局部压力突然升高，急剧地将后面的工质推向出口，造成锅炉排出量大大超过锅炉给水量，这种现象称为工质膨胀现象。

直流锅炉的工质膨胀现象对启动时的安全带来不利影响。如果膨胀量过大，将使锅炉内的工质压力和启动分离器水位都一时难以控制。影响工质膨胀的因素主要有启动流量、给水温度、燃料的投入速度等。启动流量越大，膨胀量越大；给水温度越低，膨胀到来越迟，膨胀量越小；投入的燃料量大，投燃料速度快，工质达到沸点的位置在炉膛下辐射区，膨胀点后的存水量就多，总的膨胀量大；同时局部压力升高快，因而瞬时的最大排出量也越大。

（二）直流锅炉的启动旁路系统

直流锅炉的启动旁路系统是针对直流锅炉的启动特点而专门设置的，其主要作用有建立启动流量、汽水分离和控制工质膨胀等，它的关键设备是启动分离器。启动分离器的作用是在启动过程中分离汽水以维持水冷壁启动流量，同时向过热器系统提供蒸汽并回收疏水的热量和工质。

按照直流锅炉运行时分离器是否退出系统，直流锅炉的启动旁路系统分为外置式和内置式两种。我国300MW UP型直流锅炉配置外置式分离器启动系统，600MW超临界螺旋管圈型直流锅炉配置内置式分离器启动系统。

图12－4所示为1900t/h超临界压力螺旋管圈直流锅炉内置式启动旁路系统。分离器布置在炉膛水冷壁出口，在分离器与水冷壁、过热器之间的连接无任何阀门，以适应锅炉变压运行的要求。一般在35%～37%MCR负荷以下，锅炉为湿态运行，由水冷壁进入分离器的工质为汽水混合物，在分离器中进行汽水分离，蒸汽直接进入过热器，分离器的疏水通过疏水系统回收工质、热量或排放大气、地沟。当负荷大于35%～37%MCR时，由于水冷壁进入分离器的工质为干蒸汽，锅炉为干态运行，分离器只起通道作用，蒸汽通过分离器进入过热器。此时，内置式分离器相当于一个蒸汽

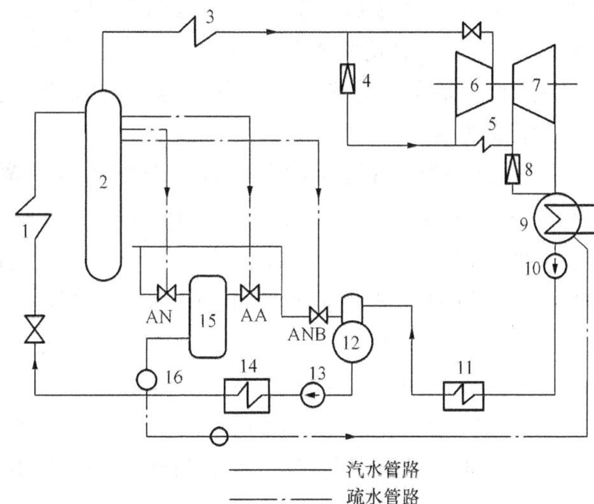


图12－4 1900t/h超临界压力直流锅炉内置式启动旁路系统
1—水冷壁；2—启动分离器；3—过热器；4—高压旁路减温减压阀；5—再热器；6—汽轮机高压缸；7—汽轮机中、低压缸；8—低压旁路减温减压阀；9—凝汽器；10—凝升泵；11—低压加热器；12—除氧器；13—给水泵；14—高压加热器；15—疏水扩容器；16—疏水箱

联箱，必须能够承受锅炉全压。

系统中的疏水阀（AA、AN、ANB阀）用于控制分离器的水位和疏水的流向。锅炉湿态运行时，分离器水位由ANB阀自动维持，当水位高于ANB阀的调节范围时（如工质膨胀），再相继投入AA、AN阀参与水位调节。AA阀的通流量设计可保证工质膨胀峰值流量的排放。

（三）直流锅炉的冷态启动程序

现以1900t/h超临界直流锅炉为例，说明直流锅炉采用压力法滑参数启动的大体程序：

1. 启动前的准备

启动前对锅炉、汽轮机和发电机系统进行全面检查，并且完成锅炉水压试验、炉膛严密性试验、阀门和挡板校验、锅炉连锁试验、转动机械试运转等。部分辅助系统应投入运行或做好启动准备，原煤仓应有足够的原煤，制粉系统做好投运准备，回转式空气预热器投入运行。

2. 冷态循环清洗

锅炉机组停运期间，汽水系统及炉前系统会有一些腐蚀产物或其他杂质，点火启动后会影响给水及蒸汽的品质。因此，新锅炉首次启动或锅炉经较长时间停运后重新启动都要进行清洗工作。

直流锅炉启动时的清洗有冷态清洗和热态清洗两种方式。冷态清洗是指在锅炉点火前，用除盐水或凝结水冲洗包括低压加热器、除氧器、高压加热器、省煤器、水冷壁及启动分离器在内的汽水系统。冷态清洗分两阶段进行，第一阶段是对低压系统的清洗，第二阶段是对高压系统的清洗。

低压系统清洗路线为：凝汽器→凝结水泵→凝结水处理设备旁路→低压加热器→除氧器→凝汽器（或地沟）。进行低压清洗时，开启凝结水泵，使水在低压管路系统内流动，根据凝结水泵出口处的含铁量等水质指标控制清洗过程。当凝结水泵出口水的含铁量大于1000mg/L时，应将清洗水排入地沟；当含铁量小于1000mg/L时，清洗水经凝结水处理设备，除去水中杂质，清洗至除氧器后返回凝汽器，进行循环清洗；当含铁量小于200mg/L时，低压清洗结束。

高压系统清洗路线为：凝汽器→凝结水泵→凝结水处理设备→凝结水升压泵→低压加热器→除氧器→给水泵→高压加热器→省煤器→水冷壁→启动分离器→扩容器→疏水箱→凝汽器（或地沟）。进行高压清洗时，开启凝结水泵、凝结水升压泵和给水泵，使水在高压管路系统内流动，根据启动分离器出口处的含铁量等水质指标控制清洗过程。当分离器出口水的含铁量大于1000mg/L时，应开启361阀至排污水箱的电动闸阀，将清洗水排入地沟；当含铁量小于1000mg/L时，应开启361阀至凝汽器的闸阀，同时关闭361阀至排污水箱的电动闸阀，清洗水由分离器进入凝汽器，然后经凝结水处理设备，除去水中杂质，继续进行高压系统循环清洗；当含铁量小于100mg/L时结束清洗，锅炉点火。

3. 锅炉点火

点火前需要进行燃油泄漏试验，以检验炉前燃油系统的严密性。顺序启动回转式空气预热器、引风机、送风机，控制炉膛负压50～100Pa，维持一定的风量（25%～40%MCR），对炉膛和烟道吹扫5～10min，以排除炉内残存的可燃物，防止点火时发生爆燃。吹扫完成后，将各风门挡板调整至合适位置，准备点火。

维持启动流量为35%MCR左右，锅炉总风量35%左右，高压旁路控制方式置启动位置。点火允许条件满足后，按照自下而上的顺序逐步投入油枪。油枪投运后，检查油枪雾化和燃烧情况，若雾化不良或燃烧不正常，应立即停止其运行，等缺陷消除后，重新投入。油枪投入过程中，注意监视储水罐的水位，当水位升高后，储水罐溢流阀361阀将自动打开，将多余的水排掉，以维持储水罐合适的水位。

4. 热态清洗

锅炉点火后，随着水温逐渐升高，水中杂质含量不断增多，必须在启动过程中将其除去，以免影响汽水的品质。

锅炉的热态清洗就是在锅炉点火后，待水冷壁出口达到一定温度（通常为190℃）时，停止升温升压，维持水沿着高压系统冷态清洗的管路循环流动，而蒸汽则通过旁路系统进入凝汽器。此时，汽水系统的杂质将被流动的热水清洗出来，直至储水箱出口水中含铁量小于50mg/L时，热态清洗结束，锅炉可继续按照冷态启动曲线增加燃料升温升压。

5. 升温升压

热态清洗结束后，按照冷态启动曲线继续升温升压。当压力升到0.15～0.2MPa时，关闭炉顶各放空气门，打开过热器和再热器的疏水门；当压力升到0.3～0.5MPa时，通知热工冲洗仪表管路，通知安装人员热紧螺栓一次；当压力升到0.78MPa时，关闭过热器和再热器的所有疏水门。

按照汽轮机冲转的参数要求，在汽水品质负荷要求的情况下，控制升温率为2℃/min，逐步增加燃料量。当压力达到1.0MPa时，通知汽轮机值班人员开启高、低压旁路。高、低压旁路初始开度为10%，随压力的升高逐步开大旁路；当压力达到6.0MPa时，将旁路开大至60%左右，投入过热器减温水，同时增加燃料量直至压力达到8.4MPa，主蒸汽温度约420℃，再热蒸汽温度约400℃，达到冲转条件，此时维持燃烧稳定，准备冲转。

6. 汽轮机冲转、暖机及带初负荷

当汽压、汽温均达到冲转参数时，便可联系汽轮机值班人员冲转汽轮机。在汽轮机冲转过程中，应根据锅炉温度、压力变化情况调整燃油压力和油枪的数量，确保冲转参数的稳定。

汽轮机达到3000r/min后，配合汽轮机、电气完成试验工作后进行暖机，一切正常后，机组并网，根据蒸汽参数要求逐步增投油枪。

按照汽轮机的要求进行升负荷、暖机工作，汽温、汽压按启动曲线提升。

当热风温度达到200℃以上时，启动一次风机和密封风机，进行暖磨，启动第一台磨煤机，投入相应的煤粉燃烧器。

当负荷上升到10%MCR时，全关高低压旁路阀门。

7. 分离器湿态转干态

在高压、低压旁路全关以后，锅炉的蒸发段仍为湿态，继续增加燃料量将使分离器进汽量增加，分离器水位下降。在原来保持定压（冲转压力）运行时，分离器的AA、AN阀已全关。只有ANB阀还可继续用于维持水位。随着燃料量的继续增加，分离器水位继续下降，ANB阀继续关小，直到全关为止。此时分离器完成从湿态至干态的转变，成为一个微过热蒸汽的通道。在负荷升至37%MCR后，转入纯直流运行，分离器切换到干态运行后，自动控制由分离器水位控制转变为工质温度（中间点温度）控制。此后，进入分离器的流量随燃烧率的逐渐增大而不断增加，蒸汽压力、温度不断提高，在约70%MCR后转入超临界压力运行，直至MCR负荷，启动过程结束。

对外置式分离器系统，转入纯直流运行时要进行切除分离器的操作，切除分离器应遵循等焓切分原则，即保持低温过热器出口的工质比焓与分离器出口饱和蒸汽比焓在数值上相等，以保证主蒸汽温度的稳定和前屏过热器安全。切分后分离器退出运行，锅炉继续升温升压升负荷至额定值。

**二、直流锅炉的停运**

直流锅炉的正常停炉，也要经历停炉前准备、减负荷、停止燃烧和降压冷却等几个阶段。与汽包锅炉相比，主要的不同是：当锅炉燃烧率降低到30%左右时，由于水冷壁流量仍要维持启动流量而不能再减少，因此在进一步减少燃料、降低负荷过程中，包覆管过热器出口工质内微过热蒸汽变为汽水混合物。为了避免前屏过热器进水，采用外置式启动分离器系统的锅炉必须投入启动分离器，保证进入前屏过热器的工质仍为干饱和蒸汽，防止前屏过热器管子损坏。对于采用内置式分离器的锅炉（见图12-4），在35%MCR以下转为湿态运行，这时应开启ANB、AN、AA阀门，控制分离器的水位。

DG1900t/h超临界直流锅炉滑参数停运的基本操作包括：

(1) 锅炉熄火后，保持高、低压旁路开度在10%～20%，对锅炉主蒸汽及再热蒸汽降压；降压速率应控制在不大于0.3MPa/min。

(2) 当压力降至0.5MPa时，可打开过热器空气门，当压力降至0.2MPa以下时，关闭高、低压旁路阀门。

(3) 当启动分离器金属温度达到180℃时，启动送、引风机对炉膛进行通风冷却。

(4) 当启动分离器入口温度接近给水温度时，停止电动给水泵运行。

(5) 当锅炉排烟温度达到50℃时，停止送、引风机和空气预热器的运行。

**三、直流锅炉的停运保护**

DG1900/25.4-Ⅱ1型超临界直流锅炉停炉保养措施如下：

1. 锅炉停用时间小于60h的保养措施

(1) 在电动给水泵停运前调给水pH值在9.4～9.5，省煤器和启动分离器前受热面充水保养。

(2) 过热器在停炉关闭高压旁路和锅炉空气门及疏水门后，进行密封保养。再热器在停炉后低压旁路关闭，开启再热系统疏水门抽真空，在真空破坏前关闭疏水门，再热器干态保养。

2. 锅炉停用时间60h≤$t$≤2周

(1) 在电动给水泵停运前调给水pH值在9.4～9.5，省煤器和启动分离器前受热面充水保养。

(2) 过热器系统在主蒸汽压力低于0.06MPa后进行充氮并密封保养，充氮压力0.03～0.06MPa。再热器在停炉后低旁关闭，开启再热系统疏水门抽真空，在真空破坏前关闭疏水门，再热器干态保养。

3. 锅炉停用时间大于 2 周

(1) 省煤器、锅炉水冷壁、过热器进行充氮置换水后密封（开启锅炉放水门，关闭排空门，开启充氮门进行锅水置换，锅水排空关闭疏水门和充氮门密封保养。充氮置换时主蒸汽压力不高于 0.35MPa)，充氮压力 0.03～0.06MPa。

(2) 再热蒸汽系统在再热蒸汽压力降低到 0.06MPa 后进行充氮并密封保养。

4. 冬季（环境温度低于 5℃）停炉后的防冻

(1) 停炉后检查投入有关设备的电加热或蒸汽加热装置，由热工投入有关仪表加热装置。

(2) 停炉检查锅炉的人孔门、检查孔及有关风门、挡板关闭严密，防止冷风侵入。

(3) 机组各辅机设备和系统的所有管道均应保持管内工质流动，对无法流动的部分将工质彻底放尽。

(4) 锅炉在 48h 内启动要对锅炉放水，天气特别严寒要缩短放水时间，或间隔 24h 启动电泵以 200t/h 的流量给锅炉上水 30min。

(5) 冬季停机如一台循环水泵运行，应保持回水塔运行。

## 第三节　锅炉的运行调节

### 一、汽包锅炉的运行调节

汽包锅炉运行调节的主要任务是维持运行参数在正常的变化范围内，保证锅炉运行的经济性和安全性。汽包锅炉的运行参数包括蒸发量（负荷）、蒸汽参数（主蒸汽、再热蒸汽的温度和压力）、汽包水位、燃料量、送风量和炉膛负压等。

汽包锅炉运行调节的主要任务是：

(1) 保证蒸汽品质，保持正常的过热汽温、汽压。

(2) 保证蒸汽产量（蒸发量)，以满足外界负荷的需要。

(3) 保持汽包的正常水位。

(4) 及时进行正确的调节操作，消除各种异常、障碍和隐形事故。

(5) 维持燃料燃烧的稳定性和经济性，尽量减少各种热损失，提高锅炉效率。

(6) 尽量减少厂用电消耗。

为了完成上述任务，锅炉运行人员必须充分了解各种因素对锅炉工作的影响，掌握锅炉运行变化规律和实际操作技能，根据设备的特性及各项安全、经济指标，严格按照运行规程进行监视和调节工作。

（一）蒸汽压力的调节

1. 蒸汽压力调节的必要性

在锅炉运行中，蒸汽压力是必须监视和控制的主要运行参数之一。运行中如果汽压变动过大，则会直接影响到锅炉和汽轮机的安全与经济运行。汽压降低，会减少蒸汽在汽轮机中膨胀做功的焓降，汽耗增大，电厂运行的经济性降低。汽压过高，机械应力过大，将危及机、炉和蒸汽管道的安全运行。当汽压过高引起安全阀动作时，会造成大量的排汽损失，同时还会引起汽包水位发生较大的波动，并影响送往汽轮机的蒸汽品质。若压力调节不当或操作失误时，还容易引起锅炉满水或缺水事故。因此，运行中应严格监视锅炉汽压并维持其稳定。锅炉运行时的正常汽压通常为锅炉的额定压力，允许变化范围为±(0.05～0.1)MPa。

2. 影响蒸汽压力变化的因素

锅炉运行时蒸汽压力的稳定，取决于锅炉蒸发量和外界负荷之间的平衡。若锅炉蒸发量大于外界负荷所需要的蒸汽量时，汽压就升高；反之，汽压就下降。当锅炉蒸发量在每个瞬时都等于外界负荷所需要的蒸汽量时，则汽压维持稳定。

影响汽压变化的因素可归纳为两方面：一是锅炉外部的因素，称为外扰；二是锅炉内部的因素，称为内扰。

(1) 外扰。外界负荷的正常变化以及在事故情况下的甩负荷、蒸汽管道故障等方面的影响，均属于外部扰动，它具体反映在锅炉出口蒸汽流量的变化上。如当外界负荷增大时，由锅炉送往汽轮机的蒸汽量就增多，因而必然引起汽压下降。此时，如能及时调节燃烧，适当增加燃料量和风量，锅炉蒸发量相应地增加，则汽压将能较快地恢复至正常数值。

从物质平衡角度来看，锅炉的蒸发量与外界负荷之间应处于平衡状态，当锅炉的蒸发量正好满足汽轮机所需要的蒸汽量时，汽压就能保持正常和稳定；而当锅炉蒸发量大于或小于汽轮机所需要的蒸汽量时，则汽压就升高或降低。

(2) 内扰。内扰主要是指炉内燃烧工况的变动。对于煤粉锅炉，如煤质的变化、送入炉膛的煤粉量和煤粉细度的变化、风煤配合不当、炉内结渣、漏风等；对于燃油锅炉，如燃油的油压、油温和油质发生变化，以及风量的变化等，这些都会导致汽压的变化。

在外界负荷不变的情况下，汽压的稳定主要取决于炉内燃烧工况的稳定。当燃烧工况稳定时，汽压变化是不大的；当燃烧工况不稳定或失常时，炉膛蒸发受热面的吸热量发生变化，因而汽压必将发生大幅度的变化。

(3) 内扰和外扰的判断。不论是内扰还是外扰，汽压的变化总是与蒸汽流量的变化密切相关。因此，在锅炉运行过程中，可根据汽压和蒸汽流量的变化，来判断引起汽压变化的原因是内扰还是外扰。

1) 在汽压降低的同时，蒸汽流量增加，说明外界负荷要求蒸汽量增加；在汽压升高的同时，蒸汽流量减少，说明外界负荷要求蒸汽量减少。这些都属于外扰。在外扰的情况下，锅炉汽压与蒸汽流量的变化方向总是相反的。

2) 在汽压降低的同时，蒸汽流量减少，说明燃料燃烧供热量偏少；在汽压升高的同时，蒸汽流量增加，说明燃料燃烧供热量偏多，这些都属于内扰。这种判断内扰的方法对并列运行的锅炉是毫无问题的；但对于单元机组，判断内扰的方法仅适于工况变化的初期，即汽轮机调速汽门未动作以前，当调速汽门动作以后，汽压与流量的变化方向则是相反的。

3. 蒸汽压力的调节

汽压的变化反映了锅炉蒸发量与外界负荷所需蒸汽量之间的不平衡关系。而蒸发量的大小则取决于燃料燃烧的放热状况。因此，在一般情况下，无论是外扰还是内扰引起汽压的变化，均可用调节燃烧的办法进行调节：汽压降低，加强燃烧；汽压升高，减弱燃烧。在异常的情况下，当汽压急剧升高，只靠调节燃烧来不及时，则可开启过热器疏水门或向空排汽门排汽，以尽快降压。

(二) 蒸汽温度的调节

1. 蒸汽温度调节的必要性

过热蒸汽温度是锅炉安全、经济运行的另一个重要指标。汽温过高，会加快金属材料的蠕变，还会致使过热器、蒸汽管道、汽轮机高压部分等产生额外的热应力，因而缩短设备的使用寿命。当发生严重超温时，甚至会造成过热器管爆破。因此，汽温过高对设备的安全有很大的威胁。蒸汽温度过低，会造成汽轮机最后几级的蒸汽湿度增加，对叶片的侵蚀作用加剧。当汽温严重偏低时，还会发生水冲击，威胁汽轮机的安全。而且，当压力不变汽温降低时，蒸汽的焓值减小，蒸汽在汽轮机中的做功能力减小，汽轮机的汽耗量就必然要增加。如在蒸汽初压力为 11.76～24.5MPa 时，过热汽温每降低 10℃，大约会导致循环效率降低 0.50%。所以，汽温过低除影响汽轮机安全外，还会造成发电厂经济性的降低。

因此，锅炉运行时蒸汽温度必须严格控制。电厂锅炉过热汽温的允许波动范围一般不得超过额定汽温的－10～＋5℃。

2. 影响过热汽温变化的因素

(1) 锅炉负荷的影响。锅炉负荷的变化是锅炉运行过程中引起汽温变化的主要原因。锅炉出口蒸汽温度与锅炉负荷之间的关系称为汽温特性。锅炉负荷变化时，汽温的变化特性与过热器的型式有关，辐射式过热器的汽温变化特性是负荷增加时汽温降低，负荷下降时汽温升高；而对流式过热器的汽温变化特性是负荷增加时汽温升高，负荷降低时汽温降低。

(2) 给水温度的变化。当给水温度降低时，从给水加热到饱和蒸汽需要的热量增加，如不增加燃料量，蒸发量将要下降。如要维持蒸发量不变，必须增加燃料量，这必将使过热器烟气侧的传热量增加，结果过热汽温升高。一般情况下，给水温度每降低 3℃，过热汽温将升高 1℃。

(3) 减温水量或水温的变化。在采用减温器的过热器系统中，当减温水量或减温水温发生变化时，将引起蒸汽在过热器内总吸热量的变化，当烟气侧传给蒸汽的热量基本不变时，汽温就会相应地发生变化。

(4) 饱和蒸汽湿度的变化。从汽包出来的饱和蒸汽总是带有少量水分的。在汽压、水位稳定，锅炉负荷又不高的情况下，饱和蒸汽湿度变化很小。当锅炉运行工况不稳定，尤其是水位过高或负荷突增，而汽包内汽水分离设备的分离效果又不佳时，饱和蒸汽的湿度大大增加。这样，饱和蒸汽增加的水分在过热器内要吸收汽化热，从而使汽温降低。蒸汽若大量带水，将引起汽温急剧下降。

(5) 燃烧器的运行方式及其配风。当燃烧器从上排运行切换至下排运行时，炉膛火焰中心位置下移，汽温下降；反之，汽温将上升。对于直流煤粉燃烧器，在保持入炉总风量不变的情况下，适当改变各排二次风量的配比，也会使火焰中心的位置发生变化，从而对过热汽温产生影响。

(6) 受热面的清洁程度。当过热器前的受热面结渣或积灰时，过热器的传热温差增大，汽温升高。当过热器本身被污染时，过热器的传热系数减小而汽温下降。

过热蒸汽温度的调节方法已在第七章中详细叙述，在此不再重复。

(三) 汽包水位的调节

1. 汽包水位调节的必要性

保持汽包内的正常水位是保证锅炉和汽轮机安全运行最重要的条件之一。当水位过高时，蒸汽空间缩小，蒸汽大量带水，蒸汽品质恶化，甚至引起管道和汽轮机内产生严重的水冲击，造成设备损坏；水位太低又可能造成下降管带汽，以致破坏水循环，导致水冷壁干烧超温，甚至造成严重的设备损坏事故。随着锅炉容量的增大，汽包的容积相对越来越小，因而允许存水的变动量也就越小。如给水中断，可能不到10～30s就会出现危险水位；如给水量与蒸发量不相适应，几分钟内就可能发生缺水或满水事故。因此，运行中必须严格监视汽包水位和核对各水位计的指示，防止水位计的堵塞、泄漏等故障的发生，使水位在正常值附近作小幅波动。锅炉汽包的正常水位，一般在汽包中心线下100～200mm，运行中通常将水位波动范围限制在±50mm内。

2. 影响汽包水位变化的因素

锅炉运行中，汽包水位是经常变化的。引起汽包水位变化的根本原因，在于物质平衡（给水量与蒸发量的平衡）遭到破坏或者工质状态发生改变。显然，当物质平衡被破坏时，必然引起水位的变化。另外，当炉内放热量改变时，将引起蒸汽压力和饱和温度的变化，从而水和蒸汽的比体积以及水容积中汽泡的数量发生变化，由此将引起水位变化。

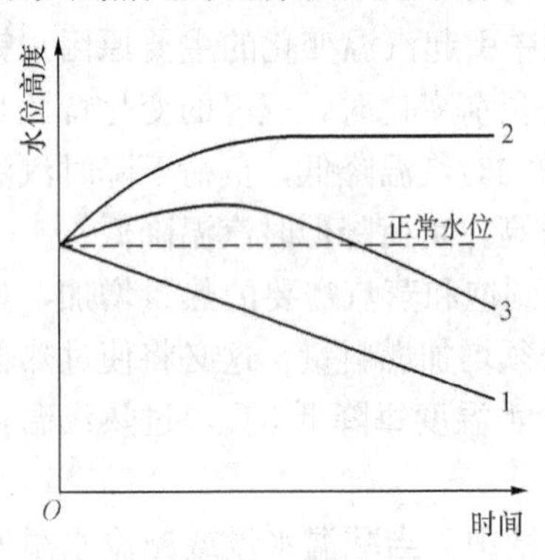

图12-5 汽包水位变动示意图

图12-5表示了锅炉负荷增加而给水量未及时调整时汽包水位的变动状况，图中曲线1表示给水量小于蒸发量时的水位变化情况，曲线2表示汽压突降时对水位的影响。这时水位的上升不是由于汽包内存水量增多，而是由于水面下的含汽量增多和蒸汽密度变小的缘故，这种水位上升称为虚假水位。锅炉负荷突然增大，汽包压力将很快下降，同时给水量和炉内燃烧工况未能及时适应负荷变动时，汽包水位的变化将是曲线1和2的叠加，如曲线3所示，水位先升高然后又很快下降。水位变化的趋势与压力变化相反，即汽压升高水位下降，反之则水位上升。

3. 汽包水位的调节

运行中对锅炉水位的监视，原则上应以装在汽包上的一次水位计为准。对于大中型锅炉，由于采用给水自动调节系统，装在仪表盘上的二次水位计的准确性和可靠性已能满足运行的要求，而且还有高低水位报警器。因此，除锅炉启停过程中须有专人监视一次水位计外，在正常运行时主要监视二次水位计。为确保二次水位计的指示正确无误，采取的措施是每班必须对一、二次水位计的指示值进行对比。用水位计监视汽包水位时，还需时刻注意蒸汽流量、给水流量和减温水量，看它们的数值之差是否在正常范围内，否则应进行分析和检查。

一般用改变给水调节阀的开度来改变给水量以调节汽包水位，调节阀可以自动也可以手动操作。当使用手动操作调节水位时，操作应尽可能平稳均匀，应避免对调节阀采用大开大关的大幅度调节方法，以防止造成水位的大幅度波动。

（四）燃烧调节

1. 燃烧调节的任务

锅炉燃烧工况的好坏对锅炉机组和整个发电厂运行的经济性和安全性都有很大的影响。

燃烧调节的任务是：适应外界负荷的需要，在满足必需的蒸汽流量和合格的蒸汽质量的前提下，保证锅炉运行的安全性和经济性。具体如下：

(1) 使汽压、汽温和水位稳定在规定的范围内，并保证有足够合格的蒸汽量来满足外界负荷的需要。

(2) 保证锅炉运行安全可靠。

(3) 尽量减少不完全燃烧热损失，提高锅炉的经济性。

2. 燃料量与风量调节

(1) 燃料量的调节。在现代锅炉中，蒸汽主要是在水冷壁中产生的。因此，可近似认为锅炉的蒸发量与送入炉内的燃料量成正比。燃料量的调节方式与锅炉负荷的变化幅度、制粉系统和给煤机或给粉机的型式有关。

对于具有中间储仓式制粉系统的煤粉锅炉，中间储仓式制粉系统的特点之一，就是制粉系统出力的变化并不会直接影响到锅炉负荷。当锅炉负荷发生变动需要调节进入炉内的煤粉量时，只需改变给粉机的转速和燃烧器的投入个数。当锅炉负荷变化不大时，一般只要改变运行中给粉机的转速，就可改变进入一次风管的煤粉量。当锅炉负荷变化较大且已超过给粉机的正常调节范围时，只有通过改变投运燃烧器个数的方法，才能大幅度地改变进入炉内的煤粉量。因此，改变投运燃烧器个数属于粗调节，而改变给粉机转速则为细调节。

对于具有直吹式制粉系统的煤粉锅炉，一般都装有多台磨煤机，即具有几个独立的制粉系统。由于直吹式制粉系统无中间煤粉仓，其制粉量即为锅炉的燃煤量。因此，它的出力大小直接影响到锅炉的蒸发量。当锅炉负荷有较大变动时，需启动或停止一套制粉系统。在确定启动、停止方案时，必须考虑到燃烧工况的合理性，如投入燃烧器应均衡，以保证炉内燃烧工况的均匀性等。当锅炉负荷变动不大时，可通过调节制粉系统的出力来解决。当锅炉负荷增加时，可先开大排粉机的进风挡板，增加磨煤机的通风量，利用磨煤机的存粉作为增加负荷时的缓冲调节，然后再增加给煤量，同时开大相应的二次风门。锅炉负荷减少时则相反。

(2) 风量的调节。锅炉负荷改变时，送入炉内的风量必须与送入的燃料量相适应，同时必须对引风量进行相应的调节。

1) 送风量的调节。运行中应尽可能保持炉内最佳过量空气系数，以获得较高的锅炉效率。锅炉仪表盘上装有二氧化碳表或氧量表，运行人员可直接根据其指示来调节风量，而不必换算成过量空气系数。除用表计指示来判断燃烧情况外，还要注意分析飞灰、灰渣中可燃物的含量，观察炉内火焰颜色等，来综合分析炉内燃烧工况。

送风量的调节方法，就总风量的调节来说，多数是通过电动执行机构操纵送风机进口导向挡板，改变其开度来实现的。除了改变总风量外，在有些情况下，还需通过改变二次风挡板开度来调节风量。

容量较大的锅炉通常都装有两台送风机。当两台送风机同时运行需要调节送风量时，一般应同时改变两台送风机进口导向挡板的开度，以便烟道两侧的空气流通工况均匀。

2) 炉膛负压及引风量的调节。目前电厂锅炉绝大多数都采用既有送风机又有引风机的平衡通风方式，炉膛烟气压力稍稍低于外面大气压，炉膛烟气压力低于大气压力的数值称为炉膛负压，炉膛负压表的测点装在炉膛靠近炉顶的出口处。只要炉膛顶部的烟气保持合适的负压值，即使炉墙有不严密之处也无烟气外漏。炉膛压力变正时，火焰及飞灰会向外冒，不仅恶化工作条件，而且还可能危及人身和设备的安全。同时，炉膛负压也不能太大，否则炉膛和烟道的漏风可能很大。

在单位时间内，如果从炉膛排出的烟气量等于燃料燃烧产生的烟气量时，则炉膛负压保持不变。否则炉膛负压就要发生变化。

引风量的调节应该使炉膛负压保持在合理的数值上。引风量的调节方法与送风量相似，基本上也是通过电动执行机构操纵引风机进口导向挡板，改变其开度来实现的。若锅炉装有两台引风机时，则与送风机一样，需根据锅炉负荷的大小和风机的工作特性来综合考虑合理的引风机运行方式。

负荷变动时，引风机调节到什么程度最为合适，这要根据各锅炉所规定的炉膛负压值的变化范围来确定。一般正常运行时炉膛负压值保持在20～30Pa，在运行人员即将进行除灰、清渣或观察炉内燃烧时，炉膛负压值应保持高些，约为50～100Pa。

3. 燃烧器的调节和运行方式

（1）燃烧器的一、二、三次风的配比。燃烧器保持适当的一、二、三次风的配比，即保持适当的一、二、三次风的速度和风率，是建立正常的空气动力场、使风粉混合均匀、保证燃料良好着火和稳定燃烧所必需的条件。一次风速取决于煤粉的着火条件，一次风速过高会推迟着火；风速过低则容易烧坏燃烧器，并在一次风管内造成煤粉沉积。二次风速过高或过低都可能破坏气流的正常混合扰动，从而降低燃烧的稳定性。三次风速对主燃烧器煤粉气流的燃烧和它本身携带煤粉的燃烧都有影响。

燃烧器出口断面的尺寸及风速决定了一、二、三次风量的风率，这些参数也是调节燃烧时需要重视的，尤其是一次风率，它与着火过程密切相关。一次风率越大，要达到气粉混合物着火温度需要吸收的热量就越多，因而达到着火所需的时间就越长，对于低挥发分的燃料是不利的。对于高挥发分的燃料着火并不困难，而且为保证着火后挥发分的及时燃尽往往需要较高的一次风率。

不同的燃料和不同结构的燃烧器，对一、二、三次风的风速与风率的要求各不相同。合理的风速与风率应考虑到燃烧过程的稳定性，及整个机组运行的安全可靠性与经济性。

（2）燃烧器出口风速及风率的调节。

1）四角布置直流燃烧器的调节。四角布置的直流燃烧器，其燃烧方式是靠四股气流组织的，所以一、二次风风量及风速的选择是决定炉膛良好的空气动力工况的基本条件。不适当的一、二次风配比，会破坏气流的正常混合与扰动，从而造成燃烧的恶化。一、二次风出口速度可用下述方法进行调节：

a. 改变一次、二次风量。

b. 改变各层燃烧器的风量分配，或投、停部分燃烧器。

c. 具有可调的二次风出口风速挡板的直流燃烧器，改变风速挡板的位置即可调节其出口风速，而保持风量基本不变。

2）轴向叶轮式旋流燃烧器的调节。这种燃烧器的一次风速只能借助改变一次风量来进行调节，其二次风出口的切向速度或旋流强度的改变可根据煤种和工况变化，通过调节二次风叶轮的位置来实现。叶轮位置向炉外方向移动时，叶轮外围的间隙增大，从间隙内流过的直流二次风量增多，通过叶片的旋流二次风量则减少，所以二次风的切向速度减小，旋流强度减弱。叶轮向炉内方向移动时．则与此相反。叶轮移动幅度越大，二次风的旋流强度改变越明显。

（3）燃烧器的运行方式。炉内燃烧工况的好坏，不仅受一、二次风配风工况的影响，而且还与炉膛热负荷及燃烧器的负荷分配及投、停方式有关。

为保持良好的火焰中心位置，避免火焰偏斜，一般投入运行的各燃烧器的负荷应尽量分配均匀、对称，即保持各燃烧器的风量和粉量基本一致。但有时为了调节火焰中心位置，以改变火焰偏斜现象、避免结渣、调节过热汽温、提高运行的经济性，以及为了适应锅炉负荷、煤种变化等的需要，常有意识地改变燃烧器之间的负荷分配，即风粉配比。

锅炉在高负荷运行时，由于炉膛热负荷较高，燃烧比较稳定。主要问题是汽温高，锅炉容易结渣。因此，应设法降低火焰中心位置，或缩短火焰长度，力求避免或消除结渣。

锅炉在低负荷运行时，炉膛热负荷低，容易灭火，应适当减小炉内过量空气系数，调节好各燃烧器的粉量和风量。避免风速过大的变动，对燃烧工况不太好的燃烧器更应加强监视。

为了保持燃烧器一、二次风出口速度，有时要停用部分燃烧器，尤其在低负荷时。由于燃烧器的结构不同和布置方式的多样化，对于燃烧器的投运方式很难作出具体规定，一般可参考下述原则：

1）只有在为了稳定燃烧以适应锅炉负荷需要和保证锅炉参数的情况下才停用燃烧器。

2）停上投下，可降低火焰中心位置，以利燃烧。

3）四角布置的燃烧方式，宜分层停用；必要时可对角停用，定时切换，以利于水冷壁的均匀受热；此外，某一个角的燃烧器全部停用是严格禁止的。

4）燃烧器需要切换时，应先投入备用的，以防止中断或减弱燃烧。

5）在投停或切换燃烧器时，必须全面考虑其对燃烧、汽温等方面的影响，不可随意进行切换。

在投、停燃烧器或改变燃烧器的负荷过程中，应同时注意风量与粉量的配合。对于停用的燃烧器，要通以少量空气进行清扫和冷却，以保证喷口的安全。

## 二、直流锅炉的运行调节

### （一）直流锅炉运行调节的特点

直流锅炉运行调节的要求基本上与汽包锅炉相同。如锅炉蒸发量应随时适应外界负荷的要求，保持汽温、汽压稳定并符合规定值，维持经济燃烧等。但在蒸汽参数调节方面，直流锅炉比汽包锅炉要复杂得多。直流锅炉蒸汽参数调节有以下几个特点：

（1）直流锅炉汽温、汽压的调节过程相互影响较大。

（2）直流锅炉蒸发区与过热区之间没有固定的界限，当燃料量和给水量失调时受热面积就会改变，将会导致汽温的很大变化。

（3）直流锅炉的储热能力小，所以任何工况的扰动对汽温、汽压的影响要比汽包锅炉大得多。也就是说，直流锅炉惰性小，对工况的扰动适应性差，但对增减负荷是有利的，因而调节灵敏。

（4）直流锅炉出口汽温的变化，同汽水通道上所有中间截面工质焓值的变化是相互关联的。当锅炉工况变动时，首先反映出来的是过热器入口汽温变动，然后是过热器各中间截面汽温逐渐向后变动，最后导致出口汽温的变动。所以，为了维持锅炉出口汽温的稳定，可以把在过热器区段某一点的温度作为超前信号。

### （二）直流锅炉蒸汽参数的调节

锅炉的运行必须保证汽轮机所需要的蒸汽量，以及过热蒸汽压力和温度的稳定。直流锅炉参数的稳定主要取决于两个平衡，即汽轮机的功率与蒸发量的平衡和燃料量与给水量的平衡，第一个平衡能稳定汽压，第二个平衡则可稳定汽温。但因为直流锅炉的加热、蒸发、过热三个区段无固定界限，所以它的汽压、汽温和蒸发量之间是互相依赖和紧密相关的。实际上汽压和汽温这两个被调参数的调节是不能分的，只不过是一个调节过程的两个方面。直流锅炉除了被调参数的相关性外，还具有储热能力小，运行工况一旦被扰动，蒸汽参数变化很快且很敏感的特点。

1. 过热蒸汽压力的调节

过热蒸汽压力调节的任务，实质上是要经常保持锅炉蒸发量和汽轮机所需蒸汽量的平衡。只要保持这个平衡，过热蒸汽压力就能稳定在额定数值上。在汽包锅炉中，要调节蒸发量，先是依靠调节燃烧来达到，与给水量无直接关系，给水量是根据汽包水位来调节的。在直流锅炉中，炉内放热量的变化并不直接引起蒸发量的改变，而只有当给水量改变时才会引起锅炉蒸发量的变化，因为直流锅炉的蒸发量等于进入锅炉的给水量（包括减温水量），所以直流锅炉的蒸发量首先应由给水量来保证，然后燃料量作相应的调节以保持其他参数的稳定。当手动操作时，因为改变燃料量同时要求调节风量而使调节较为复杂，所以往往先用给水量作为调节手段稳住汽压，而后调节减温水量来保持汽温。

2. 过热蒸汽温度的调节

直流锅炉在运行过程中，锅炉负荷的变化以及给水量、燃料量、过量空气系数、受热面结渣等情况的变化，都会引起蒸汽温度较大的波动。通常要求直流锅炉在70%～100%额定负荷时保持汽温稳定，允许波动范围为额定汽温的－10～＋5℃。

在稳定工况下，过热器出口蒸汽所具有的焓值可用式（12－1）表示

$$h''_{gr}=h_{gs}+\frac{B}{G}Q_r\eta \tag{12-1}$$

式中 $h''_{gr}$——锅炉出口过热蒸汽焓，kJ/kg；

$h_{gs}$——锅炉给水焓，kJ/kg；

$B$——燃料量，kg/h；

$G$——给水量，kg/h；

$Q_r$——相对每千克燃料输入炉内的热量，kJ/kg；

$\eta$——锅炉效率，%。

在式（12－1）中，锅护效率 $\eta$、输入热量 $Q_r$、给水焓 $h_{gs}$ 一般保持不变。因此，过热汽温只取决于燃料量 $B$ 与给水量 $G$ 的比值 $B/G$。如果比值 $B/G$ 保持一定，则可维持 $h''_{gr}$ 和 $t''_{gr}$ 不变，所以，比值 $B/G$ 的变化是造成过热汽温波动的最根本原因。因此，在直流锅炉中，汽温的调节主要是通过煤水比的调节来实现的。考虑到其他原因对过热汽温的影响，在实际运行中要精确地保持煤水比也是不容易的。所以除了采用煤水比作为粗调节手段外，还必须采用喷水减温器作为细调节手段。

综合上面对汽温汽压调节的论述，直流锅炉在带稳定负荷时，因为压力波动很小，所以主要调节任务是汽温调节。在变负荷时，汽温与汽压的调节必须同时进行。当汽轮机负荷增加而引起汽压降低时，就必须加大给水量来提高压力；此时若燃料量未相应增加，会引起汽温的下降。因此，在调压的同时必须调温，即燃料量必须随给水量相应地增加，才能在调压的过程中同时稳定汽温。根据这个道理，我国操作直流锅炉的工作人员总结出一条行之有效的操作经验，即“给水调压，燃料配合给水调温，抓住中间点，喷水微调”，以这种调节方法来达到直流锅炉蒸汽参数的稳定。

直流锅炉再热汽温的调节方法与汽包锅炉的调节方法相同。

## 第四节　锅炉运行事故与处理

### 一、锅炉事故与事故处理原则

火力发电厂事故中约有70%是由锅炉事故引起的，锅炉事故主要有水位事故、受热面爆破事故、燃烧事故及辅机事故等。锅炉发生事故的原因大致有设备制造、安装、检修的质量问题以及运行人员失职、技术水平低、管理不善等。一旦发生事故，运行人员要沉着冷静，判断正确，处理迅速，把事故消灭在萌芽状态。

处理事故的基本原则是：

(1) 正确判断事故发生的原因，按有关规程迅速消除事故根源，限制事故的发展，解除对人身、设备的威胁；在上述前提下，尽可能保持机组的运行。

(2) 威胁人身或设备安全时应事故停炉。

(3) 尽最大的努力保持厂用电的正常供给。

### 二、汽包水位事故

水位事故是汽包锅炉常见的主要事故，它分缺水事故和满水事故两种。

(一) 缺水事故

锅炉缺水分为轻微缺水和严重缺水两种。水位低于最低水位，水位计仍有读数时称为轻微缺水，水位低到水位计已无读数时称为严重缺水。

1. 缺水事故的现象及处理

缺水事故的现象主要有：

(1) 汽包水位低或不见水位。

(2) 低水位报警。

(3) 给水流量不正常地小于蒸汽流量。

(4) 过热汽温上升等。

若是轻微缺水，应增加给水流量，逐渐恢复正常水位；若是严重缺水，应立即熄火停炉，严禁向锅炉进水。因为严重缺水时水位低到什么程度无法判断，有可能水冷壁内已缺水，蒸汽过热，水冷壁、汽包壁温升高，如果进水会产生巨大的热应力，同时大量的水汽化，压力突然上升，会造成汽包、水冷壁的严重损坏。

2. 缺水的原因

汽包锅炉缺水的原因大致包括：

(1) 给水自动调节器失灵。

(2) 电动给水泵调速系统故障。

(3) 电动给水泵出口旁路阀或执行器故障。

(4) 负荷或汽压变动过大以及安全阀动作，运行人员未能及时调整。

(5) 水位计指示不正确，造成运行人员误判断操作。

(6) 对水位监视不够或误操作。

(7) 给水管道、省煤器、水冷壁泄漏。

(8) 给水压力下降或给水系统阀门误关。

(9) 排污操作不当。

（二）满水事故

锅炉满水分轻微满水和严重满水两种。水位高于最高水位，但水位计仍有读数时称为轻微满水。水位高到水位计已无读数时称为严重满水。

1. 满水事故的现象

满水事故的现象主要有：

(1) 水位计水位高或不见水位。

(2) 高水位报警。

(3) 给水流量不正常地大于蒸汽流量。

(4) 过热汽温下降。

(5) 严重满水时过热汽温急剧下降。

(6) 主蒸汽管道有水锤声并发生振动。

(7) 阀门、流量孔板及汽轮机法兰和轴封处向外冒白汽。

2. 满水事故的处理

若是轻微满水，应校核水位计，减小给水流量，必要时开大事故放水阀门，开大蒸汽管的疏水阀门，适当减低负荷。严重满水时应立即停炉，开过热器联箱、蒸汽管道的疏水阀门，开事故放水阀门，待汽包水位恢复正常时重新点火。

（三）锅炉缺、满水事故的防止措施

(1) 加强对运行人员的培训和教育，使运行人员切实感到缺、满水对机组安全运行的危害性。

(2) 加强业务学习弄懂弄通给水调节系统的原理、工作原理以及各阀门的编号、位置和作用原理、保证操作的正确性。

(3) 严格执行规程规定的操作。

(4) 严格细致的检查，发现问题及时处理。

(5) 加强“安全第一”的思想观念，提高监视操作的技能。

(6) 严格执行定期工作制度，及时冲洗水位计，核对水位计。

(7) 在机组的启停和负荷、汽压大幅度的摆动以及安全阀动作的过程中，要充分了解汽包水位的变化趋势，不要被虚假水位迷惑而造成误操作。

(8) 经常组织事故学习和必要的事故演习，提高运行人员事故处理的能力。

(9) 对同类型机组所发生的重大事故做好深入细致的学习分析、讨论，从中吸取教训，避免出现类似事故。

(10) 做好事故记录，开好事故分析会。

## 三、受热面爆管事故

水冷壁、过热器、再热器及省煤器等受热面的损坏爆破事故是锅炉事故中最常见的事故。当受热面管子爆破时，高温、高压汽水从爆破点喷出，不但要停炉限制电负荷，严重时会发生人身伤亡。

（一）水冷壁爆破事故

1. 水冷壁爆破时的现象及处理

水冷壁爆破事故的现象主要有：

(1) 炉膛内发出爆破声。

(2) 炉膛风压偏正。

(3) 汽包水位下降。

(4) 给水流量不正常地大于蒸汽流量。

(5) 炉膛两侧烟温、汽温的偏差增大。

(6) 检查孔与门孔处可听到汽水喷出声，炉墙与门孔不严密处有烟气或蒸汽喷出。

如果爆破后的汽水泄漏不严重，能维持正常水位与炉膛风压，可减负荷运行，等待调度停炉。在此期间必须加强监视，严密注意发展情况，如果爆破后的泄漏严重，无法维持正常汽包水位或正常炉膛负压，燃烧严重不稳定，应事故停炉。停炉后为排除炉内泄漏蒸汽，引风机应继续运行，并加强给水维持水位，如果水位无法维持，应停止进水。

2. 水冷壁爆破的原因

水冷壁爆破的原因大致包括：

(1) 设计、安装、检修质量不合格。

(2) 水压试验时严重超压。

(3) 锅炉给水质量不合乎要求，炉水化学处理不当，长期运行在管内造成腐蚀或结垢。

(4) 燃烧器附近的水冷壁管被煤粉磨损严重，吹灰器安装不良使管子吹爆。

(5) 运行中严重缺水。

(6) 水循环不正常及沸腾传热恶化等造成管子金属长期超温。

(7) 炉内结焦严重，造成受热不均。

(8) 火焰中心偏斜。

(9) 炉膛结焦后，大块焦落下砸坏水冷壁。

(10) 热膨胀不均匀，长期运行个别管壁损坏。

(11) 燃烧器附近高热负荷区水冷壁烟气侧高温腐蚀。

(12) 启停过程中升、降压速度太快。

3. 水冷壁爆破事故的防止措施

(1) 汽包就地水位计和其他二次水位表指示可靠，运行中应经常进行水位计的核对。

(2) 运行中应避免低水位运行．正常运行时汽包水位维持在 (0±50)mm，当发生低水位时，应根据不同情况及时进行调整与处理，水位降到−100mm（低二值），将给水自动改为手动，增大给水，并核对汽包水位。如锅炉正在进行排污时，应立即停止。

(3) 保证锅炉进水均匀，在正常运行中不允许给水流量大幅度变化。

(4) 四角燃烧器应均匀供给燃料量及风量，防止火焰偏斜冲刷水冷壁。并应经常检查燃烧器的工作状态，及时除焦并保持燃烧稳定、均匀，保持汽压稳定。

(5) 增减负荷应均匀，不应突增突减。

(6) 水冷壁结焦应及时除掉，防止大块焦落下砸坏水冷壁。

(7) 严格按规定进行定期排污，排污时间不能过长。

(8) 根据积灰情况，按时进行吹灰，吹灰前应充分疏水，不许有湿蒸汽进入吹灰器，严禁使用弯曲变形的吹灰器。

(9) 在启动过程中，要特别注意水冷壁和联箱等膨胀是否均匀，上水前后及过程中应记录各处的膨胀值。在膨胀不正常时，可适当增加排污次数。

(10) 应严格控制汽包水位，不得超过规定值。当发现膨胀异常增大时，应停止上水或升压，查明原因，消除后再继续升压。

(11) 进入锅炉的补水必须除硅合格，尤其在投入运行初期，锅炉启动频繁，必须保证供给足够的除硅水。

(12) 停炉期间，必须根据停炉时间的长短，认真执行停炉保护措施。

### (二) 过热器、再热器爆管事故

#### 1. 过热器爆管的现象及处理

过热器爆管事故的现象主要有：

(1) 有蒸汽喷出声。

(2) 炉膛负压下降或变成正压。

(3) 炉墙、人孔等不严密处向外冒烟气或蒸汽。

(4) 爆破点后烟道两侧有不正常的烟温差。

(5) 蒸汽流量不正常地小于给水流量。

(6) 爆破点前过热汽温偏低，爆破点后过热汽温偏高，汽压下降。

(7) 省煤器后集灰斗内有湿的细灰。

再热器爆管的现象与上述类似。

过热器、再热器爆管严重程度可由汽温的变化幅度、炉膛风压和汽包水位等能否维持正常值来判断。发生爆管后仍能维持各参数在正常范围内，则可降低出力维持运行，等待调度停炉，此时必须加强监视，注意事态发展；各项参数不能维持在正常范围内时应紧急停炉。

#### 2. 过热器与再热器爆管的原因

过热器与再热器爆管的原因大致包括：

(1) 设计不合理，钢材用错，金属监督不严格。

(2) 化学监督不严格，蒸汽品质恶化，管内结垢，引起管壁超温。

(3) 汽水分离效果差，或汽包水位高使蒸汽品质恶化。

(4) 过热器、再热器长期超温运行。

(5) 安装焊接质量不佳或被异物堵塞。

(6) 管外高温腐蚀与磨损，蒸汽侧水汽腐蚀。

(7) 过热器、再热器积灰造成腐蚀，炉膛结焦，造成炉膛出口烟温升高使过热器管壁超温。

(8) 不正确的启停方式造成过热器管壁超温。

(9) 运行人员责任心不强，操作调整不当或发生误操作。

(10) 奥氏体钢的氯腐蚀。

(11) 制造、安装与检修质量不合格，管材质量不合格。

(12) 启动前酸洗不合理，酸洗后的杂质积存在屏式过热器等低流速区管内引起管子通道堵塞。

#### 3. 过热器防止爆管的措施

(1) 过热系统结构复杂，使用多种钢材时，金属监督尤为重要，要求各部分材料符合设计要求，安装焊接质量合乎有关规程要求，设备进行大小修时，要测量膨胀，割管取样检查，发现问题及时处理。

(2) 化学人员要严格化验制度，确保水汽品质。

(3) 加强燃烧调整，根据锅炉负荷和煤质的变化，及时调整风煤比，保证省煤器出口烟气含氧量为4%～6%，过热器、再热器两侧烟气温度差不大于50℃。

(4) 严格监视过热器各段壁温测点的温度变化情况，不得超过其允许值。如发现超温或测点间变化较大，应认真分析，查找原因及时处理。

(5) 控制壁温不超过规定值。各段汽温都在规定范围内正常运行，发现汽温变化超过正常范围应先用调整燃烧来处理，再用减温水调整，尤其在低负荷（包括点火、停炉时）运行时，尽量少用减温水来调节汽温，因为压力低、流量小时减温水使用不当容易产生水塞，使局部管过热发生爆管。

(6) 过热器区域吹灰要及时彻底，按规定进行，吹灰用蒸汽的汽压、汽温符合规程要求，吹灰前要充分疏水，不可使用湿蒸汽吹灰，禁止使用弯曲变形的吹灰器并应及时修复。

(7) 过热器的积灰结焦，使热偏差增大，个别管子过热和磨损，易引起管子泄漏和爆破，运行中应加强煤质的化验（主要是DT、ST、FT、$A_d$、灰成分等）和炉膛的火焰观察，根据煤质调整燃烧和接带负荷，当燃用高灰分的煤时，应加强吹灰，局部积灰严重时，应加强该处的吹灰。

(8) 在正常运行中，应尽量发挥自动调节装置的作用。

(9) 停炉后，按规定进行过热器的保养。

4. 再热器防止爆管的措施

(1) 搞好燃烧调整，防止热偏差。再热蒸汽对热偏差比较敏感，比过热器更易超温。除了在设计中采取措施外，运行人员必须注意两侧烟温偏差不能超过允许值（30～50℃），以使氧量在4%～6%范围内，调整燃烧使火焰在炉膛中充满程度较好，火焰中心不偏斜，燃烧良好。

(2) 锅炉启停时，控制好炉膛出口烟温，汽轮机冲转前，再热器内没有蒸汽流通，故处在最恶劣的工况下运行。要及时投入炉膛出口烟温探针，控制烟温不超过管材的允许值，两侧烟温偏差在30～50℃内。停炉时，发电机解列后，投入烟温探针控制烟温不超过管材的允许值。

(3) 再热器区域吹灰要及时彻底，按规定进行，吹灰蒸汽的汽压、汽温符合要求，吹灰前将主蒸汽管道内积水进行充分疏水，不可将含水的蒸汽吹入吹灰器，防止吹坏管壁。吹灰器发生弯曲变形后，要禁止使用，防止对各管排的距离不均而损坏管壁，并应及时修复。

(4) 调整再热汽温要尽量不用或少用喷水减温，发现汽温升高或降低时要及时调整燃烧或调整燃烧器的摆动角度，只有在超温事故情况下才准使用事故喷水。

(5) 防止结焦产生热偏差。再热器布置在炉膛出口处，煤质低劣，燃烧不好时，易在管外结焦，发现结焦时，要根据煤质接带负荷。及时进行吹灰，如结焦严重，两侧烟温偏差很大（50℃以上），又无法清除时，应及时汇报，申请停炉处理。

(6) 严格监视高温再热器出口壁温，不得超过允许值。各壁温测点间的数值不应相差很大，如相差很大（20℃以上）时，应认真检查燃烧情况和炉内结焦情况，找出偏差大的原因并及时处理。

(7) 停炉后，按规定进行再热器保养。

(三) 省煤器爆管

1. 省煤器爆管的现象及处理

省煤器爆管事故的现象主要有:

(1) 给水流量不正常地大于蒸汽流量。

(2) 汽包水位下降。

(3) 省煤器烟道内有异常声音，下部灰斗内有湿灰。

(4) 省煤器出口左右烟温差、空气预热器出口风温下降。

(5) 烟道通风阻力增加，引风机电流增大等。

省煤器损坏不严重且能维持汽包水位时，可降低出力维持运行，等待调度停炉，同时加强监视。如果泄漏严重不能维持正常水位时，应事故停炉，停炉后引风机继续运行维持炉膛负压。对有省煤器再循环的锅炉，停炉后不能开启再循环阀门，防止汽包水经省煤器再循环管通向泄漏处漏掉。

2. 省煤器爆管的原因

省煤器爆管的原因大致包括:

(1) 给水品质不合格使管内壁发生氧腐蚀。

(2) 飞灰对受热面烟气侧的磨损。

(3) 受热面烟气侧的低温腐蚀。

(4) 经常启停的机组给水温度多变，省煤器联箱发生疲劳裂纹。

(5) 制造、安装及检修质量不合格。

3. 防止省煤器爆管的措施

(1) 安装焊接质量符合有关规程要求，设备进行大小修时，要检查管子磨损情况，发现问题及时处理。

(2) 化学人员要严格化验制度，确保给水品质。

(3) 省煤器区域吹灰要及时彻底，按规定进行，吹灰蒸汽的汽压、汽温符合规程要求，吹灰前要充分疏水。不可使用湿蒸汽吹灰，禁止使用弯曲变形的吹灰器并应及时修复。

(4) 运行中应加强煤质的化验（主要是 DT、ST、FT、$A_d$、灰成分等）和炉膛的火焰观察，根据煤质调整燃烧和接带负荷，当燃用高灰分的煤时，应加强吹灰，局部积灰严重时，应加强该处的吹灰。

## 四、锅炉燃烧事故

常见的锅炉燃烧事故有炉膛灭火爆炸和烟道再燃烧，这些事故一旦发生，将会造成锅炉设备的严重损坏，还可能造成人员伤亡，因此必须尽力防止。

(一) 炉膛灭火事故

炉膛灭火就是燃烧着的火焰突然熄灭。灭火使炉膛风压骤降，形成真空状态，炉墙受到外界空气侧给予的巨大内向推力，称为炉膛内爆。炉膛灭火后未能及时切断燃料进入，积存于炉内的燃料又突然燃烧，炉膛风压骤升，形成正压状态，炉墙受到炉内侧给予的巨大外向推力，称为炉膛外爆。严重的内爆与外爆将使炉墙破坏，水冷壁管破裂，是锅炉的重大事故。

炉膛内燃料燃烧产生的烟气量大于送入炉膛内的空气量，并且燃烧时温度很高，炉内气体的体积大，炉膛突然发生熄火将使炉膛内气体实际容积缩小 5~6 倍，因而炉膛风压骤降。

发生破坏性内爆事故的锅炉容量一般在500MW以上，其中燃油燃气锅炉占多数。

锅炉点火时点火能量瞬时中断或不足，正常运行中一个或几个燃烧器突然失去火焰，整个炉膛熄火或燃料量漏入停运的炉膛，都会引起可燃物存积。每立方米空气中含有0.05kg煤粉时就具有爆炸性，一台600MW机组的锅炉，每秒进入炉膛内的煤粉量约80kg左右，故炉膛熄火后1～2s内就可形成爆炸性可燃混合物。因此，炉膛发生火焰中断、炉膛灭火时必须立即切断燃料。现代大型锅炉，靠运行人员来监视熄火，瞬间切断燃料是较难做到的，必须采用炉膛安全监控系统FSSS来保证炉膛的安全运行。

1. 锅炉炉膛灭火的现象及处理

炉膛灭火时有以下现象可以判断：

(1) 炉膛负压不正常地突然增大。

(2) 一、二次风风压下降。

(3) 炉膛发黑，火焰监视报警。

(4) 蒸汽的汽压、汽温及流量迅速下降。

(5) 炉膛烟温下降。

(6) 氧量不正常地增大。

当炉膛发生灭火时，炉膛安全监控系统FSSS立即反应，MFT动作并按程序进行一系列自动处置，处置要点是：

(1) 立即切断燃料供应，即停止制粉系统，关闭全部油喷嘴。

(2) 关闭过热器一、二级减温水和再热器减温水，以维持汽温。

(3) 减小引、送风量至吹扫风量，控制炉膛负压，吹扫5min，清除炉内积存的燃料。

(4) 查明灭火原因并消除后，才允许重新点火，恢复运行。

锅炉灭火后，严禁用爆燃法恢复燃烧，避免造成严重的灭火爆炸事故。

当单元机组锅炉发生灭火时，联动汽轮机、发电机跳闸。或者汽轮机、发电机迅速降负荷，以防止锅炉汽压、汽温下降过快，影响设备安全，也为机组重新恢复运行创造条件。

2. 锅炉炉膛灭火的原因

炉膛灭火的原因一般有：

(1) 煤的质量太差或煤种突变。

(2) 启动或低负荷运行时炉膛温度降低；或过量空气系数过大、炉膛大量漏风而使炉温降低。

(3) 一次风速过低或过高，四角直流燃烧器气流方向紊乱，给粉机出粉不均匀。

(4) 送、引风机跳闸或失去电源。

(5) 炉膛吹灰、除渣操作不妥。

(6) 水冷壁管爆破，大量汽水喷出，使火焰熄灭。

(7) 燃烧器的切换及磨煤机的操作不当。

(8) 单元机组发生FCB（汽轮机组故障快速降负荷）或RB（锅炉主要辅机故障快速降负荷）动作时，燃烧器管理系统自动处置不当。

(9) 制粉系统、燃油系统故障等。

3. 锅炉灭火的防止措施

对于大型锅炉，防止灭火的主要措施如下：

(1) CCS各控制系统不但保证了锅炉的经济性，同时与FSSS配合，对机组的安全也有十分重要的作用。因此在运行中必须严格监视其调节质量和功能正常，特别要注意风煤比要正常。

(2) 磨煤机出口门必须全开或全关，不可在中间位置，不能用通过控制单个燃烧器燃料量的办法来调燃烧率。

(3) 对于配直吹式制粉系统的锅炉，需带最低稳燃负荷时，必须切除部分制粉系统运行，保留下面一层或两层制粉系统运行，以保证磨煤机供粉管道风粉混合物有一定的速度，每台磨煤机的出力不低于40%。

(4) 在任何工况下，风量不得小于30%左右的总风量。

(5) 要经常注意炉膛压力正常，控制负压在30～50Pa之间。

(6) 正常运行中，如发现某层煤粉燃烧时失去火焰，若非火焰监视器故障所致（无故障报警），应立即投入相邻油层助燃，并停止该层制粉系统或给粉机的运行。启动备用制粉系统及相应燃烧器投入运行，接带负荷；并查明燃烧器的故障原因，及时清除缺陷。

(7) 经常检查原煤斗煤温，防止原煤温度过高。

(8) 经常监视磨煤机出口温度在正常范围，并根据煤质的变化经批准后对给定值作适当的调整。

(9) 运行的磨煤机着火后，应立即将该系统切至手动，投入相邻的油层，关闭热风门，尽可能多地增加原煤输入并连续利用冷风运行的办法来熄火，若磨煤机出口温度在几分钟内没有降下来，应加蒸汽灭火，当所有着火现象均已灭时，停止加蒸汽和磨煤输入，让磨煤机运转并通冷风至少5min，以吹扫系统并使积存的水汽吹净。

(10) 若用第 (9) 条灭火不成功，可用以下两种方法之一灭火：

1) 停止磨煤机并隔离，要避免在磨煤机里搅起任何积存物，在火熄灭和温度降到环境温度之前，不要打开任何进入磨煤机的风门。火熄灭后，在磨煤机隔离的前提下，应检查并取出磨煤机内部所有焦物和其他积存物，以避免再着火。

2) 关掉给煤机，让磨煤机自已走空其中的燃料，保持磨煤机里通过冷风，到火全部熄灭，当磨煤机冷下来后，停止磨煤机，对磨煤机进行隔离，然后检查并取出磨煤机内部所有焦物和其他积存物。

(11) 若煤粉管道内着火时，可按第 (10) 条灭火。

(12) 若停运的磨煤机发生着火后，应立即隔离磨煤机，关掉一切到磨煤机的风门和挡板。在火完全熄灭时，温度降到环境温度，并确认磨煤机确已隔离之前，不要打开任何到磨煤机的风门。

(13) 在燃油运行中，要时常检查炉前油压力温度正常，使用蒸汽雾化时还要检查雾化蒸汽压力正常。

### （二）锅炉炉膛爆燃事故

#### 1. 锅炉产生炉膛爆燃事故的三个必要条件

(1) 足够的可燃物和氧气量。

(2) 可燃物和气体的混合物达到了爆燃浓度。

(3) 有足够的点火能量（明火）存在。

锅炉在灭火后如果未能及时切断燃料，在有明火的条件下，容易发生炉膛爆燃事故。切断燃料越迅速，积存在炉膛的燃料量越少，产生爆燃的可能性越小。

造成燃料积存的主要原因包括：

（1）发现炉膛灭火不及时。

（2）FSSS 切断燃料的操作时间偏长。

（3）给煤机的滞后时间偏长。

（4）阀门和挡板的滞后及关闭不严。

（5）误判断、误操作（如继续投粉、投油）等。

锅炉运行中发生炉膛可燃物积存的危险工况主要有：

（1）整个炉膛灭火未能及时发现，造成可燃混合物积存。全炉膛灭火的定义由 FSSS 的设计功能确定。对于四角布置直流燃烧器的锅炉，当以监视最上层四角燃烧器的火焰为主时，通常其 4 个火焰检测器中有 3/4 灭火，则判定为全炉膛灭火；当监测各层火焰和各燃烧器的火焰时，有 3/4 的火焰检测器灭火，则判定为全炉膛灭火。对于对冲布置旋流燃烧器的锅炉，全部在投燃烧器灭火或灭火燃烧器的比例达到某设定值以上，可判定为全炉膛灭火。

（2）多个燃烧器正常运行时，一个或几个燃烧器突然失去火焰而不能在炉内被继续点燃时，从而积聚可燃混合物。

（3）燃料漏入停用锅炉的炉膛。

实践表明，90%以上的爆燃事故发生在锅炉启停过程或低负荷运行时，在上述工况下运行时，应严密监视燃烧器的运行工况及炉膛火焰，保证 FSSS 的正常运行。

2. 防止炉膛爆燃事故的原则

（1）保持炉内燃烧稳定，维持较高的炉温。

（2）未燃烧的燃料不得排入或漏入停用锅炉的炉膛。

（3）发现灭火时，应及时对炉膛进行吹扫，排除可燃混合物。

3. 炉膛爆燃事故的防止措施

（1）进行吹扫时一定要满足吹扫风量和吹扫时间的要求，保证将炉膛的可燃物完全吹扫出去。

（2）点火时，应保持吹扫风量，在点火失败时，可以将未燃烧的可燃物带出炉膛。

（3）点火失败后，必须重新进行吹扫后才可以再次点火。

（4）锅炉冷态启动时，避免过早投入制粉系统。在炉温偏低时投入煤粉，容易造成煤粉着火困难，使未燃烧的煤粉积存在炉膛内。

（5）在锅炉启停、低负荷运行以及煤种改变时，应加强对运行工况参数变化的监督，及时进行燃烧和风煤比的调节。

（6）加强燃油系统的管理，定期切换和试验燃油设备和点火装置，禁止使用有缺陷的燃油设备，尤其注意油枪的泄漏。

（7）发现燃烧不稳定时，应及早投油助燃，而出现燃烧恶化并发现明显的灭火迹象时，禁止投油。

（8）一旦油枪停用，应立即关闭进油阀。

（9）锅炉从点火到机组接带初始负荷，应一直保持不低于 30%左右的额定风量，同时各燃烧器的调风器应保持一定的开度。

（10）当锅炉在低负荷运行时，应停用部分燃烧器及相应的磨煤机或给粉机，使其他运行的燃烧器及相应的磨煤机或给粉机在较高的负荷下运行。

(三) 烟道再燃烧事故

烟道再燃烧是指烟道内沉积大量可燃物质（煤粉或油垢），在一定条件下引起复燃的现象。

1. 烟道再燃烧时的现象

(1) 过热蒸汽温度、再热蒸汽温度、省煤器出口水温、热风温度等全部或部分上升。

(2) 蒸汽流量和蒸汽压力均下降。

(3) 炉膛燃烧不稳，烟道和炉膛负压波动大或出现正压。

(4) 烟道阻力增大。

(5) 从烟道或引风机不严密处向外冒烟或火星。

(6) 引风机的轴承温度升高。

(7) 烟道内烟温和排烟温度急剧上升。

(8) 氧量表或二氧化碳表指示不正常，烟囱冒黑烟等。

2. 烟道再燃烧的原因

(1) 煤粉过粗，不完全燃烧热损失增大，以致烟气携带可燃颗粒多。

(2) 锅炉启停时，炉膛温度低，容易使可燃物沉积于烟道中或受热面上，加上锅炉启停时烟道中氧量较多、就容易引起烟道再燃烧。

(3) 对燃油锅炉，燃油杂质多，黏度大，导致供油不均、雾化质量不良，使烟气携带较多的炭黑粒子或油的细小微滴。特别是频繁启停的燃油锅炉，发生这种事故的可能性较大。

(4) 烟道吹灰不及时，未燃尽的可燃物在烟道中堆积，也会造成烟道再燃烧事故。

3. 处理方法

当发生烟道再燃烧事故时，如遇汽温和烟温异常升高，而汽压和蒸汽流量有所下降，则应检查燃烧情况，看燃烧器出口喷出的煤粉是否燃尽；一、二次风配比是否适当；油喷嘴雾化是否良好。若为煤油混烧，可将油或煤粉停掉，改为单一燃料的燃烧方式。不可增加燃料量，必要时可降低负荷运行；若汽温和烟温骤增，确认是烟道再燃烧时，则应立即停炉，停止引风机运行，关闭烟道挡板及其周围各门孔，关闭一、二、三次风挡板，打开空气预热器的再循环风门，以冷却空气预热器；打开省煤器的再循环阀；打开过热器疏水阀；向烟道通入蒸汽进行灭火等。

## 五、锅炉辅机常见事故

(一) 筒式钢球磨煤机的常见故障

1. 轴瓦烧坏（烧大瓦）

轴瓦烧坏是筒式钢球磨煤机的常见故障，其后果极为严重，通常这类事故多发生在试运行或安装（解体大修）投产不久的运行中。导致轴瓦烧坏（轴承衬上的钨金熔化）的直接原因是轴颈与轴瓦间的正常油膜遭到局部或全部破坏，或者是启动开始就未建立良好的油膜层，以致两者之间发生干摩擦，使轴承温度很快升高，直至轴瓦烧毁。而与建立和保证正常油膜有密切关系的因素主要有润滑油的质量及特性、轴颈与工作瓦间的接触好坏、间隙大小、加工精度、轴颈线速度的大小、载荷轻重、冷却水量多少和轴颈温度高低等。

为防止发生烧瓦事故，应在安装（或检修）中，认真做好轴承座球面研刮，并保证球面间具有良好而可靠的润滑，使之能根据筒体与主轴在各种工况变化下所产生的位移或变形而相应灵活地进行自动调整；要求轴颈的加工精度在允许范围内，轴颈与研磨后瓦面之间的接触配合符合要求；选用合适的润滑油种，油质、油压、油温要符合要求；轴承冷却水必须畅通，水量满足要求；磨煤机入口负压必须符合规定要求，以防煤粉外冒而烧坏轴瓦。

一旦确认是发生烧大瓦，应立即停止给煤机和磨煤机运行，同时在停止磨煤机后进行抽粉，并控制磨煤机出口温度在规定值内。

2. 磨煤机断煤

导致磨煤机发生断煤的主要原因有：煤中混有大块煤、石块、铁件、木块或其他杂物，使给煤机被堵；原煤水分过大或因杂物使落煤管堵塞；筒式钢球磨煤机进口短管处积煤严重引起煤流不畅或原煤仓断煤等。

当磨煤机断煤时，筒式钢球磨煤机的筒内存煤量迅速减少，磨煤机出口温度随之升高，磨煤机入口负压增大，出口负压变小，磨煤机进出口差压减小，电动机工作电流有所降低，而筒内钢球撞击声增大，对于中速磨煤机可发现磨煤机内有金属撞击声。

当发现上述现象并判断是磨煤机发生断煤时，为防止磨煤机出口温度过高，可能会产生气粉混合物爆炸，应先关小热风调节门，开大进口冷风门，保持磨煤机出口温度在正常值，并检查原因立即处理。如断煤原因是原煤仓、给煤机或落煤管等发生堵塞，应及时进行人工疏通。如因原煤仓无煤或煤搭桥，应立即上煤或采取其他措施。如果故障在短时间内无法消除，应立即停磨，停止制粉系统工作。

目前大容量锅炉均设置断煤报警装置，以便运行人员及时发现，并予以处理。

3. 磨煤机满煤

造成磨煤机满煤的原因是监视不严或运行控制不当。磨煤机满煤与断煤现象基本相反，筒式钢球磨煤机入口负压变小，出口负压变大，磨煤机进出口压差变大，磨煤机出口温度下降，电动机工作电流摆动大，筒体内撞击声沉闷。同时，由于磨煤机出粉少，筒体进出口间阻力增大，通风量减少，使排粉机电流下降，并在磨煤机进出口密封处会出现冒粉现象。

一旦发现磨煤机内满煤，立即减少给煤量，严重时停止给煤机运行，同时适当增大风量，加强抽粉，并维持磨煤机出口温度，保持排粉机出口风压，以保证一次风量和风速。如问题还得不到解决，需停止磨煤机运行，打开人孔门，清除磨煤机内多余的煤。

(二) 给粉机给粉不均

具有中间储仓式制粉系统的锅炉，不同程度存在给粉不均的问题。由于给粉不正常，不但破坏了锅炉原有的风粉混合比例，而且增大了飞灰中可燃物的含量，使汽温、汽压、流量波动大。严重时，因来粉过多，运行人员未及时发现而造成堵管；或来粉不正常，造成灭火打炮事故。

众所周知，锅炉给粉过程是由一系列的给粉元件，如煤粉仓、给粉机、风粉混合器、煤粉管来完成的。因此给粉不均的原因，可能是由煤粉仓或给粉机，甚至由管道布置不合理等引起的。煤粉的流动性、水分含量及粉位高低等因素都会引起给粉不均。因此给粉不均现象是出于设备结构缺陷，或有关运行方式不恰当而产生的。

在四角布置燃烧器切向燃烧炉膛中，所谓四角调平就成为调整燃烧时必须解决的问题。一般来说，风的调平比较容易做到，但煤粉量的调平较难做到。要保证给粉均匀，除了粉仓内煤粉流动工况、风粉混合器结构及运行操作因素外，给粉机的工作特性是一个很重要的环节，其工作的稳定性、可调性、调节均匀性直接影响炉内燃烧的稳定性以及锅炉机组的安全经济运行。叶轮式给粉机的问题主要表现在给粉的均匀稳定性和可调性差等方面。

（三）制粉系统自燃与爆炸

1. 煤粉自燃与爆炸的现象

（1）煤粉自燃时的现象。磨煤机进出口压差不稳，系统的负压不稳，并常在正负压之间变动；排粉机电流摆动，且排粉机后风压不稳（细粉分离器着火时更为严重）；磨煤机着火时，风粉混合物的温度升高，磨煤机进出口处可能喷出火星，可闻到焦味；着火部位后的系统温度升高。

（2）煤粉爆炸现象。整个系统风压变正，有爆炸声响，从爆破的防爆门或系统的不严密处喷出煤粉、火星；磨煤机出口、排粉机进口的风温及煤粉仓的温度异常升高。

2. 煤粉自燃与爆炸时的处理

（1）煤粉自燃时的处理方法。加大给煤量或减少通风量；降低磨煤机出口温度；关闭粗粉分离器回粉管的锁气器，停止回粉；必要时停止制粉系统，关闭各风门，用灭火装置灭火。当用蒸汽灭火时，应避免蒸汽进入煤粉仓。灭火后，在启动前应对系统进行预干燥。

（2）煤粉爆炸后的处理方法。立即停止制粉系统运行；应注意维持一次风压，在关闭排粉机入口调整风门（切断干燥剂）和开启冷风门后，应尽快倒风（对于乏气送粉系统），由热风（加冷风）送粉；必要时可用灭火装置灭火，如用蒸汽灭火，其灭火时间应根据系统温度（以磨煤机出口或排粉机入口温度为基准）是否恢复正常来决定，但应尽量缩短时间，以减少系统中凝结水；若在排粉机出口处爆炸，则应停止排粉机，关闭各有关风门，同时停止该排粉机所带的给粉机，投油稳燃或降低锅炉部分负荷。

## 复习思考题

12-1 锅炉启动方式可分为哪几种？

12-2 滑参数启动有何特点？

12-3 什么是虚假水位？出现虚假水位时应如何处理？

12-4 锅炉启动初期为什么要严格控制升温升压速度？

12-5 直流锅炉启动分离器的作用是什么？画出超临界锅炉启动旁路系统图。

12-6 超临界直流锅炉过热汽温调节有哪些特点？

12-7 锅炉的事故有哪些？处理事故的原则是什么？

12-8 炉膛灭火的现象有哪些？如何处理？

# 参 考 文 献

[1] 范从振. 锅炉原理. 北京：水利电力出版社，1986.

[2] 容銮恩，等. 电站锅炉原理. 北京：中国电力出版社，1997.

[3] 黄新元. 电站锅炉运行与燃烧调整. 北京：中国电力出版社，2002.

[4] 叶江明. 电厂锅炉原理及设备. 北京：中国电力出版社，2007.

[5] 郭迎利，等. 电厂锅炉设备及运行. 北京：中国电力出版社，2010.

[6] 姜锡伦，等. 锅炉设备及运行. 北京：中国电力出版社，2006.

[7] 朱全利. 国产 600MW 超临界火力发电机组技术丛书 锅炉设备及系统. 北京：中国电力出版社，2006.

[8] 丁立新. 电厂锅炉原理. 北京：中国电力出版社，2008.

[9] 华东六省一市电机（电力）工程学会. 锅炉设备及其系统. 北京：中国电力出版社，2000.

[10] 杨建华，等. 循环流化床锅炉设备及运行. 北京：中国电力出版社，2006.

[11] 张磊，等. 超超临界火力发电机组丛书 锅炉设备与运行. 北京：中国电力出版社，2007.

[12] 张磊，等. 燃煤锅炉机组. 北京：中国电力出版社，2006.

# 参考文献


[1] [illegible]
[2] [illegible]
[3] [illegible]
[4] [illegible]
[5] [illegible]
[6] [illegible]
[7] [illegible]
[8] [illegible]
[9] [illegible]
[10] [illegible]
[11] [illegible]
[12] [illegible]